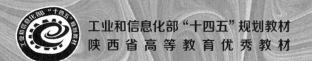

工业和信息化部"十四五"规划教材

陕西省高等教育优秀教材

普通高等教育软件工程
"十三五"规划教材

软件测试

慕课版｜第2版

Software Testing

(2nd Edition)

郑炜 李宁 陈翔 吴潇雪 ◉主编

人民邮电出版社

北 京

图书在版编目（CIP）数据

软件测试：慕课版 / 郑炜等主编. -- 2版. -- 北
京 ：人民邮电出版社，2022.2
　　普通高等教育软件工程"十三五"规划教材
　　ISBN 978-7-115-56425-2

　　Ⅰ. ①软… Ⅱ. ①郑… Ⅲ. ①软件－测试－高等学校
－教材 Ⅳ. ①TP311.55

中国版本图书馆CIP数据核字(2021)第075786号

内 容 提 要

本书系统介绍了软件测试的基本理论、核心技术和工具用法，并拓展了前沿的软件测试理论和技术。

全书共分为13章，内容包括软件测试基础、软件测试策略、黑盒测试方法、白盒测试方法、软件测试的过程管理、软件测试的度量、系统测试技术、软件测试工具及其应用、第三方测试、数据库测试、智能软件测试技术、公有云测试质量评估、软件测试的拓展与提高。本书重要知识点都结合具体实例进行介绍，力求详略得当，使读者可以快速地理解软件测试的方法。章后附有习题，供读者实践练习。同时各章主要内容配备了以二维码为入口的微课，并在学堂在线和中国大学 MOOC平台上提供了与本书配套的在线慕课。

本书可作为高等院校本科、专科计算机相关专业"软件测试"课程的教材，也可作为软件测试技术的培训教材。

◆ 主　　编　郑　炜　李　宁　陈　翔　吴潇雪
　　责任编辑　刘　博
　　责任印制　王　郁　陈　犇

◆ 人民邮电出版社出版发行　　北京市丰台区成寿寺路 11 号
　　邮编　100164　电子邮件　315@ptpress.com.cn
　　网址　https://www.ptpress.com.cn
　　固安县铭成印刷有限公司印刷

◆ 开本：787×1092　1/16
　　印张：20.75　　　　　　　　2022 年 2 月第 2 版
　　字数：477 千字　　　　　　2024 年 10 月河北第 6 次印刷

定价：69.80 元

读者服务热线：(010)81055256　印装质量热线：(010)81055316
反盗版热线：(010)81055315
广告经营许可证：京东市监广登字 20170147 号

　　党的二十大报告中提到:"教育、科技、人才是全面建设社会主义现代化国家的基础性、战略性支撑。"在教育改革、科技变革等背景下,信息技术特别是软件工程领域的教学发生着翻天覆地的变化。

　　软件测试是保证软件质量的重要手段和方法,是软件工程化的重要环节,在整个软件的生命周期中占有非常重要的地位。它对软件产品质量与生产率的提高起着举足轻重的作用。

　　软件测试是高等学校计算机相关专业的一门主干课程。近年来,随着云计算、大数据等技术的不断发展,软件测试技术的发展日新月异,因此,软件测试的教学内容也需要不断地同步更新;同时,传统的教学模式初现不足,慕课的教学模式正在受到全世界的广泛关注。于是,《软件测试(慕课版)(第2版)》在第1版基础上更加强化了软件测试的基础理论和核心技术,不仅各章的主要内容配备了以二维码为入口的微课,并在学堂在线平台和中国大学 MOOC 平台上提供了与本书配套的在线慕课。

　　《软件测试(慕课版)(第2版)》的结构安排力求由浅入深、简明扼要,遵循由基础理论到发展前沿的原则。全书共分为3个部分,第1部分(第1~6章)强调基础,讲述了与软件测试相关的各种知识。第1章是软件测试基础,主要介绍与软件测试相关的概念;第2章是软件测试策略,主要介绍软件开发过程及模型、软件测试过程、软件测试与软件开发的关系,以及黑盒测试和白盒测试的区别;第3章是黑盒测试方法,主要介绍常用的黑盒测试方法和对应的测试用例设计方法,并通过实例分别介绍这几种方法的应用;第4章是白盒测试方法,主要介绍白盒测试的测试用例方法(包括逻辑覆盖、数据流分析等方法),以及白盒测试的覆盖准则和变异测试;第5章是软件测试的过程管理，主要介绍软件测试的阶段划分及每个阶段所要做的主要工作；第 6 章是软件测试的度量，主要介绍软件测试中度量的相关概念及其重要性。这部分内容是本课程的核心知识。当然，书中也提供了大量实用的经典习题供读者课下练习。第 2 部分（第 7～10 章）注重实践，具体讲述业界常用的系统测试技术，以及流行的软件测试工具的使用。第 7 章是系统测试技术，主要介绍软件自动化测试、兼容性测试、Web 测试和移动终端测试；第 8 章是软件测试工具及其应用，主要介绍 LoadRunner、JUnit、C++test、Bugzilla、EvoSuite 及 Pitest，其中，JUnit 为国家软件测试大赛中的使用工具；第 9 章是第三方测试，主要介绍第三方测试的基本概念与测试过程；第 10 章是数据库测试，主要介绍数据库应用软件与数据库管理系统的测试技术。第 3 部分（第 11～13 章）着眼提高，具体讲述软件测试前沿的理论和技术。第 11 章是智能软件测试技术，主要介绍基于机器学习的软件缺陷报告分析、基于软件度量的软件缺陷预测方法和基于搜索的软件测试方法；第 12 章是公有云测试质量评估，主要介绍云测试概念、云可靠性度量、云平台的安全测试及安全度量；第 13 章是软件测试的拓展与提高，主要介绍企业测试实践、CMMI 和软件测试及 DevOps，其中的项目实例大多来源于华为、中兴的项目实践。

本书基本涵盖软件测试各个方面的知识，涉及从测试设计到测试用例、从测试执行到测试管理、从测试的基本理论到测试的实用技术等环节，具体涉及测试工具的具体介绍和使用、各种常用测试用例的设计方法，以及测试工具在实践项目中的使用。在在线慕课平台上还提供了对应的习题答案、项目实践资源和源码资源。

本书得到多位工作人员的支持和帮助，廖慧玲、王晓龙、刘程远、孙瑞阳、张满青等参与了编写和校稿工作，在此表示衷心感谢！另外，本书在编写的过程中借鉴了国内外一些学者的优秀研究成果，在此向他们表示诚挚的感谢！

由于编者水平有限，书中难免存在疏漏，敬请读者批评指正。

郑炜

2022 年 12 月

目 录 CONTENTS

第 1 部分　基础理论

1 第 1 章　软件测试基础　2

1.1　软件测试的基本概念 …………2
　1.1.1　软件测试是什么 …………2
　1.1.2　软件测试的目的 …………3
　1.1.3　软件测试与软件质量保证 …3
　1.1.4　软件测试的必要性 …………4
　1.1.5　软件测试的基本概念分析 …6
1.2　软件测试的分类 ……………7
1.3　软件缺陷管理 ………………9
　1.3.1　软件缺陷的概念 …………9
　1.3.2　软件缺陷的属性 …………10
　1.3.3　软件缺陷生命周期 ………12

1.3.4　常见的软件缺陷管理工具 …12
1.4　软件质量模型与软件测试相关
　　　特性 ……………………13
　1.4.1　软件质量模型 ……………13
　1.4.2　测试的复杂性和经济性 …15
1.5　软件测试充分性和测试停止准则 …18
　1.5.1　软件的测试充分性问题 …18
　1.5.2　软件测试原则 ……………19
　1.5.3　测试停止准则 …………22
1.6　小结 ………………………24
1.7　习题 ………………………24

2 第 2 章　软件测试策略　25

2.1　软件开发过程及模型 …………25
　2.1.1　软件开发过程 ……………25
　2.1.2　软件开发模型 ……………25
2.2　软件测试过程 ………………28
　2.2.1　测试计划和控制 …………29
　2.2.2　测试分析和设计 …………30
　2.2.3　测试实现和执行 …………31
　2.2.4　测试出口准则的评估和
　　　　　报告 …………………31

2.2.5　测试活动结束 ……………32
2.3　软件测试与软件开发的关系 …32
　2.3.1　软件测试在软件开发中的
　　　　　作用 …………………32
　2.3.2　软件测试与软件开发各
　　　　　阶段的关系 …………33
　2.3.3　常见软件测试模型 ………33
2.4　黑盒测试和白盒测试 …………37
　2.4.1　黑盒测试 …………………37

2.4.2 白盒测试·············· 38

2.4.3 黑盒测试与白盒测试的

比较 ·····················39

2.5 小结 ····················· 40

2.6 习题 ····················· 40

3 第3章 黑盒测试方法 41

3.1 测试用例综述 ···············41

3.1.1 测试用例设计原则 ··· 41

3.1.2 测试用例设计步骤 ··· 43

3.1.3 测试用例的构成 ······ 44

3.2 等价类设计方法 ············45

3.2.1 等价类划分 ···········45

3.2.2 等价类划分方法 ·······47

3.2.3 等价类划分的测试运用 ···· 49

3.3 边界值设计方法 ············54

3.3.1 边界值分析法原理 ·····54

3.3.2 边界值分析原则 ·······55

3.3.3 健壮性分析 ···········56

3.3.4 边界值分析法的测试

运用 ·····················56

3.4 因果图和决策表设计方法 ········ 58

3.4.1 因果图原理 ············· 58

3.4.2 因果图法应用 ··········· 59

3.4.3 决策表法及其应用 ········· 60

3.5 正交试验设计方法 ············ 63

3.5.1 正交试验设计法原理 ····· 63

3.5.2 利用正交试验法设计

测试用例 ·············· 65

3.6 组合测试方法 ··············· 66

3.6.1 基本概念 ·············· 66

3.6.2 构造方法 ·············· 67

3.6.3 组合测试工具的使用 ········ 68

3.7 小结 ····················· 69

3.8 习题 ····················· 70

4 第4章 白盒测试方法 71

4.1 程序控制流图 ·············· 71

4.1.1 基本块 ··············· 71

4.1.2 流图的定义与图形表示······72

4.2 逻辑覆盖测试 ··············73

4.2.1 测试覆盖率 ···········73

4.2.2 逻辑覆盖 ·············73

4.2.3 逻辑覆盖准则之间的包含

关系 ·····················75

4.2.4 测试覆盖准则 ············ 75

4.3 路径分析与测试 ············· 76

4.4 数据流测试分析 ············· 77

4.4.1 测试充分性基础 ·········· 77

4.4.2 测试充分性准则的

度量 ·················· 78

4.4.3 测试集充分性的度量········ 79

4.4.4 数据流概念 ············ 80

4.4.5 基于数据流的测试充分性
准则 ························ 82

4.5 变异测试 ···················· 83
4.5.1 变异和变体 ·············· 84
4.5.2 强变异和弱变异 ·········· 84
4.5.3 用变异技术进行测试评价 ·· 85

4.5.4 变异算子 ·················· 87
4.5.5 变异算子的设计 ··········· 88
4.5.6 变异测试的基本原则 ······· 88
4.6 小结 ························· 89
4.7 习题 ························· 90

5 第5章 软件测试的过程管理 91

5.1 软件测试的各个阶段 ········ 91
5.2 测试需求 ···················· 92
5.2.1 测试需求的分类 ········· 92
5.2.2 测试需求的收集 ········· 93
5.2.3 测试需求的分析 ········· 93
5.2.4 测试需求的评审 ········· 94
5.3 测试计划 ···················· 94
5.3.1 测试计划的目标 ········· 95
5.3.2 制订测试计划 ··········· 95
5.3.3 划分测试用例优先级 ······ 96
5.4 测试设计及测试用例 ········ 97
5.4.1 测试用例的设计原则 ······ 97
5.4.2 测试用例的设计方法 ······ 97
5.4.3 测试用例的粒度 ·········· 99
5.4.4 测试用例的评审 ········· 100

5.5 测试的执行 ················ 100
5.5.1 测试用例的选择 ·········· 100
5.5.2 测试人员分工 ············ 101
5.5.3 测试环境的搭建 ·········· 101
5.5.4 BVT测试与冒烟测试 ······ 102
5.5.5 每日构建介绍 ············ 102
5.6 软件缺陷分析 ·············· 103
5.6.1 软件缺陷分析的作用 ······ 103
5.6.2 软件缺陷的分类 ·········· 104
5.6.3 软件缺陷分析方法 ········ 104
5.6.4 软件缺陷分析的流程 ······ 106
5.6.5 软件缺陷报告 ············ 106
5.7 小结 ······················· 107
5.8 习题 ······················· 107

6 第6章 软件测试的度量 108

6.1 软件测试度量简介 ··········· 108
6.1.1 软件测试度量的目的 ······ 108
6.1.2 软件测试度量的难度 ······ 109
6.1.3 软件测试人员工作质量的
衡量 ···················· 110

6.2 软件测试的度量及其应用 ···· 116
6.2.1 软件缺陷的数量 ············ 116
6.2.2 软件缺陷的价值 ············ 117
6.2.3 软件缺陷的定性评估 ······· 118
6.2.4 软件缺陷综合评价模型 ···· 120

6.2.5 测试覆盖率统计·············121
6.3 软件测试常见的度量类型·······124
6.3.1 手工测试度量·············124
6.3.2 性能测试度量·············129

6.3.3 自动化测试度量·············131
6.3.4 通用度量·············132
6.4 小结·············133
6.5 习题·············134

第 2 部分　实际应用

7 第 7 章　系统测试技术 136

7.1 软件自动化测试·············136
7.1.1 自动化测试的概念·······136
7.1.2 自动化测试的优缺点·····138
7.1.3 自动化测试工具·········139
7.2 兼容性测试·················141
7.2.1 兼容性测试的概念·······141
7.2.2 兼容性测试的内容·······141
7.2.3 兼容性测试的标准和
规范·····················144
7.2.4 浏览器兼容性测试工具····145

7.3 Web测试实践·················146
7.3.1 Web应用体系结构·······146
7.3.2 Web测试概述·············146
7.3.3 Web测试主要类型·······147
7.4 移动终端软件测试实践·······151
7.4.1 移动终端软件测试背景····151
7.4.2 移动终端软件测试要求····151
7.4.3 移动终端软件测试实例····152
7.5 小结·······················163
7.6 习题·······················163

8 第 8 章　软件测试工具及其应用 165

8.1 性能测试工具LoadRunner····165
8.1.1 性能测试简介·············165
8.1.2 LoadRunner的主要
功能······················167
8.1.3 性能测试的主要术语······168
8.1.4 LoadRunner的安装·····170
8.1.5 LoadRunner的脚本
录制······················172
8.2 单元测试工具JUnit·············175

8.2.1 JUnit简介·················176
8.2.2 安装与使用···············176
8.2.3 JUnit使用原则·········180
8.2.4 其他特性·················182
8.3 功能测试工具C++test·········183
8.3.1 C++test的安装·········185
8.3.2 C++test静态测试········187
8.3.3 RuleWizard·············190
8.3.4 C++test动态测试········195

8.4 开源软件缺陷管理工具
　　 Bugzilla ·············· 201
　　8.4.1 Bugzilla简介 ········· 201
　　8.4.2 Bugzilla安装说明 ········202
　　8.4.3 Bugzilla使用说明 ········ 205
8.5 测试用例自动生成工具
　　 EvoSuite ·············· 207
　　8.5.1 EvoSuite简介 ········ 207

8.5.2 EvoSuite安装说明 ······· 207
8.5.3 EvoSuite使用说明 ······· 211
8.6 变异测试工具Pitest ········214
　　8.6.1 Pitest简介 ········214
　　8.6.2 Pitest安装说明 ········ 215
　　8.6.3 Pitest使用说明 ········216
8.7 小结 ··············· 219
8.8 习题 ··············· 219

9　第9章　第三方测试　220

9.1 第三方测试的基本概念与测试
　　过程 ···············220
　　9.1.1 第三方测试的应用现状 ····220
　　9.1.2 第三方测试的意义和
　　　　模式 ···············221

9.1.3 第三方测试的相关概念 ····221
9.1.4 第三方测试的测试过程 ···222
9.2 测试实例实践 ············ 223
9.3 小结 ··············· 226
9.4 习题 ··············· 226

10　第10章　数据库测试　227

10.1 数据库应用软件测试 ·············227
　　10.1.1 数据库设计验证 ···········227
　　10.1.2 功能测试 ··············· 228
　　10.1.3 性能测试 ··············· 228
　　10.1.4 安全性测试 ···········233
10.2 数据库管理系统基础测试 ······ 234
　　10.2.1 数据库管理系统简介 ···· 234
　　10.2.2 DBMS的SQL功能
　　　　测试 ··············· 234
　　10.2.3 DBMS的事务特性
　　　　测试 ···············236

10.3 数据库管理系统性能测试 ······ 237
　　10.3.1 DBMS性能测试的
　　　　目的与性能指标 ··········· 237
　　10.3.2 DBMS的基准性能
　　　　测试 ···············237
　　10.3.3 DBMS的性能测试
　　　　工具 ···············238
10.4 数据库管理系统高可用性
　　测试 ···············241
10.5 小结 ···············241
10.6 习题 ···············241

第 3 部分　前沿技术

11　第 11 章　智能软件测试技术　244

11.1　基于机器学习的软件缺陷报告
　　　分析·······················244
　　11.1.1　基于机器学习的软件缺陷
　　　　　　报告分析的目的和意义·····244
　　11.1.2　安全缺陷检测数据集的
　　　　　　构造··················246
　　11.1.3　基于深度学习的安全缺陷
　　　　　　报告检测··············252
11.2　基于软件度量的软件缺陷预测
　　　方法······················256
　　11.2.1　基于软件度量的软件缺陷
　　　　　　预测的目的和意义·······256

11.2.2　软件缺陷预测模型的
　　　　　构建··················257
11.2.3　软件缺陷预测模型性能
　　　　　评估指标··············263
11.2.4　软件缺陷预测常用评测
　　　　　数据集················265
11.3　基于搜索的软件测试方法······266
　　11.3.1　智能搜索算法··········267
　　11.3.2　搜索技术在软件测试中的
　　　　　　应用··················278
11.4　小结·····················289
11.5　习题·····················289

12　第 12 章　公有云测试质量评估　290

12.1　云测试概念·················290
　　12.1.1　云计算················290
　　12.1.2　云测试················291
12.2　云可靠性度量···············292
　　12.2.1　软件可靠性···········293
　　12.2.2　软件故障分析和诊断·····301

12.3　云平台的安全测试及
　　　安全度量··················302
　　12.3.1　安全性测试方法·······303
　　12.3.2　安全测试方法举例······305
12.4　小结·····················308
12.5　习题·····················308

13　第 13 章　软件测试的拓展与提高　310

13.1　企业测试实践··············310
　　13.1.1　测试计划·············310

13.1.2　测试管理··············312
13.1.3　企业的测试策略··········313

13.1.4 测试人员组织 ················ 314

13.1.5 测试小组的职责 ··········· 315

13.2 CMMI和软件测试 ··············· 316

13.2.1 CMMI简介 ··············· 316

13.2.2 基于CMMI的软件测试

流程 ······················· 317

13.3 DevOps ···························· 318

13.3.1 DevOps简介 ············· 318

13.3.2 DevOps实践 ············· 318

13.4 小结 ····························· 320

13.5 习题 ····························· 320

第 1 部分　基础理论

01 第1章 软件测试基础

本章作为导引，目的在于让读者熟悉与软件测试相关的概念，对软件测试有整体的框架认识，为后面章节的学习奠定基础。学完这章后，读者就能够在软件测试和软件质量方面提出一些有意义的问题。

1.1 软件测试的基本概念

1.1.1 软件测试是什么

什么是软件测试呢？不同的人对软件测试有不同的理解，资深的软件测试工程师与软件测试初学者的理解不一样，资深的软件测试工程师之间的理解也是不一样的，不同行业的软件测试人员也会给出不同的答案。

软件测试的基本概念

一般来说，软件测试是伴随着软件的产生而产生的。早期的软件开发中软件规模都很小、复杂程度低，软件开发的过程混乱无序、相当随意，当时软件测试的含义比较狭窄，开发人员将测试等同于"调试"，目的是纠正软件中已经知道的故障，常常由开发人员自己完成这部分工作。那时对软件测试的投入极少，软件测试介入也晚，常常是等到形成代码，产品已经基本完成时才进行软件测试。到了 20 世纪 80 年代初期，软件和 IT 行业进入了大发展时期，软件趋向大型化、高复杂度，软件的质量越来越重要。这个时候，一些软件测试的基础理论和实用技术开始形成，并且人们开始为软件开发设计了各种流程和管理方法，软件开发的方式也逐渐由混乱无序的开发过程过渡到结构化的开发过程，以结构化分析与设计、结构化评审、结构化程序设计，以及结构化测试为特征。人们还将"质量"的概念融入其中，软件测试的定义发生了改变，软件测试不单纯是一个发现错误的过程，而且将软件测试作为软件质量保证的主要手段。

早在 1979 年，梅耶（Glenford J. Myers）在他的经典著作《软件测试的艺术》（*The Art of Software Testing*）给出了软件测试的定义："软件测试是为发现错误而执行的一个程序或系统的过程。"他认为软件测试的目的包括以下几点。

（1）软件测试是程序的执行过程，目的在于发现错误。

（2）软件测试是为了证明程序有错误，而不是证明程序无错误。

（3）一个好的软件测试用例在于能发现至今未发现的错误。

（4）一个成功的软件测试是发现了至今未发现的错误的测试。

1983 年，比尔·海泽尔（Bill Hetzelt）在《软件测试完全指南》（*Complete Guide of Software Testing*）一书中指出：“软件测试是以评价一个程序或者系统属性为目标的任何一种活动。软件测试是对软件质量的度量。”由此表明软件测试的目的不仅仅是发现软件的缺陷与错误，同时也对软件进行度量和评估，提高软件的质量。

而在通俗意义层面上讲，狭义的软件测试仅仅指动态测试，即软件测试是执行程序的过程，通过运行程序来发现程序代码或软件系统中的错误。广义的软件测试不仅是指运行程序或系统而进行测试，还包括对需求、设计、代码等的评审活动。

IEEE 给出了以下两个规范的软件测试的定义。

（1）在特定的条件下运行系统或构件，观察或记录结果，对系统的某个方面做出评价。

（2）分析某个软件项以发现和现存的，以及要求的条件之差别（即错误并评价此软件项的特性）。

有关软件测试的概念其实一直没有定论，人们所看到的有关软件测试的概念多是从软件测试的目的、作用等方面进行的客观描述。对软件测试的不同理解，会决定测试所采取的流程和方法，以及如何开展测试活动。

1.1.2　软件测试的目的

现对软件测试的目的总结为以下 3 点。

（1）以最少的人力、物力、时间找出软件中潜在的各种错误和缺陷，全面评估和提高软件质量，及时揭示质量风险，控制项目风险。

（2）有助于发现开发工作中所采用的软件过程的缺陷，通过对软件缺陷进行分析，获得软件缺陷模式，有助于软件缺陷预防，以便进行软件过程改进；同时通过对软件测试结果的分析和整理，可以修正软件开发的规则，并为软件的可靠性分析提供相关的依据。

（3）评价程序或系统的属性，对软件质量进行度量和评估，以验证软件的质量能否满足用户的需求，为用户选择、接受软件提供有力的依据。

只有在设计阶段就开始软件测试工作，坚持在各个环节进行技术评审和验证，才能尽早发现错误，以较低的代价修改错误。

软件测试用例多次重复使用后，其发现软件缺陷的能力会逐渐降低。为了克服这种现象，软件测试用例需要进行定期评审和修改，同时需要不断增加新的、不同的软件测试用例来测试软件或者系统的不同部分，从而发现更多的潜在错误。

1.1.3　软件测试与软件质量保证

软件质量保证是贯穿软件项目整个生命周期的有计划的系统活动，经常针对整个项目质量计划执行情况进行评估、检查和改进，确保项目质量与计划保持一致。

软件质量保证确保软件项目的过程遵循了对应的标准及规范要求，且产生了合适的文档和精确反映项目情况的报告，其目的是通过评价项目质量建立项目达到质量要求的信心。软件质量保证活动主要包括评审项目过程、审计软件产品，就软件项目是否真正遵循已经制订的计划、标准和规程等，给管理者提供可视性项目和产品可视化的管理报告。

评价、度量和测试在技术内容上有着非常重要的关系。软件测试是获取度量值的一种重要手段。软件度量在 GJB 5236 中的主要规定是：软件度量是软件质量模型和内部质量、外部质量以及使用质量的度量，可用于在确定软件需求时规定软件质量需求或其他用途。

软件质量评价在 GJB 2434A 中针对开发者、需求方和评价者提出了 3 种不同的评价过程框架。在执行软件产品评价时，确立评价需求的质量模型就需要采用 GJB 5236 给出的内部质量、外部质量、使用质量的度量等。

这两个系列标准的关系如图 1-1 所示。从图 1-1 中可以看出 GJB 2434A 和 GJB 5236 的联系是非常密切的，需要有机结合才能有效地完成软件产品的度量和评价工作。其中，度量值的获取主要来自软件测试。可以说，评价依据度量，而度量也依据测试。也可以说，评价指导度量，度量也指导测试。

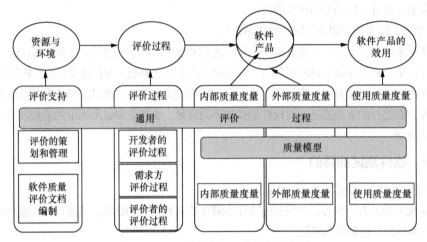

图1-1　GJB 5236和GJB 2434A的关系

软件质量保证与软件测试是否是一回事？有人认为，软件测试就是软件质量保证，也有人认为软件测试只是软件质量保证的一部分。这两种说法其实并不全面，软件质量保证与软件测试二者之间既存在包含又存在交叉的关系。

软件测试能够找出软件缺陷，确保软件产品满足需求。但是测试不是质量保证，二者并不等同。测试可以查找错误并进行修改，从而提高软件产品的质量。软件质量保证可以通过测试避免错误以求高质量，并且还有其他方面的措施以保证质量。

从共同点的角度看，软件测试和软件质量保证的目的都是尽力确保软件产品满足需求，从而开发出高质量的软件产品。两个流程都是贯穿在整个软件开发生命周期中的。正规的软件测试系统主要包括：制订测试计划、测试设计、实施测试、建立和更新测试文档。而软件质量保证的工作主要为：制订软件质量要求、组织正式度量、软件测试管理、对软件的变更进行控制、对软件质量进行度量、对软件质量情况及时记录和报告。软件质量保证的职能是向管理层提供正确的可行信息，从而促进和辅助设计流程的改进。软件质量保证的职能还包括监督测试流程，这样测试工作就可以被客观地审查和评估，同时也有助于测试流程的改进。

1.1.4　软件测试的必要性

软件在人们的日常生活中无处不在。从软件诞生的第一天起，软件缺陷（bug）就成为开发人员的梦魇。第一个有记载的软件缺陷是美国海军开发人员、编译器的发明者格蕾斯·哈珀（Grace Hopper）发现的。哈珀后来成为了美国海军的一位将军，还领导了知名计算机语言 COBOL 的开发。

1945 年 9 月 9 日下午三点，哈珀中尉正带领她的团队构造一个称为"马克二型"的计算机，该计算机使用了大量的继电器。当时第二次世界大战还没有彻底结束，哈珀所在的团队夜以继日地工作。机房是一间第一次世界大战时建造的老建筑。那是一个炎热的夏天，房间没有空调，所有窗户都敞开散热。突然，马克二型死机了。技术人员尝试了很多办法，最后定位到第 70 号继电器出错。哈珀观察这个出错的继电器，发现一只飞蛾躺在中间，已经被继电器打死。她小心地用镊子将蛾子夹出来，用透明胶布粘到"事件记录本"中，并注明"第一个发现虫子的实例"。

软件缺陷经常会给企业带来一定的经济损失，甚至有时候会带来灾难性后果。下面介绍近些年来发生的两起具有代表性的软件质量事故，并以此来强调软件测试的必要性。

1. 波音公司星际客机软件故障

据国外媒体报道，美国东部时间 2019 年 12 月 20 日 6 时 36 分，美国波音公司的星际客机飞船从卡纳维拉尔角发射升空，6 时 50 分飞船与火箭分离后，飞船出现软件故障，最终无法与国际空间站对接，并于 12 月 22 日 7 时 58 分提前返回地面。

2020 年 2 月 28 日，波音副总裁兼星际客机项目经理约翰•穆赫兰德（John Mulholland）承认软件测试验证存在问题，对星际客机飞船的软件测试不充分。

2020 年 3 月 6 日 11 时 30 分，美国国家航空航天局（National Aeronautics and Space Administration，NASA）和波音公司举行媒体电话会议，公布波音公司星际客机飞船首次轨道测试失败的调查结果。NASA 和波音联合独立调查小组确定，针对软件异常提出 61 项纠正和预防措施。

火箭的发射本来一切正常，飞船按计划被送了远地点 92 千米、近地点 77 千米的亚轨道。但是就在飞船与火箭分离后，发现星际客机飞船软件定时器异常，可以理解为飞船的星时错误，表现出的现象是星际客机飞船的 48 台姿轨控推力器开始疯狂工作，飞船误以为处于提升近地点的变轨过程中，在短时间内消耗了大量燃料。这一错误是由于软件编码错误，飞船在终端计数开始之前（即火箭将指定的 T0 设置为正确的时间）将时钟与火箭同步。

发现异常后，NASA 和波音公司的飞行控制人员在休斯敦组成的联合小组注意到了这个问题，第一时间尝试向飞船注入正确指令，手动消除影响，但不凑巧的是，当时飞船正好处于两颗跟踪与数据中继卫星（Tracking and Data Relay Satellites，TDRS）的覆盖交接区，因此指令没有注入成功。等到波音公司能够发出正确地面指令，被飞船接收执行后为时已晚，星际客机飞船消耗了过多的燃料，与国际空间站的对接试验不得不取消。

2. Uber 自动驾驶汽车撞死行人

软件缺陷还会造成更大的悲剧，导致生命危险。2018 年 3 月，Uber 成为第一家旗下无人驾驶汽车导致行人死亡的公司。在美国亚利桑那州坦佩市的一次测试中，无人驾驶汽车撞死了正在过马路的伊莱恩•赫茨伯格（Elaine Herzberg），撞人前无人驾驶汽车未减速、转向或停车。该事故发生后，Uber 将无人驾驶汽车的测试中止了 8 个月。此外，该起死亡事件还导致一起官司，美国好几个州也因此禁止 Uber 测试无人驾驶汽车。此事故成为"全球首例无人驾驶汽车致死案"，这让许多人觉得无人驾驶的幸福之路走到了尽头。

Uber 无人驾驶系统采用的是福特融合系统，顶部有大量传感器，车辆周围隐藏着更多的传感器，共由 6 个部分组成：车顶激光雷达 360° 扫描单元组可以对车周围的环境进行三维扫描；朝前方的摄像阵列管控远、近区域，观察突然闯入的汽车、横跨大街的行人、交通信号灯、交通标志等；前方、后方、两侧（翼门）装有激光雷达模块，用于探测靠近汽车的物体和不容易看到的足够小的物体；侧面和后面成对的立体摄像头协助构建汽车周围持续的（实时的、动态的）影像；侧面和后方装有天线

（RTA），负责 GPS 定位和无线数据传输；可定制的计算机和存储系统相当于指挥、控制中心，能够将这些输入的信息和资源进行汇总，进行数据的实时处理。

这样一个看似强大的系统，似乎不应该发生这样的事故，但为什么发生了呢？ Uber 的自动驾驶汽车当时车速为 61 千米/小时，即这辆车是以 16.9 米/秒的速度前行。系统检测到人这个过程，可能需要 1 秒的时间，该时间包括扫描间隔时间、数据处理分析并做出正确决策的时间（摄像头捕捉到的信息需要经过复杂的计算机图像识别算法进行识别），而在夜间摄取的视频受光照影响，相对不清晰，图像越不清晰，计算的工作量就越大。也许留给刹车的时间只有 2 秒，但不到 50 米，速度又比较快，刹车距离显然不够。如果系统足够智能，判断刹车来不及，就一面刹车、一面急转弯，避免撞到行人。但是，人也不是静止不动的，当时行人看到自动驾驶汽车过来时，也会做出一定的躲闪反应，改变自己的方向，这样又给自动驾驶系统不断产生新的信息、得到新的反馈，会干扰系统做出决策，甚至人的行动方向和汽车转弯产生冲突（即没能避免碰撞），就很可能让系统重新计算，甚至算法出错，无法及时做出决策，导致悲剧。

Uber 发生事故时是在进行高级别的自动驾驶测试，主要测试自动驾驶汽车在复杂交通环境下自主认知能力和多系统协同工作的安全性与稳定性。在测试过程中，不仅要考虑道路行人、参与车辆、道路基础设施及交通信号灯等基本的交通因素，而且要在开放的公共道路测试环境中，混合传统驾驶汽车及其他交通（自行车、电动车）参与者，环境复杂性进一步提高，不确定因素更多，还要保证自动驾驶汽车能够很好地融入这样的真实环境中。要完全覆盖所有的场景几乎是不可能的，这也就是我们常说的测试是不能穷尽的。

1.1.5　软件测试的基本概念分析

软件测试里经常提到 3 个概念：缺陷（fault）、错误（error）和失效（failure）。具体来说：缺陷对应于项目内的错误代码，有时候又称为 defect 或者 bug。错误是指程序在运行时，因为执行到了错误代码而造成程序内部状态出错。失效是指程序在运行结束后，其返回的实际结果与预期结果不一致。

我们通过图 1-2 所示的一段包含缺陷的简单代码对这 3 个概念做深入的分析。这是一个编程新手经常容易犯的一个错误，其缺陷在第 3 行，正确的代码应该是"for (int i=0; i<x.length, i++)"。假设我们设计测试用例的输入为"x={1,0,2}"，虽然该输入执行到了缺陷代码，但并未造成程序错误（即变量 count 的取值没有出错），同时该测试用例的实际输出结果与预期输出结果保持一致，即没有产生失效，因此可见该测试用例无法检测出该程序内的缺陷。通过分析这段代码，我们可以设计出另外一个测试用例，其输入为"x={0,1,2}"，运行该测

```
public static int numZero( int[] x ){
    int count = 0;
    for ( int i=1; i < x.length; i++ ){
        if ( x [i] == 0 ){
            count ++;
        }
    }
    return count;
}
```

图1-2　一段包含缺陷的代码

试用例会造成变量 count 的取值出错，即造成错误。该错误通过内部传播，会最终影响到程序的输出，并造成程序的实际输出与预期输出不一致，即产生失效。

基于上述分析，我们会思考一个问题，如果被测程序内部包含缺陷，是不是所有测试用例都能触发这个缺陷并产生失效呢？ RIP 模型针对该问题，给出了答案。

RIP 模型认为要确保测试用例触发外在失效，需要满足以下 3 个必要条件。

（1）可达性（Reachability）：测试用例必须执行到包含缺陷的语句。

（2）传染性（Infection）：缺陷语句执行后必须导致程序内部状态出现错误（即某些变量的取值出现错误）。

（3）传播性（Propagation）：不正确的程序内部状态通过传播语句导致程序的实际输出与预期输出不一致。

基于 RIP 模型，我们可以对上述两个测试用例进行分析。其中，第一个测试用例仅满足可达性条件。而第 2 个测试用例则同时满足了可达性、传染性和传播性这 3 个条件，因此可以造成缺陷程序在运行时产生失效。

1.2　软件测试的分类

目前，软件测试领域有许多测试名称，这些名称来自不同的分类原则，以下是常见的测试分类方式。

软件测试的分类

1. 按测试阶段或测试步骤划分

按测试阶段或测试步骤划分，软件测试分为单元测试、集成测试、确认测试和系统测试。这种划分来源于软件的开发过程，目的是验证软件开发过程各阶段的工作是否符合需求和设计要求。在软件单元完成编码后，首先进行单元测试，验证软件单元是否正确实现了规定的功能和接口等要求；在确认没有问题后，将软件单元组装在一起进行集成测试，验证软件是否满足设计要求；然后对软件进行确认测试，验证软件是否满足软件需求规格说明的各项需求；最后使通过确认测试的软件与其他系统成分组合在一起，并使其在实际运行环境中运行，进行系统测试。

在确认测试中，按照测试的方式又分为 Alpha 测试和 Beta 测试。这两种测试针对的是多用户使用的软件，由用户来发现那些似乎只有最终用户才能发现的错误。Alpha 测试是这样的测试，在开发方的场所，用户在开发人员的指导下对软件进行测试，测试是受控的，开发人员负责记录错误和使用中出现的问题；Beta 测试是由软件的最终用户在一个或多个用户场所进行的，开发人员通常不在现场，整个测试不被控制，用户记录下所有的问题，并报告给开发人员。Alpha 测试和 Beta 测试都不能由开发人员或测试人员完成。

2. 按测试对象划分

按测试对象划分，软件测试分为单元测试、配置项测试、部件测试和系统测试。

软件配置项是为配置管理而设计的、能够满足最终用户功能的软件，在配置管理过程中作为单个实体对待。

软件部件是构成软件配置项或系统的部分之一，在功能上或逻辑上具有一定的独立性，且可以进一步划分为其他部件。

3. 按使用的测试技术划分

按使用的测试技术划分，软件测试分为静态测试和动态测试，这两种测试分别代表了程序不同的运行状态。动态测试又分为白盒测试和黑盒测试，白盒测试包括逻辑覆盖测试、域测试、程序变异测试、路径测试、符号测试等，黑盒测试包括功能测试、强度测试、边界值测试、随机测试等。

4. 按软件质量特性划分

按软件质量特性划分，软件测试分为功能性测试、可靠性测试、易用性测试、效率测试、维护性测试和可移植性测试。

功能性测试又包含适合性测试、准确性测试、互操作性测试、安全保密性测试、功能性的依从性测试；可靠性测试包含容错性测试、成熟性测试、易恢复性测试、可靠性的依从性测试；易用性测试包括易理解性测试、易学习性测试、易操作性测试、吸引性测试、易用性的依从性测试；效率测试包括时间特性测试、资源利用率测试、效率的依从性测试；维护性测试包括易改变性测试、稳定性测试、易测试性测试、易分析性测试、维护性的依从性测试；可移植测试包括适应性测试、易安装性测试、易替换性测试、共存性测试和可移植性的依从性测试。

5. 按照测试项目划分

按照测试项目划分，软件测试分为以下几类。

（1）功能测试：主要针对软件/产品需求规格说明的测试，验证功能是否符合需求，如检验原定功能、是否有冗余的功能等。

（2）健壮性测试：侧重于软件容错能力的测试，主要是验证软件对各种异常情况（如数据边界、非法数据、异常中断等）是否进行正确处理。

（3）恢复测试：对每一类导致恢复或重构的情况进行测试，验证软件自身运行的恢复或重构、软件控制系统的恢复或重构，以及系统控制软件的恢复或重构。

（4）人机界面测试：对人机界面提供的操作进行测试，测试人机界面的有效性、便捷性、直观性等，如人机界面是否友好、是否方便易用、设计是否合理、位置是否准确等。

（5）接口测试：测试被测对象与其他软件（包括软件单元、部件、配置项）或硬件的接口。

（6）强度测试：使软件在其设计能力的极限状态下，以及超过此极限下运行，检验软件对异常情况的抵抗能力。

（7）可用性测试：对"用户友好性"的测试。可用性测试受主观因素影响，且取决于最终用户。用户面谈、调查和其他技术都可在该测试中使用。

（8）压力测试：对系统不断施加压力的测试，通过确定一个系统的瓶颈或者不能接受的性能点，获得系统能提供的最大服务级别的测试。例如，测试一个 Web 站点在大量的负荷下，何时系统的响应会退化或失败。压力测试注重的是外界不断施压。

（9）性能测试：测试软件是否达到需求规格说明中规定的各类性能指标，并满足相关的约束和限制条件。

（10）兼容测试：测试软件在一个特定的硬件、软件、操作系统或网络等环境下的性能如何。

（11）用户界面测试：对系统的界面进行测试，测试用户界面是否友好、是否方便易用、设计是否合理、位置是否正确等一系列界面问题。

（12）安全性测试：测试软件在没有授权的内部或者外部用户攻击、恶意破坏时如何进行处理，是否能保证软件和数据的安全。

（13）可靠性测试：这里指的是比较狭义的可靠性测试，它主要是对系统能否稳定运行进行估计。

（14）安装测试：安装测试主要检验软件是否可以正确安装、安装文件的各项设置是否有效、安装后是否影响原系统、卸载后是否删除干净和是否影响原系统。

（15）文档测试：测试开发过程中生成的文档，以需求规格说明、软件设计、用户手册、安装手册等为主，检验文档是否与实际存在差别。文档测试不需要编写测试用例。

软件测试的这些类别之间有着密切的关系，体现在以下几个方面。

（1）在软件开发过程中，不同阶段的测试对应了对不同软件对象的测试，这种对应关系如图 1-3 所示。例如，集成测试对应了部件测试、确认测试对应了配置项测试，我们可以把按测试阶段或测试步骤分类的软件测试对应于按测试对象分类的软件测试。

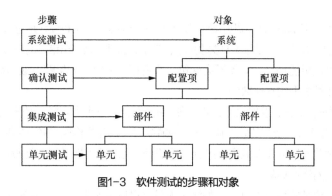

图1-3　软件测试的步骤和对象

（2）在不同的测试阶段，由于测试目标、对象、要求的不同而采用不同的测试技术。一般情况下不同测试对象采用的测试技术如表 1-1 所示。

表1-1　测试对象和测试技术

测试对象	测试技术
单元测试	黑盒测试、白盒测试、静态测试
部件测试	黑盒测试、白盒测试、静态测试
配置项测试	黑盒测试、白盒测试
系统测试	黑盒测试

（3）在不同的测试阶段对不同对象的测试包含不同的测试项目。例如，确认测试可包含功能测试、性能测试、人机界面测试；组合测试可包括接口测试；系统测试可包括可靠性测试、强度测试等。同时，对各阶段和对象的测试完整性要求也不同。

1.3　软件缺陷管理

1.3.1　软件缺陷的概念

所谓软件缺陷，即计算机软件或程序中存在的某种破坏正常运行能力的问题、错误，或者隐藏的功能缺陷。软件缺陷的存在会导致软件产品在某种程度上不能满足用户的需要。IEEE 729-1983 对软件缺陷有一个标准的定义：从产品内部看，软件缺陷是软件产品开发或维护过程中存在的错误、毛病等各种问题；从产品外部看，软件缺陷是系统所需要实现的某种功能的失效或违背。

软件缺陷管理

一般看来，满足以下的任意一种情况都可以称为软件缺陷。

（1）软件未达到产品说明书中标明的功能。

（2）软件出现了产品说明书中指明的不应该出现的功能。

（3）软件功能超出了产品说明书中指明的范围。

（4）软件未达到产品说明书中指明的应达到的目的。

（5）软件难以理解和使用、运行速度慢或最终用户认为不好。

以计算器开发为例。计算器的产品规格说明书中描述：计算器应能准确无误地进行加、减、乘、除运算。如果按下加法键，没什么反应，就是第1种类型的软件缺陷；若计算结果出错，也是第1种类型的软件缺陷。

产品规格说明书还可能规定计算器不会死机，或者停止反应。如果随意敲键盘导致计算器停止接收输入，这就是第2种类型的软件缺陷。

如果使用计算器进行测试，发现除加、减、乘、除之外还可以求平方根，但是产品规格说明书没有提及这一功能模块。这是第3种类型的软件缺陷——软件实现了产品规格说明书中未提的功能模块。

在测试计算器时若发现电池没电会导致计算不正确，而产品规格说明书是假定电池一直都有电的，从而发现第4种类型的软件缺陷。

测试人员如果发现某些地方不对，比如测试人员觉得按键太小、"="键布置的位置不好按、在亮光下看不清显示屏等，无论什么原因，都要认定为软件缺陷。而这正是第5种类型的软件缺陷。

1.3.2 软件缺陷的属性

测试人员发现软件缺陷后，需要提交软件缺陷单。通常情况下，软件缺陷单需要包含以下几种内容。

（1）软件缺陷标识（Identifier）：软件缺陷标识是标记某个软件缺陷的一组符号。每个软件缺陷必须有唯一的标识。

（2）软件缺陷类型（Type）：软件缺陷类型是根据软件缺陷的自然属性划分的软件缺陷种类。软件缺陷类型通常分类情况如表1-2所示。

表1-2　软件缺陷类型

序号	类别	描述
1	界面	界面错误，如界面显示不符合需求、提示信息不合规范等
2	功能	系统功能无效、不响应、不符合需求
3	性能	系统响应过慢、无法承受预期负荷等
4	安全性	存在安全隐患的软件缺陷
5	数据	数据导入或设置不正确

（3）软件缺陷严重程度（Severity）：软件缺陷严重程度是指因软件缺陷引起的故障对软件产品的影响程度，如表1-3所示。

表1-3　软件缺陷严重程度

序号	软件缺陷严重程度	描述
1	严重软件缺陷	不能执行正常工作功能或重要功能，或者危及人身安全、系统安全
2	较大软件缺陷	严重地影响系统要求或基本功能的实现，且没有办法更正（重新安装或重新启动该软件不属于更正办法）
3	较小软件缺陷	影响系统要求或基本功能的实现，但存在合理的更正办法（重新安装或重新启动该软件不属于更正办法）
4	轻微软件缺陷	使操作者不方便或遇到麻烦，但它不影响执行工作功能或重要功能
5	其他软件缺陷	其他错误

（4）软件缺陷优先级（Priority）：软件缺陷优先级是指软件缺陷必须被修复的紧急程度，如表1-4所示。

表1-4　软件缺陷优先级

序号	优先级	描述
1	立即解决	严重阻碍测试进行，且没有方法绕过去
2	高优先级	严重影响测试进行，但是有可选方案绕过该功能进行其他内容测试
3	正常排队	软件缺陷需要正常排队等待修复或列入软件发布清单
4	低优先级	软件缺陷可以在方便时纠正

（5）软件缺陷状态（Status）：软件缺陷状态是指软件缺陷通过一个跟踪修复过程的进展情况，如表1-5所示。

表1-5　软件缺陷状态

序号	软件缺陷状态	描述
1	提交（Submitted）	已提交软件缺陷
2	打开（Open）	确认待处理的软件缺陷
3	已拒绝（Rejected）	被拒绝处理的软件缺陷
4	已解决（Resolved）	已修复的软件缺陷
5	已关闭（Closed）	确认已解决的软件缺陷
6	重新打开（Reopen）	修复验证不通过，被重新打开的软件缺陷

（6）软件缺陷起源（Origin）：软件缺陷起源是指软件缺陷引起的故障或事件第一次被检测到的阶段，如表1-6所示。

表1-6　软件缺陷起源

序号	描述
1	由于需求阶段引起的软件缺陷
2	由于构架阶段引起的软件缺陷
3	由于设计阶段引起的软件缺陷
4	由于编码阶段引起的软件缺陷
5	由于测试阶段引起的软件缺陷

（7）软件缺陷来源（Source）：软件缺陷来源是指引起软件缺陷的起因，如表1-7所示。

表1-7　软件缺陷来源

序号	描述
1	由于需求的问题引起的软件缺陷
2	由于构架的问题引起的软件缺陷
3	由于设计的问题引起的软件缺陷
4	由于编码的问题引起的软件缺陷
5	由于测试的问题引起的软件缺陷

1.3.3 软件缺陷生命周期

在软件开发过程中，软件缺陷拥有自身的生命周期，软件缺陷在走完其生命周期后最终会关闭。确定的软件缺陷生命周期保证了测试过程的标准化，软件缺陷在其生命周期内会处于许多不同的状态，如图1-4所示。

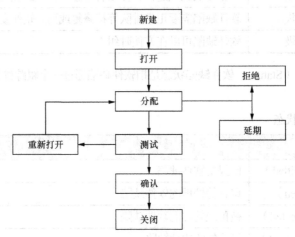

图1-4　软件缺陷的生命周期

新建：当软件缺陷被第1次递交的时候，它的状态即为"新建"。这也就是说软件缺陷未被确认其是否真正是一个软件缺陷。

打开：在测试人员提交一个软件缺陷后，测试组长确认其确实为一个软件缺陷时把状态置为"打开"。

分配：一旦软件缺陷被测试组长置为"打开"，会将软件缺陷提交给相应的开发人员或者开发组。这时软件缺陷状态变更为"分配"。

测试：当开发人员修复软件缺陷后，会将软件缺陷提交给测试组进行新一轮的测试。在开发人员公布已修复软件缺陷的程序之前，会把软件缺陷状态置为"测试"。这时表明软件缺陷已经修复并且已经交给了测试组。

延期：软件缺陷状态被置为"延期"意味着软件缺陷将会在下一个版本中被修复。将软件缺陷置为"延期"的原因有许多种，有些是由于软件缺陷优先级不高，有些是由于时间紧，有些是因为软件缺陷对软件不会造成太大影响。

拒绝：如果开发人员不认为其是一个软件缺陷，可能会不接受。同时会把软件缺陷状态置为"拒绝"。

确认：一旦软件缺陷被修复就会被置为"测试"，测试人员会执行测试。如果软件缺陷不再出现，这就证明软件缺陷被修复了同时其状态被置为"确认"。

重新打开：如果软件缺陷被开发人员修复后仍然存在，测试人员会把软件缺陷状态置为"重新打开"。软件缺陷即将再次执行其生命周期。

关闭：一旦软件缺陷被修复，测试人员会对其进行测试。如果测试人员认为软件缺陷不存在了，会把软件缺陷状态置为"关闭"。这个状态意味着软件缺陷被修复，通过了测试并且核实确实如此。

1.3.4　常见的软件缺陷管理工具

如何有效地管理软件产品中的缺陷是每一家软件企业必须面临的问题。遗憾的是，许多软件企业还是停留在手工作坊式的研发模式中，其研发流程、研发工具、人员管理都不尽如人意，无法有效地保证质量、控制进度，并使产品可持续发展。软件缺陷管理是软件项目开发过程中一个重要的环节，选择一个较好的软件缺陷管理工具进行软件缺陷管理尤为重要，以下列举部分主流的软件缺陷管理系统。

（1）Bugzilla

Bugzilla 是由 Mozilla 公司提供的一个开源的、免费的软件缺陷跟踪工具。作为一个软件缺陷记录及跟踪工具，它能够建立一个完善的缺陷跟踪体系，该体系包括报告缺陷、查询缺陷记录并产生报表、处理解决、管理员系统初始化和设置 4 个部分。Bugzilla 的详细使用介绍可参考 8.4 节的内容。

（2）BugFree

BugFree 是借鉴微软公司的研发流程和缺陷管理理念，使用 PHP+MySQL 独立写出的一个缺陷管理系统。该系统简单实用、免费，并且开放源代码（遵循 GNU GPL）。命名"BugFree"有两层意思：一是希望软件中的缺陷越来越少，直到没有；二是免费且开放源代码，大家可以自由使用、传播。

（3）Quality Center

Quality Center 是一个基于 Web 的商业测试管理工具，可以组织和管理应用程序测试流程的所有阶段，如制订测试需求、计划测试、执行测试和跟踪软件缺陷。此外，通过 Quality Center 还可以创建报告和图来监控测试流程。

Quality Center 是一个强大的测试管理工具，合理地使用 Quality Center 可以提高测试的工作效率，节省时间，起到事半功倍的效果。

（4）JIRA

JIRA 是 Atlassian 公司出品的项目与事务跟踪工具，被广泛应用于软件缺陷跟踪、客户服务、需求收集、流程审批、任务跟踪、项目跟踪和敏捷管理等工作领域。JIRA 配置灵活、功能全面、部署简单、扩展丰富。JIRA 是比较流行的基于 Java 架构的管理系统，由于 Atlassian 公司对很多开源项目实行免费提供软件缺陷跟踪服务，因此在开源领域，JIRA 的被认知度比其他测试产品要高得多，而且易用性也好一些。

（5）Mantis

Mantis 是一个基于 PHP 技术的轻量级软件缺陷跟踪系统，其功能与前面提及的 JIRA 系统类似，都是以 Web 操作的形式提供项目管理及软件缺陷跟踪服务。在功能上可能没有 JIRA 那么专业，界面也没有 JIRA 美观，但在实用性上足以满足中小型项目的管理及跟踪需求。更重要的是其开源，用户不需要负担任何费用。不过目前的版本还存在一些问题，期待在今后的版本中能够得以完善。

（6）LaunchPad

LaunchPad 是由 Ubuntu 的母公司 Canonical 公司资助架设的网站，最初是一个提供维护、支持或联络 Ubuntu 开发者的平台。后来越来越多的项目使用该系统进行软件缺陷跟踪管理，如云平台基础架构 OpenStack。

1.4 软件质量模型与软件测试相关特性

1.4.1 软件质量模型

软件质量是软件的生命，它直接影响软件的使用和维护。通常从以下几个方面评价软件质量的优劣。

（1）软件需求是衡量软件质量的基础，不符合需求的软件就不具备质量。设计的软件应在功能、性能等方面都符合要求，并能可靠地运行。

（2）软件结构良好，易读、易于理解，并易于修改、维护。

软件质量与软件
测试相关特性

（3）软件系统具有友好的用户界面，便于用户使用。

（4）软件生存周期中各阶段文档齐全、规范，便于配置、管理。

如何评定一个软件呢？最通用的一个规范就是使用 ISO/IEC 9126-1991 标准规定的软件质量度量模型。它不仅对软件质量做了定义，还涉及整个软件测试的一些规范流程和测试计划的撰定、制订以及测试用例的设计。

ISO/IEC 9126-1991 标准规定的软件质量度量模型由 3 层组成，其中第 1 层称为质量特性，第 2 层称为质量子特性，第 3 层称为度量，如图1-5 所示。

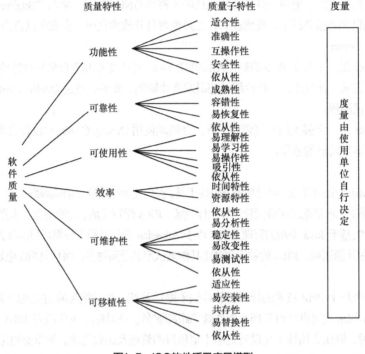

图1-5 ISO软件质量度量模型

其中对质量特性和质量子特性做如下详细说明。

（1）功能性：是指当软件在指定条件下使用时，软件产品满足明确和隐含的功能的能力。

① 适合性：是指软件产品与指定的任务和用户目标提供一组合适的功能的能力。

② 准确性：是指软件产品具有所需精确度的正确或相符的结果及效果的能力。

③ 互操作性：是指软件产品与一个或多个规定系统进行交互的能力。

④ 安全性：是指软件产品保护信息和数据的能力，以使未授权的人员或系统不能阅读、修改这些信息和数据，但不拒绝授权人员或系统对其的访问。

⑤ 依从性：是指软件产品遵循与同功能性相关的标准、约定或法规，以及类似规定的能力。

（2）可靠性：是指当软件在指定条件下使用时，软件产品维持规定的性能级别的能力。

① 成熟性：是指软件产品避免因软件中错误发生而导致失效的能力。

② 容错性：是指在软件发生故障或违反指定接口的情况下，软件产品维持规定的性能级别的能力。

③ 易恢复性：是指在失效发生的情况下，软件产品重建规定的性能级别并恢复受直接影响的数据的能力。

④ 依从性：是指软件产品遵循与同可靠性相关的标准、约定或法规，以及类似规定的能力。

（3）可使用性：是指当软件在指定条件下使用时，软件产品被理解、学习、使用和吸引用户的能力。

① 易理解性：是指软件产品使用户能理解它是否合适，以及如何能将软件用于特定的任务和使用环境的能力。

② 易学习性：是指软件产品使用户能学习它的能力。

③ 易操作性：是指软件产品使用户能操作和控制它的能力。

④ 吸引性：是指软件产品吸引用户的能力。

⑤ 依从性：是指软件产品遵循与同易用性相关的标准、约定、风格指南或法规，以及类似规定的能力。

（4）效率：是指在规定条件下，相对于所用资源的数量，软件产品可以提供适当的性能的能力。

① 时间特性：是指在规定条件下，软件产品执行其功能时，可以提供适当的响应时间和处理时间，以及吞吐率的能力。

② 资源特性：是指在规定条件下，软件产品执行其功能时，可以提供合适的数量和类型的资源的能力。

③ 依从性：是指软件产品遵循与同效率相关的标准或约定的能力。

（5）可维护性：是指软件产品可被修改的能力，修改可能包括修正、改进或软件适应环境、需求和功能规格说明中的变化。

① 易分析性：是指软件产品诊断软件中的缺陷或失效原因，以及判定待修改部分的能力。

② 稳定性：是指软件产品避免由于软件修改而造成意外结果的能力。

③ 易改变性：是指软件产品使指定的修改可以被实现的能力。

④ 易测试性：是指软件产品使已修改软件能被确认的能力。

⑤ 依从性：是指软件产品遵循与同维护性相关的标准或约定的能力。

（6）可移植性：是指软件产品从一种环境迁移到另一种环境的能力。

① 适应性：是指软件产品无须采用有别于为考虑该软件的目的而准备的活动或手段，就能够适应不同的指定环境的能力。

② 易安装性：是指软件产品在指定环境中被安装的能力。

③ 共存性：是指软件产品在公共环境中同与其分享公共资源的其他独立软件共存的能力。

④ 易替换性：是指软件产品在环境相同、目的相同的情况下替代另一个指定软件产品的能力。

⑤ 依从性：是指软件产品遵循与同可移植性相关的标准或约定的能力。

1.4.2　测试的复杂性和经济性

人们常常认为，开发一个软件是困难的，而测试一个软件则相对比较容易。初涉软件测试的人可能希望通过测试，找出软件故障。其实，要查出程序中所有的故障既不现实，又不可能。这一问题涉及软件测试的复杂性与经济性。

1. 测试的复杂性

例如，要测试一个三角形程序，该程序完成下述功能。

输入3个整数a、b和c，作为三角形的3条边，通过程序判断由这3条边构成的三角形类型是等边三角形、等腰三角形还是一般三角形，并输出相应的信息。

写出自己认为合适的测试输入，然后根据测试输入回答下面的问题，每回答1个"是"加1分，最后看看能得多少分。

（1）是否设计了一种测试输入表示合法的一般三角形？

注意，像(1,2,3)和(2,3,9)这样的测试输入不应该回答"是"，读者可以想想为什么。

（2）是否设计了一种测试输入表示合法的等边三角形？

（3）是否设计了一种测试输入表示合法的等腰三角形？

注意，像(4,4,8)这样的测试输入不应该回答"是"，因为不存在这样的三角形。

（4）是否至少设计了 3 种测试输入表示合法的等腰三角形，由此检查了 2 条边相等的 3 种排列方案？如(3,3,4)、(4,3,3)、(3,4,3)。

（5）是否设计了这样的测试输入，其中三角形的一条边长为 0？

（6）是否设计了一种测试输入，其中 3 个整数都大于 0，而其中的 2 个数之和等于第 3 个数？

注意，如果把(2,3,5)当成一个一般三角形，则表明程序中有故障。

（7）是否至少设计了 3 种第 6 个问题那样的测试输入，检查 1 条边边长等于另外 2 条边边长之和的 3 种排列方案？如(2,3,5)、(5,2,3)、(3,5,2)。

（8）是否设计了一种测试输入，表示 3 个整数都大于 0，而其中某 2 个数的和小于第 3 个数？

注意，如果把(2,3,9)当成一个一般三角形，则表明程序中有故障。

（9）是否至少设计了 3 种第 8 个问题那样的测试输入，检查了 1 条边小于另外 2 条边之和的 3 种排列方案？如(2,3,9)、(2,9,3)、(9,2,3)。

（10）是否设计了一种测试输入，表示 3 条边边长都为 0，即(0,0,0)？

（11）是否设计了这样的测试输入，其中三角形的一条边长为负数？

（12）是否至少设计了一种测试输入，其中三角形的边长不是整数？

（13）是否至少设计了一种测试输入，其中三角形的边数不是 3？例如，给出 2 条边或 4 条边。

（14）对于每一种测试输入，是否还给出了预期的输出？

当然，满足上面条件的一组测试输入不能保证查出所有可能的故障，但由于问题（1）～问题（13）代表了该程序实际上可能发生的故障，对程序进行充分的测试应该能检查出这些故障。你得了多少分？一个经验丰富的专业程序开发人员平均只得 7.8 分（满分 14 分）。这表明，即使像上面这样简单的程序测试，也不是一件容易的事。何况要测试一个具有十多万条语句的空中交通管制系统，一个编译程序，甚至一个普通的工资开放软件呢？可见，软件测试是一项复杂而艰巨的任务，需要系统地学习、训练和实践。

2. 黑盒测试的复杂性

黑盒测试是一种常用的软件测试方法，在应用这种方法设计测试用例时，测试人员把被测程序看成是一个打不开的黑盒，在不考虑程序内部结构和内部特性的情况下，只根据需求规格说明书，设计测试用例，检查程序的功能是否按照规范说明的规定正确地执行。

如果希望利用黑盒测试方法查出软件中的所有故障，只能采用穷举输入测试。所谓穷举输入测试，就是把所有可能的输入全部都用作测试输入。例如，要对 Microsoft Windows 计算器进行测试。检验了 1+1 是等于 2 后，绝不能保证 Windows 计算器能正确地进行所有的加法运算。很可能当进行 1024+1024 的运算时，计算结果不正确。由于把被测程序看成了一个黑盒子，所以发现问题的唯一途径只能是测试每一种输入情况。

图1-6 Windows计算器

要穷尽地测试图 1-6 所示的 Windows 计算器，就得考虑所有可能的合法输入。比如，从整数加法开始先检测 1+1 的结果，答案是 2，结果正确。然后检测 1+2 的结果……因为计算器可以处理 32 位的数字，所以必须测试所有的可能性，直至检测到 1+99999999999999999999999999999999 为止。这一组数据测试完成后，还需要测试输入 "2+1" 和 "2+2"，依此类推。最后输入 "99999999999999999999999999999999+99999999999999999999999999999999"。

下一步考虑测试小数，例如，0.1+0.1、1.0+1.1 等。为了确保能检查出所有的故障，不仅要测试所有合法的输入，而且要对所有可能的非法输入进行测试。即常规数字相加正确无误之后，还应考虑错误输入是否都得到了相应的处理。例如，按了任意键，输入 I+a、Z+I、1a1+2b2 等。这样的组合可谓成千上万。同时，经过修改的输入也必须再次进行测试。计算器程序允许输入退格键和删除键，就应该考虑 "5<退格键>7+2=" 的情况。前面测试过的每一个数字还要逐个按退格键重新进行测试。此外，还得考虑 3 个数相加、4 个数相加等情况。输入组合实在太多了，无法进行完全测试，即使使用大型计算机来填数也无济于事。这还仅仅是加法，还有减法、乘法、除法、求平方根、求百分数和求倒数等。因此，要穷举地测试这个 Windows 计算器程序，实际上就得给出无穷多个测试用例。

即使这样简单的 Windows 计算器测试都已使人感到头痛，何况大程序的穷举测试呢。可以设想一下，如果要对 C 编译程序进行黑盒测试，会是怎样的情景？可能不仅要编制所有合法 C 程序（实际上是个无穷的量）的测试用例，而且要编制出所有不合法的 C 程序的测试用例，以确保编译程序能检查出这些程序是非法的。对于那些具有"记忆"功能的程序（如操作系统、数据库系统和航空服务系统等），问题就更严重了。在这类程序中，作业的执行要受以前作业的影响，例如，对一个数据的询问、预订某航班飞机票等。这样，人们不仅要检测所有单个合法的、非法的作业，而且要检测所有可能的作业序列。可见，穷举输入测试是不现实的。

3. 白盒测试的复杂性

黑盒穷举测试不现实，那么，另一种常用的测试方法白盒测试是否可以做到穷举测试呢？白盒测试又称结构测试或基于程序的测试，该方法将被测对象看作一个打开的盒子，允许人们检查其内部结构。测试人员根据程序内部的结构特性，设计和选择测试用例，检测程序的每条路径是否都按照预定的要求正确地执行。

对于没有学过软件测试的人来说，或许认为使程序中每条路径至少执行一次就做到了穷举测试。然而，程序的路径数量可能是个天文数字。下面来看一个非常简单的程序，并假定程序中所有判断都是相互独立的。它的程序控制流程图如图 1-7 所示。

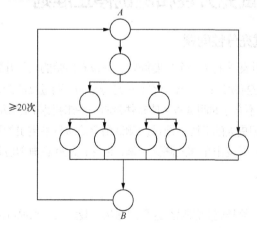

图1-7　程序控制流程图

图 1-7 中的每个节点代表一条语句，每条边或弧则表示两条语句间的控制转移。该图描述了一个由 10～20 条语句构成的程序，其中含有一个最多重复 20 次的循环语句，而在循环体内，则有一些嵌套的条件语句。那么从 A 点走到 B 点的所有路径数有 $5^{20}+5^{19}+\cdots+5^{1}$，其中 5 是贯穿循环体的路径数。大多数人都难以想象这么大的数据是什么概念，可以这样设想：如果每 5 分钟可以写出、执行并验证一个测试用例，那么测试完所有路径大概要花 10 亿年。

当然，实际程序中的判断并非都是相互独立的，这意味着可能的实际路径数要比刚才的估计小一些。但实际程序要比这个简单程序规模大得多，因此，举穷路径测试看起来与穷举输入测试一样是不现实的。

再者，即使程序中每条路径都测试过了，仍不能保证程序没有故障，原因有以下 3 点。

（1）穷举路径测试不能保证程序实现符合规格说明的要求。例如，如果要求编写升序排序程序，结果程序被错误地编写成降序排序程序。这时，穷举路径测试是毫无用处的。

（2）穷举路径测试不可能查出程序中因遗漏路径而出现的错误。

（3）穷举路径测试可能发现不了有关数据的故障。例如，假定程序要求实现：

```
if(abs(x-y))<ϵ
```

而实际程序则写成：

```
if(x-y)<ϵ
…
```

显然，这个语句有错，但使用穷举路径测试并不一定能发现这个错误。

因此，无论穷举输入测试还是穷举路径测试，都不可能对被测程序进行彻底的测试。艾兹格·迪杰斯特拉（E.W.Dijkstra）的一句名言对测试的不彻底性做了很好的注释："软件测试只能证明故障的存在，但不能证明故障不存在"。

由于穷举测试的工作量太大，实际上是行不通的，这就注定了一切实际测试都是不彻底的。因此，软件测试的一个基本问题是经济学问题。软件测试的总目标是充分利用有限的人力和物力资源，高效率、高质量地完成测试。为了降低测试成本，选择测试用例时应注意遵守测试的"经济性"原则：第一，要根据程序的重要性和一旦发生故障将造成的损失来确定它的测试等级；第二，要认真研究测试策略，以便能使用尽可能少的测试用例，发现尽可能多的程序错误。掌握好测试量是至关重要的。

1.5 软件测试充分性和测试停止准则

1.5.1 软件的测试充分性问题

测试充分性问题是软件测试的另一个重要问题。一位有经验的软件开发管理人员在谈到软件测试时曾这样说过："不充分的测试是愚蠢的，而过度的测试则是一种罪孽。"其原因在于，不充分的测试势必使软件带着一些未揭露的隐藏故障投入运行，这可能使用户承担更大的危险；而过度测试则会浪费许多宝贵的资源。测试的一个合理目标就是：开发出足够的测试用例，以保证软件在典型应用和关键系统中不会存在什么问题。

软件测试充分性和
测试停止准则

1. 测试充分性准则

那么什么程度的测试才算是充分的呢？这个问题从一般意义上来说可能无法回答，甚至就是针对软件的一个特定部分也不容易回答。要回答这些问题，有许多因素需要考虑，比如，是否是关键软件？

按照 IEEE/ANSI 标准的定义，关键软件是指那些失效可能影响到安全或者可能造成巨大经济或社会损失的软件。对于关键软件或者使用范围大、应用方式繁多的软件，很明显，需要许多额外的测试。还有一种观点是考虑软件所涉及领域的常用标准，测试就是验证软件是否与这些标准相一致。比如，在医药生产和家具生产的质量标准方面就存在着明显的不同。

测试充分性准则用来评价一个测试数据集（测试输入数据的集合）按照规范说明测试被测软件是否充分。

测试的充分性也可以根据"覆盖率"这一概念进行衡量。覆盖率至少可以通过两种方式来测定。一种方式是基于软件规格说明，测试检测了其中的多少需求；另一种方式是基于程序源代码，测试检测了其中的多少行代码、多少条语句或多少条路径等。这两种方法也反映了两种基本的测试方法——基于规范的测试（黑盒测试）方法和基于结构的测试（白盒测试）方法。

测试充分性准则是在测试之前，由相关各方根据质量、成本和进度等因素规定的，表现为对测试的要求与软件需求和软件实现有关，具有以下的一些基本性质。

（1）空测试对于任何软件测试都是不充分的。

（2）对任何软件都存在有限的充分测试数据集，这一性质称为有限性。

（3）如果一个测试数据集对一个软件系统的测试是充分的，那么再增加一些测试用例也是充分的，这一性质称为单调性。

（4）软件越复杂，需要的测试用例就越多，这一性质称为复杂性。

（5）测试得越多，进一步测试所能得到的充分性增长就越少，这一性质称为回报递减律。

2. 测试数据集充分性公理

Weyuker（韦约克）将公理系统应用到软件测试的研究中，给出了以下 4 条基于程序的测试数据集充分性公理。

公理 2.1（非外延性公理） 如果有两个功能相同而实现不同的程序，对其中一个是充分的测试数据集对另一个不一定是充分的。

公理 2.2（多重修改公理） 如果两个程序具有相同的语法结构，对一个是充分的测试数据集对另一个不一定是充分的。

两个程序具有相同的语法结构是指将一个程序中的若干关系运算符、常数和算术运算符用其他关系运算符、常数和算术运算符替换后，得到的另一个语法正确的程序。

公理 2.3（不可分解公理） 对一个程序进行了充分的测试，并不表示对其中的成分都进行了充分的测试。

公理 2.4（非复合性公理） 对程序各单元是充分的测试数据集并不一定对整个程序（集成后）是充分的。

1.5.2 软件测试原则

软件中总是存在着不同层次的缺陷，这导致了很多不便，同时也带来了各种损失。软件测试是对质量进行评估，以减少最终交付的软件中存在的缺陷。传统的软件测试是为了保证软件满足规格说明，而不是努力寻找软件中的弱点。软件测试是一个极具创造性的工作，对人的智力是很大的挑战。但是在测试过程中遵循一定的原则是可以提高测试效率和效果的。

从不同的角度出发，软件测试会派生出两种不同的测试原则。用户希望通过软件测试能充分暴露软件中存在的问题和故障；开发者希望通过软件测试能表明软件产品已经正确地实现了用户的需求，没有软件故障存在。因此，软件测试中一个最为重要的问题是人们的心理问题。本节列举出一些至关重要的测试原则或方针，可以视为软件测试和软件开发的"交通规则"或者"生活法则"，有助于透彻了解整个软件测试过程。

1. 完全测试程序是不可能的

理想情况下，测试所有可能的输入，将提供程序行为最完全的信息，但这往往是不可能的。例如，一个程序若有输入量 X 和 Y 及输出量 Z，在字长为 32 的计算机上进行。如果 X、Y 为整数，按功能测试法穷举，测试数据有 $2^{32} \times 2^{32} = 2^{64}$ 个。如果测试一组数据需要 1 毫秒，一年工作 365 天×24 小时，那么完成所有测试需 5 亿年。

如果由于某些原因将一些测试输入去掉，比如，认为测试条件不重要或者为了节省时间，那么测试就不是完全测试。在实际测试中，完全测试是不可行的，即使最简单的程序也不行，主要有以下 3 个方面的原因。

（1）程序的输入量太大。

（2）程序的输出量太多。

（3）软件实现的途径太多。

软件规格说明书没有一个客观标准。从不同的角度看，软件故障的标准可能也不同，这样就注定了一切实际测试都是不彻底的。

2. 软件测试是有风险的

如果决定不测试所有的情况，那么就意味着选择了风险。在前面计算器的例子中，如果没有对 1024+1024 进行测试，而碰巧程序对这种情况的处理不正确，那么就留下了一个软件故障在计算器程序中。如果正好用户要计算 1024+1024，这个软件故障就会被发现。这将是一个修复代价很高的软件故障，因为直到软件交付使用时才被用户发现。

不能做到完全测试，不测试又会漏掉一些软件故障。测试的目标应该是使有限的测试投资获得最大的收益，即以有限的测试用例检查出尽可能多的软件故障。如果试图测试所有情况，费用将大幅度增加，而漏掉软件故障的数量并不会因费用上涨而显著下降。如果减少测试或者错误地确定测试对象，那么费用很低，但是会漏掉大量软件故障。因此，软件测试的一个主要原则是如何把无边无际的可能输入减少到可以控制的范围，以及如何针对风险制订出一些明智抉择，去粗存精，找到最合适的测试量，使测试做得不多不少。

3. 测试无法找到隐藏的软件故障

在防疫检查工作中，如果检查人员发现一匹马身上或者周围有寄生虫迹象，就可以判断这匹马感染了寄生虫。如果检查人员对另一匹马进行检查，没有找到寄生虫迹象或者找不到这匹马被感染的征兆，也许发现了一些死虫或者废弃的洞穴，但是无法证实有活的寄生虫存在。检查结果无法肯定这匹马没有感染寄生虫，只能说明没有发现活的寄生虫存在。软件测试工作与防疫检查工作极为相似，通过软件测试可以查找并报告发现的软件故障，但是不能保证软件故障全部被找到，也无法报告隐藏的软件故障。继续测试，可能还会发现一些软件故障。

4. 存在的故障数量与发现的故障数量成正比

现实生活中的寄生虫现象和软件故障几乎一样，两者都是成群出现的。发现一个软件故障之后，就会接二连三地在附近发现更多的软件故障。在典型程序中，某些程序段看来比其他程序段更容易出错，例如，在 IBM 370 操作系统中，人们注意到一个现象：47%的软件故障（由用户发现的）只与系统中 4% 的程序模块有关。经验表明，测试后程序中残存的故障数量与该程序中已发现的故障数量成正比，其中原因可能是以下 3 种。

（1）程序员怠倦。程序员编写一天代码或许情绪还不错，第 2 天、第 3 天可能就会烦躁不安了。一个软件故障很可能是暴露附近更多软件故障的信号。

（2）程序员往往犯同样的错误。每个人都有自己的偏好，一个程序员总是反复犯自己容易犯的错误。

（3）某些软件故障可能是冰山一角。某些看似无关的软件故障可能是由一个极其严重的错误造成的。

尽管至今人们还没有对这一现象给出一个令人满意的解释，但这一现象对测试很有用。根据这一原则，应当对故障群集的程序段进行重点测试。例如，一个含有两个模块 M1 和 M2 的程序，到目前为止，在 M1 中发现了 5 个故障，而在 M2 中只发现了 1 个故障，如果有意不再对 M1 进行更严格的测试，那么由这一原则可知，M1 中含有更多错误的概率要比 M2 更大。这可以帮助更深刻地认识测试过程并采取相应的措施。如果发现某一代码段看起来比其他代码段更容易出错，在试图进一步进行测试时，应当用较多的时间和代价测试这一代码段。

5. 杀虫剂现象

1990 年，鲍里斯·贝泽尔（Boris Beizer）在其编著的《软件测试技术（第二版）》一书中引用了"杀虫剂现象"一词，用于描述软件测试进行得越多，其程序免疫力越强的现象。这与农药杀虫类似，常用一种农药，害虫最后就有抵抗力，农药发挥不了多大的效力。

为了避免杀虫剂现象的发生，应该根据不同的测试方法开发测试用例，对程序的不同部分进行测试，以找出更多的软件故障。

6. 并非所有软件故障都能修复

在软件测试中，令人沮丧的现实是，即使拼尽全力，也不是所有的软件故障都能得到修复。但这并不意味着软件测试没有达到目的，关键是要进行正确的判断与合理的取舍，根据风险分析决定哪些软件故障必须修复，哪些可以不修复。

不修复软件故障的原因可能有以下 4 种。

（1）没有足够的时间。软件产品开发中，常常在项目进度中没有为测试留出足够的时间，而软件又必须按时交付。

（2）修复风险太大。在软件测试中，这种情况很常见。软件本身很脆弱，修复一个软件故障可能导致其他软件故障的出现。在紧迫的产品发布和进度压力之下，修改软件将冒很大的风险。在某些情况下，暂时不去理睬软件故障，以避免出现新的软件故障或许是一个可选的安全之道。

（3）不值得修复。不常出现的软件故障和在不常用功能中出现的软件故障可以暂不修复；可以躲过和用户有办法预防或避免的软件故障通常也可以不修复。

（4）不算真正的软件故障。在某些特殊场合，错误理解、测试错误或者产品规格说明书变更可以把软件故障当作附加的功能而不当作故障来对待。

7. 一般不要丢弃测试用例

在使用交互系统进行软件测试时，常常出现这样的情况：测试人员坐在计算机前，编写出一些测试用例并用它们对被测程序进行测试，当再次测试程序时（例如，改错后或改进程序后），就得重新编写测试用例。由于重新编写测试用例需要大量的工作，测试人员多半要回避它。因此，对程序的重新测试很少能像原来那样严格。这意味着，如果对程序的修改使原先能正确运行的部分出现了故障，那么这个故障常常发现不了。因此，除非确实没有用，测试人员一般不要丢弃测试用例。

8. **应避免测试自己编写的程序**

开发和测试是两个不同的活动。开发是创造或者建立一个模块或整个系统的过程；而测试是为了发现一个模块或者系统中存在故障，不能正常工作的过程。这两个活动之间有着本质的区别，而一个人也不可能把两个截然对立的开发人员和测试人员角色都扮演好。当一个程序员在完成了设计、编写代码的建设性工作后，要一夜之间改变他的观点，设法对程序形成一个完全否定的态度，那是非常困难的。大部分程序员都不能使自己进入测试状态，揭露自己程序中隐藏的故障，因而大部分程序员不能有效地测试自己的程序。

除了这个心理原因，还有一个重要的原因：程序中可能包含有程序员对问题的叙述或说明的误解而产生的故障。如果是这种情况，当程序员测试自己的程序时，往往还会带着同样的误解进行测试，这样问题难以被发现。可以把测试看作是对一篇论文或一本著作的评审，正如许多作者所知，批评自己的著作是非常困难的。也就是说，找出自己的故障往往是人的心理状态所不容易接受的。但这并不是说程序员不可能测试自己的程序。只是相比之下，如果由他人来进行测试，可能会更有效、更成功。

9. **软件测试是一项复杂且具有创造性的和需要高度智慧的挑战性任务**

以前，软件产品较小，也不太复杂，即使出现软件故障，也很容易修复，不需付出多少代价和破坏性。但是，随着软件规模和复杂性的增加，测试一个大型软件所要求的创造力，可能超过设计那个软件所要求的创造力。现在，生产低质软件的代价太高了，软件行业也发展到强制使用软件测试人员的时代。尽管软件测试不可能发现软件中的所有故障，尽管有一些方法可用来指导测试用例的开发，但使用这些方法仍然需要很大的创造力。

1.5.3　测试停止准则

因为无法判定当前发现的故障是否是最后一个故障，所以决定什么时候停止测试是一件非常困难的事。受经济条件的限制，测试最终要停止。下面就给出一些实用的停止测试的标准。

第 1 类标准：测试超过了预定的时间，停止测试。

第 2 类标准：执行了所有测试用例但没有发现故障，停止测试。

第 3 类标准：使用特定的测试用例方法作为判断测试停止的基础。

第 4 类标准：正面指出测试完成的要求，如发现并修改 70 个软件故障。

第 5 类标准：根据单位时间内查出故障的数量决定是否停止测试。

第 1 类标准意义不大，因为即使什么都不干也能满足这一条，这不能用来衡量测试的质量。

第 2 类标准同样也没有什么指导作用，因为它客观上鼓励人们编制查不出故障的测试用例。像上面所讨论的那样，人是有很强工作目的性的。如果告诉测试人员测试用例失败之时就是完成任务之日，那么测试人员会不自觉地以此为目的去编写测试情况，回避那些更有用的、能暴露更多故障的测试用例。

第 3 类标准把使用特定的测试用例设计方法作为判断测试停止的标准：一是条件覆盖准则；二是边界值分析，并且由此产生的测试用例最终全部失败。也可以定义测试用例最终全部失败时结束测试。

尽管这类标准比前面两个标准优越，但它存在以下 3 个方面的问题。

（1）在没有特定方法的测试阶段中无效，如系统测试阶段。

（2）这仍是一个主观的衡量标准，因为无法保证测试人员准确、严格地使用了某种方法，如边界值分析。

（3）这类标准只给定了一个测试用例的设计方法，并不是一个确定的目标。只有测试者确实能够成功地运用测试用例的设计方法时，才能应用这类标准，并且这类标准只对某些测试阶段适用。

第 4 类标准正面指出了停止测试的要求。既然测试的目的是找出软件故障，那么就把停止测试的标准定为查出某一预定数量的故障。比如，可以定义为某一模块只要找出 3 个故障就可以停止测试。系统测试的停止测试不妨定为发现并修改 95 个故障并至少持续 3 个月时间。这类标准虽然加强了测试的定义，但仍存在问题，其中一个问题就是如何知道将要查出的故障数。为了得到这个数字，有如下要求。

（1）估计程序中故障的总数。

（2）估计这些故障中通过测试的比例，有多少故障可以很容易地被找出来。

（3）估计哪些故障产生于某些特定的设计过程，估计这些故障将在测试的哪个阶段被查出。

有以下几种粗略估计故障总数的方法。

（1）根据以往测试程序的经验。

（2）根据各种故障预测模型。其中有些模型要求首先对软件进行一段时间的测试，记录相继出现的两个故障的时间间隔，然后估计故障总数。另外，一些模型利用故障注入技术，将已知的故障注入被测程序中，然后检查测出注入故障和非注入故障之比等。

（3）利用工业界的平均值来获得所要的估计值。比如，一个典型的程序刚编写好时，大概 100 句中有 4～8 个故障。估计通过测试的比例要用到一些主观猜测，也要考虑程序的特性和未知故障可能造成的后果。

由于不知道故障是怎样发生、何时发生的，所以第 3 个估计故障总数的方法是最难的。据美国一家公司统计表明，在查找出的软件故障中，属于程序编写错误的仅占 36%，属于需求分析和软件设计的约占 64%。

举一个简单的例子。如果要测试一个有 10000 条语句的程序，代码审查后剩下的故障大约是每 100 句有 5 个，测试的目标是要查出 98% 的代码错误，95% 的设计错误。假设有 200 个是代码错误，300 个是设计缺陷，所以这里的目标是查出 196 个代码错误，285 个设计错误。

如果测试的时间表是集成测试 3 个月，系统测试 2 个月，那么完成测试的标准可以是以下内容。

（1）只要查出并修改 130 个代码错误（200 个代码错误的 65%），就可以停止单元测试。

（2）查出并修改 60 个代码错误（200 个代码错误的 30%）和 180 个设计错误（300 个设计错误的 60%），并至少进行 3 个月的集成测试才可以停止测试。如果很快就找出了 240 个故障，说明有可能低估了故障的总数，所以不能过早地停止集成测试。

（3）查出并修改 6 个代码错误和 105 个设计错误，并至少进行 2 个月的系统测试才能停止测试。

第 4 类标准的另一个明显问题是过高地估计故障的总数。在前例中，如果在测试开始时故障就少于 481 个，若按这一标准则测试永远不会停止。那么是程序写得太好了，没有那么多的软件故障呢，还是测试方法选取不当或测试用例设计不好呢？遇到这种情况，可以请其他测试专家分析测试用例，判断问题是出在测试用例不足，还是测试用例写得很好，但没有那么多的故障存在。

第 5 类标准看上去很容易，但在实际使用中要用到很多判断和直觉。它要求人们用图表表示某个测试阶段中单位时间查出的故障数量，通过分析图表，确定应继续进行测试还是结束这一测试阶段而开始下一测试阶段。例如，假设某一测试发现的故障数在第 7 周最多，即使这时已找出了预定的故障数，停止测试还是太轻率。因为第 7 周，正处于发现故障的高潮期。明智的决定是继续测试，必要的话再设计一些测试用例。另外，假设在第 7 周检查出的故障有明显下降，这时，最好停止测试。当然，还应考虑其他因素的影响，比如，是否由于机器不够或合适的测试用例不足所造成的查错效率下降。

最好的测试停止标准或许是将上面讨论的几类标准结合起来。因为大部分软件开发项目在单元测试阶段并不正式地跟踪查错过程，所以这一阶段最好的测试停止标准可能是第 1 类。对于集成测试和系统测试阶段，完成标准可以是查出了预定数量的故障及一定的测试期限，但还要分析故障——时间图，只有当该图指明这一阶段的测试效率很低时才能停止测试。

1.6 小结

本章主要描述了软件测试的基础知识，如软件测试的定义、软件测试的目的、软件测试的必要性，以及软件质量保证方面的内容。另外，按照从软件测试的不同层面对软件测试进行详细的分类。

对于软件测试人员而言，软件测试定义是：测试是以发现故障为目的而执行程序的过程。这一定义强调寻找故障是测试的目的。

在许多软件开发组织中，软件缺陷管理都是开发和测试过程的组成部分。软件缺陷管理主要包括：软件缺陷预防、软件缺陷发现、软件缺陷记录与报告、软件缺陷分类、软件缺陷纠正等。此外，本章对软件缺陷的生命周期进行了说明，同时也列举了主流的软件缺陷管理工具。

在软件开发中，测试是质量保证的首要任务。国际标准 ISO/IEC9126-1991 定义了质量的特征。

测试是一种活动，是一个或多个测试用例的集合。测试用例是为特定的目的而开发的一组测试输入、执行条件和预期结果。测试步骤则详细地说明了如何设置、执行和评估特定的测试用例。

软件缺陷不仅有积累效应，还有放大效应，后期软件故障的修复费用比前期进行相对修改要高出 2~3 个数量级。

穷举输入测试和穷举路径测试都是不可行的，这就注定了一切实际测试都是不彻底的。因此，软件测试的总目标是充分利用有限的人力和物力资源，高效率、高质量地完成测试。

在软件测试中软件测试人员应该遵循一些至关重要的测试原则或方针。

1.7 习题

1. 什么是软件测试？
2. 软件测试涉及哪几个关键问题？
3. 为什么说软件需求说明是软件故障的最大来源？
4. 简述软件测试的复杂性和经济性。
5. 分析最近发生的软件质量事故，并简要分析产生的原因。
6. 启动 Windows 计算器，输入"6,000-6="（逗号不能少），观察计算结果，这是软件故障吗？为什么？
7. 软件测试应遵循哪些重要的原则或方针？
8. 假定无法完全测试某一程序，那么在决定是否应该停止测试时应考虑哪些问题？
9. 假如星期一测试软件的某一功能时，每小时能发现一个新的软件故障，那么星期二会以什么频率发现软件故障？

02 第2章 软件测试策略

本章主要介绍一些软件测试的基础知识，以方便对后续章节的理解。为了保证软件产品能够正常运行，必须对软件中存在的缺陷进行检查或测试，并对发现的软件缺陷进行有效的管理，从而为软件缺陷或错误的消除、软件质量的评价及软件开发的决策提供依据。在这个过程中，需要遵循一定的策略，以达到高质量、高效率的效果。

2.1 软件开发过程及模型

软件开发过程是指软件设计思路和方法的一般过程，其包括设计软件的功能、设计实现的算法和方法、软件的总体结构设计和模块设计、编程和调试、程序联调和测试，以及编写、提交程序。

软件开发过程及模型

2.1.1 软件开发过程

软件开发过程对于整个软件工程来说是十分重要的，软件测试也是基于软件开发完成的。近年来越来越多的人认为软件测试应该贯穿于整个软件开发过程，这样可以及时地对比每一个阶段完成的实际产品与预期有什么差别，从而进行及时的调整与更改。因此，在软件开发的每一个阶段，都应该对其进行测试。

对于一个大型软件来说，开发过程中会涉及许多人员，有时甚至会有几百人、几千人进行协同工作。这与一个编程爱好者单独开发一个程序是不同的。正规的软件开发过程可以分为：可行性研究、需求分析、概要设计、详细设计、实现、集成测试、确认测试，以及使用与维护8个部分。

对于一个软件而言，有些文件的编写工作可能不能在一个阶段内完成，而是要延续几个阶段。而不同的软件具有不同的特性，在规模与复杂程度上也不尽相同，因此为了软件开发时的灵活性与适用性，开发过程中的文档可以进行适当的删减，不必每一种都编写。

2.1.2 软件开发模型

软件开发模型是软件开发全部过程、活动和任务的结构框架。它是对软件过程的建模，即用一定的流程将各个环节连接起来，并可用规范的方式操作全过程，就像工厂的流水线。软件开发模型能清晰、直观地表达软件开发的全部过程，明确规定要完成的主要活动和任务，它用来作为软件项目工作的基础。软件开发模型应该是稳定和普遍适用的。在软件开发模型的选择上，应该根据项目和应用的特点、采用的方法和工具、需要控制和交付这3个特点进行选择。下面对一些常见的软件开发模型做一些介绍。

（1）瀑布模型

1970年，温斯顿·罗伊斯（Winston Royce）提出了著名的"瀑布模型"，直到20世纪80年代早期，它一直是唯一被广泛采用的软件开发模型。瀑布模型将软件生命周期划分为制订计划、需求分析、软件设计、程序编写、软件测试和运行维护6个基本活动，并且规定了它们自上而下、相互衔接的固定次序，如同瀑布流水，逐级下落，如图2-1所示。

在瀑布模型中，软件开发的各项活动严格按照线性方式进行，当前活动接受上一项活动的工作结果，实施完成所需的工作内容。当前活动的工作结果需要进行验证，如果验证通过，则该结果作为下一项活动的输入，继续进行下一项活动，否则返回修改。

瀑布模型强调文档的作用，并要求每个阶段都要仔细验证。但是，这种模型的线性过程太理想化，已不再适合现代的软件开发模式，几乎被业界抛弃。其主要问题有以下3个方面。

① 各个阶段的划分完全固定，阶段之间产生大量的文档，极大地增加了工作量。

② 由于开发模型是线性的，用户只有等到整个过程的末期才能见到开发成果，从而增加了开发的风险。

③ 早期的错误可能要等到开发后期的测试阶段才能发现，进而带来严重的后果。

（2）快速原型模型

快速原型模型首先根据需求分析进行原型开发，即建造一个快速原型，实现客户或未来的用户与系统的交互，然后用户或客户对原型进行评价，进一步细化待开发软件的需求，如图2-2所示。通过逐步调整原型使其满足客户的要求，开发人员最终确定客户的真正需求是什么；最后在快速原型的基础上开发客户满意的软件产品。

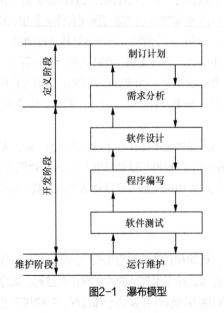

图2-1　瀑布模型

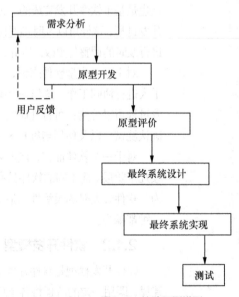

图2-2　快速原型模型

显然，快速原型模型可以克服瀑布模型的缺点，减少由于软件需求不明确带来的开发风险，具有显著的效果。快速原型模型的关键在于尽可能快速地建造出软件原型，一旦确定了客户的真正需求，所建造的原型将被丢弃。因此，原型系统的内部结构并不重要，重要的是必须迅速建立原型，随之迅速修改原型，以反映客户的需求。

（3）增量模型

增量模型又称演化模型，如图 2-3 所示。与建造大厦相同，软件也是一步一步建造起来的。在增量模型中，软件被作为一系列的增量构件来设计、实现、集成和测试，每一个构件是由多种相互作用的模块所形成的提供特定功能的代码片段构成的。增量模型在各个阶段并不交付一个可运行的完整产品，而是交付满足客户需求的一个子集的可运行产品。整个产品被分解成若干个构件，开发人员逐个构件地交付产品，这样做的好处是软件开发可以较好地适应变化，客户可以不断地看到所开发的软件，从而降低开发风险。

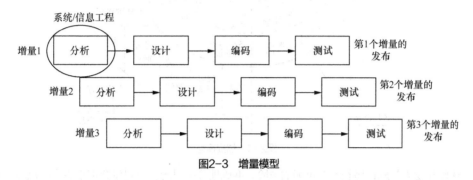

图2-3 增量模型

但是，增量模型也存在以下缺陷。

① 由于各个构件是逐渐并入已有的软件体系结构中的，所以加入的构件必须不破坏已构造好的系统部分，这需要软件具备开放式的体系结构。

② 在开发过程中，需求的变化是不可避免的。增量模型适应变化的能力大大优于瀑布模型和快速原型模型，但也很容易退化为边做边改模型，从而使软件过程的控制失去整体性。

在使用增量模型时，第 1 个增量往往是实现基本需求的核心产品。核心产品交付用户使用后，经过评价形成下一个增量的开发计划，它包括对核心产品的修改和一些新功能的发布。这个过程在每个增量发布后不断重复，直到产生最终的完善产品。例如，使用增量模型开发字处理软件，可以考虑：第 1 个增量发布基本的文件管理、编辑和文档生成功能，第 2 个增量发布更加完善的编辑和文档生成功能，第 3 个增量实现拼写和文法检查功能，第 4 个增量完成高级的页面布局功能。

（4）螺旋模型

1988 年，巴利·玻姆（Barry Boehm）正式发表了软件系统开发的"螺旋模型"，它将瀑布模型和快速原型模型结合起来，强调了其他模型所忽视的风险分析，特别适合于大型复杂的系统。螺旋模型沿着螺旋线进行若干次迭代，图 2-4 所示的螺旋模型的 4 个象限分别代表了制订计划、风险分析、实施工程和客户评估 4 个活动。

螺旋模型由风险驱动，强调可选方案和约束条件，从而支持软件的重用，有助于将软件质量作为特殊目标融入产品开发之中。但是，螺旋模型也有一定的限制条件，具体如下。

① 螺旋模型强调风险分析，但要求许多客户接受和相信这种分析，并做出相关反应是不容易的，因此，这种模型往往适应于内部的大规模软件开发。

② 如果执行风险分析会大大影响项目的利润，那么进行风险分析将毫无意义，因此，螺旋模型只适合于大规模软件项目。

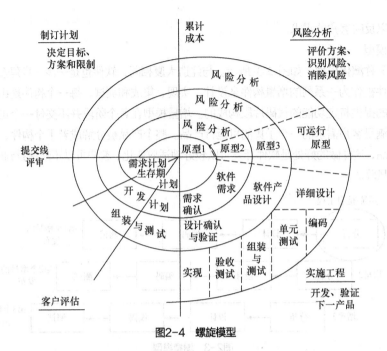

图2-4　螺旋模型

③ 软件开发人员应该擅长寻找可能的风险，准确地分析风险，否则将会带来更大的风险。一个阶段首先是确定该阶段的目标，完成这些目标的选择方案及其约束条件，然后从风险角度分析方案的开发策略，努力排除各种潜在的风险，有时需要通过建造原型来完成。如果某些风险不能排除，那么该方案立即终止，否则启动下一个开发步骤。最后，评价该阶段的结果，并设计下一个阶段。

2.2　软件测试过程

软件测试应该是贯穿于整个软件开发的生命周期，测试的尽早介入是软件测试的一个基本准则，而不应仅仅将其看作软件开发中的一个阶段。为了系统化地进行测试，需要和软件开发过程一样，定义一个正式而完整的软件测试过程，从而有效地实现软件测试各个层面的测试目标。因此，测试不仅仅只是对软件成品进行检查，而是要涉及各个软件活动、技术、文档等内容，并以此指导和管理软件测试活动，提高测试效率和测试质量。

单元测试

在软件工程中实施系统化、结构化的测试时，需要一个更为详细的模型来作为指导。在广义的软件测试中，国际软件测试认证委员会（International Software Testing Qualifications Board，ISTQB）定义了一个完整的软件测试过程，将所有测试相关的活动都收纳其中。图 2-5 所示的是 ISTQB 定义的软件测试过程逻辑框图。从图 2-5 中可以看出，软件测试过程由下面 5 个阶段组成。

（1）测试计划和控制。

（2）测试分析和设计。

（3）测试实现和执行。

（4）测试出口准则的评估和报告。

（5）测试结束活动。

集成测试

尽管逻辑上这些子任务是顺序进行的，但在实际项目中有时需要它们重叠或者同时进行，例如，测试分析和设计、测试实现和执行阶段在时间上可能是有重叠的，而测试控制活动会贯穿于整个测试过程。这些子任务构成了一个基本的测试过程，下面分别对这些子任务做出详细描述。

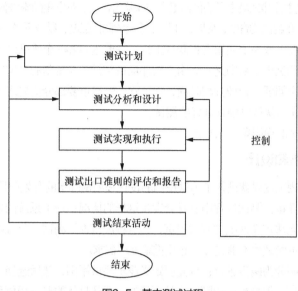

图2-5 基本测试过程

2.2.1 测试计划和控制

　　测试作为贯穿整个软件开发过程的活动，需要有一份完善且周详的测试计划作为指导。测试计划是整个测试过程的路由图，在需求活动一开始时，相关人员就需要着手进行测试计划的编写了。形成一份完整、详细的测试文档需经过计划、准备、检查、修改和继续 5 个步骤。测试计划是一份非常重要的文档，在编写时应仔细检查，发现错误及时更改。而随着项目的推进和需求的变动，测试计划也有可能不断地发生改变。因此测试计划并不是一经完成就固定不变的，而是随着项目的发展不断地进行调整与完善。测试计划需要按照国家标准或是行业标准规定的格式和内容来编写，重新确定测试策略。

　　测试计划主要的任务就是确定测试策略，它定义了项目的测试目标和实现方法。因此，测试策略决定了测试的工作量和成本。一个测试策略是否合适，会影响到整个测试工作是否能顺利执行。确定测试策略过程中需要注意考虑测试的优先级和重要性。本节以一个简化的手机销售系统为例，说明如何确定测试策略，假设该系统含有以下 5 个子系统。

　　（1）PickMobile 系统：允许客户挑选自己心仪的手机型号、颜色与配件。

　　（2）DataBase 系统：保存着所有客户信息与手机购买数据。

　　（3）OrderProcess 系统：实现网上订单的及时处理。

　　（4）Calculation 系统：能够计算最优付款方式。

　　（5）Insurance 系统：能让客户选择是否购买保险。

　　而这 5 个子系统的测试优先级是不一样的。一般来说，PickMobile 系统与 DataBase 系统是最重要的，测试时应该花费最多的精力，因为如果这两个系统崩溃或是出错，带来的影响是最严重的。测试策略中应对这两个系统做出明确定义：如何进行细致、完善的测试。

　　而 OrderProcess 系统是次重要的，因为它的订单传递功能可以以其他的方式来完成。即使在最坏的情况下（如系统崩溃），也可以采用邮件或是传真的方式来邮寄订单。但与此相比，订单数据的不可变更性与不可丢失性是非常重要的。因此在测试策略中也应该注重这方面的细致测试。

对于其他两个子系统，需要测试它们的主要功能。由于商品的复杂性，不可能测试到每种价格的组合或是优惠等级的比较，因此主要测试最常见的价格组合与保险组合，而对发生频率较低的组合设置一个较低的优先级。这个例子说明，在测试策略中，应明确不同子系统的测试强度，以及系统某个方面的测试强度。

而测试强度很大程度上取决于使用哪种测试工具，需要达到哪一个级别的测试覆盖率，涉及源代码的测试覆盖率常用作测试出口准则之一。因为软件项目经常是在苛刻的时间压力下完成的，所以需要在计划过程中考虑这个问题，合理分配时间，保证软件的最重要部分优先级最高，最先被测试，以免由于时间上的限制而无法执行已经计划好的测试。

关于测试计划更详细的说明参考 5.3 节。

2.2.2 测试分析和设计

测试计划完成后，测试过程就进入了测试用例的设计和测试脚本的开发阶段。这个阶段的第 1 个任务是对测试依据进行评审。测试过程中有时会发生这样的情况：一个系统的期望输入或是期望行为的定义并不明确，导致无法定义详细的测试用例，当这种没有说清测试对象规格说明的情况发生时，则说明测试对象需求的可测试性不够充分，必须重新处理需求。

测试用例的规格说明分为两步进行：首先要定义逻辑测试用例，然后选择实际输入，将逻辑测试用例转换成具体测试用例。但是相反的顺序也是可能的，即从具体的测试用例到通用的测试用例。如果对测试对象的描述不够充分，并且测试规格说明是以实验性的方式完成的，那么开发测试用例的规格说明只能依据与常规相反的顺序。尽管如此，具体测试用例的开发是下一个阶段要实现的任务。

1. 测试用例设计的方法和管理

好的测试用例可以帮助测试人员理清思路，避免测试过程中的遗漏。这也是测试用例最主要的目的之一。如果测试的项目大而复杂，测试人员可以把项目功能细分，通过根据每个功能编写用例的方式整理测试系统的思路，避免遗漏掉要测试的功能点，同时也可以利用测试用例作为历史参考，或是规范和指导测试的流程。此外，测试人员还可以通过编写、执行测试用例来跟踪测试的进展，知道当前测试的进度。

每个测试用例都必须描述其初始状况，即前置条件：测试用例要清楚定义需要什么样的环境条件，以及必须满足的其他条件，此外，还需要提前定义期望得到哪些结果和行为。结果包括输出、全局化数据和状态的变更，以及执行测试用例后的其他任何结果。而常见的编写测试用例的方法有等价类划分、边界值分析、因果图、错误推测法、状态迁移图、流程分析法、正交验证法等。

2. 测试脚本的开发

要进行测试脚本的开发，首先需要设立测试脚本的开发环境，安装测试工具，设置管理服务器和具有代理的客户端，建立项目的共享路径和目录，并能连接到脚本存储库和被测软件等。然后执行录制测试的初始化过程、独立模块过程、导航过程和其他操作过程，结合已经建立的测试用例，将录制的测试脚本进行组织、调试和修改，构造成一个有效的测试脚本体系，并建立外部数据集合。

由于被测系统处在不完善阶段，在运行测试脚本的过程中容易中断，所以在测试脚本开发时，要处理好这种错误，及时记录当时的状态，让脚本继续执行下去。处理这种问题时有一些解决办法，如跳转到别的测试过程、调用一个能清除错误的过程等。

但测试脚本的开发也存在一些常见的问题，如测试脚本很乱、测试脚本与测试需求或测试策略没有对应性、测试脚本不可重用、测试过程被作为一个编程任务来执行导致脚本可移植性差等。这些问题应该尽量避免，设计好脚本的结构、模块化、参数传递、基础函数等方面。

2.2.3 测试实现和执行

测试用例的设计和测试脚本的开发完成之后，就可以开始执行测试了。测试的执行有手工测试和自动化测试两种。手工测试是在合适的环境下，按照测试用例的条件、步骤要求，准备测试数据，对系统进行操作，比较实际结果和测试用例所描述的期望结果，以确定系统是否正常运行；而自动化测试是使用测试工具运行测试脚本，从而得到测试结果。自动化测试的管理相对比较容易，测试工具会完整执行测试脚本，而且可以自动记录测试结果。

当已经完成全部的测试准备工作之后，就可以开始执行测试了。被测试的部分首先需要进行完整性测试：将所有的测试对象都安装在一个有效的测试环境中，判定它是否可以正常启动并运行主要业务流程。其次需要测试软件是否能够运行主要功能，如果在测试中发现了软件缺陷或是未完成的功能，应该进行更正或是修复后再继续进行测试。当完成对主要功能的测试后，再进行其他测试。这个顺序是比较重要的，应在项目的测试策略中得到体现。

测试过程中应该对测试的执行进行一个完整而详尽的记录，例如，执行了哪些测试活动、得到了怎样的测试结果等，以此作为一个记录以便后期的分析。除测试对象外，每个测试执行都有很多相应的文件和信息，如测试环境、输入数据、测试日志等，在一些测试用例中这些信息也必须能够用于对测试本身的审计，应尽量在配置管理的统一指导下有效地选择测试件的使用。

如果在测试执行的过程中各种实际结果和期望结果差异较大，那么测试人员就必须在评估测试日志中决定测试是否失效。如果测试失效则必须进行记录，并在第一时间分析其大致原因：是由错误的或者不精确的测试规格说明、测试基础设施或是测试用例造成的，还是由不正确的测试执行过程造成的。

此外，设置优先级可以首先执行重要的测试用例，在早期发现和改正重要的问题。将有限的测试资源平均分配给所有测试对象是不合理的。如果系统所有部分都用相同的强度来进行测试，那么关键的部分将无法得到充分的测试，而且资源也会被浪费在不重要的部分。

2.2.4 测试出口准则的评估和报告

1. 判断测试终结

测试出口准则的评估是检验测试对象是否符合预先定义的一组测试目标和出口准则的活动。测试出口准则的评估可能产生下列结果：测试结果满足所有出口准则，可以正常结束测试；要求执行一些附加测试用例；测试出口准则要求过高，需要对测试出口准则进行修改。当进行测试出口准则评估的时候，测试人员必须决定当前测试状态是否完全满足测试计划中的测试出口准则，比如，要求测试对象有80%的语句被执行到。

执行完所有测试用例后再对比测试出口准则，如果发现还有一个，甚至多个条件没有被满足，那么就需要执行进一步的测试，或是思考测试出口准则是否合理、是否需要修改。此时如果测试人员要增加新的测试用例，需要考虑新加的测试用例是否符合测试用例准则；否则，额外的测试用例只会增加工作量，对测试没有起到任何帮助。

测试过程中，有时可能会出现测试对象本身问题导致定义的测试出口准则无法满足的情况，例如，测试对象中包含死代码，使得代码覆盖率无法达到100%。因此在评估测试出口准则的过程中，需要考虑这种情况的可能性，否则一旦出现这种无效的测试出口准则，那么所做的测试也是无用的。

2. 测试终结的其他标准

除测试覆盖率以外，测试出口准则还可以包括其他条目，例如，失效发现率，也叫软件缺陷发现百分比。它是由单位时间内新发现的失效个数的平均值计算来的。如果失效发现率降低到设定的阈值以下，就表明不再需要更多的测试，测试工作可以结束了。根据失效发现率评估测试出口准则时还应考虑失效的严重程度，对失效进行分类并区别对待。

3. 测试开销

在实际测试过程中，是否能够结束测试还要考虑时间与成本方面的因素。如果测试人员由于这些因素不得不停止测试工作，很可能是在资源分配阶段中没有做好相应的工作，或者对测试某个活动的工作量做出了一个误判，导致后期的时间或成本短缺。

即使在测试过程中消耗了比测试计划更多的资源，但是由于更多地消除了测试对象中的缺陷，测试也在一定程度上降低了软件的质量风险。通常来说，测试对象中的缺陷导致测试对象在运行过程中出现问题而引起的成本，远远高于在测试时发现并修复缺陷的成本。

测试团队完成相关测试活动后，需要提交测试报告。测试报告中需要明确是否满足测试出口准则，或者列出尚未满足测试出口准则的具体条目。对于不同级别的测试，给出的测试报告可能存在形式上的差别。例如，对于组件测试这样低级别的测试，其形式可能仅仅是向项目经理汇报关于是否达到出口准则的一个简单信息；而在相对高级别的系统测试中，可能需要输出正式的测试报告。

2.2.5 测试活动结束

测试的全部完成，并不意味着测试过程的结束。在测试过程的最后，有可能会遗漏一些应当被完成的活动。例如，测试人员在测试的最后应该分析并且整理在测试工作中积累的经验，以便在以后的项目中使用。测试人员测试时还应注意在不同活动中观察到的计划和执行的背离以及可能引起这些背离的原因。在测试的最后阶段，测试人员需要编写测试或质量报告，还需要记录项目的一些重要信息。例如，一些应该记录的信息有：软件系统是何时发布的、测试工作是何时完成或者结束的、软件何时抵达一个里程碑或者完成一个版本的维护更新等。

此外，除测试报告或质量报告的写作之外，还要对测试计划、测试设计和测试执行等进行检查分析，完成项目总结并编写项目总结报告。

2.3 软件测试与软件开发的关系

软件测试是质量保证的重要手段之一，在软件开发中的重要性不言而喻。进行软件测试可以对产品质量全面评估，为软件产品发布、软件系统部署、软件产品鉴定和其他决策提供信息。

软件测试与软件开发的关系

2.3.1 软件测试在软件开发中的作用

开发过程中，持续的测试（包括需求评审、设计评审、代码评审等）可以对产品质量提供持续的、快速的反馈，从而在整个开发过程中不断、及时地改进产品的质量，并减少各种返工，降低软件开发的成本。

软件开发在进入编码阶段之前，需要经过需求分析、设计等各个阶段。而成品程序中的故障却不一定是由编码引起的，问题也有可能出现在前期的阶段中。因此，在开发的每个阶段都开展软件测试是有必要的，也是非常重要的。测试在开发各阶段的作用如下。

（1）项目规划阶段：负责监控整个测试过程。

（2）需求分析阶段：确定测试需求分析，即确定在项目中需要测试什么，同时制订系统测试计划。

（3）概要设计和详细设计阶段：制订集成测试计划和单元测试计划。

（4）程序编写阶段：开发相应的测试代码和测试脚本。

（5）测试阶段：实施测试，并提交相应的测试报告。

确认软件需求并通过评审后，可以并行地进行概要设计和制订测试计划的工作；当系统模块划分好后，各个模块的详细设计、编码、单元测试也可以并发地进行。

2.3.2 软件测试与软件开发各阶段的关系

在软件领域中，人们经常会关注软件开发与软件测试的关系。而软件的开发和测试都是软件过程中重要的活动，是软件生命周期中重要的组成部分。软件开发是生产制造软件，而测试是验证开发的软件的质量。类比传统加工制造企业的话，软件开发人员就是生产加工的工人，而软件测试人员就是质检人员，但是两者之间的关系却更为深入，软件测试在软件开发中也有着不可或缺的作用。

软件开发是一个自顶向下、逐步细化的过程，其包括系统需求分析、软件需求分析、概要设计、详细设计、编码等环节。系统需求分析和软件需求分析建立了软件信息域、功能和性能需求、约束等；编码把概要设计和详细设计用某种程序设计语言转换成程序代码。

而测试过程是依相反顺序自底向上、逐步集成的过程。它对每个程序模块进行单元测试，消除程序模块内部逻辑和功能上的错误及缺陷；对照概要设计进行集成测试，检测和排除子系统或系统结构上的错误；对照需求分析，分别进行系统测试和验收测试；最后从系统整体出发，运行系统，看是否满足要求。软件测试与软件开发各阶段的关系如图2-6所示。

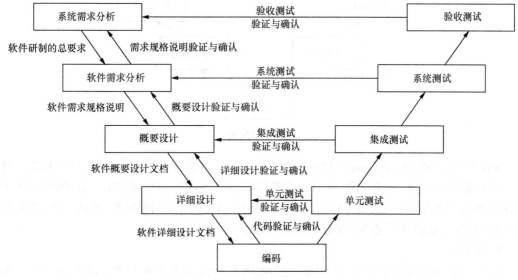

图2-6 软件测试与软件开发各阶段的关系

软件测试时用人工或自动的方法执行软件，并把观察到的行为特性与所期望的行为特性进行比较。随着对软件测试方法、测试工具和测试技术的研究，测试已经从编程后的评估过程发展成软件开发生命周期中每个阶段必需的活动。

2.3.3 常见软件测试模型

在软件开发的不断实践过程中，人们积累经验教训，预估未来发展，总结出了很多开发模型，例如，典型的边做边改模型、瀑布模型、快速原型模型、螺旋模型、增量模型等。遗憾的是，这些模型中，没有给予测试足够的重视和诠释，所以才会有后来的软件测试过程模型的诞生。在这些测试模型中，兼顾了软件开发过程，对开发和测试做了很好的融合。软件测试模型需要对软件测试过程起指导作用，对其质量和效率都有着很大的影响。因此，选择一个合适的软件测试模型，对测试过程的顺利进行是非常重要的。

软件测试过程与软件开发过程一样，也有自己的过程模型，同时它也需要遵循软件工程原理和管理学原理。测试专家经过实践创建了很多实用的测试模型，而这些测试模型明确了测试与开发之间的关系，使测试过程与开发产生交互，是测试管理的重要参考依据。下面对一些主要的测试模型做简单的介绍。

1. V模型

V模型是最具有代表性的测试模型之一，它最早由保罗·洛克（Paul Rook）在20世纪80年代后期提出。V模型是软件开发瀑布模型的变种，主要反映了测试活动分析与设计的关系，如图2-7所示。V模型描述了基本的开发过程和测试行为。它不仅包含保证源代码正确性的低层测试，而且包含满足用户系统要求的高层测试。图2-7箭头方向为时间方向，从左至右分别是开发的各阶段与测试的各阶段。

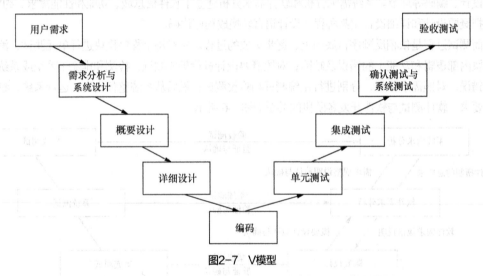

图2-7 V模型

V模型非常明确地标注了测试过程中存在的不同级别，并使测试的每个阶段都与开发的阶段相对应。但V模型也存在着一定的局限，它不能发现需求分析等前期阶段产生的错误，直到编码完成之后才进行测试，因此早期出现的错误不能及时暴露。此外，V模型只是对程序进行测试，早期的需求、设计环节并没有涵盖其中，也为后来的测试埋下了隐患。

2. W模型

在V模型中增加软件各开发阶段应同步进行的测试，就设计出了W模型，如图2-8所示，其中"V&V"表示软件验证与确认过程。因为实际上开发过程是一个"V"模型，而测试是与此并行的另一个"V"模型。W模型是由V模型自然演化发展而来的，它强调了测试应贯通于整个开发过程，而且测试的对象还包括了需求、功能与设计等。在W模型中，可以认为测试与开发是同步进行的，这样可以使开发过程中的问题及早地暴露出来。同时W模型强调了测试计划等工作的先行和对系统需求、系统设计的测试。

但W模型仍存在着较为明显的问题，因为它将开发活动认定为从需求开始到编码结束的串行活动，只有在上一活动结束后才能开始下一步的行动，无法支持需要迭代、自发性以及变更调整的项目。

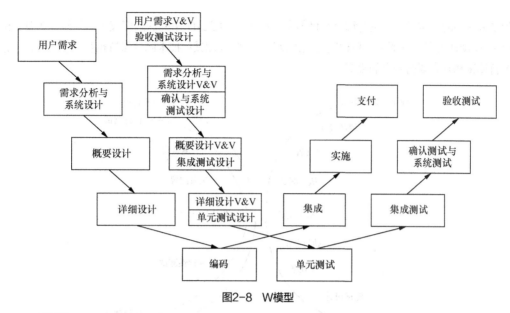

图2-8 W模型

3. H模型

H模型将测试活动从开发流程中完全独立出来了，清晰地表现了测试准备活动与测试执行活动，如图2-9所示；测试流程仅演示了整个生产周期中某个层次上的一次测试"微循环"，而图2-9中的其他流程可以是任意开发流程。一旦测试条件成熟，准备活动完成后，就可以执行测试活动了。

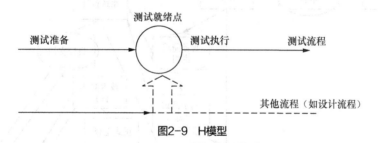

图2-9 H模型

H模型强调软件测试是一个独立的流程，它需要"尽早准备，尽早执行"。软件测试贯穿于产品的整个生命周期，可以与其他流程并发进行。但是H模型的缺点在于它太过于抽象化，测试人员应该重点理解其中的意义，并以此来指导实际测试工作，而模型本身并无太多可执行的意义。

4. X模型

X模型左边描述的是针对单独程序片段所进行的相互分离的编码和测试，如图2-10左边所示，然后频繁地交接，再通过集成最终合成为可执行的程序，如图2-10右上方所示，而且可执行程序还需要进行测试，已经通过集成测试的成品可以进行封版并提交给用户，也可以作为更大规模和范围内集成的一部分。同时，X模型还定位了探索性测试，如图2-10右下方所示，这是不进行实现计划的特殊类型测试，例如，"我就这么测一下，结果会怎么样"。

作为探索性测试，X模型能够帮助有经验的测试人员在测试计划之外发现更多的软件错误，但也存在一定的弊端：它有可能对测试造成人力、物力和财力的浪费，同时也对测试人员的熟练程度要求比较高。

5. 前置测试模型

前置测试模型将开发和测试的声明周期整合在一起，如图2-11所示，它表示了项目声明周期从开始到结束之间的关键行为。它对每个交付内容进行测试（图2-11中的椭圆框表示了其他一些要测试的对象），在设计阶段制订测试计划和进行测试设计，让验收测试和技术测试保持相互独立。总之，它是一个将测试和开发紧密结合的模型。

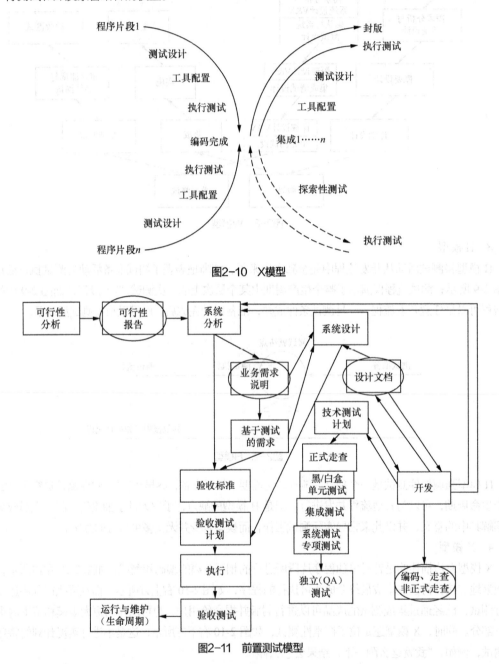

图2-10 X模型

图2-11 前置测试模型

前置测试模型能给开发人员、测试人员、项目经理和用户等带来很多不同于传统方法的内在的价值。与以前的测试模型中很少划分优先级所不同的是，前置测试模型用较低的成本及早发现错误，并且充分强调了测试对确保系统的高质量的重要意义。它不仅能节省时间，而且能减少那些令开发人员十分厌恶的重复工作。

这些测试模型中，V 模型强调了在整个软件项目开发中需要经历的若干个测试级别，但是它没有明确指出应该对软件的需求、设计进行测试。在这一点上，W 模型给出了补充，但是与 V 模型一样没有专门针对测试进行流程说明。随着软件测试的不断发展，第三方测试已经独立出来的时候，H 模型就得到了相应的体现，它表现为测试独立。X 模型和前置测试模型又在此基础上增加了许多不确定因素的处理情况，这就对应了在实际的项目中经常发生变更的情况。

在实际的项目中，要合理应用这些测试模型的优点。例如，在 W 模型下，合理运用 H 模型的思想进行独立的测试，或者在前置测试模型中，参考 X 模型的一个程序片段也需要相关的集成测试的理论等，将测试与开发紧密结合，寻找最适合的测试方案。

2.4 黑盒测试和白盒测试

本节将讲解软件测试的两种方法：黑盒测试和白盒测试。

黑盒测试

2.4.1 黑盒测试

1. 黑盒测试的基本概念

黑盒测试也称功能测试，通过测试来检测每个功能是否能够正常使用。在测试中，把程序看作一个不能打开的黑盒子，在完全不考虑程序内部结构和内部特性的情况下对程序进行测试。它只检查程序功能是否能按照需求规格说明书的规定正常使用，程序是否能适当地接受输入数据而产生正确的输出信息。黑盒测试着眼于程序外部结构，不考虑内部逻辑结构，主要针对软件界面和软件功能进行测试。黑盒测试是以用户的角度，从输入数据与输出数据的对应关系出发进行测试的。

黑盒测试是一种从软件外部对软件实施的测试，也称功能测试或基于规格说明的测试。黑盒测试的基本观点是：任何程序都可以看作是从输入定义域到输出值域的映射。在测试过程中，因为无法看到盒子里面的内容，也不知道盒子里的结构，所以只关心程序输出的结果。例如，对于一个小型计算器程序，当输入 3.14 并对其进行开方运算的时候，通常只关心输出的结果是不是 1.772，并不关心圆周率平方根的程序是如何实现的，需要经历多少复杂的运算、它的代码量是多少，而只判断运算结果是否正确。这就是黑盒测试的本质。

测试人员使用黑盒测试的方法进行测试时，需要使用的唯一信息就是软件的规格说明。无须考虑程序的内部结构，仅仅靠输入、输出之间的关系和程序的功能来设计测试用例，推断测试结果的正确性，以程序的外部特性来判断是否正确运行。由此来看，黑盒测试是从用户观点出发的测试，它需要尽可能地发现程序的外部错误，在已知软件产品功能的基础上进行功能、交互、性能等方面的检测。

可以看出，黑盒测试是一类重要的测试方法，它根据规格说明设计测试用例，并不涉及程序的内部机构。因此，黑盒测试有两个重要的优点。

（1）黑盒测试与软件的具体实现方式无关，因此软件实现方式如果发生了变更、修改但功能测试不变，仍可以使用原来的测试用例。

（2）在进行软件开发的同时，也可以进行软件黑盒测试用例的设计，这样可以节省一部分时间成本，减少总开发时间。

但是，如果希望利用黑盒测试检测出所有的软件错误，只能采用穷举法，测试所有可能的情况。但是这是不可能实现的，也是不合理的，这就需要测试人员认真思考方法，以最少的测试用例发现最多的错误。

常见的黑盒测试方法有等价类划分、边界值设计、因果图分析和正交试验法等，这些方法在第 3 章中会进行详细的介绍。这些方法中的每一种都有自己的优势，在测试时我们应选取合适的方法，力求最有效地解决问题。

2. 黑盒测试的常用工具

目前用于黑盒测试的工具有很多，读者可以自行进行深入的了解。

（1）QACenter

QACenter 可帮助所有的测试人员创建一个快速的、可重用的测试过程。这些测试工具自动帮助管理测试过程，快速分析和调试程序，如针对回归、强度、单元、并发、集成、移植、容量和负载建立测试用例，自动执行测试和产生文档结果。

QACenter 主要包括功能测试工具 QARun、性能测试工具 QALoad、应用可用性管理工具 EcoTools 和应用性能优化工具 EcoScope。

（2）WinRunner

WinRunner 是一种企业级的功能测试工具，用于检测应用程序是否能够达到预期的功能及正常运行。通过自动录制、检测和回放用户的应用操作，WinRunner 能够有效地帮助测试人员对复杂的企业级应用的不同发布版本进行测试，提高测试人员的工作效率和质量，确保跨平台的、复杂的企业级应用用无故障发布及长期稳定运行。WinRunner 具有以下几个显著的功能：创建测试、插入检查点、检验数据、增强测试、运行测试、分析结果与维护测试。

2.4.2　白盒测试

白盒测试

1. 白盒测试的基本概念

白盒测试又称结构测试、透明盒测试、逻辑驱动测试或基于代码的测试。白盒测试是一种测试用例设计方法，盒子指的是被测试的软件。对于白盒测试来说，"盒子"是可视的，测试人员可以看到盒子内部的东西并且了解程序的运作过程。白盒测试需全面了解程序内部逻辑结构，对所有逻辑路径进行测试。白盒测试是穷举路径测试，测试人员必须了解程序的内部结构，从检查程序的逻辑出手，从而得出测试数据。

白盒测试依赖于程序细节的严密验证，按照程序内部的结构测试程序，检查程序中每条通路是否都能按照预期正常工作。白盒测试的主要方法有逻辑驱动、基路测试等，主要用于软件验证。白盒测试一般以单元或者模块为基础进行测试，目前将它们都归为开发的范畴，由专业人员负责对代码进行分析或是利用工具协助发现程序是否顺利运行。在白盒测试的使用流程中，必须遵从以下规则。

（1）一个模块中的所有独立路径都需至少得到一次测试。

（2）所有逻辑值的真与假情况都需要被测试到。

（3）为了保证程序结构的有效性，需要检查程序的内部逻辑结构。

（4）在程序的上、下边界与可操作范围内都能保证循环的顺利运行。

2. 白盒测试的工具

白盒测试的工具一般是针对代码进行测试，测试中发现的缺陷可以定位到代码级，而根据测试工具原理的不同，又可以分为静态测试工具和动态测试工具。静态测试工具直接对代码进行分析，不需要运行代码，也不需要对代码编译、链接、生成可执行文件。静态测试工具一般是对代码进行语法扫描，找出不符合编码规范的地方，根据某种质量模型评价代码的质量，生成系统的调用关系图等；动态测试工具与静态测试工具不同，动态测试工具一般采用"插桩"的方式，向代码生成的可执行文件中插入一些监测代码，用来统计程序运行时的数据。其与静态测试工具最大的不同就是动态测试工具要求被测系统实际运行。以下简单列出几个测试工具的主要特点。

（1）Jtest

Jtest 是一个代码分析和动态类、组件测试工具，是一个集成的、易于使用和自动化的 Java 单元测试工具。它可以增强代码的稳定性，防止软件错误。

（2）Jcontract

Jcontract 用于系统级验证或测试部件是否正确工作并被正确使用。Jcontract 是一个独立工具，在功能上是 Jtest 的补充。可以用 Jcontract 插装按 DbC（Design by Contract）注解的 Java 代码。当将类或部件组装成系统时，Jcontract 在运行时监视并报告错用和功能性问题。Jcontract 可帮助开发人员有效地考核类或部件的系统级行为。

（3）C++Test

C++Test 可以帮助开发人员防止软件错误，保证代码的健全性、可靠性、可维护性和可移植性。C++Test 自动测试 C 和 C++类、函数或组件，而无须编写单个测试实例、测试驱动程序或桩调用。

（4）CodeWizard

CodeWizard 是代码静态分析工具、先进的 C/C++源代码分析工具，使用超过 500 个编码规范自动化地标明有危险的，但是编译器不能检查到的代码结构。

（5）Insure++

Insure++是一个基于 C/C++的自动化内存错误、内存泄漏精确检测工具。Insure++能够可视化实时内存操作，准确检测出内存泄漏产生的根源。Insure++还能执行覆盖性分析，清楚地指示哪些代码已经测试过。

2.4.3 黑盒测试与白盒测试的比较

黑盒测试与白盒测试的主要区别在以下几个方面。

1. 已知产品的因素

（1）黑盒测试已知程序的功能需求、设计规格，可以通过测试验证程序需要的功能是否已被实现、是否符合要求。

（2）白盒测试已知程序的内部工作结构，可以通过测试验证程序的内部结构是否符合要求、是否含有软件缺陷。

2. 检查测试的主要内容

黑盒测试主要检查的内容包括但不限于以下几条。

（1）功能是否都满足需求、是否有功能出现软件缺陷。

（2）接口上是否能正确接受输入、输出结果是否正确。

（3）是否有数据结构信息或者外部信息访问错误。

（4）是否有初始化或终止性错误。

白盒测试主要检查的内容包括但不限于以下几条。

（1）所有程序模块的独立路径都需要至少被测试一遍。

（2）所有的逻辑判定的真值与假值都需要至少被测试一遍。

（3）在运行的界限内和循环的边界上执行循环体。

（4）测试内部的数据结构是否有效。

3. 静态测试方法

（1）静态黑盒测试检查产品需求文档、用户手册、帮助文件等。

（2）静态白盒测试走查、复审、评审程序源代码、数据字典、系统设计文档、环境设置、软件配置项等。

4. 动态测试方法

（1）动态黑盒测试通过数据输入并运行程序来检验输出结果，如功能测试、验收测试和一些性能测试（或兼容性、安全性）等。

（2）动态白盒测试通过驱动程序来调用，如进行单元测试、集成测试和部分性能测试（或可靠性、恢复性）等。

2.5　小结

本章叙述了软件测试策略相关的部分知识。首先介绍了软件开发及过程模型，然后介绍了软件测试过程。软件测试应该是贯穿于整个软件开发生命周期的，测试的尽早介入是软件测试的一个基本准则，而不应仅仅将其看作软件开发中的一个阶段。

为了更好地执行测试过程，人们总结出了很多测试模型。软件测试过程与软件开发过程一样，是一种抽象的模型，同时它也需要遵循软件工程原理和管理学原理。测试专家通过实践和改进创建了很多实用的测试模型，而这些模型明确了测试与开发之间的关系，使测试过程与开发产生交互，是测试管理的重要参考依据。常见的测试模型有 V 模型、W 模型、H 模型、X 模型和前置测试模型等。在实际的项目中，我们要思考这些模型各自的特点，合理应用这些模型的优点。

最后，本章简述了黑盒测试与白盒测试的相关知识。黑盒测试是一种从软件外部对软件实施的测试，也称功能测试或基于规格说明的测试。黑盒测试的基本观点是：任何程序都可以看作是从输入定义域到输出值域的映射。在测试过程中，因为无法看到盒子里面的内容，也不知道盒子里的结构，所以只关心程序输出的结果。而白盒测试又称结构测试、透明盒测试、逻辑驱动测试或基于代码的测试。白盒测试是一种测试用例设计方法，盒子指的是被测试的软件。对于白盒测试来说，"盒子"是可视的，可以看到盒子内部的东西并且了解程序的运作过程。白盒测试需全面了解程序内部逻辑结构，对所有逻辑路径进行测试。白盒测试是穷举路径测试，测试人员必须了解程序的内部结构，从检查程序的逻辑出手，从而得出测试数据。黑盒测试与白盒测试将在第 3 章与第 4 章中做具体介绍。

2.6　习题

1. 软件测试与软件开发有何关系？
2. 简述软件测试的流程。
3. 软件测试的 V 模型和 W 模型有什么区别？
4. 软件测试是一个独立的过程，与开发无关，这种说法正确吗？
5. 软件开发模型在软件开发过程中起到什么作用？没有它可以吗？
6. 软件测试中检测到的错误都是由编码错误引起的吗？为什么？
7. 黑盒测试与白盒测试的区别是什么？可以同时使用这两种测试方法吗？
8. 静态测试和动态测试分别应用在什么场景下？
9. 有一种说法："不可能完全测试一个程序"。判断这句话的正确性并给出理由。
10. 给出向相关人员分配测试任务的步骤，并思考其合理性。

03 第3章 黑盒测试方法

黑盒测试是一种常见且常用的软件测试方法，它将被测软件看成是一个无法打开的黑盒，主要根据功能需求设计测试用例来完成软件的测试。本章将介绍常用的黑盒测试方法和对应的测试用例设计方式，并通过实例分别介绍这几种方法的应用。

3.1 测试用例综述

测试用例现在没有标准的定义，比较常见的说法是：测试用例是为某个特殊目标而编制的一组测试输入、执行条件和预期输出结果，以便测试某个程序路径或核实软件是否满足某个特定需求。测试用例对软件测试的行为活动做了一个科学化的组织归纳，以便能够把软件测试的行为转换为可管理的模式。同时，测试用例也是对测试进行具体量化的方法之一。对于不同类别的软件，测试用例也是不同的。

测试用例综述

对一个测试过程来说，测试用例起到了很重要的作用，它构成了设计和制订测试过程的基础。从某种角度来说，测试的"深度"与测试用例的数量成比例，判断测试是否充分的一个主要方法是基于需求的覆盖。

3.1.1 测试用例设计原则

测试用例设计的最基本原则是覆盖所要测试的功能。但这个要求并不像看上去那么简单。测试中要使测试用例能够达到覆盖全面的要求，需要对被测试产品的功能进行全面了解、明确测试范围（特别是要明确哪些是不需要测试的）、具备基本的测试技术（如等价类划分等）等。但是成本因素的介入决定了工程中设计好的测试用例原则不只有"覆盖所要测试的功能"这一条，下面给出几条常见的测试用例设计原则。

1. 单个测试用例最小化原则

这条原则是最重要的，也是最难达到、最易忽略的。它对其他几条原则都有着或多或少的影响。例如，在测试过程中有一个功能 FUNC 需要被测试，它含有 3 个子功能——F1、F2 与 F3，从以下两种方法来设计这个功能的测试用例。

（1）使用一个覆盖 3 个子功能的测试用例 Test_F1_F2_F3。

（2）使用 3 个单独的测试用例——Test_F1、Test_F2 和 Test_F3，分别覆盖 3 个子功能。

对于规模较小的工程，方法 1 更为适宜，但对于规模较大或者质量要求较高的项目，方法 2 显得更为合适，因为它具有以下 3 个优点。

① 测试用例的覆盖边界更清晰。

② 测试结果对软件缺陷的指向性更强。

③ 测试用例间的耦合度最低，因此彼此间的干扰也最低。

基于这些优点，测试用例的调试、分析与维护成本也最低。对于一个测试用例来说，它本身应该尽可能简单，只包括需要验证的部分，而不需要涵盖其他无关的部分，一味地捎带无关项只会增加测试阶段的负担和风险。阿斯特尔斯（David Astels）在他的著作《测试驱动开发：实用指南》（*Test-Driven Development: A Practical Guide*）中曾描述："最好一个测试用例只有一个 Assert 语句。"此外，覆盖功能点明确的测试用例，也便于新的组合测试用例的生成。很多测试工具都提供了类似的组合已有测试用例的功能，例如，Visual Studio 中就引入了 Ordered Test 的概念。

2. 测试用例替代产品文档功能原则

测试用例应该忠实地反映产品的功能，否则，测试用例就会执行失败。以往大家只是把测试用例当作测试用例而已，其实对测试用例的理解应该再上升一个高度，它应该能够扮演产品描述文档的功能。这就要求编写的测试用例足够详细，测试用例的组织要有条理、分主次，单靠 Word、Excel 或者 OneNote 这样的通用工具是远远无法做到的，需要更多专用的测试用例管理工具来辅助，例如，Visual Studio 2010 引入的 Microsoft Test Manager，可以帮助管理测试用例。

此外，对自动化测试用例而言，无论是 API 还是 UI 级别的，测试代码在编写上都应该有别于产品代码编写风格：测试代码的可读性和描述性应该是重点考虑的内容。在测试代码中，当然可以引入面向对象、设计模式等优秀的设计思想，但是一定要适度使用，往往面向过程的编码方式更利于组织、阅读和描述。

3. 单次投入成本和多次投入成本原则

与其说这是一条评判测试用例的原则，不如说是一个思考问题的角度。成本永远是任何项目进行决策时都要考虑的首要因素，软件项目中开发需要考虑成本，测试同样需要考虑成本。对成本的考虑应该客观和全面地体现在测试的设计、执行和维护的各个阶段。

例如，第一条原则"单个用例覆盖最小化原则"就是一个很好的例子。测试功能 FUNC 的 3 个功能点 F1、F2 和 F3，从表面上看用 Test_F1_F2_F3 这个用例在设计和自动化实现时是最简单的，但它在反复执行阶段会带来很多问题。

首先，对这样的用例的失败分析相对复杂，测试人员需要确认到底是哪个功能点造成了测试失败。

其次，自动化用例的调试更为复杂，如果是功能点 F3 的问题，程序仍需要走过功能点 F1 和 F2，才能到达功能点 F3，这增加了调试时间和复杂度。

再者，步骤多的手工测试用例增加了手工执行的不确定性，步骤多的自动化用例增加了其自动执行失败的可能性，特别是那些基于 UI 的自动化技术的用例。

最后，将不相关的功能点耦合到一起，降低了尽早发现产品回归缺陷的可能性，这是测试工作的大忌。例如，如果 Test_F1_F2_F3 是一个自动测试用例，并且是按照 F1→F2→F3 的顺序执行的，当 F1 存在软件缺陷时，整个测试用例就失败了，而 F2 和 F3 并未被测试执行到。如果此时 F1 的软件缺陷由于某些原因需要很长时间才能修复，则 Test_F1_F2_F3 始终被认为是因为 F1 的软件缺陷而失败的，而 F2 和 F3 则始终没有被覆盖到，这里存在潜在的危险和漏洞。

综上所述，Test_F1_F2_F3 这样的设计，减少的仅是一次性设计和自动化的投入，增加的却是需要多次投入的测试执行的负担和风险，所以需要决定是选择 Test_F1_F2_F3 还是选择 Test_F1、Test_F2 和 Test_F3 时（事实上这种决策是经常发生的，尤其是在设计测试用例时），务必要考虑投入的代价。

4. 测试结果分析和调试最简单化原则

这条原则实际上是第三条原则的扩展和延续。在编写自动化测试代码时，要重点考虑如何使测试结果分析和测试调试更简单，如用例日志、调试辅助信息输出等。在测试项目中，测试用例的编写人和最终的执行者往往是不同团队的成员，甚至有些测试的执行工作采用外包的方式交给第三方团队去完成。因此测试用例的执行属于多次投入，测试人员要经常地去分析测试结果、调试测试用例，在这部分活动上的投入是相当可观的。而这时，测试框架提供的一些辅助 API 等就有助于很好地实现这个原则。例如，Coded UI Test 就提供了类似的 API，来辅助基于 Coded UI 框架实现的自动化测试用例，使它有更好的调试体验。

测试理论为日常的测试工作指明了前进的方向，但在实际工程中还需要我们不断地"活化"这些理论，使理论和实践更好地契合在一起。

3.1.2　测试用例设计步骤

一个完整的软件测试流程包括许多内容，本小节从测试用例的编写开始，介绍测试用例编写的一般步骤，以使编写的测试用例既在最大限度上满足需求，又不产生重复而冗余的负担。下面先从理论上来了解测试用例编写的一般步骤。

1. 测试需求分析

这一步需要测试人员从软件需求文档中找出测试软件、测试模块的需求，并进行分析后整合出测试需求，清楚被测对象具有哪些功能。测试需求的特点是：包含软件需求，具有可测试性。在软件需求的基础上，对测试需求应该进行进一步的归纳和分类，以便设计出合理的测试用例。测试用例中的测试集与测试需求的关系是多对一的关系，即一个或多个测试用例集对应一个测试需求。

2. 业务流程分析

软件测试不仅要从功能的角度进行测试，也要从软件的内部结构入手进行逻辑测试。为了完整地进行测试活动，需要对软件产品的业务流程有较高的熟悉度。因此在设计一些复杂的测试用例之前，可以先整理出软件的业务流程，这样可以帮助理解软件的逻辑处理和数据流向，从而指导测试用例的设计。

从软件的业务流程上，应得到以下信息。

（1）软件的主流程是什么。

（2）软件的条件备选流程是什么。

（3）软件的数据流向是什么。

（4）软件的关键判断条件是什么。

3. 测试用例设计

完成测试需求分析和业务流程分析后，就应该开始着手设计测试用例了。设计测试用例时有以下几个需要注意的关键点。

（1）确定测试套件。测试套件是功能上的划分，是相似测试场景的组合，而非技术划分。如果技术设计中各模块的耦合度较高，功能上不相干的模块可能会因为代码重用，在修复软件缺陷时互相引用导致错误。实际上，回归测试的出现就是为了避免这种情况。但是做功能测试划分模块时，还是要从用户的角度出发，按照用户场景划分测试的"模块"。

（2）针对每个测试套件，确定一个或多个基本流程和可选流程，即测试场景。借助情景矩阵（Scenario Matrix）可以清晰地对可能出现的场景进行排列组合。值得注意的是，一方面测试用例或产品需求文档（Product Requirement Document，PRD）中的描述很可能并没有完整地写尽所有的场景，测试人员尽可能地挖掘测试场景，既有可能是出于测试本身的需要，也有可能是基于开发团队的工作；另一方面，在复杂系统中，测试场景不可能覆盖所有可能的场景，这便需要测试人员采用一定的测试策略，对系统进行"足够的（adequate）"测试，而不是完全的测试。

（3）针对每个测试场景，确定一个或多个测试用例。这仍然可以借助矩阵来清晰地规划测试用例，每个测试用例都有其对应的预置条件、输入和期望结果。测试用例分为正向测试用例（Positive Test Case）和反向测试用例（Negative Test Case）两种，分别用来测试产品是否完成应该完成的工作和不执行不应该执行的操作。

（4）增加测试数据，完成测试用例。测试数据是测试用例中很重要的内容，一个测试用例可能对应多套测试数据，测试工程师根据某种测试技术，将尽可能地设计较少的测试数据完成"足够的"测试。

4. 测试用例评审

测试用例设计完成后，为了确保测试过程和方法的正确性，以及确认是否有遗漏的测试点，需要对测试用例进行评审。评审活动一般由测试主管来主导，参与人员有测试用例设计者、测试主管、项目经理、开发工程师，以及相关的测试工程师。测试用例评审完之后，测试工程师根据评审结果对测试用例进行修改，并记录修改日志。

5. 测试用例更新和完善

测试用例设计完成后并不代表这一阶段终止了，而是需要不断地进行更新和完善。软件产品新增功能或者更新需求后，测试用例也必须进行同步更新。在软件交付并投入使用后，客户也会反馈一部分软件缺陷，而软件缺陷又是由测试用例存在漏洞而造成的，因此从这个角度看，也需要对测试用例进行完善。一般情况下小的修改可以在原测试用例文档上修改，但文档要有更改记录。软件的版本升级更新，测试用例一般也应随之编制升级更新版本。测试用例是"活"的，需要在软件的生命周期中不断更新和完善。

3.1.3 测试用例的构成

测试用例一般由测试输入、执行条件和预期输出结果构成。在这里，为了方便后面的描述，假设测试用例仅包括测试输入和测试用例预期输出结果。测试输入是测试用例在执行时所需要的输入变量和对应的具体取值。而预期输出结果主要用于判断测试用例的实际输出结果是否满足预期行为。

我们以3个场景为例介绍测试用例的具体构成。

（1）场景A：该场景需要测试函数 sum(int x, int y)，该函数实现了两个整型变量相加的运算。针对该函数设计的测试输入是两个变量，假设取值分别是3和4，则预期输出结果是7；如果测试用例的实际执行结果不等于7，则认为该函数的实现存在缺陷。

（2）场景B：该场景需要测试一个浏览器的网页布局功能，则测试输入是一个网页的HTML文件，预期输出结果是该网页在浏览器中的预期布局显示。如果在该网页的实际布局显示中某些组件的位置出现了偏差，则认为该浏览器在布局功能实现中存在缺陷。

（3）场景C：该场景需要测试一个编译器的实现是否正确，则测试输入是源代码，预期输出结果是希望编译器编译出的机器代码或字节码。如果源代码实际编译出的机器代码或字节码与预期结果有偏差，则认为该编译的实现存在缺陷。

在测试用例中还有一个重要的概念是测试用例预言（Test Oracle）。测试用例预言主要包含两个部分：第一个部分是测试用例的预期输出结果，第二个部分是判断测试用例的预期输出结果与实际输出结果是否一致，在 JUnit 单元测试框架中，一般在单元测试代码内部通过 assert 系列语句实现该部分功能。在软件测试中，测试用例预言是阻碍软件测试自动化的一个主要阻碍。目前大部分场景下，测试用例预言的构造需要测试人员手工完成，因此费时费力，且容易出错。

3.2　等价类设计方法

在实际软件测试中，如果想覆盖所有输入的可能取值，以及这些输入的取值组合并不可行。正如前文提到的例子，假设一个简单程序的输入仅含有两个整型变量，若在字长为 32 位的计算机上设计测试用例，则共需要 2^{64}（ $2^{32} \times 2^{32}$）个测试用例。假设每个测试用例仅需要运行 1 毫秒，计算机一天可以工作 24 小时，一年可以工作 365 天，则运行完这些测试用例，需要 5 亿年。

等价类设计方法

等价类划分就是解决如何选择适当的数据子集代表整个数据集的问题，通过降低测试用例的数量去实现"合理的"覆盖，覆盖更多的可能数据，以发现更多的软件缺陷。

等价类划分法是一种典型的黑盒测试方法，它将程序所有可能的输入数据（有效的和无效的）划分成若干个部分，然后从每个部分中选取有代表性的数据作为测试用例进行合理的分类，测试用例由有效等价类和无效等价类的代表组成，从而保证测试用例具有完整性和代表性。利用这一方法设计测试用例可以不考虑程序的内部结构，以需求规格说明书为依据，选择适当的典型子集，认真分析和推敲说明书的各项需求，特别是功能需求，尽可能多地发现错误。

3.2.1　等价类划分

划分等价类时，将所有可能的输入数据，即程序的输入域，划分为若干部分，然后从每一部分中选取少数有代表性的数据作为测试用例。使用这一方法设计测试用例要经历划分等价类（列出等价类表）和选取测试用例两步。等价类是指某个输入域的子集合，在该子集合中，各个输入数据对于揭露程序中的错误都是等效的。测试某等价类的代表值，就等价于对这一类所有值的测试。

因此，根据测试输入条件识别一组等价类需要一种系统化的方法。每个等价类代表一组可能的测试输入，这时不用为每个等价类中的一种元素生成一个测试用例，而是根据等价类的属性选择一个有代表性的测试用例。在选择等价类时要格外谨慎，必须确保一个等价类中的所有元素行为相似。

等价类的划分有以下两种不同的情况。

（1）有效等价类：是指对程序的规格说明而言，合理且有意义的输入数据构成的集合。

（2）无效等价类：是指对程序的规格说明而言，不合理的、无意义的输入数据构成的集合。此处应注意，正确的术语应该是"无效值的等价类"，而不是"无效等价类"，因为等价类本身并不是无效的，只是这个等价类对于某个特定的输入值是无效的。

等价类划分的原则有以下 6 点。

（1）在输入条件规定了取值范围或者值的个数的情况下，可以确立一个有效等价类（在范围之内的等价类）和两个无效等价类（有效范围的两侧）。

例如，输入值是学生成绩，范围是 0～100，则有效等价类为 0≤成绩≤100，无效等价类为成绩<0；成绩>100。

（2）在输入条件规定了输入值的集合或者规定了"必须如何"的条件的情况下，可确立一个有效等价类和一个无效等价类。

（3）在输入条件是一个布尔量的情况下，可确定一个有效等价类和一个无效等价类。

（4）在规定了输入数据的一组值（假定 n 个），并且程序要对每个输入值分别处理的情况下，可确立 n 个有效等价类和一个无效等价类。

例如，输入条件说明学历可为专科、本科、硕士、博士 4 种之一，则分别取这 4 种值作为 4 个有效等价类，另外把这 4 种学历之外的任何学历作为无效等价类。

（5）在规定了输入数据必须遵守的规则的情况下，可确立一个有效等价类（符合规则）和若干个无效等价类（从不同角度违反规则）。

（6）在确知已划分的等价类中各元素在程序处理中的方式不同的情况下，则应再将该等价类进一步划分为更小的等价类。

下面通过一个计算年终奖金的例子说明等价类划分。某公司要求开发用于计算员工年终奖金的应用软件，奖金获取机制如下：

（1）员工在公司的工作时间超过 3 年，可以得到相当于其月收入 50%的年终奖金；

（2）员工在公司的工作时间超过 5 年，可以得到相当于其月收入 75%的年终奖金；

（3）员工在公司的工作时间超过 8 年，可以得到相当于其月收入 100%的年终奖金。

根据员工在公司的不同工作年限计算奖金很容易得到有效输入值（正确或有效等价类，即 vEC）的 4 个不同等价类，如表 3-1 所示。

表 3-1　有效等价类和代表值

参数	等价类	代表值
奖金计算程序（x：员工工作年限）	vEC1：$0 \leqslant x \leqslant 3$	2
	vEC2：$3 < x \leqslant 5$	4
	vEC3：$5 < x \leqslant 8$	7
	vEC4：$x > 8$	12

而除有效输入值以外，还必须对无效输入值进行测试。同样需要获取无效输入值的等价类，并且利用这些无效等价类的代表值来执行测试用例。在前面提到的例子中，有表 3-2 所示的两个无效等价类。其中无效等价类用 iEC 来表示。

表 3-2　无效等价类和代表值

参数	等价类	代表值
奖金计算程序（x：员工工作年限）	iEC1：$x < 0$　员工工作年限为负（不正确）	−3
	iEC2：$x > 70$　员工工作年限过长（不正确）	72

注意，在第二类等价类中，值 70 是随意选择的，因为没有一个人可能被公司雇佣这么长的时间，公司的最大服务年限应该根据客户的实际情况而定。

这个示例只是对等价类的一个简单展示，在实际运用中，还需要对等价类进行细分。如果测试对象的规格说明中规定等价类的一些元素需要不同的处理，这些元素就需要归类到一个等价类。对每个等价类，应该选择一个代表值进行测试。

为了完成测试用例的设计，测试人员需要定义每个测试用例的前置条件和期望结果。

针对输入数据划分等价类的原则同样适用于输出数据。毫无疑问，根据输出数据获取测试用例的代价会更高，因为针对每个输出数据的代表值，必须确定相应的输入数据的组合。同样，对输出数据也必须考虑无效值的等价类的情况。

划分等价类和选择其中的代表值都需要仔细斟酌。测试中发现软件缺陷的可能性很大程度上依赖于等价类划分的质量，以及选择哪个测试用例来执行。通常，从规格说明等文档中获取等价类并不是一件简单的事情。

当然，最好的测试值是验证等价类边界的那些值。有时自然语言无法精确说明等价类的边界，这使得需求文档的描述容易存在误解或者不正确的地方。例如，在用自然语言阐释需求时，"超过 3 年"可能指数值 3 包含在等价类之内（EC：$x \geq 3$），也可能是在等价类之外（EC：$x > 3$）。这样，加入 $x=3$ 的测试用例就能发现这个歧义，而且测试过程中会导致测试对象失效。我们会在 3.3 节中详细地讨论这个问题。

3.2.2 等价类划分方法

为了达到等价类划分的目标，需要执行两个步骤：第一，识别等价类；第二，识别测试用例。识别等价类很大程度上是一种针对给定输入条件或外部条件的启发式过程。下面具体介绍如何使用等价类划分法。

（1）如果一个输入条件规定了输入值的范围，那么可以得到 3 个等价类：一个有效等价类和两个无效等价类。

例 3.1 规定输入值的范围是 1～99，如图 3-1 所示，那么可以得到 3 个等价类：一个合法等价类 $\{1, \cdots, 99\}$；两个非法等价类 $\{x|x<1\}$ 和 $\{x|x>99\}$。

（2）如果输入条件规定了一个输入值集合，并且集合中的每个元素处理起来都不同，那么为集合中的每个元素生成一个有效等价类，为集合之外的所有元素生成一个无效等价类。

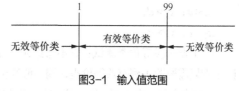

图3-1 输入值范围

示例：如果从具有 N 个元素的集合中选择输入，那么得到 $N+1$ 个等价类。为每个元素生成一个有效等价类 $\{M_1\}, \cdots, \{M_N\}$；生成一个包含集合之外所有元素的无效等价类 $\{x|x \notin \{M_1, \cdots, M_N\}\}$。

（3）如果处理每个有效输入的方式都不相同，那么为每个有效输入生成一个有效等价类。

示例：如果在一个菜单中选择菜单项作为输入，那么应该为每个菜单项定义一个等价类。

（4）如果输入条件规定了有效输入的数量（假定为 N），那么为正确的输入数量定义一个有效等价类，同时定义两个无效等价类。

（5）如果输入条件规定了必须满足的情形，那么生成两个等价类：一个为有效等价类；另一个为无效等价类。

示例：输入的第一个字符必须是一个数字，那么得到两个等价类——一个为有效等价类 $\{s|s$ 的第一个字符是数字$\}$；另一个为无效等价类 $\{s|s$ 的第一个字符不是数字$\}$。

（6）如果一个等价类中的元素被程序处理的方式不同，那么就把该等价类分割为更小的等价类。一种直观的识别方式是简单值、普通值、极端值和典型值等。

根据划分的等价类，按以下原则选择测试用例。

① 为每个等价类规定唯一编号。

② 设计一个新的测试用例，使其尽可能多地覆盖尚未被覆盖的有效等价类，重复这一步，直到所有的有效等价类都被覆盖为止。

③ 设计一个新的测试用例，使其仅覆盖一个尚未被覆盖的无效等价类，重复这一步，直到所有的无效等价类都被覆盖为止。

在常见的等价类划分中，还会将等价类划分为以下 4 个类别。

（1）弱一般等价类：单软件缺陷假设，不讨论异常区域（即无效等价类的那部分）。

（2）强一般等价类：多软件缺陷假设，不考虑异常区域。

（3）弱健壮等价类：单软件缺陷假设，要考虑异常区域。

（4）强健壮等价类：多软件缺陷假设，要考虑异常区域，即一个全笛卡儿积。

单软件缺陷假设是边界值分析的关键假设，在这一节中先介绍它的概念。单软件缺陷假设是指"失效极少是由两个或两个以上的软件缺陷同时发生引起的"。在边界值分析中，单软件缺陷假设是指选取测试用例时只使得一个变量取极值，其他变量均取正常值；多软件缺陷假设，则是指"失效是由两个或两个以上软件缺陷同时作用引起的"，要求在选取测试用例时同时让多个变量取极值。

在等价类测试当中，强指的是多软件缺陷假设，而弱指的是单软件缺陷假设。前者表明了一个笛卡儿积的概念，一般指的是正常值，即不需要考虑异常值，而健壮则刚好相反，即需要考虑异常值。

例 3.2 某函数 F 有两个输入变量 x_1、x_2，要求两个输入变量的取值范围如下：

$a \leqslant x_1 \leqslant d$，区间为 $[a,b],(b,c),[c,d]$；

$e \leqslant x_2 \leqslant g$，区间为 $[e,f),[f,g]$。

分析 x_1 和 x_2 的无效区间为：

$x_1 < a$；$x_2 > d$；

$x_2 < e$；$x_2 > g$。

（1）弱一般等价类测试：它不考虑无效数据，测试用例使用每个等价类中的一个值。它选取的测试用例只需要覆盖到有效等价类，弱一般等价类测试示例如图 3-2 所示。

示例中点所在的区域代表选取这个区域的等价类。此例中去掉了 3 个无效输入，仅输入 3 个有效等价类。

（2）强一般等价类测试：每个等价类至少要选择一个测试用例。它不考虑无效等价类，选取测试用例时，各个有效区间的组合都要覆盖到，图 3-3 所示的示例中对 6 个等价类均选取了测试用例。

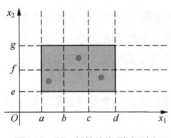

图3-2 弱一般等价类测试示例

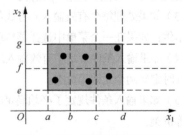

图3-3 强一般等价类测试示例

（3）弱健壮等价类测试：对于有效输入，使用每个有效等价类的一个值；对于无效输入，测试用例只使用一个无效值，其余值都是有效的。它基于单软件缺陷假设，考虑无效等价类，选取的测试用例要覆盖每个有效等价类和无效等价类，但是不能同时覆盖两个无效等价类，弱健壮等价类测试示例如图3-4所示。

（4）强健壮等价类测试：每个无效等价类和有效等价类的组合都要覆盖到，考虑所有的有效和无效情况，强健壮等价类测试示例如图3-5所示。

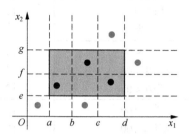

图3-4 弱健壮等价类测试示例

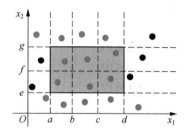

图3-5 强健壮等价类测试示例

3.2.3 等价类划分的测试运用

1. 三角形问题的等价类测试

三角形问题是测试文献中使用很广泛的一个例子。输入3个整数a、b和c分别作为三角形的3条边，通过程序判断这3条边的组成情况是等边三角形、等腰三角形、一般三角形，还是不构成三角形。

假定3个输入a、b和c在1～100范围内取值，三角形问题可以更详细地描述为：

输入3个整数a、b和c分别作为三角形的3条边，要求a、b和c必须满足$1 \le a \le 100$，$1 \le b \le 100$，$1 \le c \le 100$；$a < b+c$；$b < a+c$；$c < a+b$。

程序输出是由这3条边构成的三角形类型：等边三角形、等腰三角形、一般三角形或非三角形。如果输入值不满足前3个条件中的任何一个，程序将给出相应的提示信息："请输入1～100的整数"。如果a、b和c满足前3个条件，则输出下列4种情况之一：

（1）如果不满足后面3个条件中的任意一个，则程序输出为"非三角形"；

（2）如果3条边相等，则程序输出为"等边三角形"；

（3）如果有且仅有两条边相等，则程序输出为"等腰三角形"；

（4）如果3条边都不相等，则程序输出为"一般三角形"。

显然这4种情况是相互排斥的。

三角形问题包含了清晰而又复杂的逻辑关系，因此经常在软件测试的问题分析中被用到。

仔细分析三角形问题，可以得到一个等价类表，如表3-3所示，然后根据这个表格来设计覆盖上述等价类的测试用例。

表3-3 三角形问题的等价类

有效等价类	编号	无效等价类	编号
整数	1	一边为非整数	4
		两边为非整数	5
		三边均为非整数	6
3个数	2	只有一条边	7
		只有两条边	8
		多于三条边	9

续表

有效等价类	编号	无效等价类	编号
$1 \leqslant a \leqslant 100$ $1 \leqslant b \leqslant 100$ $1 \leqslant c \leqslant 100$	3	一边为 0	10
		两边为 0	11
		三边为 0	12
		一边 < 0	13
		两边 < 0	14
		三边 < 0	15
		一边 > 100	16
		两边 > 100	17
		三边 > 100	18

测试用例 Test1=(3,4,5)便可覆盖有效等价类 1～3。

覆盖无效类的测试用例如表 3-4 所示。

表 3-4　三角形问题的无效等价类测试用例

测试用例	输入 a,b,c	期望输出	覆盖等价类
Test2	1.5,4,5	提示"请输入 1～100 的整数"	4
Test3	3.5,2.5,5	提示"请输入 1～100 的整数"	5
Test4	2.5,4.5,5.5	提示"请输入 1～100 的整数"	6
Test5	3	提示"请输入 3 条边长"	7
Test6	4,5	提示"请输入 3 条边长"	8
Test7	2,3,4,5	提示"请输入 3 条边长"	9
Test8	3,0,8	提示"边长不能为 0"	10
Test9	0,6,0	提示"边长不能为 0"	11
Test10	0,0,0	提示"边长不能为 0"	12
Test11	−3,4,6	提示"边长不能为负"	13
Test12	2,−7,−5	提示"边长不能为负"	14
Test13	−3,−4,−5	提示"边长不能为负"	15
Test14	101,4,5	提示"请输入 1～100 的整数"	16
Test15	3,101,102	提示"请输入 1～100 的整数"	17
Test16	101,104,105	提示"请输入 1～100 的整数"	18

在大多数情况下，可以从被测程序的输入域划分等价类，但也可以从被测程序的输出域划分等价类。事实上，这对于三角形问题是最简单的划分法。三角形问题可能有 4 种输出：等边三角形、等腰三角形、一般三角形和非三角形。利用这些信息从输出域划分等价类为：

（1）$R1=\{<a,b,c>$: 边为 a,b,c 的等边三角形$\}$

（2）$R2=\{<a,b,c>$: 边为 a,b,c 的等腰三角形$\}$

（3）R3={<a,b,c>: 边为 a,b,c 的一般三角形}

（4）R4={<a,b,c>: 边为 a,b,c 的非三角形}

2．*NextDate* 函数问题

NextDate 函数问题是软件测试中另一个常见的例子。它的描述如下：*NextDate* 函数包含 3 个变量，即月份（*month*）、日期（*day*）和年份（*year*），函数的输出为输入日期的后一天。

例如，输入为 2017 年 4 月 25 日，则函数的输出为 2017 年 4 月 26 日。

函数要求输入变量均为整数值，并且满足下列条件：

（1）$1 \leqslant month \leqslant 12$；

（2）$1 \leqslant day \leqslant 31$；

（3）$1912 \leqslant year \leqslant 2050$。

此函数的主要特点是输入变量之间的逻辑关系比较复杂。复杂性的来源有两个：一个是指输入域的复杂性，另一个是指闰年的规则。例如，变量 *year* 和 *month* 取不同的值，对应的变量 *day* 也会有不同的取值范围，*day* 值的范围可能是 1～30 或 1～31，也可能是 1～28 或 1～29。

（1）简单等价类划分测试 *NextDate* 函数

使用简单等价类划分方法，可以划分为以下有效等价类。

$M1 = \{month: 1 \leqslant month \leqslant 12\}$

$D1 = \{day: 1 \leqslant day \leqslant 31\}$

$Y1 = \{year: 1912 \leqslant year \leqslant 2050\}$

使用简单等价类划分方法，可以划分为以下有效等价类。

若 *M1*、*D1*、*Y1* 这 3 个条件中的任意一个无效，那么 *NextDate* 函数都会产生一个输出，指明相应的变量超出取值范围，例如，*month* 的值不在 1～12 的范围当中。

显然还存在着大量的 *year*、*month*、*day* 的无效组合，*NextDate* 函数将这些组合统一输出为"无效输入日期"，其无效等价类为：

$M2 = \{month: month < 1\}$

$M3 = \{month: month > 12\}$

$D2 = \{day: day < 1\}$

$D3 = \{day: day > 31\}$

$Y2 = \{year: year < 1912\}$

$Y3 = \{year: year > 2050\}$

NextDate 函数的一般等价类测试用例如表 3-5 所示。

表 3-5　*NextDate* 函数的一般等价类测试用例

测试用例	输入			期望输出
	day	*month*	*year*	
TestCase1	25	4	2017	2017 年 4 月 26 日

健壮等价类测试中包含弱健壮等价类测试和强健壮等价类测试。在这里，使用这种分类方式来划分测试用例。

① 弱健壮等价类测试：弱健壮等价类测试中的有效测试用例使用每个有效等价类中的一个值。弱

健壮等价类测试中的无效测试用例则只包含一个无效值，其他都是有效值，即含有单软件缺陷假设。*NextDate* 函数的弱健壮等价类测试用例如表 3-6 所示。

表 3-6 *NextDate* 函数的弱健壮等价类测试用例

测试用例	输入			期望输出
	day	*month*	*year*	
TestCase1	25	4	2017	2017 年 4 月 26 日
TestCase2	25	0	2017	*month* 不在 1~12 中
TestCase3	25	13	2017	*month* 不在 1~12 中
TestCase4	0	4	2017	*day* 不在 1~31 中
TestCase5	32	4	2017	*day* 不在 1~31 中
TestCase6	25	4	1911	*year* 不在 1912~2050 中
TestCase7	25	4	2051	*year* 不在 1912~2050 中

② 强健壮等价类测试：强健壮等价类测试考虑了更多的无效值情况。强健壮等价类测试中的无效测试用例可以包含多个无效值，即包含多个软件缺陷假设。因为 *NextDate* 函数有 3 个变量，所以对应的强健壮等价类测试用例可以包含一个无效值，2 个无效值或 3 个无效值，*NextDate* 函数的强健壮等价类测试用例如表 3-7 所示。

表 3-7 *NextDate* 函数的强健壮等价类测试用例

测试用例	输入			期望输出
	day	*month*	*year*	
TestCase1	25	−1	2017	*month* 不在 1~12 中
TestCase2	−25	4	2017	*day* 不在 1~31 中
TestCase3	25	4	1900	*year* 不在 1912~2050 中
TestCase4	−1	−4	2017	变量 *day*、*month* 无效，变量 *year* 有效
TestCase5	−1	4	1900	变量 *day*、*year* 无效，变量 *month* 有效
TestCase6	25	−4	1911	变量 *month*、*year* 无效，变量 *day* 有效
TestCase7	−25	−4	2051	变量 *day*、*month*、*year* 无效

但在简单等价类划分测试 *NextDate* 函数中，没有考虑 2 月的天数问题，也没有考虑闰年的问题，月只包含了 30 天和 31 天两种情况。在改进等价类划分测试 *NextDate* 函数中，要考虑 2 月天数的问题。

（2）改进等价类划分测试 *NextDate* 函数

关于每个月的天数问题，可以详细划分为以下等价类。

*M*1 = {*month*:*month* 有 30 天}

*M*2 = {*month*:*month* 有 31 天，除去 12 月}

*M*3 = {*month*:*month* 是 2 月}

*M*4 = {*month*:*month* 是 12 月}

$D1 = \{day:1 \leqslant day \leqslant 27\}$

$D2 = \{day:day=28\}$

$D3 = \{day:day=29\}$

$D4 = \{day:day=30\}$

$D5 = \{day:day=31\}$

$Y1 = \{year:year$ 是闰年$\}$

$Y2 = \{year:year$ 不是闰年$\}$

改进等价类划分测试 *NextDate* 函数的测试用例如表 3-8 所示。

表 3-8 *NextDate* 函数的改进等价类划分测试用例

测试用例	输入			期望输出
	day	*month*	*year*	
TestCase1	30	6	2017	2017 年 7 月 1 日
TestCase2	31	8	2017	2017 年 9 月 1 日
TestCase3	27	2	2017	2017 年 2 月 28 日
TestCase4	28	2	2017	2017 年 3 月 1 日
TestCase5	29	2	2016	2016 年 3 月 1 日
TestCase6	31	12	2017	2018 年 1 月 1 日
TestCase7	31	9	2017	不可能的输入日期
TestCase8	29	2	2017	不可能的输入日期
TestCase9	30	2	2017	不可能的输入日期
TestCase10	9	15	2017	变量 *month* 无效
TestCase11	35	9	2017	变量 *day* 无效
TestCase12	9	9	2100	变量 *year* 无效

以上就是等价类划分测试用例的一个简单示例。但是等价类测试也存在以下两个问题：一是规格说明往往没有定义无效测试用例的期望输出应该是什么样的，因此，测试人员需要耗费大量时间定义这些测试用例的期望输出；二是强类型语言没有必要考虑无效输入，传统等价类测试是诸如 FORTRAN和 COBOL 这样的语言占统治地位年代的产物，那时这种无效输入的故障很常见。事实上，正是由于经常出现这种错误，才促使人们使用强类型语言。

在使用等价类划分进行测试时，还需要注意以下几个问题。

（1）如果实现的语言是强类型语言（无效值输入会引起系统运行时出错），则没有必要使用健壮等价类测试。

（2）如果错误输入检查非常重要，则应进行健壮等价类测试。

（3）如果输入数据以离散区间或集合的形式定义，则等价类测试是合适的，当然也适用于变量值越界会造成故障的系统。

（4）在发现合适的等价关系之前，可能需要许多次的尝试。

3.3 边界值设计方法

大量的软件测试实践表明，故障往往出现在定义域的边界值上，而不是在其内部。因此，为了检测边界附近的处理专门设计测试用例，通常都会取得很好的测试效果。边界值分析法就是对输入或输出的边界值进行测试的一种黑盒测试方法。通常边界值分析法是作为对等价类划分法的补充，在这种情况下，其测试用例来自等价类的边界。

边界值设计方法

3.3.1 边界值分析法原理

1. 边界值测试原理

边界是测试用例的一些特殊情况。对于程序来说，一般情况下，大量的中间数值都是运行正确的，但有可能会在范围边界出现错误。例如，当进行三角形判断的测试时，要求输入 3 条边长 a、b 和 c，而判断边长的一个条件是 $a+b>c$。但是，如果将一个 ">" 错写成 "≥" 时，测试到边界值时就无法构成三角形了。应用边界值分析法设计测试用例时，首先需要确定边界情况。如果程序的边界比较复杂，那么想要找出合适的边界，还需要耐心地分析程序的输出边界、输入边界，这需要在测试的过程中进行仔细分析，找出有趣的或是可能产生故障的边界情况。

边界值分析法的基本思想是在等价类的极端情况下考虑软件测试工作，因为错误很容易发生在输入值的关键点，即从合法变为非法的那一点。由此也可以看出，边界值分析其实是与等价类划分密切相关的。在等价类划分的过程中，无论是对等价类的输入还是输出，都会产生很多边界情况。因此，选择正好等于、略大于或者略小于等价类边界的值作为测试数据，而不是选取等价类中的典型值或任意值作为测试数据。

2. 边界条件

边界条件即输入定义域或输出值域的边界，而不是内部。通常情况下，软件测试所包含的边界检验有以下几种类型：数字、字符、位置、质量、大小、速度、方位、尺寸、空间等。

相应地，以上类型的边界值应该在以下情况下：最大/最小、首位/末位、上/下、最快/最慢、最高/最低、最短/最长、空/满等。

在实际的软件测试中，常见的边界条件有以下几种。

（1）屏幕上光标在最左上、最右下位置。

（2）报表的第一行和最后一行。

（3）数组元素的第一个和最后一个。

（4）循环的第 0 次、第一次和倒数第二次、最后一次。

也就是在等价类边界的最小值、略高于最小值、正常值、略低于最大值和最大值中确定输入变量值。

上面所讲的是普通的边界条件，这些边界条件在产品说明书中有定义，或者在软件的开发过程中确定。但有些边界在软件内部，最终用户几乎看不到，但是软件测试仍有必要检查，这样的边界条件称为次边界条件或者内部边界条件。寻找次边界条件，不要求软件测试人员像程序员那样具有阅读源代码的能力，但是确实要求软件测试人员大体了解软件的工作方式。

以 ASCII 码表为例，ASCII 码表并不是一个结构良好的连续表：自然数 0～9 对应 ASCII 码表中的

48～57；斜杠字符（/）在 0 的前面，冒号（:）在 9 的后面；大写字母 A～Z 对应 65～90；小写字母 a～z 对应 97～122。这些情况都代表次边界条件。如果测试进行文本输入或文本转换的软件在定义数据区间包含哪些值时，参考一下 ASCII 表是相当明智的。

例如，测试的文本框只接受用户输入字符 A～Z 和 a～z，就应该在非法区间中包含 ASCII 表中这些字符前后的值——@、'、[和{。

3. 边界值分析法的优缺点

边界值分析法作为测试方法的一种，在测试范围的边界值上进行考虑，相对来说是比较简便易行的，生成测试数据的成本也很低。但对于整个测试过程来说，它的测试用例不够充分，也不能发现测试变量之间的依赖关系。边界值分析法产生的测试用例不考虑含义和性质，因此只能作为初步测试用例使用。

3.3.2 边界值分析原则

边界值测试用例生成的原则如下。

（1）如果输入条件规定了一个取值范围，就从范围的边界生成合法测试用例，并为恰好超出边界的输入值生成非法测试用例。

（2）如果输入条件规定了值的个数，就用最大个数、最小个数、比最小个数少 1、比最大个数多 1 的个数创建测试用例。

（3）如果输出条件规定了一个取值范围，就为输出范围的边界生成合法测试用例，并为恰好超出边界的输出值生成非法测试用例。

（4）如果程序的输入或输出是一个有序的集合（如顺序文件、线性列表、表格等），就需要关注第一个和最后一个元素。

（5）寻找其他边界条件。例如，如果合法范围是-999～999，那么测试用例包括合法测试用例-999、合法测试用例 999、非法测试用例-1000、非法测试用例 1000。

类似的情况还有，当条件规定了值的个数必须在一个特定范围内时，则为该范围的每个边界选择一个合法测试用例，再为恰好低于和高于可接受范围的情况生成两个测试用例。对于输入和输出文件，测试设计要突出第一个和最后一个记录，并寻找其他极端的输入和输出条件，最终为每种情况生成一个测试用例。

一般情况下，边界值测试用例获取的方法为：在输入变量的最小值（min）、稍大于最小值（min+）、域内任意值（nom）、稍小于最大值（max-）和最大值（max）处取输入变量值，然后对程序中每个变量重复上一步骤。这样对于一个单变量来说，按照这种方式可以产生 5 个测试用例，如图 3-6 所示。

现在进一步讨论含有 x_1 和 x_2 两个变量的程序 P，假设输入变量 x_1 和 x_2 在下列范围内取值：

$$a \leqslant x_1 \leqslant b, \ c \leqslant x_2 \leqslant d$$

因此边界值测试用例的取值如下。

x_1 的取值为 $x_{1min}, x_{1min+}, x_{1nom}, x_{1max-}, x_{1max}$。

x_2 的取值为 $x_{2min}, x_{2min+}, x_{2nom}, x_{2max-}, x_{2max}$。

两个变量函数的边界值分析测试用例如下：

$\{<x_{1nom}, x_{2min}>, <x_{1nom}, x_{2min+}>, <x_{1nom}, x_{2nom}>, <x_{1nom}, x_{2max-}>, <x_{1nom}, x_{2max}>, <x_{1min}, x_{2nom}>, <x_{1min+}, x_{2nom}>, <x_{1nom}, x_{2nom}>, <x_{1max-}, x_{2nom}>, <x_{1max}, x_{2nom}>\}$，如图 3-7 所示。

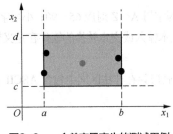
图3-6 一个单变量产生的测试用例

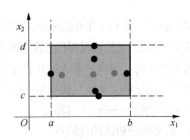
图3-7 两个变量产生的测试用例

一个含有 n 个变量的程序，保留其中一个变量，让其余变量取正常值，这个被保留的变量依次取为 min、min+、nom、max-和 max+。对每个变量都重复执行，那么，对于一个 n 变量函数，边界值分析会产生 $4n+1$ 个测试用例。

不管用什么语言，变量的 min、min+、nom、max-和 max 值根据语境都可以很清楚地确定。如果没有显式地给出边界，可以人为地设定一个边界。例如，三角形问题，显然在输入为整数的情况下，边长的下界是 1。但如何来确定上界呢？在默认情况下，可以取可表示的最大整型值（某些语言里称为MAXINT），或者规定一个数作为上界，如 100 或 1000。

3.3.3 健壮性分析

健壮性是指软件在发生异常的情况下还能正常运行的能力。健壮性测试是边界值分析的一种简单扩展。除了对变量的 5 个边界分析取值，还要考虑略超过最大值（max+）和略小于最小值（min-）时的情况。健壮性测试的最大价值在于观察处理异常情况，它是检测软件系统容错性的重要手段。

对于一个有两个输入变量的程序而言，健壮性边界值测试用例的选取如图 3-8 所示。对于一个含有 n 个变量的程序，保留其中一个变量，让其余变量取正常值，这个被保留的变量依次取为 min-、min、min+、nom、max-、max 和 max+。对每个变量都重复执行，则健壮性边界值测试将产生 $6n+1$ 个测试用例。

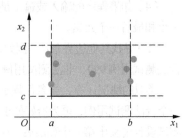
图3-8 健壮性边界值测试用例

边界值分析的大部分讨论都可以直接用于健壮性测试。健壮性边界值测试最有意义的部分不是输入，而是预期的输出，观察在异常情况下程序将会如何进行处理。例如，当物理量超过其最大值时会出现什么情况。

对于强类型语言，健壮性测试可能比较困难。例如，在 C 语言中，如果给定变量的取值范围，则超过这个范围的取值都会产生故障。

在进行健壮性测试时，需要注意以下几点。

（1）健壮性测试需要注意预期的输出。

（2）健壮性测试的主要价值是观察异常情况的处理。

（3）软件质量要素的衡量标准包括软件的容错性。

（4）软件的容错性度量可以是软件从非法输入中恢复的能力。

3.3.4 边界值分析法的测试运用

1. 三角形问题的边界值分析测试用例设计

在三角形问题中，除了要求边长是整数，没有给出其他限制条件。假设输入在 1～100 取值，则边长下界为1，上界为100。三角形问题的边界值分析的测试用例如表3-9所示。

表3-9 三角形问题的边界值分析测试用例

测试用例	*a*	*b*	*c*	预期输出
Test1	60	60	1	等腰三角形
Test2	60	60	2	等腰三角形
Test3	60	60	60	等边三角形
Test4	50	50	99	等腰三角形
Test5	50	50	100	非三角形
Test6	60	1	60	等腰三角形
Test7	60	2	60	等腰三角形
Test8	50	99	50	等腰三角形
Test9	50	100	50	非三角形
Test10	1	60	60	等腰三角形
Test11	2	60	60	等腰三角形
Test12	99	50	50	等腰三角形
Test13	100	50	50	非三角形

2. *NextDate* 函数问题的边界值分析测试用例设计

在 *NextDate* 函数中，隐含规定了变量 *month* 为 $1 \leqslant month \leqslant 12$。而变量 *day* 的取值范围有几种不同的情况，可能为 $1 \leqslant day \leqslant 28$，$1 \leqslant day \leqslant 29$，$1 \leqslant day \leqslant 30$ 或 $1 \leqslant day \leqslant 31$。并且在3.2节等价类划分中，设定变量 *year* 的取值范围为 $1912 \leqslant year \leqslant 2050$。*NextDate* 函数的边界值测试用例如表3-10所示。

表3-10 *NextDate* 函数的边界值测试用例

测试用例	*day*	*month*	*year*	预期输出
Test1	15	6	1911	1911 年 6 月 16 日
Test2	15	6	1912	1912 年 6 月 16 日
Test3	15	6	1913	1913 年 6 月 16 日
Test4	15	6	1975	1975 年 6 月 16 日
Test5	15	6	2049	2049 年 6 月 16 日
Test6	15	6	2050	2050 年 6 月 16 日
Test7	15	6	2051	变量 *year* 超出范围
Test8	−1	6	2001	变量 *day* 超出范围
Test9	1	6	2001	2001 年 6 月 2 日
Test10	2	6	2001	2001 年 6 月 3 日
Test11	30	6	2001	2001 年 7 月 1 日
Test12	31	6	2001	输入日期不正确
Test13	32	6	2001	变量 *day* 超出范围
Test14	15	−1	2001	变量 *month* 超出范围

续表

测试用例	*day*	*month*	*year*	预期输出
Test15	15	1	2001	2001 年 1 月 16 日
Test16	15	2	2001	2001 年 2 月 16 日
Test17	15	11	2001	2001 年 11 月 16 日
Test18	15	12	2001	2001 年 12 月 16 日
Test19	15	13	2001	变量 *month* 超出范围

3.4 因果图和决策表设计方法

因果图法是一种利用图解法分析输入的各种组合情况，从而设计测试用例的方法，它适合于检查程序输入条件的各种组合情况。

因果图设计方法

等价类划分法和边界值分析法都是着重考虑输入条件，但没有考虑输入条件的各种组合及输入条件之间的相互制约关系，而因果图法考虑了输入条件的各种组合及输入条件之间的相互制约关系。

决策表法是分析和表达多逻辑条件下执行不同操作的情况的工具。

3.4.1 因果图原理

1. 因果图

因果图中通过使用一些简单的逻辑符号，用直线来连接左右节点。其中左节点表示输入状态，也就是因果图的原因；右节点表示输出状态，即为结果。因果图中的 4 种符号分别表示规格说明中的 4 种因果关系。其中，c_i 表示原因，通常位于图左；e_i 表示结果，通常位于图右。c_i 与 e_i 可以取值 0 或 1，0 表示状态不出现，1 表示状态出现。因果图基本符号如图 3-9 所示。

4 种因果关系说明如下。

（1）恒等：若 c_1 为 1，则 e_1 也为 1。

（2）非：若 c_1 为 1，则 e_1 为 0。

（3）或：c_1 或 c_2 或 c_3 为 1，则 e_1 为 1；否则 e_1 为 0。或可以有任意个输入。

（4）与：若 c_1 和 c_2 都为 1，则 e_1 为 1；否则 e_1 为 0。与可以有任意个输入。

在实际问题中，状态间可能存在某些依赖关系，称为"约束"。约束的类别有异或（Exclusive or，E）、或（In，I）、唯一（Only，O）、要求（Request，R）和强制（Mask，M）。在因果图中，用特定的符号表明这些约束，如图 3-10 所示。

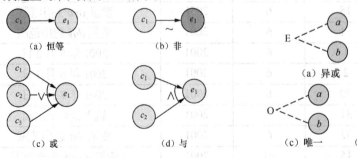

图3-9　因果图基本符号　　　　　图3-10　因果图约束符号

约束的类别说明如下。

（1）异或：a 和 b 最多有一个为1，即 a 和 b 不能同时为1。

（2）或：a 和 b 至少有一个为1，即 a 和 b 不能同时为0。

（3）唯一：a 和 b 有且仅有一个为1。

（4）要求：a 为1时，b 必须为1。

（5）强制：强制约束是关于输出条件的约束。若结果 a 是1，则结果 b 强制为0。

其中（1）～（4）都是关于输入条件的约束。

2. 因果图法设计测试用例的步骤

因果图法设计测试用例的步骤如下。

（1）根据程序规格说明书识别出输入条件或输入条件的等价类（原因）以及输出条件（结果），并给每个原因和结果赋予一个标识符。

（2）找出原因与原因之间、原因与结果之间的对应关系，将其表示成连接各个原因与各个结果之间的"因果图"。

（3）由于语法及环境限制，有些原因与原因之间、原因与结果之间的组合情况是不可能出现的，在因果图上用记号表明约束或限制条件。

（4）将因果图转换成决策表。

（5）根据决策表中每一列设计测试用例。

3.4.2 因果图法应用

示例 需要设计这样一个软件，其程序的规格要求如下。

输入的第1个字符必须是"#"或"*"，第2个字符必须是一个数字，在此情况下进行文件的修改；如果第1个字符不是"#"或"*"，则给出信息N；如果第2个字符不是数字，则给出信息M。

因果图法设计测试用例的步骤如下。

（1）对程序设计要求进行分析，分别给出原因和结果，并对每一个原因对应的结果都给定一个标识。

原因 结果

c_1：第1个字符是"#" e_1：给出信息"N"

c_2：第1个字符是"*" e_2：修改文件

c_3：第2个字符是一个数字 e_3：给出信息"M"

（2）找出原因与原因之间、原因与结果之间的对应关系，将其表示成连接各个原因与各个结果之间的"因果图"。

将得出的原因和结果进行连接，可以得到程序的因果图，如图 3-11 所示。其中编号为 10 的中间节点是导出结果的进一步原因。绘制过程中，发现原因 c_1 与 c_2 不可能同时为 1，即第一个字符不可能既是"#"又是"*"，所以在因果图上加上 E 约束。

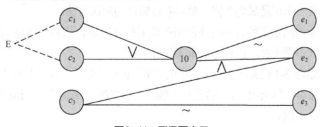

图3-11 因果图表示

（3）将因果图转换成决策表。

根据因果图建立决策表，如表 3-11 所示。其中决策表将在 3.4.3 小节中进行讲解。

表 3-11　根据因果图建立决策表

		1	2	3	4	5	6	7	8
条件	c_1	1	1	1	1	0	0	0	0
	c_2	1	1	0	0	1	1	0	0
	c_3	1	0	1	0	1	0	1	0
	10			1	1	1	1	0	0
动作	e_1							√	√
	e_2			√		√			
	e_3				√		√		√
	不可能	√	√						

（4）根据决策表设计测试用例的输入数据和输出数据。

从表 3-11 中，我们可以发现原因 c_1 和 c_2 不可能同时为 0，因此在设计的测试用例中需要排除这两种情况，从而可以得出 6 个测试用例，如表 3-12 所示。

表 3-12　根据决策表设计测试用例

测试用例编号	输入数据	预期输出
1	#3	修改文件
2	#A	给出信息 M
3	*6	修改文件
4	*B	给出信息 M
5	A1	给出信息 N
6	GT	给出信息 N 和信息M

以上即为因果图的一个简单应用。在较为复杂的问题中，因果图分析法可以发挥很大的作用。它可以帮助检查输入条件组合，使得设计出的测试用例更为高效和简洁。

3.4.3　决策表法及其应用

1. 决策表

决策表（也称为判定表）是分析和表达多逻辑条件下执行不同操作情况的工具。在所有的黑盒测试方法中，基于决策表的测试是最为严格、最具有逻辑性的测试方法。

决策表能够将复杂的问题按照各种可能的情况全部列举出来，简明并避免遗漏，因此利用决策表能够设计出完整的测试用例集合。这也是决策表的优点。

阅读指南决策表如表 3-13 所示。问题栏中的"Y"表示"是"，"N"表示"否"。建议中的"√"表示给出此种建议。如第一种情况，存在问题"疲倦""感兴趣""糊涂"，给出的相应建议为"休息"，这是决策表的一个简单示例。

表 3-13　阅读指南决策表

		1	2	3	4	5	6	7	8
问题	觉得疲倦吗?	Y	Y	Y	Y	N	N	N	N
	感兴趣吗?	Y	Y	N	N	Y	Y	N	N
	糊涂吗?	Y	N	Y	N	Y	N	Y	N
建议	重读					√			
	继续						√		
	到下一章							√	√
	休息	√	√	√	√				

决策表通常由图 3-12 所示的 4 个部分组成。

① 条件桩——列出问题的所有条件；

② 条件项——针对条件桩给出的条件列出所有的可能值；

③ 动作桩——列出问题规定的可能采取的操作；

④ 动作项——指出在条件项的各组取值情况下应采取的动作。

图3-12　决策表组成

动作项和条件项紧密相关，指出在条件项的各组取值情况下应采取的动作。我们把任何一个条件组合的特定取值及其相应要执行的操作称为一条规则。在决策表中贯穿条件项和动作项的一列就是一条规则。可以看出，决策表中列出多少组条件取值，就有多少组规则。

除了某些问题对条件的先后次序有特定要求外，通常决策表中列出的条件其先后次序无关紧要，动作桩给出操作的排列顺序一般也没有什么约束，但为了便于阅读也可令其按适当的顺序排列。

2. 构建决策表的步骤

构建决策表有以下 5 个步骤。

（1）确定规则的个数。一般来说，有 n 个条件的决策表有 2^n 个规则（每个条件都取真、假值）。

（2）列出所有的条件桩和动作桩。

（3）填入条件项。

（4）填入动作项，得到初始决策表。

（5）简化决策表，合并相似规则。

在实际使用中，当决策表较为烦琐时，会先对它进行简化。决策表的简化以合并规则为目标，有两条或多条规则具有相同的动作，并且其条件项之间存在着极为相似的关系，就可以将规则合并，如图 3-13 所示。合并后的条件项用符号"—"表示，说明执行的动作与该条件的取值无关，称为无关条件。

当对规则进行进一步合并时，若需要被合并的条件项分别为"—"和一个任意值，因为条件项"—"在逻辑上包含其他条件，则可以直接合并为"—"，如图 3-14 所示。

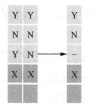

图3-13　两条规则合并为一条

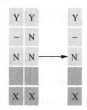

图3-14　两条规则进一步合并

3. 以三角形问题为例构建决策表

以在 3.2.3 小节中提到的三角形问题为例构建一个决策表，首先列出问题的条件桩为

C_1: a、b、c 能构成三角形吗？

C_2: $a=b$?

C_3: $a=c$?

C_4: $b=c$?

然后计算这个问题的规则数：共有 4 个条件，每个条件的取值为"是"或"否"，因此共有 $2^4=16$ 条规则。

对于该问题，它的动作桩为

A_1: 非三角形

A_2: 不等边三角形

A_3: 等腰三角形

A_4: 等边三角形

A_5: 不构成三角形

根据这些条件可以列出三角形问题的决策表如表 3-14 所示。

表3-14 三角形问题的决策表

		1	2	3	4	5	6	7	8	9
条件	a、b、c 能构成三角形吗？	N	Y	Y	Y	Y	Y	Y	Y	Y
	$a=b$?	—	Y	Y	Y	Y	N	N	N	N
	$a=c$?	—	Y	Y	N	N	Y	Y	N	N
	$b=c$?	—	Y	N	Y	N	Y	N	Y	N
动作	非三角形	√								
	不等边三角形									√
	等腰三角形					√		√	√	
	等边三角形		√							
	不构成三角形			√	√		√			

4. 根据决策表生成测试用例

根据决策表生成测试用例比较简单。在给出决策表之后，只要选择适当的输入，使决策表每一列的输入值得到满足即可生成测试用例。

对于决策表技术来说，它有一些很明显的使用特征，如 if-then-else 逻辑很突出，输入变量之间存在逻辑关系，涉及输入变量子集的计算，输入与输出之间存在因果关系，以及很高的 McCabe 圈复杂度等。

决策表分析法能把复杂的问题按各种可能的情况一一列举出来，这种方法简明且易于理解，可避免遗漏。但是它不能表达重复执行的动作，如循环结构。决策表不能很好地伸缩，这也为它的应用提供了一些障碍。实际测试中我们可以按照自己的需求，选择最适合的测试方法。

3.5　正交试验设计方法

正交试验设计（Orthogonal Experimental Design）是研究多因素多水平的又一种设计方法，它是根据正交性从全面试验中挑选出部分有代表性的点进行试验，这些有代表性的点具备了"均匀分散、齐整可比"的特点。正交试验设计是一种高效、快速、经济的试验设计方法。

正交试验设计方法

3.5.1　正交试验设计法原理

1. 正交试验法

利用因果图来设计测试用例时，有时很难从软件需求规格说明中得到作为输入条件的原因与输出结果之间的因果关系来。往往因果关系非常庞大，以至于据此因果图而得到的测试用例数量多得惊人，给软件测试带来沉重的负担。为了有效地、合理地减少测试的工时与费用，可利用正交试验设计方法进行测试用例的设计。

正交试验设计方法是依据伽罗瓦（Galois）理论，从大量的试验数据（测试用例）中挑选适量的、有代表性的点（例），从而合理地安排试验（测试）的一种科学试验设计方法。类似的方法还有聚类分析方法、因子方法等。

2. 利用正交试验设计测试用例的步骤

（1）提取功能说明，构造因子—状态表

把影响试验指标的条件称为因子，而把影响试验因子的条件叫作因子的状态。

利用正交试验设计方法来设计测试用例时，首先要根据被测试软件的规格说明书找出影响其功能实现的操作对象和外部因素，把它们当作因子；而把各个因子的取值当作状态。对软件需求规格说明中的功能要求进行划分，把整体的、概要性的功能要求进行层层分解与展开，分解成具体的有相对独立性的、基本的功能要求。这样就可以把被测试软件中所有的因子都确定下来，并为确定每个因子的权值提供参考的依据。确定因子与状态是设计测试用例的关键，因此要求尽可能全面、正确地确定取值，以确保测试用例的设计做到完整与有效。

（2）加权筛选，生成因素分析表

对因子与状态的选择可按其重要程度分别加权。可根据各个因子及状态的作用大小、出现频率的大小以及测试的需要，确定权值的大小。

（3）利用正交表构造测试数据集

在使用正交试验法时，要考虑到被测系统中准备测试的功能点，而这些功能点就是要获取的因子或因素，但每个功能点要输入的数据按等价类划分有多个，也就是每个因素的输入条件，即状态或水平值。

3. 正交表的构成

（1）行数（Rows）：正交表中行的数量，即试验的次数，也是我们通过正交试验法设计的测试用例的个数。

（2）因素数（Factors）：正交表中列的数量，即我们要测试的功能点。

（3）水平数（Levels）：任何单个因素能够取得的值的最大个数。

正交表中包含的值为从 0 到"水平数-1"或从 1 到"水平数"，即要测试功能点的输入条件。

正交表一般使用 $L_{行数}(水平数^{因素数})$ 来表示，如 $L_8(2^7)$，代表的是 8 行 7 列，水平数为 2 的正交表，如表 3-15 所示，其中加粗数字为因素，而底纹所在处为几个水平值。

表 3-15　正交表示例

行号	列号						
	1	**2**	**3**	**4**	**5**	**6**	**7**
1	1	1	1	1	1	1	1
2	1	1	1	0	0	0	0
3	1	0	0	1	1	0	0
4	1	0	0	0	0	0	1
5	0	1	0	1	0	1	0
6	0	1	0	0	1	0	0
7	0	0	1	1	0	0	1
8	0	0	0	1	0	1	1

4. 交互作用

每张正交表后都附有相应的交互作用表，它是专门用来安排交互作用试验的。

安排交互作用的试验时，是将两个因素的交互作用当作一个新的因素，占用一列，为交互作用列，从表 3-16 所示的交互作用表中可查出 $L_8(2^7)$ 正交表中的任何两列的交互作用列。表中带 "（）" 的为主因素的列号，它与另一主因素的交互列为第 1 个列号从左向右，第 2 个列号顺次由下向上，二者相交的号为二者的交互作用列。例如，将 A 因素排为第（1）列，B 因素排为第（2）列，两数字相交为 3，则第 3 列为 A×B 交互作用列。又如在表 3-16 所示的交互作用表中可以看到第 4 列与第 6 列的交互列是第 2 列，等等。

正交试验的表头设计是正交设计的关键，它承担着将各因素及交互作用合理安排到正交表的各列中的重要任务，因此一个表头设计就是一个设计方案，如表 3-16 所示。

表 3-16　$L_8(2^7)$ 交互作用表

列号	1	2	3	4	5	6	7
	（1）→	3	2	5	4	7	6
		（2）	1	6	7	4	5
			（3）	7	6	5	4
				（4）→	1 →	2	3
					（5）	3	2
						（6）	1

正交试验的表头设计的主要步骤如下。

（1）确定列数

根据试验目的，选择处理因素与不可忽略的交互作用，明确其共有多少个数，如果对研究中的某些问题尚不太了解，列可多一些，但一般不宜过多。当每个试验号无重复，只有 1 个试验数据时，可设 2 个或多个空白列，作为计算误差项之用。

（2）确定各因素的水平数

根据研究目的，一般二水平（有、无）可作为因素筛选用；也可适用于试验次数少、分批进行的研究。三水平可观察变化趋势，选择最佳搭配；多水平能一次满足试验要求。

（3）选定正交表

根据确定的列数（c）与水平数（t）选择相应的正交表。例如，观察 5 个因素 8 个一级交互作用，留两个空白列，且每个因素取二水平，则适宜选 $L_{16}(2^{15})$ 表。由于同水平的正交表有多个，如 $L_8(2^7)$、$L_{12}(2^{11})$、$L_{16}(2^{15})$，一般只要表中列数比考虑需要观察的个数稍多一点即可，这样省工省时。

（4）表头安排

应优先考虑交互作用不可忽略的处理因素，按照不可混杂的原则，将它们及交互作用首先在表头排妥，而后再将剩余各因素任意安排在各列上。例如，某项目考察 4 个因素 A、B、C、D 及 A×B 交互作用，各因素均为二水平，现选取 $L_8(2^7)$ 表，由于 A、B 两因素需要观察其交互作用，故将二者优先安排在第 1 列、第 2 列，根据交互作用表查得 A×B 应排在第 3 列，于是 C 排在第 4 列；由于 A×C 交互作用在第 5 列，B×C 交互作用在第 6 列，虽然未考查 A×C 与 B×C，为避免混杂之嫌，D 就排在第 7 列。

（5）组织实施方案

根据选定正交表中各因素占有列的水平数列，构成实施方案表，按试验号依次进行，共进行 n 次试验，每次试验按表中横行的各水平组合进行。例如，$L_9(3^4)$ 表，若安排 4 个因素，第 1 次试验 A、B、C、D 这 4 个因素均取一水平，第 2 次试验 A 因素取一水平，B、C、D 因素取二水平，……，第 9 次试验 A、B 因素取三水平，C 因素取二水平，D 因素取一水平。试验结果数据记录在该行的末尾。因此整个设计过程我们可用一句话归纳为："因素顺序上列，水平对号入座，试验横着做。"

3.5.2 利用正交试验法设计测试用例

1. 用正交表设计测试用例的步骤

利用正交表设计测试用例的步骤如下。

（1）有哪些因素（变量）。

（2）每个因素有哪几个水平（变量的取值）。

（3）选择一个合适的正交表。

（4）把正交表中变量的值映射到表中。

（5）把正交表中每行的各因素水平的组合作为一个测试用例。

（6）加上可疑且没有在正交表中出现的组合。

2. 如何选择正交表

选择正交表时，需要考虑到以下几个因素。

（1）考虑因素（变量）的个数。

（2）考虑因素水平（变量的取值）的个数。

（3）考虑正交表的行数。

（4）取行数最少的一个。

3. 选择正交表的基本原则

在选择正交表时，一般都是先确定试验的因素、水平和交互作用，后选择适用的 L 表。在确定因素的水平数时，主要因素宜多安排几个水平，次要因素可少安排几个水平。

（1）先看水平数。若各因素全是二水平，就选用 L(2*)表；若各因素全是三水平，就选 L(3*)表。若各因素的水平数不相同，就选择适用的混合水平表。

（2）每一个交互作用在正交表中应占 1 列或 2 列。当然，要看所选的正交表是否足够大，能否容纳得下所考虑的因素和交互作用。为了对试验结果进行方差分析或回归分析，最好留一个空白列，作为"误差"列，在极差分析中要作为"其他因素"列处理。

（3）要看试验精度的要求。若要求高，则宜取试验次数多的 L 表。

（4）若试验费用很昂贵、试验的经费很有限或人力和时间都比较紧张，则不宜选试验次数太多的 L 表。

（5）按原来考虑的因素、水平和交互作用去选择正交表，若无正好适用的正交表可选，简便且可行的办法是适当修改原定的水平数。

（6）对某因素或某交互作用的影响是否确实存在没有把握的情况下，选择 L 表时常为该选大表还是选小表而犹豫。若条件许可，应尽量选用大表，让影响存在的可能性较大的因素和交互作用各占适当的列。某因素或某交互作用的影响是否真的存在，留到方差分析进行显著性检验时再做结论。这样既可以减少试验的工作量，又不至于漏掉重要的信息。

正交试验法在运用正确的情况下，可以节约测试工作工时，控制生成的测试用例的数量，同时它生成的测试用例具有一定的覆盖率。

3.6 组合测试方法

3.6.1 基本概念

在使用正交试验设计方法时，存在如下两个问题。首先正交表在构造时，需要输入参数的可能取值数保持一致，并且输入参数的个数与参数的取值数需要满足一定的条件。但在实际测试时，抽取的输入参数和参数的可能取值很难满足上述条件。一般测试人员会通过添加额外的参数或参数取值来满足正交表的构造条件，但这也会额外生成一些不必要的测试用例。其次在实际测试过程中，测试人员基于自身的测试经验，可能希望部分参数之间实现更高强度的组合覆盖（如三三组合覆盖等），或者发现部分参数之间存在一些约束关系，例如，一些参数的某些取值会造成其他参数的取值失效，或者一些参数的某些取值会直接确定其他参数的取值。这些需求也是正交试验设计方法难以满足的。而本节介绍的组合测试（Combinatorial Testing）方法则可以有效地解决上述问题，并逐渐成为一种重要的黑盒测试方法。

在使用组合测试之前，首先需要对被测项目进行分析，借助之前介绍的等价类划分和边界值分析等方法，识别出被测项目的输入参数，并随后依次确定每个参数的可能取值。

其次需要确定组合测试要使用的 t-way 组合覆盖准则。t-way 组合覆盖准则将生成一系列测试需求集 TR，TR 内包含任意 t 个输入参数间的所有可选取值组合。若 $t=2$，称之为成对组合覆盖准则或两两组合覆盖准则；若 $t=3$，称之为三三组合覆盖准则。不难看出，随着覆盖强度的提高，相应生成的组合测试用例集的软件缺陷检测能力也将提高，但以提高测试用例集规模和测试用例集构造时间为代价。

最后我们将可以覆盖 t-way 组合覆盖准则的测试用例称为组合测试用例集。但构造最优组合测试用例集（即寻找可以满足组合覆盖准则的最少数量的测试用例）问题是一个非确定性多项式（Nondeterministic Polynominal，NP）难问题，因此并不存在高效的多项式时间复杂度的构造算法。

假设需要对部署的系统做兼容性测试，通过深入分析，识别出影响到系统兼容性的 4 个因素，分别是数据库服务器、Web 服务器、浏览器和路由器。随后依次分析出每个因素的可能取值，具体如表 3-17 所示。若考虑两两组合覆盖准则，我们可以得到表 3-18 所示的最优成对组合测试用例集。该测试用例集一共包含 8 个测试用例，而且不难看出任意两个参数构成的组合，都能在测试用例集中找到一个测试用例可以覆盖到该参数组合。譬如数据库服务器参数和 Web 服务器参数共构成了 9 个两两组合，以<Oracle, Apache>和<SQL Server, JBoss>这两个组合为例，它们分别被第 1 个测试用例和第 6 个测试用例覆盖到。

表 3-17 系统兼容性测试的输入

数据库服务器	Web 服务器	浏览器	路由器
Oracle	Apache	IE	Cisco
SQL Server	JBoss	Firefox	Huawei
MySQL	WebSphere	Chrome	Alcatel

表 3-18 针对系统兼容性测试实例的最优成对组合测试用例集

数据库服务器	Web 服务器	浏览器	路由器
Oracle	Apache	IE	Cisco
Oracle	JBoss	Firefox	Huawei
Oracle	WebSphere	Chrome	Alcatel
SQL Server	Apache	Firefox	Alcatel
SQL Server	WebSphere	IE	Huawei
SQL Server	JBoss	Chrome	Cisco
MySQL	Apache	Chrome	Huawei
MySQL	JBoss	IE	Alcatel
MySQL	WebSphere	Firefox	Cisco

相对于其他测试用例生成技术，组合测试具有如下优点：首先，组合测试通过仅关注部分参数间的组合覆盖可以有效减小构造出的测试用例集规模；其次，组合测试技术可以有效地检测出由于参数间交互所触发的各种软件缺陷；最后，部分实证研究也表明，在一些测试场景下，组合测试技术可以用小规模的测试用例集完成高质量的软件测试。例如，库恩（Kuhn）等人于 2004 年分析完美国国家航空航天局（National Aeronautics and Space Administration，NASA）项目之后，发现：如果考虑两两组合覆盖准则，可以检测出项目内 70% 的软件缺陷；如果考虑三三组合覆盖准则，则可以检测出项目内 90% 的软件缺陷；如果需要检测出项目内的所有软件缺陷，则最多需要考虑六六组合覆盖准则。

虽然组合测试具有上述优点，但同样也存在一些不足：首先，被测程序的测试用例设计不能仅仅依靠组合测试技术，因为组合测试仅是一种基于规约的测试用例生成技术，要设计出充分性更高的测试用例集需要结合使用其他软件测试技术，如白盒测试技术等；其次，组合测试仅仅关注测试用例输入的构造，但测试用例预言仍需要采用手工方式进行构造，该不足使得组合测试很难实现自动化；最后，组合测试的软件缺陷检测效果与测试人员分析出的输入因素和因素取值构成密切相关。针对上述不足的深入研究将有助于推动组合测试技术在企业实际测试中的成功应用。

3.6.2 构造方法

由于构造最优组合测试用例集问题是一个 NP 难问题，目前主要基于贪心算法和进化算法（如遗传算法、模拟退火等）来构造组合测试用例集。

本节主要介绍两种经典的基于贪心算法的构造方法：一次生成一个测试用例（one test at a time）的策略和按参数顺序（In Parameter Order，IPO）策略。假设被测项目包含 3 个参数：A、B 和 C。其中参数 A 包括两个参数取值 A1 和 A2，参数 B 包括两个参数取值 B1 和 B2，参数 C 包括 3 个参数取值

C1、C2 和 C3。若考虑的是两两组合覆盖准则，则一次生成一个测试用例的策略如图 3-15 所示。首先会生成第一个测试用例，在该测试用例中每个参数均取第一个参数取值，然后将该测试用例覆盖的两两组合从未覆盖到的两两组合集合 Uncover 中移除。随后基于贪心法来生成第二个测试用例，贪心法在设计时尝试尽可能多地覆盖集合 Uncover 中的两两组合。当集合 Uncover 中不包含任何两两组合后，该策略结束并返回最终生成的成对组合测试用例集。目前比较经典的基于一次生成一个测试用例策略的方法是自动高效测试用例生成器（Automatic Efficient Testcase Generator，AETG）方法和确定的密度算法（Deterministic Density Algorithm，DDA）方法。

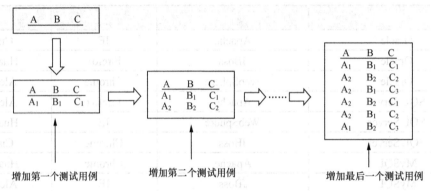

图3-15　一次生成一个测试用例的策略

IPO 策略如图 3-16 所示。该策略在每次迭代时包含两个阶段：水平扩展阶段和垂直扩展阶段。同样以上述实例为例。首先生成测试用例满足前两个参数 A 和 B 的两两组合覆盖。随后扩展至第三个参数 C，先进入垂直扩展阶段，可以按照参数 C 的取值按序填充。当填充完第 4 个测试用例的取值后，如果还有前 3 个参数尚未覆盖的两两组合集合 Uncover，则进入水平扩展阶段，其基于贪心算法以尽可能多地覆盖集合 Uncover 中的两两组合，直至集合 Uncover 中不包含任何两两组合。当扩展完所有参数之后，则返回最终构造的成对组合测试用例集。根据水平扩展阶段和垂直扩展阶段选择策略的不同，又演化出不同的 IPO 方法的变体。

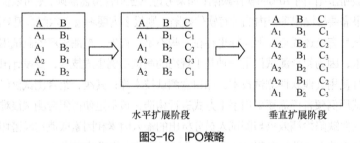

图3-16　IPO策略

3.6.3　组合测试工具的使用

目前，国内外研究人员已经提出了多种有效的组合测试方法并开发出相应工具，详细信息可参考一个专门以组合测试为主题的网站 Pairwise Testing。目前使用较多的组合测试工具是微软开发的 PICT 工具。该工具可以指定需要使用的组合覆盖准则，并可以支持组合之间约束处理。

1. PICT 简介

成对独立组合测试（Pairwise Independent Combinatorial Testing，PICT）会根据输入描述，自动生成满足条件的组合测试用例集，从而提高测试效率。

2. PICT 安装

（1）通过官网可以下载到 PICT 的安装包，双击 "pict33.msi" 安装程序，进入图 3-17 所示的安装界面。

（2）一路单击"Next"按钮，直到可以给 PICT 设置安装路径后继续单击"Next"按钮，接下来的界面会出现"Install"按钮，单击"Install"按钮进行安装，再单击"Finish"按钮即可完成安装。

3. 实例讲解

（1）准备以下一个输入实例。

操作系统包括 Windows 7、Windows 8、Windows 8.1、Windows 10。

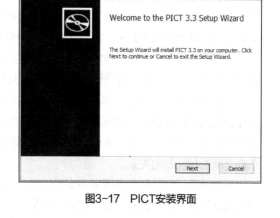

图3-17 PICT安装界面

打印机的型号有 HP 2621、HP 3636、HP 2132。

打印模式有黑白、彩色两种。

按钮包括确定和取消。

（2）在安装 PICT 的目录中新建一个 TXT 文件并把上面的实例输入进去，这里我们将输入文件命名为"test.txt"。注意，该文件中所有的标点符号必须为英文半角状态，且文件名建议以英文进行命名。

（3）使用 cmd 命令进入 test 文件所在的目录中，如图 3-18 所示。

（4）使用命令"pict test.txt"，结果如图 3-19 所示。

（5）如果我们想把结果保存为 Excel 文档并使用 Excel 进行后续操作，我们可以将输入流指向一个 Excel 文件，使用的命令为"pict test.txt>output_test.xls"。若命令执行时没有报错，则将在同级目录下生成"output_test.xls"文件，如图 3-20 所示。

图3-18 cmd进入PICT文件夹

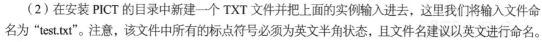

图3-19 显示结果

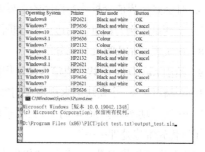

图3-20 结果输出为Excel

这样我们就完成了对 PICT 工具的简单使用，更多功能可以参考 PICT 工具的帮助文件。

3.7 小结

软件黑盒测试是一种忽略软件内部工作过程和结构的功能测试。进行黑盒测试时，程序员只知道合法输入和预期输出，但并不知道程序是如何得到期望输出的。这种测试方式表明测试数据选择和测试结果解释都是基于软件的功能属性，避免重复测试。黑盒测试有助于识别功能规格说明中有歧义和矛盾的内容。

如果没有清晰的功能规格说明，设计测试用例就会非常困难且具有挑战性。等价类划分法是一种典型的、重要的黑盒测试方法，它将程序所有可能的输入数据（有效的和无效的）划分成若干个等价类，然后从每个等价类中选取具有代表性的数据作为测试用例进行合理的分类，测试用例由有效等价类和无效等价类的代表组成，从而保证测试用例的完整性和代表性。

边界值分析法是对输入或输出的边界值进行测试的一种黑盒测试方法。通常边界值分析法是作为对等价类划分法的补充，这种情况下，其测试用例来自等价类的边界。

因果图法是一种利用图解法分析输入的各种组合情况，从而设计测试用例的方法，它适合于检查程序输入条件的各种组合情况。等价类划分法和边界值分析方法都是着重考虑输入条件，但没有考虑输入条件的各种组合、输入条件之间的相互制约关系。而因果图法考虑了输入条件的各种组合及输入条件之间的相互制约关系。

正交试验设计是研究多因素多水平的又一种设计方法，它是根据正交性从全面试验中挑选出部分具有代表性的点进行试验。正交试验设计是一种高效率、快速、经济的试验设计方法。但正交试验设计对参数个数和取值个数有一定的要求，因此组合测试是一种更为通用的针对组合覆盖的黑盒测试技术，其针对任何输入都可以生成两两组合测试用例集；除此之外，组合测试还可以有效地支持更高的组合覆盖强度和参数间约束的处理。

3.8 习题

1. 黑盒测试中，测试人员和程序员应该相互独立。解释其合理性。

2. 若测试机器学习程序，请设计出一些蜕变关系。

3. 如何识别等价类？运用示例给出解释。

4. 对 *NextDate* 示例，运用等价类划分法给出测试用例。

5. 对于三角形问题，给出弱健壮等价类测试用例。

6. 什么是边界值分析法？程序的边界是指什么？

7. 从测试用例的数量说明边界值分析法与等价类划分法之间有什么不同。

8. 决策表通常由哪几个部分组成？

9. 给出 *NextDate* 函数的决策表测试用例设计。

10. 某软件的一个模块需求规格说明书中描述：

"……对于功率大于 50 马力（约 37 千瓦）的机器或者维修记录不全的或已经运行 10 年以上的机器应予以优先维修处理……"

这里假定"维修记录不全"和"优先维修处理"有严格的定义。请建立该需求的决策表，并绘制出化简（合并规则）后的决策表。

11. 某商场举行一次假日商品促销活动。在活动期间，对持有商场会员卡的顾客，实行 8.5 折优惠，消费满 1000 元实行 7 折优惠；对其他顾客，消费满 1000 元实行 9 折优惠，并免费办理会员卡。请给出相应的判定表及测试用例集。

12. 有一个饮料自动售货机的控制处理软件。若投入 5 角钱的硬币，按下橙汁或啤酒的按钮，则相应的饮料就送出来。若投入 1 元的硬币，同样也是按下橙汁或啤酒的按钮，则相应的饮料会送出来并退还 5 角硬币。试画出因果图，并给出对应的测试用例。

13. 试再列出 3 种本章中没有提到的黑盒测试方法。

04 第4章 白盒测试方法

本章主要介绍白盒测试的测试用例方法，如逻辑覆盖、数据流分析等方法，以及白盒测试的覆盖准则和变异测试。

4.1 程序控制流图

4.1.1 基本块

如果 P 是一个由过程式程序设计语言（如 C 语言）编写的程序，那么只有一个入口块和出口块的连续语句序列就可以被认为是一个基本块。一个基本块只有唯一的入口块和出口块，这个入口块即为基本块的第 1 条语句，出口块是最后一条语句。程序的控制从入口块进入，从出口块退出，除此之外程序不能在基本块其他点退出或是中止。此外，如果基本块仅有一条语句，那么认为入口和出口是重合的。

程序控制流图

例 4.1 示例程序如下。

```
1 begin
2 int x,y,temp;
3 float z;
4 input(x,y);
5 if(x>y)
6 temp=x+y;
7 else
8 temp=x-y;
9 z=temp+5
10 end
```

在例 4.1 中，程序共有 10 条语句，其中包括 begin 和 end 语句。程序的执行从第 1 行开始，然后到第 2 行、第 3 行、第 4 行、第 5 行，第 5 行是一条 if 语句，即判断语句，程序执行完该条语句后，根据输入不同可能进入两个分支的任意一条，也就是第 6 行或第 8 行，因此从第 1 行到第 5 行就构成了一个基本块，第 1 行是唯一的入口块，第 5 行是唯一的出口块。

还有某些程序分析工具把单条过程调用语句当作一个单独的基本块。在这样的定义下，可以把例 4.1 中的 input 语句也当作一个基本块。

函数调用本身常常被当作基本块，然而由于这些调用语句会造成控制程序从当前执行的函数转移到别的地方，因而很容易导致程序的非正常终止。在对程序流图进行分析时，若无特别说明，则认为函数调用和其他顺序语句是相同的，即认为它们都不会引起程序中止。

4.1.2 流图的定义与图形表示

一般用 $G=(N,E)$ 表示流图 G，其中 N 是节点的有限集合，E 是有向边的有限集合，每一条边 (i,j) 用由 i 指向 j 的箭头表示，这条边连接的就是节点集合 N 中的节点 n_i 和 n_j。Start 和 End 是节点集合 N 中两个特殊的节点，N 中的任何其他节点都可以从 Start 出发到达，同样，任何一个节点集合 N 中的 Start 节点也都有一道终止于 End 的路径。Start 节点没有输入边，End 节点没有输出边。

一般来说，在程序 P 的流图中，使用节点来对基本块进行表示，边则表示基本块之间的控制流。同时，对基本块和节点进行标识，基本块 b_i 对应节点 n_i。若基本块 b_i 和 b_j 被边 (i,j) 连接，则表示控制可能从基本块 b_i 转移到 b_j。

在对程序进行控制行为分析时一般采用流图的形式进行表示，每个节点用一个符号表示，一般用椭圆或矩形框表示。这些框被标以相对应的基本块标号，框之间用代表边缘的线相连，控制流的方向由箭头表示。对于判断语句，通常是从该基本块中引出两条边，对应 true 和 false 选择的分支。对例 4.1 的程序进行流图定义：

$N=\{Start,1,2,3,4,End\}$

$E=\{(Start,1),(1,2),(1,3),(2,4)(3,4),(4,End)\}$

图 4-1（a）所示的控制流图即是对该流图进行的描述，基本块序号应位于相应框的紧右边或是右上方。如果只对基本块的控制流感兴趣，而对其具体内容没有很重视，可以删去其内容，用圆圈代表节点，如图 4-1（b）所示。

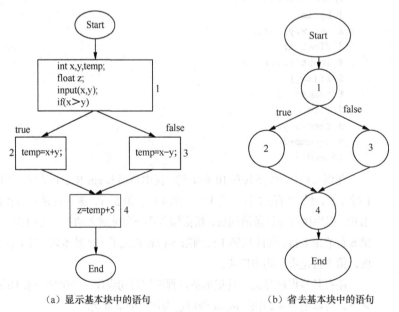

（a）显示基本块中的语句　　　　　　　　（b）省去基本块中的语句

图4-1　例4.1的控制流图

4.2 逻辑覆盖测试

4.2.1 测试覆盖率

测试覆盖是指对测试完全程度的评测。测试覆盖率是用于确定测试所执行到的覆盖项的百分比，其中覆盖项是指作为测试基础的一个入口或属性，如语句、分支、条件等。

逻辑覆盖测试

测试覆盖率是对测试充分性的表示，它可以作为在测试分析报告中的一个可量化的指标依据，一般认为测试覆盖率越高，测试效果越好。但是测试覆盖率并非测试的绝对目标，而只是一种手段。

最常用的测试覆盖评测是基于需求的测试覆盖和基于代码的测试覆盖。简而言之，测试覆盖是就需求（基于需求的）或代码的设计/实施标准（基于代码的）而言的完全程度的任意评测，如用例的核实（基于需求的）或所有代码行的执行（基于代码的）。系统的测试活动至少建立在一个测试覆盖策略的基础上。测试覆盖策略陈述测试的一般目的，指导测试用例的设计。测试覆盖策略的陈述可以简单到只说明核实所有性能。如果需求已经完全分类，则基于需求的测试覆盖策略可能足以生成测试完全程度的可计量评测。例如，如果已经确定了所有性能测试需求，则可以引用测试结果进行评测，如已经核实了75%的性能测试需求。

如果应用基于代码的测试覆盖，则测试策略是根据测试已经执行的源代码的多少来表示的。这种测试覆盖策略类型对于安全至上的系统来说非常重要。

两种测试覆盖评测都可以通过测试自动化工具计算得到。

基于需求的测试覆盖在测试生命周期中要评测多次，并在测试生命周期的里程碑处提供测试覆盖的标识（如已计划的、已实施的、已执行的和成功的测试覆盖）。在执行测试活动中，使用两个测试覆盖评测，一个是确定通过执行测试获得的测试覆盖，另一个是确定成功的测试覆盖（即执行时未出现失败的测试，如没有出现软件缺陷或意外结果的测试）。

基于代码的测试覆盖评测测试过程中已经执行的代码的多少，与之相对的是要执行的剩余代码的多少。基于代码的测试覆盖可以建立在控制流（语句、分支或路径）或数据流的基础上。建立在控制流基础上的测试覆盖的目的是测试代码行、分支条件、代码中的路径或软件控制流的其他元素。建立在数据流基础上的测试覆盖的目的是通过软件操作测试数据状态是否有效，例如，数据元素在使用之前是否已定义。

4.2.2 逻辑覆盖

根据覆盖目标的不同和覆盖源程序语句的详尽程度，逻辑覆盖可以进一步分为语句覆盖（Statement Coverage，SC）、判定覆盖（Decision Coverage，DC）、条件覆盖（Condition Coverage，CC）、条件/判定组合覆盖（Condition / Decision Coverage，CDC）、多条件覆盖（Multiple Condition Coverage，MCC）、修正条件判定覆盖（Modified Condition Decision Coverage，MCDC）、组合覆盖和路径覆盖。

1. 语句覆盖

语句覆盖又称行覆盖（Line Coverage）、段覆盖（Segment Coverage）、基本块覆盖（Basic Block Coverage），这是最常用、也是最常见的一种覆盖方式。语句覆盖就是度量被测代码中每个可执行语句是否被执行到了。这里说的是"可执行语句"，因此就不会包括像C++的头文件声明、代码注释、空行等。非常好理解，语句覆盖只统计能够执行的代码被执行了多少行。需要注意的是，单独一行的花括

号 "{}" 也常常被统计进去。语句覆盖常常被人指责为 "最弱的覆盖"，它只管覆盖代码中的执行语句，却不考虑各种分支的组合等。假如只要求达到语句覆盖，那么换来的却是测试效果不明显，很难更多地发现代码中的问题，以下面的代码为例。

```
int foo(int a, int b)
{
    return a/b;
}
```

假如测试人员编写如下测试用例：

```
TestCase: a=10, b=5
```

测试人员的测试结果会说明，代码覆盖率达到了100%，并且所有测试用例都通过了。然而遗憾的是，语句覆盖率达到了所谓的100%，但是却没有发现最简单的缺陷，例如，当让 $b=0$ 时，会抛出一个除零异常。

简而言之，语句覆盖，就是设计若干个测试用例，运行被测程序，使得每行可执行语句至少执行一次。这里的 "若干个"，意味着使用的测试用例越少越好。语句覆盖率的公式可以表示如下：

$$语句覆盖率=可执行的语句总数/被评价到的语句数量×100\%$$

2. 判定覆盖

判定覆盖（又叫作分支覆盖）是指设计足够多的测试用例，使得运行这些测试用例后，可以使程序中的每个判断至少获得一次 "真" 和一次 "假"，即使程序流图中的每个真假分支至少被执行一次。判定覆盖具有比语句覆盖更强的测试能力。同样，判定覆盖也具有与语句覆盖一样的简单性，无须细分每个判定就可以得到测试用例。然而往往大部分的判定语句由多个逻辑条件组合而成，若仅仅判断最终结果，而忽略每个条件的取值情况，必然会遗漏部分测试路径。判定覆盖依然是弱的逻辑覆盖。

3. 条件覆盖

条件覆盖是指选择足够多的测试用例，使得运行这些测试用例后，可以使程序中的每个判断中的每个条件的可能取值至少满足一次，覆盖程序中所有可能的数据。

4. 条件/判定组合覆盖

条件/判定组合覆盖是指通过设计足够多的测试用例，使得运行这些测试用例后，可以使程序中的每个判断中的每个条件的可能取值至少满足一次，也可以使程序中的每个判断至少获得一次 "真" 和一次 "假"。条件/判定组合覆盖的测试用例一定也符合条件覆盖和判定覆盖。

5. 多条件覆盖

多条件覆盖是指选择足够多的测试用例，使得运行这些测试用例后，可以使程序中的每个判断中的每个条件的各种可能组合至少出现一次，但在判断语句较多时条件的组合也会相应变多。

6. 修正条件判定覆盖

条件组合覆盖要求覆盖判定中所有条件取值的所有可能组合，它要求满足两个条件：首先，每个程序模块的入口和出口点都至少要被调用一次，每个程序的判定到所有可能的结果值要至少转换一次；其次，程序的判定被分解为通过逻辑操作符 "and" 和 "or" 连接的布尔条件，每个条件对于判定的结果值是独立的。

7. 组合覆盖

组合覆盖是指执行足够多的测试用例，使得程序中的每个判定的所有可能的条件取值都至少出现一次。满足组合覆盖的测试用例一定满足判定覆盖、条件覆盖和条件/判定组合覆盖。

8. 路径覆盖

路径覆盖是指利用设计足够多的测试用例，覆盖程序中所有可能的路径。

4.2.3 逻辑覆盖准则之间的包含关系

本小节对不同的逻辑覆盖准则之间的包含关系进行总结。如果逻辑覆盖准则 *A* 包含逻辑覆盖准则 *B*，则意味着满足逻辑覆盖准则 *A* 的测试用例集一定满足逻辑覆盖准则 *B*，或者我们可以认为满足逻辑覆盖准则 *A* 的测试用例集的充分性要强于满足逻辑覆盖准则 *B* 的测试用例集，即前者的软件缺陷检测能力会更强，但也会以增加测试用例集的规模为代价。

通过简单分析，我们可以发现：判定覆盖准则包含语句覆盖准则，条件/判定组合覆盖准则包含条件覆盖准则和判定覆盖准则，修正判定条件覆盖准则包含条件/判定组合覆盖准则，同样组合覆盖准则包含条件/判定组合覆盖准则。

上述逻辑覆盖准则之间包含关系的分析结果对实际的软件测试具有一定的指导意义。如果项目的测试预算比较充足，软件质量保障团队可以选择充分性更强的逻辑覆盖准则；如果测试预算比较有限，则仅能选择充分性稍弱的逻辑覆盖准则。

4.2.4 测试覆盖准则

测试覆盖准则主要讨论错误敏感测试用例分析（Error Sensitive Test Cases Analysis，ESTCA）和线性代码序列与跳转（Linear Code Sequence and Jump，LCSAJ）。

1. 错误敏感测试用例分析

前面介绍的逻辑覆盖的出发点似乎是合理的。所谓"覆盖"，就是想要做到全面而无遗漏。但是，事实表明，它并不能真的做到无遗漏。福斯特（K.A.Foster）从测试工作的实践教训出发，吸收了计算机硬件的测试原理，提出了一种经验型的测试覆盖准则。在硬件测试中，对每个门电路的输入、输出测试都是有额定标准的。通常，电路中一个门的错误常常是"输出总是 0"，或是"输出总是 1"。与硬件测试中的这一情况类似，常常要重视程序中谓词的取值，但实际上它可能比硬件测试更加复杂。福斯特通过大量的实验确定了程序中谓词最容易出错的部分，得出了一套错误敏感测试用例分析规则。事实上，该规则十分简单。

［规则 1］ 对于 *A* rel *B*（rel 可以是<、=或>）型的分支谓词，应适当地选择 *A* 与 *B* 的值，使得测试执行到该分支语句时，$A < B$、$A = B$ 和 $A > B$ 的情况分别出现一次。

［规则 2］ 对于 *A* rel *C*（rel 可以是>或<，*A* 是变量，*C* 是常量）型的分支谓词，当 rel 为<时，应适当地选择 *A* 的值，使 $A = C - M$（*M* 是距离 *C* 最小的容器容许正数，*A* 和 *C* 均为整型时，$M = 1$）。同样，当 rel 为>时，应适当地选择 *A*，使 $A = C + M$。

［规则 3］ 对外部输入变量赋值，使其在每一测试用例中均有不同的值与符号，并与同一组测试用例中其他变量的值与符号不一致。

2. 线性代码序列与跳转

伍德沃德（Woodward）等人曾经指出结构覆盖的一些准则，如分支覆盖或路径覆盖，但这些准则都不足以保证测试数据的有效性。为此，他们提出了一种层次 LCSAJ 覆盖准则。在程序中，一个 LCSAJ 是一组顺序执行的代码，以控制跳转为其结束点。LCSAJ 的起点是根据程序本身决定的。它的起点可以是程序第 1 行，或是转移语句的入口点，或是控制流可跳达的点。如果有几个 LCSAJ 首尾相接，且第 1 个 LCSAJ 起点为程序起点，最后一个 LCSAJ 终点为程序终点，这样的 LCSAJ 串就组成了程序的一条路径（LCSAJ 路径）。一条 LCSAJ 程序路径可能是由 2 个、3 个或多个 LCSAJ 组成的。基于 LCSAJ 与路径的关系，提出了层次 LCSAJ 覆盖准则，它是一个分层的覆盖准则，可以概括地描述如下。

第1层：语句覆盖。

第2层：分支覆盖。

第3层：LCSAJ覆盖，即程序中的每个LCSAJ都至少在测试中经历过一次。

第4层：两两LCSAJ覆盖，即程序中的每两个相连的LCSAJ组合起来在测试中都要经历一次。

······

第$n+2$层：每n个首尾相连的LCSAJ组合在测试中都要经历一次。

在实施测试时，若要实现上述的层次LCSAJ覆盖，需要产生被测程序的所有LCSAJ。

4.3 路径分析与测试

路径测试（Path Testing）是指根据路径设计测试用例的一种技术，经常用于状态转换测试中。基本路径测试法是在程序控制流图的基础上，通过分析控制构造的环路复杂性，导出基本可执行的路径集合，从而设计测试用例的方法。设计出的测试用例要保证在测试中程序的每个可执行语句至少执行一次。路径覆盖是利用设计足够多的测试用例，覆盖程序中所有可能的路径。

路径分析与测试

完成路径覆盖的理想情况是做到路径覆盖，但是对于复杂性强的程序要做到所有路径覆盖（测试完所有可执行路径）是不可能的。在无法测试所有路径的前提下，如果某个程序的每个独立路径都被测试过，那么就认为程序中每个语句都已经被检测过了，即实现了语句覆盖。这就是所谓的基本测试方法。这个方法的基础是控制流图，通过对控制结构的圈复杂度进行分析，导出执行路径的基本路径集，再从该基本路径集设计测试用例，具体包括以下4个步骤。

（1）画出程序的控制流图。

（2）计算程序的圈复杂度，导出程序基本路径集中的独立路径条数，这是确定程序中每个可执行语句至少执行一次所需的测试用例数量的上界。

（3）导出基本路径集，确定程序的独立路径。

（4）根据步骤（3）中的独立路径，设计测试用例的输入数据和预期输出结果。

下面以一个具体实例来进行进一步的解释。

例4.2 示例代码如下。

```
void Sort ( int iRecordNum, int iType )
1  {
2      int x=0;
3      int y=0;
4      while ( iRecordNum-- > 0 )
5      {
6          if ( iType==0 )
7              {x=y+2; break; }
8          else
9            if ( iType==1 )
10               x=y+10;
11           else
12               x=y+20;
13     }
14  }
```

第 1 步是画出控制流图，如图 4-2 所示。

第 2 步是计算圈复杂度。

对于结构化程序的圈复杂度的定义为

$$V(G) = E - N + 2P$$

其中，$V(G)$ 表示圈复杂度；

E 表示控制流图的边的数量；

N 表示控制流图的节点数；

P 表示控制流图中相连接的部分，因为控制流图都是流通的，所以 $P=1$。

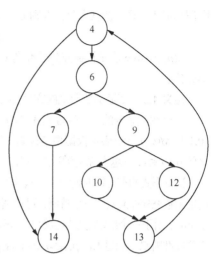

图4-2 例4.2的控制流图

在这个控制流图中 $V(G) = 10 - 8 + 2 = 4$。

第 3 步是导出独立路径（用语句编号表示）。

路径 1：4→14

路径 2：4→6→7→14

路径 3：4→6→9→10→13→4→14

路径 4：4→6→9→12→13→4→14

设计测试用例如表 4-1 所示。

表 4-1 例 4.2 测试用例表

	输入数据	预期输出
测试用例 1	irecordnum = 0 itype = 0	x = 0 y = 0
测试用例 2	irecordnum = 1 itype = 0	x = 0 y = 0
测试用例 3	irecordnum = 1 itype = 1	x = 10 y = 0
测试用例 4	irecordnum = 1 itype = 2	x = 0 y = 20

4.4 数据流测试分析

4.4.1 测试充分性基础

软件测试的充分性准则描述有谓词和度量函数两种形式。谓词形式的充分性准则描述将充分性定义为一个谓词，用于确定测试数据必须具备什么性质才是一个彻底的测试；度量函数形式的充分性准则将充分性描述为测试的充分程度，是一种更广义的充分性准则定义。

数据流测试分析

定义 4.1 谓词形式的充分性准则。

设 P 为被测程序，D 是一可数集合，为 P 的输入域，对 $d \in D$，$P(d)$ 为程序的输出；S 是 $D \rightarrow P(D)$ 二元映射关系的一个子集，表示软件规格说明的集合；T 是测试数据集合的集合，

则谓词形式的软件测试充分性准则 C 是一个定义在 $P \times S \times T$ 上的谓词，即

$$C: P \times S \times T \rightarrow \{ true, false \}$$

$C(p,s,t)=true$ 表示根据充分性准则 C 和规格说明 s，用测试数据集 t 测试程序 p 是充分的，否则是不充分的。

定义 4.2 度量函数形式的充分性准则。

一个测试数据的充分性准则 M 是 $P \times S \times T$ 到区间 $[0, 1]$ 上的映射，用数学形式可表示为 $M: P \times S \times T \rightarrow [0, 1]$。$M(s, p, t)=r$ 表示根据规格说明 s 和充分性准则 M，用测试数据集 t 来测试程序 p 的充分度为 r，显然 $0 \leq r \leq 1$，r 越大说明测试越充分。

谓词形式的充分性准则和度量函数形式的充分性准则存在着紧密联系，谓词形式充分性准则可看作是度量函数充分性准则的一个特例，可把谓词形式的充分性准则的值域看作是 $\{0, 1\}$，其中 0 表示 false，1 表示 true。对于一个给定的度量函数形式表示的充分性准则 M 和一个充分度 r，总可以定义一个谓词形式的充分性准则 C_r，满足 $M(s, p, t) \geq r \Leftrightarrow C_r(s, p, t)=true$，即当测试用例集 t 的充分度 $\geq r$ 时，t 是 C_r 充分的。

4.4.2 测试充分性准则的度量

对测试充分性准则进行比较是非常有意义的，它可以帮助测试人员更好地选择测试充分性准则，从而提高软件的质量，降低测试开销。本小节从揭错能力、软件可靠性和测试开销 3 个方面比较和分析测试充分性准则之间的优劣。

1. 揭错能力

揭错能力是测试充分性准则有效性的最直接的度量之一，如果使用充分性准则 A 比使用充分性准则 B 可以发现更多的软件错误，则认为准则 A 的有效性要高于准则 B。揭错能力可由缺陷检测效力（Fault Detection Effectiveness，FDE）和缺陷检测概率（Fault Detection Probability，FDP）来表示。

为了对 FDE 和 FDP 进行定量描述，首先定义一个有效性矩阵 E，如表 4-2 所示。设软件 P 包含了 $F_1, \cdots, F_m$，共 m 个缺陷，根据测试准则 C，生成 $T_1, T_2, \cdots, T_n$，共 n 个测试集，则 n 个测试集对 m 个缺陷的检测结果构成了测试准则 C 对软件 P 的有效性矩阵 $E(m, n)$，其中，$e_{i, j}=0$ 表示测试集 T_j 未能检测出缺陷 F_i，$e_{i, j}=1$ 表示测试集 T_j 能检测出缺陷 F_i。

表 4-2 测试准则 C 对程序 P 的有效性矩阵 E

Fault（缺陷）	Test Suite（测试集）						FDP（缺陷检测概率）
	T_1	T_2	$\cdots$	T_j	$\cdots$	T_n	
F_1	1	1	$\cdots$	$\cdots$	$\cdots$	0	$2/n$
F_2	0	1	$\cdots$	$\cdots$	$\cdots$	0	$1/n$
$\cdots$	0	0	$\cdots$	$\cdots$	$\cdots$	1	$\cdots$
F_i	$\cdots$	$\cdots$	$\cdots$	$\cdots$	$\cdots$	$\cdots$	$\cdots$
$\cdots$	$\cdots$	$\cdots$	$\cdots$	$\cdots$	$\cdots$	$\cdots$	$\cdots$
F_m	1	0	$\cdots$	$\cdots$	$\cdots$	0	$\cdots$
FDE	$2/m$	$\cdots$	$\cdots$	$\cdots$	$\cdots$	$1/m$	

定义 4.3 缺陷检测效力。

给定测试集 T 和软件 P，T 对 P 的缺陷检测效力定义为 T 所检测到的缺陷占 P 所包含缺陷的比率，即

$$FDE_j = \sum_{i=1}^{m} \frac{e_{i,j}}{m}$$

定义 4.4 缺陷检测概率。

对软件 P 所包含的缺陷类型 F_i，满足测试准则 C 的所有测试集中能检测到该缺陷的测试集占整个测试集的比率，即

$$FDP_i = \sum_{i=1}^{n} \frac{e_{i,j}}{n}$$

缺陷检测效力定义了满足测试准则 C 的单个测试集的检测出缺陷的能力，而缺陷检测概率定义了满足测试准则 C 的测试集对软件包含某一类型缺陷的检测能力。

2. 软件可靠性

如果程序 P 经过满足测试充分性准则 A 测试后的可靠性要比经过满足测试充分性准则 B 测试后的可靠性高，则认为测试充分性准则 A 比测试充分性准则 B 具有更好的有效性。软件可靠性是衡量软件质量的最重要要素和软件开发的最终目标，但软件可靠性指标本身就是一个很复杂的问题，利用可靠性对测试充分性准则的有效性进行比较是非常困难的。由于软件实际运行时不同的缺陷导致失效的概率不同，因此不同缺陷的检测对测试后软件可靠性的贡献也不同。通过充分性准则 C 测试后，为了表示软件 P 可获得的软件可靠性程度，则需要综合考虑缺陷的发生频率和测试准则的检测效力。用缺陷的潜在失效距离（Potential Failure Distance，PFD）对满足某种充分性准则测试后的软件进行可靠性度量。

定义 4.5 潜在失效距离。

对软件 P，其对测试准则 C 的潜在失效距离定义为根据测试准则 C 对 P 进行充分测试后，该程序仍可能失效的概率为

$$PFD = \sum_{i=1}^{m} P_{occur\_i} \times (1 - P_{detect\_i})$$

其中，P_{occur_i} 表示实际操作中导致软件失效的概率；P_{detect_i} 表示通过某充分性准则测试后错误被移除的概率。

为计算 PFD，需要知道 P_{occur_i} 和 P_{detect_i}，P_{detect_i} 可以用对应缺陷的检测概率 FDP_i 来近似。P_{occur_i} 相当于输入操作落入导致缺陷 i 发生的输入区间的概率，假设输入操作在输入空间中均匀分布，则

$$P_{occur\_i} = \frac{|D_i|}{|D|}$$

其中，$|D_i|$ 为会引发缺陷 i 的输入空间的大小，$|D|$ 表示整个输入空间的大小。

3. 测试开销

软件测试是软件开发中开销较大的一项工程，测试开销和所选择的测试充分性准则密切相关，其实质是比较使用测试准则所用的代价，最为简单的对测试开销的度量是选择某个测试准则 C 时所需要的最少测试 T。研究人员认为，使用一个测试准则进行测试的开销包括生成一组满足测试准则 C 的测试用例集的开销、执行测试的开销，以及检测输出结果的开销。

4.4.3 测试集充分性的度量

一个测试集的充分性由一个有限集来度量。根据所采用的充分性准则，有限集中的元素根据软件的需求或者软件的代码导出。针对相对应的测试准则 C，根据软件的需求或者软件的代码导出一个有

限集，把这个有限集记为 C_e，也就是所谓的覆盖域。

当对某个测试集 T 的充分性进行测试时，给定一个有 n 个元素的有限集 C_e，$n \geq 0$。如果说测试集 T 覆盖有限集 C_e，是指对于有限集 C_e 中的每个元素 e，在测试集 T 中都至少有一个测试用例能够对它进行测试。假如测试集 T 覆盖了有限集 C_e 中的所有元素，则认为对于测试准则 C 来说测试集 T 是充分的；而假如测试集 T 只覆盖了有限集 C_e 中的 k 个元素（$k < n$），则认为对于测试准则 C 来说测试集 T 是不充分的。测试集 T 对测试准则 C 的充分度用分数 k/n 表示，这个分数也被称为是 T 对 C 的覆盖率。

要确定有限集 C_e 中的每一个元素 e 是否都被测试集 T 测试到了，这需要依赖于元素 e 的程序 P。如果程序 P 中的每条路径都被遍历至少一次，则认为测试集 T 针对测试准则 C 是充分的。

但是充分的测试集可能不能发现软件中最明显的错误，例如，在对例 4.3 进行编程时，若给出示例程序，这个程序显然是错误的；若以测试准则 C 测试测试集 $T=\{t:x \leq 2, y \geq 3\}$，虽然测试集 T 相对于程序 P 是充分的，但显然这个程序并不正确。

例 4.3 考虑编写程序 sumProject，其需求如下。

R_1：当 $x < y$ 时，求 x 与 y 之积，并在标准输出设备上输出 x 与 y 之积。

R_2：当 $x \geq y$ 时，求 x 与 y 之和，并在标准输出设备上输出 x 与 y 之和。

示例程序如下：

```
1 begin
2   int x,y;
3   input(x,y);
4   sum=x+y;
5   output(sum);
6 end
```

一个充分的测试集有可能不能发现软件中最明显的错误，但是这丝毫不影响测试充分性度量的价值。

4.4.4 数据流概念

控制流测试是面向程序的结构，控制流图和测试覆盖准则一旦确定，即可产生测试用例，至于程序中每条具体的语句是怎样得到实现的，并不会得到控制流测试的关心。与这个思想不同，数据流测试面向的是程序中的变量。

1. 变量的定义和使用

根据程序设计的理论，程序中的变量有两种不同的作用，一个是对数据进行存储，另一个则是对已经存储的数据进行取出。变量在程序中的具体位置决定了该变量具体实现的是这两种作用中的哪一种。例如，在 $y=x_1+x_2$ 语句中，出现在赋值语句左边的 y 就表示要把赋值语句右边的计算结果存放在该变量所对应的存储空间内，也就是对数据和变量进行绑定。而出现在赋值语句右边的 x_1 和 x_2 则表示该变量所存储的数据被取出，参与计算，即与该变量绑定的数据被引用。

定义 4.6 变量的定义性出现：一个变量在程序中的某处出现使数据与该变量绑定，则称该出现是定义性出现。对于程序 P 中的语句 S，其定义性出现的集合定义为

$$def(S)=\{V|语句 S 包含 V 的定义\}$$

定义 4.7 变量的引用性出现：一个变量在程序中的某处出现使之与该变量绑定的内容被引用，则称该出现是引用性出现。对于程序 P 中的语句 S，其引用性出现的集合定义为

$$use(S)=\{V|语句 S 包含 V 的引用\}$$

一个变量有两种被引用方式：一种是用于计算新数据或输出结果，这种引用性出现称为计算性引

用，用 c-use 表示；另一种是用于计算判断控制转移方向的谓词，这种引用性出现称为谓词性引用，用 p-use 表示。若测试集 T 包含一个或多个测试数据，当程序在测试集 T 上运行时，所有的判定均被覆盖，则称测试集 T 满足判定覆盖标准；若测试集 T 能覆盖所有的 p-use，则称测试集 T 满足 p-use 标准。

若一个变量被引用前在它出现的程序块内无其定义性出现，则该引用称为全局性引用；否则称为局部性引用。

为方便引用，可将之前论述过的控制流图进行改造，即去掉控制流图中的判断框，把其中的谓词放在边上，这种图称为具有数据信息的控制流图。例如，图 4-3（b）所示的就是一个计算最大公约数的具有数据信息的控制流图，而图 4-3（a）所示的则是该程序的控制流图。

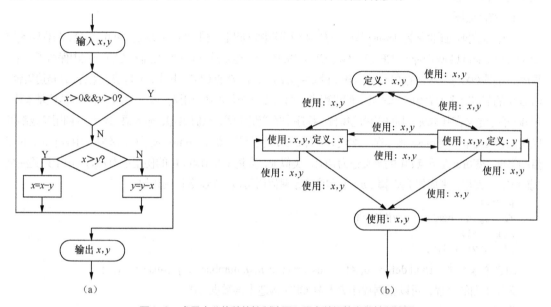

图4-3　求最大公约数的控制流图和具有数据信息的控制流图

数据流测试的着眼点是测试程序中数据的定义和使用是否正确，换句话来说，就是对程序在运行中从数据被绑定给一个变量之处到这个数据被引用之处的路径进行测试。通过它把一个变量的定义性出现 def(S) 传递到该定义的一个引用性出现 use(S)。在具有数据流信息的控制流图中一个变量的定义传递到该变量的引用可定义如下。

定义 4.8 $<n_1,n_2,n_3,\cdots,n_k>$ 是具有数据流信息的控制流图 G_p 中的一条路径，x 是程序中的一个变量，如果节点 n_i（$i=1,2,\cdots,k$）都不含 x 的定义性出现，则该路径称为对于 x 来说是无定义的。让 n_0,n_k 为 G 中的节点，n_0 中包含变量 x 的定义性出现，n_k 中包含变量 x 的计算性引用出现。从节点 n_0 到节点 n_k 的路径 $<n_1,n_2,n_3,\cdots,n_k>$ 称为一条将 x 在 n_0 中的定义传递到 n_k 中的计算性引用的路径，如果路径对 x 来说是无定义的，则称 x 在 n_0 中的定义可传递到 n_k 中的计算性引用。

2. 全局/局部变量的定义与使用

类似地，可以定义变量的一个定义性出现传递到一个谓词性引用的概念，以及这样的传递路径。

一个变量可能在同一个基本块中被定义、使用和重定义。考虑如下含有 3 条语句的基本块：

```
p = y+z;
x = p+1;
p = z*z;
```

这个基本块定义了变量 p，使用了变量 p，并且还重定义了变量 p。变量 p 的第 1 个定义是局部的，这个定义被同一基本块中的第 2 个定义屏蔽掉了，因此，它第 1 次定义的值未能超越此基本块。变量 p 的第 2 个定义是全局的，因为它的值可能成功超越了其定义所在的基本块，并可用于后续的基本块中。同样，变量 p 的第 1 个使用也是局部使用。变量 y 和变量 z 的 c-use 是全局使用，因为它们的定义没有出现在其使用的基本块中。注意，变量 x 的定义也是全局的。局部定义与使用在研究基于数据流的测试充分性时没什么用处。这里所讲的全局变量和局部变量，是针对程序中的基本块而言，这与传统的全局和局部概念有所不同。传统上，全局变量是在函数或模块的外部声明的，而局部变量是在函数或模块的内部声明的。

3. 数据流图

程序的数据流图也称为 def-use 图，它刻画了程序中的变量在不同的基本块之间的定义流，与程序的控制流图（Control Flow Graph，CFG）相似。CFG 中的节点、边以及所有的路径都在数据流图中保留了下来；程序的数据流图可以从它的 CFG 中导出。设 $G=(N,E)$ 为程序 P 的 CFG，其中，N 是节点集合，E 是边集合。CFG 中的节点对应于 P 中的基本块，假设程序 P 含有 $k>0$ 个基本块，用 b_1、b_2、$\cdots$、b_k 来标识这些基本块。用 def_i 表示定义在基本块 i 中的变量的集合。程序中的变量声明、赋值语句、输入语句和传址调用参数都可以用来定义变量。用 c-use$_i$ 表示在基本块 i 中有 c-use 的变量的集合，p-use$_i$ 表示在基本块 i 中有 p-use 的变量的集合。变量 x 在节点 i 中的定义记为 $d_i(x)$，类似地，变量 x 在节点 i 中的使用记为 $u_i(x)$。由于只关注全局的定义和使用，考虑如下基本块 b，它包含两条赋值语句和一个函数调用语句：

```
p=y+z;
foo (p+q, number); //传值参数
A[i]=x+1;
if (x>y) {…};
```

由这个基本块，得到 $def_b=\{p,A\}$，c-use$_b=\{y,z,p,q,number,x,i\}$，p-use$_b=\{x,y\}$。

采用下面的过程，可以根据程序 P 及其 CFG 构造出其数据流图。

步骤 1 计算 P 中每个基本块 i 的 def_i、c-use$_i$ 和 p-use$_i$。

步骤 2 将节点集 N 中的每个节点 i 与 def_i、c-use$_i$ 和 p-use$_i$ 关联起来。

步骤 3 针对每个具有非空 p-use 集并且在条件 C 处结束的节点 i，当条件 C 为真时，执行的是边 (i,j)，当条件 C 为假时，执行的是边 (i,k)，分别将边 (i,j)、(i,k) 与条件 C、$!C$ 关联起来。

4. def-use 对

def-use 对勾画了变量的一次特定的定义和使用，程序的数据流图会包括该程序所有的 def-use 对。一个 def-use 对由一个变量在某个基本块中的定义和该变量在另一个基本块中的使用构成。一般来说，主要关心两种类型的 def-use 对：一种是定义及其 c-use 构成的 def-use 对；另一种是定义及其 p-use 构成的 def-use 对。分别用集合 dcu 和 dpu 来描述这两类 def-use 对。对一个变量而言，总有一个 dcu 集合和一个 dpu 集合。

4.4.5 基于数据流的测试充分性准则

设 CU、PU 分别表示程序 P 中定义的所有 c-use 总数量、p-use 总数量。设 $v=\{v_1,v_2,\cdots,v_n\}$ 表示程序 P 中所有变量的集合，N 表示程序 P 中节点集合，d_i 表示 v_i 的定义次数，$1\leq i\leq n$，$0\leq d_i\leq|N|$。CU 和 PU 的计算如下：

$$CU=\sum_{i=1}^{n}\sum_{j=1}^{d_i}\left|dcu(v_i,n_j)\right|$$
$$PU=\sum_{i=1}^{n}\sum_{j=1}^{d_i}\left|dpu(v_i,n_j)\right|$$

其中 n_j 是变量 v_i 第 j 次被定义时所在的节点，$|S|$ 表示集合 S 中元素的个数。

1. c-use 覆盖

设 z 是集合 $dcu(x,q)$ 中的一个节点，即节点 z 包含在节点 q 处定义的变量 x 的一个 c-use。假设针对测试用例 t_c 执行程序 P，遍历了如下完整路径 $p=(n_1,n_2,n_3,\cdots,n_k)$，其中，$1 \leqslant i \leqslant k$。如果 $q=n_i$，$s=n_{i_m} (n_1,n_2,n_3,\cdots,n_{i_m})$ 是一个从 q 到 z 的 def-use 路径，称变量 x 的该 c-use 被覆盖。如果集合 $dcu(x, q)$ 中的每个节点在程序 P 的一次或多次执行中都被覆盖了，则称变量 x 的所有 c-use 被覆盖。如果程序 P 中所有变量的所有 c-use 都被覆盖了，则称程序中所有 c-use 被覆盖。下面是基于 c-use 覆盖的测试充分性准则。

测试集 T 针对 (P,R) 的 c-use 覆盖率计算如下：

$$\frac{CU_c}{CU - CU_i}$$

其中，CU 是程序 P 中所有变量的 c-use 个数，CU_c 是覆盖的 c-use 个数，CU_i 是无效的 c-use 个数。如果测试集 T 针对 (P,R) 的 c-use 覆盖率为 1，则称测试集 T 相对于 c-use 覆盖准则是充分的。

2. p-use 覆盖

设 (z,r)、(z,s) 是集合 $dpu(x,q)$ 中的两条边，即节点 z 包含变量 x 的一个 p-use，变量 x 是在节点 q 中定义的。假设针对测试用例 t_p 执行程序 P，遍历了如下完整路径 $p=(n_1,n_2,n_3,\cdots,n_k)$，其中，$1 \leqslant i \leqslant k$。如果下面的条件满足了，我们称节点 q 定义的变量 x 在节点 z 的 p-use 的边 (z,r) 被覆盖：$q=n_{i_j}$，$z=n_{i_m}$，$r=n_{i_{m+1}}$，并且对变量 x 而言是一个 def-clear 路径。类似地，如果下面条件满足了，称节点 q 定义的变量 x 在节点 z 的 p-use 的边 (z,s) 被覆盖：$q=n_{i_j}$，$z=n_{i_m}$，$s=n_{i_{m+1}}$，并且对 x 而言是一个 def-clear 路径。当上述两个条件在程序 P 的同一次或多次执行中被满足时，我们称变量 x 在节点 z 的 p-use 被覆盖。下面是基于 p-use 覆盖的测试充分性准则。

测试集 T 针对 (P,R) 的 p-use 覆盖率计算如下：

$$\frac{PU_c}{PU - PU_i}$$

其中，PU 是程序 P 中所有变量的 p-use 个数，PU_c 是覆盖的 p-use 个数，PU_i 是无效的 p-use 个数。如果 T 针对 (P,R) 的 p-use 覆盖率为 1，则称 T 相对于 p-use 覆盖准则是充分的。

3. all-use 覆盖

将 c-use 覆盖和 p-use 覆盖准则结合起来就得到了 all-use 覆盖准则。当所有的 c-use 和 p-use 都被覆盖时，就认为满足了 all-use 覆盖准则。测试集 T 针对 (P,R) 的 all-use 覆盖率计算如下：

$$\frac{CU_c + PU_c}{(CU + PU) - (CU_i + PU_i)}$$

其中，CU、PU 分别是程序 P 中所有变量的 c-use 个数、p-use 个数，CU_c、PU_c 分别是覆盖的 c-use 个数、p-use 个数，CU_i、PU_i 分别是无效的 c-use 个数、p-use 个数。如果测试集 T 针对 (P,R) 的 all-use 覆盖率为 1，则称测试集 T 相对于 all-use 覆盖准则是充分的。

4.5 变异测试

程序变异（Program Mutation）是一项用于评价测试优良程度的有效技术，它为测试评价和测试增强提供了一套严格的标准。需要明确的一点是，即使当测试集满

变异测试

足了某些测试充分性准则，例如，MCDC 覆盖准则，但针对程序变异提供的大多数准则仍是不充分的。

程序变异是一种评价测试和增强测试的技术。当测试人员采用变异技术来评价测试集的充分性或是增强测试集时，这种活动就被称为变异测试。在一些情况下，使用变异技术对测试充分性进行评价也称为变异分析。

4.5.1　变异和变体

变异是一种程序变更程序的行为，即使只是轻微的变更也可以被称为变异。用 P 表示原始被测程序，M 表示轻微变更程序 P 后得到的程序，则可以把程序 M 称为程序 P 的变体（Mutation），程序 P 是程序 M 的父体（Parent）。如果程序 P 的语法是正确的，即能够顺利通过编译，则程序 M 也一定是语法正确的。程序 M 表现出的行为可能与程序 P 相同。

变异一个程序意味着需要对该程序进行变更，但是一般来说，为了达到测试评价的目的，所进行的变异只是一些比较轻微的变更。

例 4.4　示例程序如下：

```
1 begin
2   int x,y;
3   input(x,y);
4   if(x<y)
5     output(x+y);
6   else
7     output(x*y);
8 end
```

对于例 4.4 中的程序可以进行各种不同的变更，而且可以满足变更之后的程序语法依然是正确的。下面给出例 4.4 中的程序的一个变体 M_1，把操作符"+"替换成"−"。

例 4.4 中的程序的变体 M_1 如下：

```
1 begin
2   int x,y;
3   input(x,y);
4   if(x<y)
5     output(x-y);
6   else
7     output(x*y);
8 end
```

由此可以看出，对原本程序进行的修改都是比较简单的，并没有在原来的程序中大量增加代码块，只需要对父体做简单的变更就可以产生其相应的变体。

在对程序进行测试的时候，仅经过一次变更而得到的变体称为一阶变体。同样地，二阶变体就是经过了两次简单变更而得到的变体，三阶变体就是经过了三次简单变更而得到的变体，依此类推。对一个一阶变体再进行一次简单变更就可以得到二阶变体，也就是说，一个 n 阶变体可以由一个 $(n-1)$ 阶变体进行一次简单变更而得到。

高于一阶的变体叫作高阶变体。在实际中，使用最多的还是一阶变体，主要原因有两个：一个是在数量上，高阶变体的数量远多于一阶变体的数量，大量的变体会影响到充分性评价的可量测问题；另一个是涉及耦合效应，这在 4.5.6 小节中将会有更多介绍。

4.5.2　强变异和弱变异

在变体执行优化时，可以通过提高变体检测效率来提高变异测试分析的效率。测试用例检测变体的方式可以分为强变异（Strong Mutation）检测和弱变异（Weak Mutation）检测。

给定被测程序 P 和基于程序 P 生成的一个变体 M，若测试用例 t 在程序 P 和变体 M 上的输出结果不一致，则称测试用例 t 可以强变异检测到变体 m。传统变异测试分析一般采用的是强变异检测方式。强变异检测采用的是外部观察模式，即在程序结束后立即对其行为进行观察，主要观察的是程序返回值，以及相关影响，如全局变量值和数据文件的变化等。

为了优化变体检测效率，还提出了弱变异检测方式。假设被测程序 P 由 n 个程序实体构成集合 $S=\{s_1,s_2,\cdots,s_n\}$。通过对程序实体 s_m 执行变异算子生成变体 M，若测试用例 t 在程序 P 和变体 M 中的程序实体 s_m 上执行后的程序状态出现不一致，则称测试用例 t 可以弱变异检测到变体 M。弱变异检测采用的是内部观察模式，即在程序或其变体各自执行时，对其各自状态的观察。内部观察可以采用多种方式进行，这些方式区别的焦点在于在何处对程序状态进行观察。从这里也可以看出，测试用例采用弱变异检测方式时，并不需要执行完所有的程序实体，从而提高了测试用例的检测效率。

若测试用例弱变异检测到变体，则该测试用例的执行满足可达性和必要性条件。若测试用例强变异检测到变体，则该测试用例的执行还需额外满足充分性条件。因此两者之间存在包含关系，即若测试用例可以强变异检测到变体，则一定可以弱变异检测到该变体，反之则不然。

弱变异检测方式的优点是不需要完整执行整个变体，即一旦相关程序实体被执行后，就立刻可以判断该变体是否被检测到。但由于不同程序实体间存在依赖关系，若用于评估测试用例集的充分性，弱变异检测方式要弱于强变异检测方式，因此弱变异检测方式通过牺牲变异评分的精确性来提高变异测试分析的效率。

4.5.3 用变异技术进行测试评价

本节主要研究评价测试集充分性的具体过程，图 4-4 所示的是一个采用了变异技术对测试集进行充分性评价的步骤，共涉及 12 个具体的步骤。

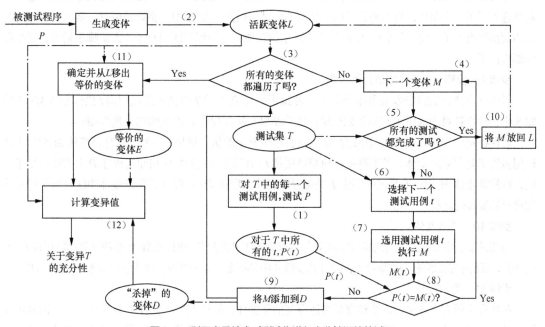

图4-4 利用变异技术对测试集进行充分性评价的过程

步骤 1 执行程序。

评价测试集 T 针对于（P，R）充分性过程的第 1 步就是针对测试集 T 中的每个测试用例 t 执行程序 P。$P(t)$ 代表程序 P 执行测试用例 t 时输出变量的集合。

如果程序 P 已经执行了测试集 T 中的每个测试用例 t，同时 $P(t)$ 也已经被记录在数据库中，那么步骤 1 就被认为已经是完成状态了，也就是说，步骤 1 的最后结果是一个对于所有测试用例 t（$t \in T$）的 $P(t)$ 数据库。

此时，假设对于所有的测试用例 t（$t \in T$），$P(t)$ 均满足其需求 R。如果发现 $P(t)$ 不满足需求，则意味着需要对程序 P 进行修改，完成修改后再重新执行步骤 1。但是必须明确的是，只有当确认程序 P 对于测试集 T 是完全正确的之后，采用变异技术评价测试充分性的过程才正式开始。

步骤 2 生成变体。

评价测试集 T 针对于（P，R）充分性过程的第 2 步是生成变体，在 4.5.4 小节中还会进一步阐述这个过程。

假设以下变体是通过下列步骤从程序 P 变更而来：①变更算术运算符，将所有的减法运算符（-）都替换成加法运算符（+），将所有的乘法运算符（*）都替换成除法运算符（/）；②变更整数变量，将整数变量 v 替换为 $v+1$。

步骤 2 结束时得到一个变体集合 L，其中包含的变体被称为活跃变体，因为这些变体都还没有与原来的程序区分开。

步骤 3 和步骤 4 选取下一个变体。

在步骤 3 和步骤 4 中，选择下一个将要考虑的变体，这个变体必须是以前没有考虑过的。注意，从此时开始，将循环选取集合 L 中的变体，直到集合 T 中的每个变体都被选取过为止，被选取过的变体会被从集合 L 中剔除。

步骤 5 和步骤 6 选取下一个测试用例。

选取变体 M 后，下一个目标就是从测试集 T 中找到一个测试用例，将变体与原程序分开。这个时候就进入了另一个循环，也就是针对每个选取的测试用例执行变体 M。循环结束时，要么是所有的测试用例都执行完了，要么是变体 M 被某个测试用例发现，与原程序区别开了。无论哪种情况，这个循环都终止了。

步骤 7～步骤 9 变体的执行和分类。

对于已经被选出的变体 M 和准备执行的测试用例 t，在步骤 7 中使用测试用例 t 执行变体 M；在步骤 8 中，检查针对测试用例 t 执行变体 M 产生的结果与执行程序 P 产生的结果是否相同。

若存在测试用例 t（$t \in T$），在变体 M 与原有程序 P 上的执行结果不一致，则称该变体 M 相对于测试用例集 T 是可杀除变体。若不存在任何测试用例 t（$t \in T$），在变体 M 与原有程序 P 上的执行结果一致，则称该变体 M 相对于测试用例集 T 是可存活变体。步骤 7～步骤 9 在活跃变体中区分可杀除变体和可存活变体的过程。

步骤 10 活跃变体。

当测试集 T 中没有测试用例能将变体 M 与其父体程序 P 区分开来时，变体 M 被放回到活跃集合 L 中。请注意，任何被放回活跃变体集合 L 的变体在步骤 4 中都不会再次被选取，因为它已经被选取过一次了。

步骤 11 等价变体。

在执行完所有变体之后，要检查是否还存在活跃变体，即检查变体集合 L 是否为空。一部分可存活变体通过设计新的测试用例可以转换成可杀除变体，剩余的可存活变体则可能是等价变体。若变体

M 与原有程序 P 在语法上存在差异，但在语义上与 P 保持一致，则称 M 是 P 的等价变体。由于等价变体不可能被任意测试用例检测到，因此在变异测试分析中需要排除这类变体。但等价变体的检测是一个不可判定问题，这也是变异测试得到进一步使用和推广的主要障碍。

步骤 12　变异值的计算。

这是评价测试集 T 测试充分性的最后一步。一般用下面的公式计算测试用例集 T 的变异值。

$$MS(T) = \frac{|D|}{|L| + |D|}$$

应该注意的是，集合 L 只包含活跃变体，而且这些变体和原程序都不等价。这个变异值总是在 0 和 1 之间。

同时也可以用 M 表示第 2 步中生成的变体总数，则计算公式也可以被表示为：

$$MS(T) = \frac{|D|}{|M| - |E|}$$

如果测试集 T 能区分出除了等价变体之外的所有变体，那么认为 $|L|=0$，变异值 $MS(T)$ 为 1。如果 T 不能区分出任何一个变体，那么 $|D|=0$，变异值 $MS(T)$ 为 0。

4.5.4　变异算子

变异测试的步骤可以简化为：给定被测程序 P 和测试用例集 T，首先根据被测程序特征设定一系列变异算子；随后通过在原有程序 P 上执行变异算子生成大量变体；接着从大量变体中识别出等价变体；然后在剩余的非等价变体上执行测试用例集 T 中的测试用例，若可以检测出所有非等价变体，则变异测试分析结束，否则对未检测出的变体需要额外设计新的测试用例，并添加到测试用例集 T 中。

在上述变异测试分析流程中提到了变异算子这个概念，在符合语法规则的前提下，变异算子定义了从原有程序生成差别极小程序（即变体）的转换规则。为方便引用起见，每个变异算子都被赋予唯一名称。奥佛特（Offutt）和金（King）在已有研究工作的基础上，于 1987 年针对 FORTRAN77 首次定义了 22 种变异算子，这些变异算子的简称和描述如表 4-3 所示。这 22 种变异算子的设定为随后其他编程语言变异算子的设定提供了重要的指导依据。

表 4-3　针对 FORTRAN77 定义的 22 种变异算子

序号	变异算子	描述
1	AAR	用一数组引用替代另一数组引用
2	ABS	插入绝对值符号
3	ACR	用数组引用替代常量
4	AOR	算术运算符替代
5	ASR	用数组引用替代变量
6	CAR	用常量替代数组引用
7	CNR	数组名替代
8	CRP	常量替代
9	CER	用常量替代变量
10	DER	DO 语句修改

续表

序号	变异算子	描述
11	DSA	DATA 语句修改
12	GLR	GOTO 标签替代
13	LCR	逻辑运算符替代
14	ROR	关系运算符替代
15	RSR	RETURN 语句替代
16	SAN	语句分析
17	SAR	用变量替代数组引用
18	SCR	用变量替代常量
19	SDL	语句删除
20	SRC	源常量替代
21	SVR	变量替代
22	UOI	插入一元操作符

当用于语法正确的程序 P 时，一个变异算子就能产生程序 P 的一系列语法正确的变体。对程序 P 应用一个或多个变异算子，就能产生多种变体。一个变异算子可能会产生一个或多个变体，但可能一个也产生不了。例如，名为 CRP 的算子通过常量替换来生成变异算子。但如果被作用的程序 P 中根本没有常量，则不会产生任何变体。

4.5.5 变异算子的设计

针对共性错误的经验数据可以作为变异算子设计的基础。在变异研究的早期，变异算子是根据经验设计出来的，而这些经验数据来源于各种各样的软件错误的研究。这些算子的有效性都经过深入的研究。这里给出一些基于对过去的软件错误的研究、对其他变异系统的经验，以及对评价变异算子检测程序中复杂错误的有效性经验研究的指导准则。

（1）语法正确性

一个变异算子必须产生一个语法正确的程序。

（2）典型性

一个变异算子必须能模拟一个简单的共性错误。当然，在真正的程序中错误常常并不简单，但是变异算子只能对简单的错误进行模拟，很多这样简单的错误集合在一起，就能够构成一个复杂错误。

（3）最小性和有效性

变异算子的集合应该是最小且有效的集合。

（4）明确定义

必须明确定义变异算子的域和范围。变异算子的域和范围都依赖于具体的编程语言，在定义变异算子范围时要考虑所有语法保真替换。

4.5.6 变异测试的基本原则

让变异测试生成代表被测程序所有可能缺陷的变体的策略并不可行，传统变异测试一般通过生成与原有程序差异极小的变体来充分模拟被测软件的所有可能缺陷。其可行性基于两个原则，也是两个重要的假设：熟练程序员假设（Competent Programmer Hypothesis，CPH）和耦合效应假设（Coupling Effect Hypothesis，CEH）。

假设1（熟练程序员假设） 德米罗（DeMillo）等人在1978年首先提出该假设。即假设熟练程序员因编程经验较为丰富，编写出的有缺陷代码与正确代码非常接近，仅需做小幅度代码修改就可以完成缺陷的移除。

对CPH的一个极端解释为：当给定一个账户，要求程序员写一个程序计算账户余额时，程序员不会写一个将钱存入账户的程序。当然，虽然出现这种情况的可能性不大，但有些程序员也可能会写出这样的一个程序。

对CPH一个更合理的解释是：为满足一系列需求而编写的程序是正确程序的一些变体。这样尽管程序的最初版本可能不正确，但经过一系列简单变异之后，它就有可能被纠正为一个正确的。

CPH假设程序员知道解决手上问题的算法，即使不知道，其也会在写程序之前找到一个算法。基于这个假设，变异测试仅需通过对被测程序进行小幅度代码修改就可以模拟熟练程序员的实际编程行为。

假设2（耦合效应假设） 与假设1关注熟练程序员的编程行为不同，假设2关注的是软件缺陷类型。该假设同样由德米罗等人首先提出。他们认为，若测试用例可以检测出简单软件缺陷，则该测试用例也易于检测到更为复杂的软件缺陷。奥佛特（Offutt）随后对简单软件缺陷和复杂软件缺陷进行了定义，即简单软件缺陷是仅在原有程序上执行单一语法修改形成的软件缺陷，而复杂软件缺陷是在原有程序上依次执行多次单一语法修改形成的软件缺陷。

根据上述定义可以进一步将变体细分为简单变体和复杂变体，同时在假设2的基础上提出变异耦合效应。复杂变体与简单变体之间存在变异耦合效应是指若测试用例集可以检测出所有简单变体，则该测试用例集也可以检测出绝大部分的复杂变体。经验表明，一个针对一阶变体充分的测试用例集，针对二阶变体很可能也是充分的。进一步说，若测试用例集可以检测出所有简单变体，则该测试用例集也可以检测出绝大部分的复杂变体。

4.6 小结

白盒测试又称结构测试、透明盒测试、逻辑驱动测试或基于代码的测试。语句分支覆盖测试是白盒测试最常用的方法之一。根据覆盖目标的不同和覆盖源程序语句的详尽程度，逻辑覆盖可以被进一步分为语句覆盖、判定覆盖、条件覆盖、条件/判定组合覆盖、多条件覆盖、修正判定条件覆盖、组合覆盖和路径覆盖。

控制流测试是面向程序的结构，控制流图和测试覆盖准则一旦确定，即可产生测试用例，至于程序中每条具体的语句是怎样实现的并不会得到控制流测试的关心。而数据流测试面向的是程序中的变量。

变异测试（有时也叫作"变异分析"）是一种在细节方面改进程序源代码的软件测试方法。这些所谓的变异，是基于良好定义的变异操作，这些操作或者是模拟典型应用错误（例如，使用错误的操作符或者变量名称），或者是强制产生有效的测试（例如，使得每个表达式都等于0）。变异测试的目的是帮助测试者发现有效的测试，或者定位测试数据的弱点，或者是定位在执行中很少（或从不）使用的代码的弱点。

4.7 习题

1. 白盒测试是_____测试，被测对象是_____，以程序的_____为基础设计测试用例。

2. 逻辑覆盖是对程序内部有_____存在的逻辑结构设计测试用例，根据程序内部的逻辑覆盖程度又可分为_____、_____、_____、_____、_____等。

3. 程序变异的基本思想是什么？

4. 列出变异测试的用途和意义。

5. 请使用基本路径测试法对下面的程序设计测试用例。要求：画出控制流图、计算圈复杂度、给出独立路径，并且设计测试用例。

```
void sort( int Num, int Type ){
1 int x=0;
2 int y=0;
3 if (Num>0) {
4   if( Type==0)
5       x=y+2;
6   else if( Type==1 )
7       x=y+10;
8   else
        x=y+20;
    }
}
```

05

第5章 软件测试的过程管理

软件测试的结果对软件有着深远的影响，而软件测试过程中的质量将直接影响测试结果的准确性和有效性。软件测试过程和软件开发过程一样，都遵循软件工程原理和管理学原理。软件测试是软件工程中的一个子过程，为使软件测试工作系统化、工程化，必须合理地进行测试过程管理。

5.1 软件测试的各个阶段

软件测试贯穿整个软件开发的生命周期，从需求分析到最后产品的维护，都离不开软件测试，而软件测试在执行过程中也需要分为多个阶段进行。每个阶段各有特点，有些阶段虽然不是测试的主要工作体现的地方，却是成功的测试不可或缺的重要组成部分。

软件测试的各个阶段

按照尽早进行测试的原则，测试人员应该在需求阶段就介入，并贯穿软件开发的全过程。就测试过程本身而言，应该包括以下几个阶段。

（1）测试需求的分析和确定。确切地讲，所谓测试需求就是在项目中要测试什么。想要成功地做一个测试项目，必须先了解测试规模、复杂程度与可能存在的风险，而这些都需要通过详细的测试需求来了解。测试需求不明确，只会造成获取的信息不正确。无法对所测软件有一个清晰、全面的认识，测试计划就毫无根据可言。测试需求越详细精准，表明对所测软件的了解越深，对所要完成的任务内容就越清晰，就更有把握保证测试的质量与进度。

（2）测试计划。测试计划是指导测试过程的纲领性文件，内容包含产品概述、测试策略、测试方法、测试区域、测试配置、测试周期、测试资源、风险分析等。借助测试计划，参与测试的项目成员可以明确测试任务和测试方法，保持测试实施过程的顺畅沟通，跟踪和控制测试进度，应对测试过程中的各种变更。

（3）测试设计。测试设计可以理解为对测试工作进行有目的、有计划、创造性的业务活动，这种创造性活动与设计者本身所掌握的测试技术及拥有经验的丰富程度密切相关。测试设计不只是解决某一个问题的方法，还是一个过程，它主要包括测试管理的设计，以及各种测试技术应用的设计，其中测试管理中的团队管理方法设计与测试流程设计是重中之重，犹如游戏中的游戏规则。

（4）测试执行。书写相应的测试用例，按照测试用例中的步骤一步步执行，查看实际结果与预期结果是否一致。

（5）测试记录和软件缺陷跟踪。通过某些测试软件的日志功能，可以在相应的测试用例执行完之后记录相关的日志文件，作为测试过程的记录。

（6）回归测试。因为旧代码得到了修改，通常需要再次进行测试来验证修改是否引入了新的错误，这一测试过程就称为回归测试。软件开发的每个阶段都会进行多次回归测试。

（7）测试总结报告。编写测试总结报告，首先是为了对测试结果进行分析，得到对软件质量的评价；其次是为了评估测试执行和测试计划是否相符；最后是为了针对软件中的缺陷提出相应的建议。

5.2　测试需求

软件需求的定义是指产品要实现的功能是什么，而测试需求这个名词在业界并没有权威的定义。一般测试需求定义了测试的范围（即主要解决测什么及测到什么程度的问题），也可以这样说，测试人员依据初期功能需求，评估需要测试的功能点都有什么，每个功能点需要什么类型的测试，每个功能点测试到什么程度算是通过，这样就评估出测试的规模、复杂程度和风险，同时估计出哪个环节需要研发同事提供测试接口。测试需求越详细精确，表明对所测软件的了解越深，对所要进行的任务内容的掌握越清晰，就更有把握保证测试的质量与进度。

测试需求

5.2.1　测试需求的分类

测试需求从不同的角度可以划分为多种类型，如图 5-1 所示。

图5-1　测试需求的分类

测试需求按适用范围分为公共测试需求和项目测试需求。

（1）公共测试需求：公共测试需求是指同类型系统共同需要的、通用的需求。

（2）项目测试需求：项目测试需求是指根据不同的项目编制出的针对项目特点的测试需求。

测试需求按需求类别分为显性测试需求和隐性测试需求。

（1）显性测试需求：显性测试需求指的是可以直接获取的需求，如项目组提供的各类需求文档、会议纪要、用户手册，以及项目组主动告知的一些需求等。

（2）隐性测试需求：隐性测试需求指的是无法直接获取的需求，需要测试人员在编写时运用自身的知识和经验询问或直接运行系统推敲出来的隐含需求。例如，程序运行中一些必要的条件限制无法直接获知，只能通过运行程序逻辑推敲出来；再如，某系统的行业标准、规范中隐含的需求等。

项目测试需求又分为功能测试需求、流程测试需求、通用测试需求及非功能测试需求，如图5-2所示。

（1）功能测试需求：功能测试需求是指将系统中显性、不通用的页面和功能按模块顺序整理，转换为便于测试的一种需求。

（2）流程测试需求：流程测试需求是指将系统业务流程中不同节点、不同角色的特殊功能进行整理，形成直观的、便于测试的一种需求。

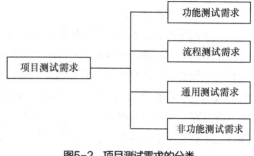

图5-2 项目测试需求的分类

（3）通用测试需求：通用测试需求是指将系统中通用的功能操作、要求转换为便于测试的一种需求，如通用的功能按钮、页面、规定、名词术语等。

（4）非功能测试需求：非功能测试需求是指软件中除明确的功能需求以外的要求，如兼容性、观感（界面）需求、易用性、性能要求、可维护性要求等。

5.2.2 测试需求的收集

测试需求并不等同于软件需求，它是从测试的角度出发并根据软件需求整理出一个测试列表，作为该软件的主要测试内容。软件测试需求的主要来源是系统需求说明书（或者叫软件规格说明书），有了系统需求说明书基本就能画出系统。测试需求还可以通过其他途径来获得。

（1）与待测软件相关的文档资料，如用例、界面设计、项目会议或与客户沟通时关于需求信息的会议记录、其他技术文档等。

（2）与客户或系统分析员的沟通记录。

（3）业务背景资料，如待测软件业务领域的知识等。

（4）正式与非正式的培训资料。

在整个信息收集的过程中，务必确保软件的功能与特性被正确理解。因此，测试需求分析人员必须具备优秀的沟通能力与表达能力。

原则上，所有的软件需求都应该是可测试的，因为如果测试人员对需求无法产生准确的理解（即无法得出明确的结果），那么开发人员也同样无法对同一条需求产生准确的理解。每个测试需求需要保证一条需求只包含一项测试内容，因此一条软件需求通常可能对应多条测试需求。在进行测试需求采集时，需要注意的是需求来源的广泛性和全面性，要尽可能地收集更多的原始需求，不要有遗漏，并且可以对需求进行适当的扩充，这些需求应该不只局限于上述内容，也不只局限于各种文档和资料。

当测试需求收集完后，还需要考虑相应的需求覆盖率。值得注意的是，这里的需求不只是指功能需求，还包括性能需求。测试需求的覆盖率通常是由与软件需求所建立的对应关系确定的。如果一个软件的需求已经与测试的需求存在一对多或者一对一的对应关系，就可以说测试需求已经覆盖了此功能点。按照这样的方式进行推断，如果所有软件需求都建立了相应的测试需求，那么测试需求的覆盖率就等于百分之百。但是，这并不表示测试需求的覆盖程度高，因为测试需求的覆盖率只计算了显性的因素（明确规定的功能与特性），而隐性的因素并没有计算在内，所以需要对测试需求进行不断地补充或优化，并将更新补充到测试用例中，从而更好地提高测试需求的覆盖程度。

5.2.3 测试需求的分析

软件需求分析、设计和实现阶段出现的问题是软件的主要错误来源。因此一旦确定软件需求，即可开始进行测试需求分析。

在收集完测试需求后，需要根据测试阶段和重点整理测试需求。测试处于不同的阶段，测试的重点也是不同的。例如，集成测试阶段主要是检验程序单元或部件的接口关系；系统测试阶段，测试重点是验证和确认系统是否达到了其原始目标，通过与系统的需求定义做比较，发现软件与系统定义不符合或与之矛盾的地方。因此，确立测试阶段和重点才能在测试需求分析时做到方向正确、目标明确。

测试需求采集之后得到的是一张没有优化的需求表，需要对这份原始需求表进行初步的规划：删除冗余重复的需求，各个需求间没有过多的交集；需覆盖业务流程、功能、非功能方面的需求。

在做测试需求分析时需要列出以下类别。

（1）常用的或规定的业务流程。

（2）各业务流程分支的遍历。

（3）明确规定不可使用的业务流程。

（4）没有明确规定但是应该不可以执行的业务流程。

（5）其他异常或不符合规定的操作。

之后，依照软件需求整理出业务的常规逻辑，按照以上类别提出的思路，逐项列出各种可能的测试场景，同时借助于软件需求和其他信息，确定该场景应该导致的结果，这就形成了软件业务流程的基本测试需求。

5.2.4 测试需求的评审

测试需求的评审是质量保证的必需步骤，通过评审可保证测试需求获得相关干系人的认可，做到有据可依。测试需求评审的内容包括完整性审查和准确性审查。

完整性审查是检查测试需求是否覆盖了所有软件需求，以及软件需求的各项特征，关注功能要求、数据定义、接口定义、性能要求、安全性要求、可靠性要求、系统约束、行业标准等，同时还要关注系统隐含的用户需求。准确性审查是检查测试需求是否清晰、没有歧义、描述准确，是否能获得评审各方的一致理解，每项测试需求是否都可以作为设计测试用例的依据。

测试需求评审可以采取正式的小组会议形式，需要在评审之前确定好参会人员的各个角色和相关的责任，确保评审之前参会人员已经拿到评审材料并对评审内容有了足够的了解，评审结束时以签名及会议纪要的方式把评审结果通知相关单位及人员。测试需求评审还可以采取非正式的走查和轮查形式，将需要评审的内容发给相关人员，收集其意见，并把统一意见修改后的测试需求再发给相关评审人员进行确认。

对于大型的重要项目，可能还会采取正式审查的方式进行评审，如制订评审计划、组织会议、会后跟踪分析审查结果等。参与测试需求评审的人员至少要包括项目经理、开发负责人、测试负责人、系统分析人员、相关的开发人员和测试人员。测试需求评审通过以后，才可以根据测试需求来制订测试计划及编写测试用例。

5.3 测试计划

"凡事预则立，不预则废"，在进行软件测试之前需要制订相应的计划，才能合理地开展后续的工作。测试计划是指描述了要进行的测试活动的范围、方法、资源和进度的文档，它确定了测试项、被测特性、测试任务、谁执行任务、各种

测试计划

可能的风险，通常作为质量相关的重要文档呈现给管理层。

测试计划活动一般包括以下 8 项。

（1）定义测试的整体方式和策略。

（2）确定测试环境。

（3）定义测试级别及它们之间的协作，将测试活动集成到其他项目活动中并进行协调。

（4）确定如何评估测试结果。

（5）选择监视和控制测试工作的度量，并定义测试出口准则。

（6）确定要准备的测试文档，并确定模板。

（7）编写测试计划并确定测试的内容、人员、进度和测试范围。

（8）估算测试工作量和成本，（再）估计和（再）计划测试任务。

5.3.1　测试计划的目标

测试计划是组织管理层面的文件，从组织管理的角度对一次测试活动进行规划。它对测试全过程的组织、资源、原则等进行规定和约束，并制订测试全过程各个阶段的任务，以及时间进度安排，提出对各项任务的评估、风险分析和需求管理。测试计划要能从宏观上反映项目的测试任务、测试阶段、资源需求等，它只是测试的一个框架，所以不一定要太过详细。测试计划的内容会因项目级别、项目大小、测试级别的不同而不同，所以它可以是一本书那么多，也可以是几张纸那么少，但是一份测试计划应该包括项目简介、测试环境、测试策略、风险分析、人员安排、资源分配等内容。

测试计划所要达到的目标有以下 6 点。

（1）为测试各项活动制订一个现实可行的、综合的计划，内容包括每项测试活动的对象、范围、方法、进度和预期结果。

（2）为项目实施建立一个组织模型，并定义测试项目中每个角色的责任和工作内容。

（3）开发有效的测试模型，能正确地验证正在开发的软件系统。

（4）确定测试所需要的时间和资源，以保证其可获得性和有效性。

（5）确立每个测试阶段测试完成及测试成功的标准和要实现的目标。

（6）识别出测试活动中的各种风险，并消除可能存在的风险，降低由不可能消除的风险所带来的损失。

5.3.2　制订测试计划

测试计划活动的输出是一份测试计划，它是一份或多份文档，应该由测试团队、开发团队和项目管理层复查。

测试计划包括以下主要内容。

（1）确定测试范围。首先要明确测试的对象，有些对象是不需要测试的。例如，大部分软件系统的测试不需要对硬件部分进行测试，而有些对象则必须进行测试。

（2）制订测试策略。测试策略一般描述软件测试活动的一般方法和目标，其中包括要进行的测试阶段（单元测试、集成测试和系统测试），以及要执行的测试类型（功能测试、性能测试、负载测试、强度测试等）。

（3）确定测试任务。根据测试阶段的测试需求，细化测试任务。其中包括划分测试任务的优先级、确定各任务与主要任务之间的关联关系、确定辅助任务清单。

（4）确定测试资源与工作量。通过充分估计测试的难度、测试的时间、工作量等因素，决定测试资源的合理利用。可以依照测试对象的复杂度和具体标准，结合相关的数据对测试要完成的工作量进行估计，进一步确定需要的测试资源。

（5）进度安排。收集与进度相关的信息，如总体工作量估算、人员数量、关键资源、项目时间安排，结合项目的开发计划、产品的整体计划和测试本身的各项活动进行进度安排。将测试用例的设计、测试环境的搭建、测试报告的编写等活动列入进度安排表中，还需要按照项目开发的总体时间进行进度安排，形成相应的进度计划。最后确定时间段，明确各测试目标的测试起止时间。

（6）风险及对策。计划的风险一般来源于项目计划的变更、测试资源不能及时到位等方面。若出现计划变更的情况，应该及时让测试人员知道具体的形势，以及变更所带来的影响，这样才能快速地采取相应的补救措施。而针对资源不能及时到位的问题，可以建立相应的后备机制，让后备测试人员在出现资源不足的情况时能够快速进行资源的补充。

某个项目的集成测试计划文档纲要如图 5-3 所示。

1. 概述
1.1 测试模板说明
1.2 测试范围
2 测试目标
3 测试资源
3.1 软件资源
3.2 硬件资源
3.3 测试工具
3.4 人力资源
4. 测试种类和测试标准
4.1 功能测试
4.2 性能测试
4.3 安装测试
4.4 易用性测试
5 测试要点
6 测试时间和进度
7 风险及对策

图5-3 集成测试计划文档纲要

5.3.3 划分测试用例优先级

即使有好的计划和控制，整个测试或特定测试级别的时间和预算也可能不足以执行所有计划中的测试用例。在这种情况下，需要较为合理地选择测试用例。即使是简化的测试，也必须要确保能够发现尽可能多的软件缺陷。这意味着必须对测试用例划分优先级。

划分测试用例优先级可以使测试即使过早结束，仍然能够保证在该时刻测试能达到最佳效果。划分测试用例优先级的另一个优势在于最重要的测试用例将先被执行，这样就可以尽早发现重要的问题。下面是一些用于划分测试用例优先级及确定测试用例执行顺序的准则。

（1）使用频率或失效的概率。系统的某些特定的被经常使用的功能优先级更高（若该功能包含了故障，其在被频繁使用而导致的概率将会很高，故该功能的用例具有更高的优先级）。

（2）失效的风险。风险是严重性和失效概率的综合结果（数学乘积），高风险失效的用例应该比低风险失效的用例具有更高的优先级（例如，用户或客户在使用理财软件时，高风险失效导致的后果和造成的财产损失将更加严重）。

（3）失效的可见性。失效对用户的可见性是划分测试优先级的更进一步准则（尤其在交互系统中，用户可见的失效，例如：如果城市信息服务系统的用户界面上存在问题，那么用户会感到不安全，并对其他信息输出不再信任）。

（4）需求的优先级。系统提供的不同功能对于客户来说，其重要性也不尽相同。某些功能不能正常工作，客户也许能够接受，但有些功能则不可或缺。

（5）除了功能需求，质量特性对于客户也具有不同的重要性。必须测试重要的质量特性是否已经正确实现，并保证用于验证与必要的质量特性是否一致的测试用例具有更高优先级。

（6）从系统架构开发人员的角度来确定。失效时会导致严重后果（如系统崩溃）的组件需要加强测试。

（7）单独的组件和系统组件的复杂性。复杂的程序组件需要加强测试，因为开发人员可能在其中引入较多的软件缺陷。不过，看起来简单的程序组件也可能会因为开发不够细致而包含很多软件缺陷。因此，对这个领域划分优先级时，应该参考从组织中早期项目得来的经验数据。

（8）存在高项目风险的失效应该尽早被发现。这些失效需要做大量的修正工作，否则会独占资源并导致项目明显延迟。

（9）项目经理应该为项目定义充分的优先级准则和优先级类别。测试计划中的每个测试用例都应当属于使用这些准则确定的一个优先级类别。这有助于决定哪些测试用例必须运行，以及出现资源短缺问题时哪些测试用例可以忽略。

5.4 测试设计及测试用例

测试设计可以理解为对测试工作进行有目的、有计划的、创造性的业务活动，这种创造性活动与设计者本身所掌握的测试技术及所拥有经验的丰富程度密切相关。测试设计是一个过程，不仅仅是解决某一个问题的方法，它主要包括测试管理的设计，以及各种测试技术应用的设计。一般提到测试设计，首先可以想到的就是测试用例的设计，因为无论采用何种方式测试，都离不开测试用例。测试用例是为某个特殊目标而编制的一组测试输入、执行条件和预期输出结果，以便测试某个程序路径或核实是否满足某个特定需求，也就是说将测试系统的操作步骤

测试设计及测试用例

按照一定的格式用文字描述出来。它的目的就是确定应用程序的某个特性是否能正常工作。

5.4.1 测试用例的设计原则

设计测试用例时应遵循以下原则。

（1）正确性。输入用户实际数据以验证系统是否满足需求规格说明书的要求；测试用例中的测试点应首先保证要至少覆盖需求规格说明书中的各项功能，并且正常。

（2）全面性。覆盖所有的需求功能项。设计的测试用例除对测试点本身的测试外，还需考虑用户实际使用的情况、与其他部分关联使用的情况以及非正常情况（不合理、非法、越界以及极限输入数据）。

（3）整体连贯性。测试用例的组织要有条理、分主次，尤其体现在业务测试用例上；测试用例执行粒度尽量保持每个用例有一个测试点，不能同时覆盖很多功能点，否则执行起来牵连太大，所以每个测试用例间保持连贯性很重要。

（4）可维护性。由于软件开发过程中需求变更等原因的影响，常常需要对测试用例进行修改、增加、删除等，以便测试用例符合相应的测试需求。

（5）测试结果可判定性和可再现性。测试结果可判定性是指测试执行结果的正确性是可判定的，每个测试用例都应有相应的期望结果。测试结果可再现性是指对于同样的测试用例，系统的执行结果是相同的。

5.4.2 测试用例的设计方法

常用的几种测试用例的设计方法如下。

1. 等价类划分法

等价类划分法是一种典型的黑盒测试用例的设计方法。采用等价类划分法时，完全不用考虑程序

的内部结构，设计测试用例的唯一依据是软件需求规格说明书。所谓等价类，就是输入条件的一个子集合，该集合中的数据对于揭示程序中的错误是等价的。等价类又分为有效等价类和无效等价类。有效等价类代表对程序有效的输入，而无效等价类则是其他任何可能的输入（即不正确的输入值）。等价类划分的原理在3.2节已有详细介绍，此处不再赘述。

有效等价类和无效等价类都是使用等价类划分法设计用例时所必需的，因为被测程序若是正确的，就应该既能接受有效的输入，也能经受住无效输入的考验。

下面是一个等价类划分的示例。

要求：注册用户名要求7～12个字符，可以由字母、数字、下画线构成；下画线不能作为开头。

该示例的等价类划分如表5-1所示。

表5-1　等价类划分

输入条件	有效等价类	无效等价类
用户名	7～12个字符（1）	少于7个字符（2） 多于12个字符（3） 空（4）
用户名	由字母、数字、下画线构成（5）	含有除字母、数字、下画线以外的特殊字符（6） 非打印字符（7） 中文字符（8）
	以字母、数字开头（9）	以下画线开头（10）

该示例使用等价类划分法设计的测试用例如表5-2所示。

表5-2　等价类划分法的测试用例

编号	输入数据	覆盖等价类	预期输出
1	Tom_1989	（1）（5）（9）	输入正确
2	tom	（2）（5）（9）	输入错误
3	Tom_green_12345	（3）（5）（9）	输入错误
4	NULL	（4）	输入错误
5	Tom//1989	（1）（6）（9）	输入错误
6	Tom 1989	（1）（7）（9）	输入错误
7	Tom 李明 1989	（1）（8）（9）	输入错误
8	_Tom1989	（1）（5）（10）	输入错误

2. 边界值分析法

边界值分析法就是对输入或输出的边界值进行测试的一种黑盒测试方法。在3.3.1小节中，我们介绍了边界值分析法的基本思想以及实际的软件测试中一些常见的边界值，此处不再赘述。

3. 基本路径分析法

基本路径分析法是在程序控制流图的基础上，通过分析控制构造的圈复杂性，导出基本可执行路径集合，从而设计测试用例的方法。利用此方法设计出的测试用例要保证在测试程序的每个可执行语句中都至少执行一次。

基本路径分析法中的基本路径是指从程序入口到出口的一些通路，用户可以利用这些基本路径通过一些连接或者复制等操作得到其他路径。通过这些路径可以构成相应的控制流图，控制流图基本结构如图 5-4 所示。下面是使用基本路径分析法设计测试用例的步骤。

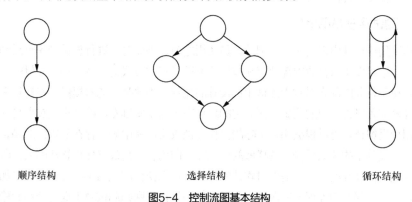

顺序结构　　　　　　　　　　选择结构　　　　　　　　　循环结构

图5-4　控制流图基本结构

（1）根据模块逻辑构造控制流图。

（2）计算控制流图的圈复杂度。

（3）列出包含起始节点和终止节点的基本路径。

（4）检查列出的基本路径数量是否超过控制流图的圈复杂度。

（5）设计覆盖这些基本路径的测试用例。

4. 因果图法

因果图法是一种利用图解法分析输入的各种组合情况，从而设计测试用例的方法。它适合于检查程序输入条件的各种组合情况。因果图法的原理及其应用在 3.4 节已有详细介绍，此处不再赘述。

5.4.3　测试用例的粒度

测试用例可以设计得很简单，也可以设计得很复杂。如果测试用例设计得很复杂，针对每组数据输入、条件、环境和路径都做出了响应，那么测试用例的数量将是巨大的，这样做即使具有较小风险的特点，但是会降低测试的效率，增加维护的成本。另外，测试用例设计得过于详细，留给测试执行人员的思考空间就会很少，这样会限制测试人员的思维。

如果测试用例的粒度很大，写得过于简单，测试效率可能比较高，测试人员可自由发挥的空间也会更大，但是这样做的缺点是风险会增大很多，会失去测试用例的意义。过于简单的测试用例设计等同于并没有进行设计，它只是将需要测试的功能模块记录下来，主要起到提示测试人员需要测试的主要功能包括哪些而已。测试用例设计的本质应该是在设计的过程中理解需求、检验需求，并把对软件系统的测试方法的思路记录下来，以便指导将来的测试。

测试用例的设计粒度需要考虑以下 4 个方面的因素。

（1）复用率：如果产品在不断地更新版本，复用率很高，测试用例的粒度需要更加细化；相反，如果产品的使用频率不高，那么测试用例就不需要设计得很复杂。

（2）项目进展：需要根据项目的进展而定，如果当前项目的时间充足，可以将测试用例设计得详细一些，但是如果项目距离截止时间较近，没有多余的时间，则需要将测试用例设计得简单一些。

（3）使用对象：如果所设计的测试用例在测试过程中是提供给多个测试人员使用，需要将测试用例设计得详细一些。

（4）测试的种类：如果采用验收测试，那么相应的测试用例的粒度就比较大。如果是系统测试，那么测试用例的颗粒度就相对较小。

5.4.4 测试用例的评审

当一个测试用例设计出来之后，在测试人员使用之前，需要对它进行相关的评审活动，保证测试用例的质量。一般可以采取行业内部评审和按用户反馈评审的方式进行测试用例质量的验证。行业内部评审的优点在于行业内部人员对于测试用例设计的流程较为熟悉，能够提供一些有意义的帮助和意见，从而更好地完善已设计出的测试用例。它的缺点在于需要安排专门的评审人员参与评审，消耗项目资源。按用户反馈评审可以根据用户实际的操作反馈收集产品中确实存在的软件缺陷，再对照这些软件缺陷完善已设计出的测试用例。这样做的优点在于因为客户是最终使用软件的人，所以软件的质量主要是围绕他们而展开的。引入他们对软件的评价，可以使得测试用例的评价方式更加实际，而且相对来说比较客观。将客户发现的问题加入测试用例并且执行回归测试对于提高产品的稳定性和客户满意度有很大的帮助。但是由于一般用户发现问题的速度较慢，导致测试用例得不到及时的更新。

下面是测试用例评审的一些检查项。

（1）测试用例是否是按照公司定义的模板进行编写的。

（2）测试用例本身的描述是否清晰，是否存在二义性。

（3）测试用例内容是否正确，是否与需求目标相一致。

（4）测试用例的期望结果是否确定、唯一。

（5）测试用例的操作步骤与描述是否相一致。

（6）测试用例是否覆盖了所有的需求。

（7）测试用例的设计是否存在冗余性。

（8）测试用例是否具有可执行性。

（9）是否从用户层面来设计用户使用场景和业务流程的测试用例。

5.5 测试的执行

分析和检查测试需求、制订相应的测试计划、设计相关的测试用例，这些活动都是为执行测试所做的准备。测试人员的主要测试活动都集中在这一阶段。测试执行将之前所做的工作成果都体现了出来。

测试的执行

5.5.1 测试用例的选择

测试用例的选择是整个测试执行活动的开端，选择合理的测试用例对于测试执行至关重要。测试人员需要考虑与本次测试活动相关的因素，如上下文、测试的持续时间、性能测试执行的时机等，同时还需要根据一些重要的选择策略进行判断。下面是一些测试用例的选择策略。

（1）首先测试产品的核心功能，再测试其他功能：核心功能是软件功能的重要体现，是用户使用软件的核心目的，也是系统出现重大软件缺陷的高发地。因此，应该集中资源，优先测试核心功能，保证系统安全、准时上线。

（2）若产品具有支付交易功能，则需要首先测试此功能，再测试其他功能，因为资金的问题永远是最重大的问题。如果软件产品出现资金问题，无论是对产品运营方还是对用户体验都将产生重要的影响，并且处理起来也较为麻烦，因此，优先保证交易功能中软件缺陷的排除是重中之重。

（3）首先测试常用功能，再测试其他功能：常用功能是指用户使用频率较高的功能，例如，一个系统的登录功能。常用功能会经常被用户使用到，它是最容易出现问题，也是最不应该出现问题的地方。

（4）首先测试需求中被特别说明的地方，再测试没有特别说明的地方：需求中被特别说明的地方，一般是重要功能点，或者是产品容易出错的地方，或者是产品的亮点，这些地方要保证不出问题。

（5）首先测试有变更的地方，后测试没有变更的地方：有时所需要测试的是整个系统中有需求变更的某个模块，但是不能保证变更处的代码改动是否会影响其他地方，所以往往需要重点测试变更的部分，然后测试跟变更部分相关的部分，乃至整个系统。

5.5.2　测试人员分工

对测试人员进行分工，可以尽量避免测试人员的思维局限性，因为不同的测试人员执行同一个测试用例可能会出现不同的问题和结果。不同测试人员的思维方式不同，尽管测试用例设计得十分详细，但是测试人员在执行时还是会按照已有的经验和思考方式进行具体的执行，所以对测试人员的分工是必要的。下面从不同的角度对测试人员分工进行说明。

（1）按照测试内容分工

一个项目的测试包括文档测试、易用性测试、逻辑功能测试、界面测试、配置和兼容等多个方面，管理者可以根据人员的特点为每个人员分配不同的测试内容。这样分配的优点在于分工较为明确，测试人员对于测试内容的重点具有清楚的认识。

（2）按照测试流程分工

项目的测试流程一般包括测试需求的检查、测试用例的设计、测试执行、输出测试报告等工作，管理者可以根据测试流程中的各个阶段来进行人员的分工。这样分配具有流程清晰的特点。

（3）按照功能模块分工

一般规模较大的软件项目所具有的功能模块较多，针对已划分好的功能模块给予相应的测试，不同的测试人员负责不同模块的测试工作。这样分配具有人员利用率高且容易发现深层错误的特点。

（4）按照测试类型分工

软件测试根据软件开发的阶段可以划分为单元测试、集成测试、系统测试、回归测试等测试类型，管理者可以根据这些类型为测试人员分配测试工作。这样分配具有对测试人员的专业性要求高的特点。

5.5.3　测试环境的搭建

测试环境的搭建是进行测试执行活动中的一项重要工作，它所需要的时间也较多。一般软件产品提交测试之后，开发人员需要提交一份被测试产品的详细安装指导书，我们可以根据指导书中的内容进行测试环境的搭建。如果开发人员拒绝提供相关的安装指导书，当在搭建的过程中遇到问题时，可以请求开发人员的帮助。同时，需要记录问题解决的方法，避免问题再次出现而得不到解决。一般测试环境的搭建包括图5-5所示的内容。

没有测试环境就无法执行测试用例，测试环境是测试执行的保证。如果测试环境设置不对，所发现的软件缺陷可能不是软件缺陷，同时，又可能会漏掉一些存在的软件缺陷。测试环境不对，测试结果就可能不对，测试工作就失去了价值。

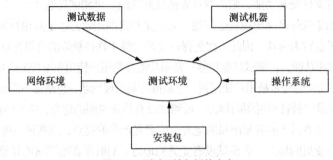

图5-5　测试环境包括的内容

5.5.4　BVT测试与冒烟测试

构建验证测试（Build Verification Test，BVT）只验证构建（Build）的成功与失败，不深入测试构建好的 Build 的功能、性能等。BVT 是在所有开发工程师都已经检查完自己的代码，项目组编译生成当天的版本之后进行。BVT 的主要目的是验证最新生成的软件版本在功能上是否完整，主要的软件特性是否正确。如无大的问题，就可以进行相应的功能测试。BVT 的优点是时间短，验证了软件的基本功能。BVT 的缺点是覆盖率低，因为其运行时间短，不可能把所有的情况都测试到。

在每日构建（Daily Build）的环境里，每个 Daily Build 构建完成时都要执行 BVT。对于 Daily Build 以外的每个版本和微版本，构建完成时也要执行 BVT（BVT 可以手动执行）。版本的构建是相对稳定的过程，因此 BVT 基本上是软件测试中最早实现全面自动化的测试。现在绝大多数版本构建工具都附带 BVT 功能，BVT 最基础的任务是进行文件版本的比对。伴随开发进程，软件功能越来越固化，BVT 有时会在不影响最基本功能的基础上加入一些成熟的自动化测试脚本。

冒烟测试的概念最早源于制造业，用于测试管道。测试时，用鼓风机往管道里灌烟，看管壁外面是否有烟冒出来，以便检验管道是否有缝隙。这一测试显然比较初级，更深层一点的测试至少要进行渗油测试、带压测试，等等。冒烟测试只是一种初级、直观的测试方式。

在软件测试中，冒烟测试是对软件的基本功能进行测试，测试的对象是每个新编译的需要正式测试的软件版本，目的是确认软件的基本功能是否正常，保证软件系统能够正常运行，并且可以进行后续的正式测试工作。如果最基本的测试都有问题，就需要向开发人员进行反馈，所以正式交付测试的版本首先必须通过冒烟测试的考验。冒烟测试，只是一个测试活动，并不是一个测试阶段。也就是说，冒烟测试贯穿于测试的任何一个阶段，单元测试里会有冒烟测试、集成测试里会有冒烟测试、系统测试里也会有冒烟测试。

BVT 与冒烟测试具有以下区别。

（1）BVT 只在构建完成时进行，而冒烟测试在各个阶段都会进行。

（2）BVT 可以加入自动测试脚本并执行少量固定的自动化测试，但冒烟测试与 Build 的验证无关。

（3）BVT 的结果直接决定新构建的 Build 是否交付后续测试，而冒烟测试并不影响其他日常测试工作。

5.5.5　每日构建介绍

每日构建也可称为持续集成（Continuous Integration）。它强调完全自动化的、可重复的创建过程，其中包括每天运行多次的自动化测试。每日构建的作用显得日益重要。它让开发者可以每天进行系统集成，从而减少了开发过程中的集成问题。持续集成可以减少集成阶段消除软件缺陷所消耗的时间，从而提高生产力；它使得绝大多数软件缺陷在引入的同一天就可以被发现。通常把每日构建放在晚上，利用空余时间自动进行，因此每日构建也可以称作每晚自动构建。图 5-6 所示的是每日构建的基本流程图。

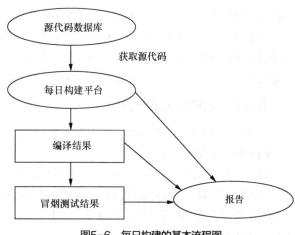

图5-6 每日构建的基本流程图

在进行每日构建之前，首先，针对开发进度计划的要求，需要细化出每 1～2 天的开发进度计划，可以精确到一个很小的功能点。其次，针对每日构建测试计划的要求，需要根据开发进度计划安排冒烟测试和系统测试进度计划。最后，还需要提前准备好每日构建的环境。每日构建可以采用人工的方式实现，但更多的需要借助些自动化的工具来完成。对于每日构建，一般要提前编写好每日构建的脚本，该脚本可以借助 Ant 或 NAnt 构建工具完成。每日构建脚本的复杂性跟项目或系统本身的复杂性相关，对于简单的只有一个解决方案的项目，可能构建脚本会很简单，而对于较复杂的系统或项目，构建脚本将会比较复杂。

每日构建具有以下优点。

（1）进度可见并可以控制到 1～2 天的细粒度，很容易看到进度的偏差。

（2）可以尽早发现软件缺陷并分析解决，从而提高软件质量。

（3）由于将大集成分解到每日构建中的小集成，消除了传统产品集成或集成测试时出现严重问题的可能性。

（4）注重每次工作的正确性，减少了可能出现的错误。

5.6 软件缺陷分析

软件缺陷会为系统带来一系列的风险，试想：如果软件某部分产生了错误会导致什么样的结果；未被验证的数据交换如果被接受又会带来怎样的结果，这些问题都会造成软件开发的失败。对于软件缺陷的分析就是将软件开发和运行过程中产生的软件缺陷进行必要的收集、对软件缺陷的信息进行分类、汇总和统计。

软件缺陷分析

5.6.1 软件缺陷分析的作用

软件缺陷所具有的含义不仅仅局限于程序中存在的软件缺陷。它所包含的范围更加广泛，除了源程序外，同时还包括一些关键的文档资料，如项目计划、需求规格说明、设计文档、测试用例、用户手册等存在的错误和问题。值得注意的是，在软件工程的整个生命周期中任何与需求不符、没有完成或是没有正确完成用户所要求的功能，还有一些存在于组件、设备或系统软件中因异常条件不支持而导致系统的失败等情况都属于软件缺陷的范畴。

软件测试的任务就是发现软件系统的缺陷，保证软件的优良品质。通过软件缺陷分析，发现各种类型软件缺陷发生的概率，掌握软件缺陷集中产生的区域、明晰软件缺陷的发展趋势、了解软件缺陷产生的主要原因，以便有针对性地提出遏制软件缺陷发生的措施、降低软件缺陷数量。软件缺陷分析对于改进软件开发、提高软件质量有着十分重要的作用。软件缺陷分析报告中的统计数据及分析指标既是对软件质量的权威评估，也是判定软件是否能发布或交付使用的重要依据。

5.6.2　软件缺陷的分类

通常可以从不同的角度将软件缺陷划分为多种类型。

（1）按严重程度划分

按照严重程度由高到低的顺序可以将软件缺陷分为 5 个等级：系统崩溃、严重、一般、次要、建议。需要说明的是，在具体的项目中，需要根据实际情况来划分等级，不一定是 5 个等级。如果软件缺陷数比较少，就可以划分为 3 个等级：严重、一般、次要。一般的软件缺陷管理工具会自动给出一个默认的软件缺陷严重程度划分。

（2）按优先级划分

按照缺陷修复的优先级由高到低可以划分为 3 个等级：高（high）、中（middle）、低（low）。其中，高优先级的软件缺陷是应该立即修复的软件缺陷；中优先级的软件缺陷是应该在产品发布之前修复的软件缺陷；低优先级的软件缺陷是指如果时间允许，应该修复的软件缺陷或是可以暂时存在的软件缺陷。优先级的这种分法也不是绝对的，需要根据实际情况灵活划分。

（3）按测试种类划分

按测试种类可以将软件缺陷分为逻辑功能类、性能类、界面类、易用性类、兼容性类。这种划分方式可以了解不同测试方法所能发现的软件缺陷的比例，以便在测试的时候有所侧重。

（4）按功能模块划分

一般的软件产品都是分为若干个功能模块的，根据二八定理可知，通常 80% 的软件缺陷集中在 20% 的模块中，测试的过程可以统计软件缺陷主要集中在哪些模块，以便投入重点精力去测试。

5.6.3　软件缺陷分析方法

软件缺陷分析主要有以下几种方法。

（1）正交缺陷分类分析方法

正交缺陷分类（Orthogonal Defect Classification，ODC）分析方法最早由 IBM 的沃森（Waston）中心推出，该方法是将一个软件缺陷在生命周期的各环节的属性组织起来，从单维度、多维度对软件缺陷进行分析，从不同角度得到各类软件缺陷的缺陷密度和缺陷比率，从而积累得到各类软件缺陷的基线值，用于评估测试活动：指导测试改进和整个研发流程的改进；同时根据各阶段软件缺陷分布得到软件缺陷去除过程特征模型，用于对测试活动进行评估和预测。无论测试人员还是开发人员在创建和处理一个软件缺陷时，首先都要添加一些字段内容用于后面的 ODC 分析。

创建软件缺陷人员需要填写的字段内容主要有：发现软件缺陷活动、功能模块、结果影响、严重程度和软件缺陷类型等。处理软件缺陷人员需要填写的字段内容主要有：开发处理决定、软件缺陷注入阶段等。字段可以根据分析需要进行扩充、删减。基于这些字段内容便可以对累计的软件缺陷数据，根据不同需要单独或两两做出不同维度的数据分析。主要通过数据图表的形式来显示分析结果，常用的图表为饼图（单维度）、直方图（多维度）。通过结果评估测试活动，指导测试改进和研发流程改进。

单维度分析主要采用饼图反映所选属性中各类软件缺陷数量所占比例。如对"功能模块"属性进行单维度分析，目的在于通过各个功能模块的软件缺陷密度，了解各个功能模块的质量状况。而多维度分析采用直方图的方式，结合两个或者多个属性对软件缺陷进行分析。如使用"功能模块"属性结合"严重程度"属性进行二维度分析，目的在于通过各个模块所产生的软件缺陷的严重级别了解各个模块的开发质量状况。

（2）Gompertz 分析方法

软件测试是为了发现软件产品中存在的缺陷，是软件质量保证的重要阶段。软件测试的总目标是充分利用有限的人力、物力，高效率、高质量地完成测试。冈珀茨（Gompertz）分析方法是在利用已有数据的基础上，对软件测试过程进行定量分析和预测，对软件产品质量进行定量评估，对是否结束软件测试任务给出判断依据。

在日常的软件测试过程中发现，在软件测试的初始阶段，软件测试人员对测试环境不很熟悉，因此日均发现的软件缺陷数比较少，发现软件缺陷数的增长较为缓慢；随着软件测试人员逐渐进入状态并熟练掌握软件测试环境后，日均发现软件缺陷数增多，发现软件缺陷数的增长速度迅速加快；但随着软件测试的进行，软件缺陷的隐藏加深，软件测试难度加大，需要执行较多的软件测试用例才能发现一个软件缺陷，尽管软件缺陷数还在增加，但增长速度会减缓，同时软件中隐藏的软件缺陷是有限的，因而限制了发现软件缺陷数的无限增长。这种发现软件缺陷的变化趋势及增长速度是一种典型的"S"曲线，满足 Gompertz 增长模型的应用条件。模型表达式如公式（5.1）所示。

$$Y = a \times b^{c^T}$$
公式（5.1）

其中，Y 表示随时间 T 发现的软件缺陷总数；a 是当 $T \to \infty$ 时的可能发现的软件缺陷总数，即软件中所含的缺陷总数；$a \times b$ 是当 $T \to 0$ 时发现的软件缺陷数；c 表示发现软件缺陷的增长速度。需要依据现有测试过程中发现的软件缺陷数量来估算出 3 个参数 a、b、c 的值，从而得到拟合曲线函数。

（3）DRE/DRM 分析方法

DRE（Defect Removal Efficiency）分析方法是通过已有项目历史数据，得到软件生命周期各阶段缺陷注入和排除的模型，用于设定各阶段质量目标，评估测试活动。DRE 主要针对历史数据，矩阵的每一列代表软件缺陷在何时（什么阶段）引入（产生），每一行代表发现软件缺陷时开展的工作。矩阵中的数值代表已经发现的软件缺陷数量。

表 5-3 所示的矩阵的目标是要分别计算出各个阶段的软件缺陷移除率为后面所用。软件缺陷移除率的定义为当前阶段工作实际发现的软件缺陷数量占当前阶段应该发现的软件缺陷数量的比值。例如，在需求阶段实际发现 8 个需求阶段注入的软件缺陷，总的软件需求缺陷是 8+26+4+4=42 个，因此需求阶段的软件缺陷移除率 DRE 为 8/42≈19%；设计阶段共计发现 88 个缺陷，该阶段应该发现缺陷总数为 26+4+4+0+62+11+3+0=110，因此设计阶段的软件缺陷移除率 DRE 为 88/110=80%。其他阶段依此类推。

表5-3 注入-发现矩阵

注入阶段 发现阶段	需求	设计	编码	发现总计
需求阶段	8	—	—	8
设计阶段	26	62	—	88
编码阶段	4	11	12	27
功能测试阶段	4	3	112	119
系统测试阶段	0	0	28	28
注入总计	42	76	152	270

5.6.4 软件缺陷分析的流程

软件缺陷分析的流程如下。

（1）确定分析指标

软件缺陷分析时需计算一些定量的分析指标，常见的分析指标有以下几项。

① 反映产品质量的指标：

$$软件缺陷密度 = 软件缺陷数量 / 软件规模$$

$$潜在软件缺陷数 = (100\% - 发布前软件缺陷去除率) \times 软件缺陷密度$$

② 反映产品可靠性的指标：

$$平均失效时间 = 软件持续运行时间 / 软件缺陷数量$$

③ 反映软件缺陷发现及修复效率的指标：

$$软件缺陷检出率 = 某阶段当时发现的软件缺陷 / 属该阶段的全部软件缺陷 \times 100\%$$

$$发布前软件缺陷去除率 = 发布前发现的软件缺陷 / (发布前发现的软件缺陷 +$$

$$软件运行的前 3 个月发现的软件缺陷) \times 100\%$$

$$软件缺陷修正率 = 修复过程中未引发其他问题的软件缺陷数 / 被修复软件缺陷的总数 \times 100\%$$

④ 反映软件缺陷修复成本的指标：

$$平均修复时间 = \frac{\sum 软件缺陷修复时间}{软件缺陷数量}$$

$$平均修复成本 = 开发人员的平均人力成本 \times 平均修复时间$$

$$相对返工成本 = 返工的工作量 / 项目总工作量 \times 100\%$$

（2）实施软件缺陷分析过程

在确定好相应的指标之后，可以借助相应的方法和工具实施软件缺陷分析的过程，产生分析的结果。

（3）汇总统计

在软件缺陷分析中可以使用统计方法对收集的变更进行分类、汇总。

软件缺陷发生日期统计：按变更提交的日期（年、月）统计软件缺陷。该分析反映软件缺陷发生的动态趋势。

软件缺陷性质统计：变更性质属性一般分为软件缺陷变更和需求变更两种。

软件缺陷状态分布：变更状态属性分类很多，但在软件缺陷分析中可以不用分得很细，可以分为关闭、挂起和处理中 3 种类型。该分析主要反映软件缺陷修改完成情况。

软件缺陷按产品分类统计：该分析能显示各软件子系统的软件缺陷分布情况。

软件缺陷按原因分类统计：按变更的根本原因属性进行分类统计软件缺陷，统计不包括需求变更。该分析能揭示软件缺陷原因的分布。

软件缺陷测试情况统计：统计仅涉及变更的根本原因是系统设计、程序编码、维护和外部问题等软件缺陷变更。该分析能暴露软件测试本身存在的问题。

软件缺陷来源统计：该分析主要反映用户或软件代理的地区分布，发现一些客户分布规律。

5.6.5 软件缺陷报告

当软件缺陷被发现后，测试人员下一步要做的是就所发现的软件缺陷与开发人员进行沟通，最简单的沟通方法就是软件缺陷报告。软件缺陷报告的重要性不仅仅在于文档化，同时也是使发现的软件缺陷被修正的唯一方法。软件缺陷从开始提出到最后完全解决，并通过复查的过程中，软件缺陷报告的状态不断发生着变化，它记录着软件缺陷的处理过程。不同的项目和测试机构会依据不同的标准和规范来编制软件缺陷报告，目的是为软件缺陷报告阅读者识别软件缺陷提供充足的信息。一般情况下，软件缺陷报告包含下列内容。

（1）软件缺陷报告编号：为了便于对软件缺陷进行管理，每个软件缺陷都必须被赋予唯一的编号，编号规则可根据需要和管理要求制订。

（2）标题：软件缺陷报告的标题可以用简明的方式传达软件缺陷的基本信息。软件缺陷报告的标题应该简短并尽量做到唯一，以便在观察缺陷列表时，可以很容易注意到。

（3）报告人：软件缺陷报告的原始作者，有时也可以包括软件缺陷报告的修订者。当负责修复该软件缺陷的开发人员对报告有任何异议或疑义时，可以与报告人进行联系。

（4）报告日期：软件缺陷报告首次报告的日期。让开发人员知道创建软件缺陷报告的日期是很重要的，因为有可能这个软件缺陷在前面版本曾经修改过。

（5）程序（或组件）的名称：程序（或组件）的名称可用来分辨被测试对象。

（6）版本号：测试可能跨越多个软件版本，提供版本信息可以方便地进行软件缺陷管理。

（7）配置：发现软件缺陷时的软件和硬件配置。如操作系统的类型、是否有浏览器载入、处理器的类型和速度、内存大小、可用内存、正在运行的其他程序等。

（8）软件缺陷的类型：软件缺陷的类型包括代码错误、设计问题、文档不匹配等。

（9）严重性：描述所报告的软件缺陷的严重性。

（10）优先级：由开发人员或者管理人员确定软件缺陷的优先级，根据修复这个软件缺陷的重要性而定。

（11）关键词：关键词可在任何时候添加，以便分类查找软件缺陷报告。

（12）软件缺陷描述：对发现的问题进行详细说明，尽管描述要深入，但是简明仍是最重要的。软件缺陷描述的主要目的是说服开发人员决定去修复这个软件缺陷。

（13）重现步骤：重现步骤必须是有限的，并且描述的信息足够使读者知道正确的执行就可以重现这个软件缺陷。

（14）结果对比：在执行了重现软件缺陷步骤后，期望发生什么，实际上又发生了什么。

5.7 小结

软件测试是软件开发中的最后一个阶段。软件测试是使用人工或者自动手段来运行或测试某个系统的过程，通过测试发现软件开发设计的过程中存在的问题，其目的在于检验它是否满足规定的需求或弄清预期结果与实际结果之间的差别。软件测试的过程主要描述了软件测试需要做的工作，随着软件测试技术的进步，测试过程也会得到进一步改进。

5.8 习题

1. 简述软件测试过程的概念。
2. 软件测试包括哪几个阶段？
3. 需要从哪几个方面对测试需求进行评审？
4. 请简述等价类划分法的操作流程。
5. 请简述软件缺陷的级别。
6. 请说明测试执行过程中所要做的主要工作。

06 第6章 软件测试的度量

随着软件生产规模的日益增大,保证软件产品质量的软件测试工作越来越得到人们的重视。为更好地保证软件产品质量、更有效地执行软件测试工作,迫切需要对软件测试过程进行有效管理以及逐步改善。软件测试是在规定的条件下对程序进行操作,以发现程序错误、衡量软件质量,并对其是否能满足设计要求进行评估的过程,而对软件测试进行评估就需要软件测试度量来完成。为了评估软件过程、产品,以及服务而使用的度量称作软件度量。软件度量是一种度量技术,这种技术用来支撑过程、产品和服务的中心工程与管理信息,以及支持过程、产品和服务的信息上的改进,从而量化地评定测试过程的能力和性能,提高测试过程的可视性,帮助软件组织管理及改进软件测试过程。鉴于此,本章重点介绍软件测试中度量的相关概念及其重要性。

6.1 软件测试度量简介

6.1.1 软件测试度量的目的

度量是指对一个系统或过程的某些属性方面的衡量。软件的度量包括对软件产品自身的测量,以及产生软件产品过程的测量。软件测试的度量包括对软件测试产出物的测量,以及软件测试过程的测量。

软件测试度量活动首要考虑的是目的,软件测试中的度量一般有如下目的。

软件测试度量的目的

(1)判断软件测试的有效性。

(2)判断软件测试的完整性。

(3)判断所测试的软件产品的质量。

(4)分析和改进软件测试过程。

度量是标准度量单位的量化结果。对于待评估的软件过程、产品和服务使用的度量称作软件度量。度量的数据构成一个层次化的体系,就是度量框架。框架的上层是度量指标(Factor),下层是直接度量(Metrics)。度量指标表示产品或过程的特征,需要从直接度量计算而来,而直接度量是可以直接收集到的数据。

软件度量与软件测试度量及测试人员的关系如图6-1所示。

软件测试度量有如下重要性。

（1）软件测试度量可以用来提高质量、产品生产力和服务，从而提高客户满意度。

（2）对于管理组织很容易分析数据并且深入下去（如果需要的话）。

（3）当过程不受控时有不同的度量方式作为监控者。

（4）软件测试度量可以提供当前过程改进。

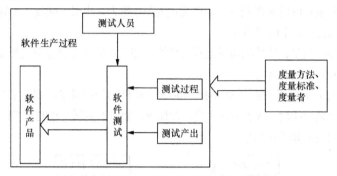

图6-1　软件度量与软件测试度量及测试人员的关系

软件测试的度量是为项目质量服务的，选择的度量标准和方法都是为了能让测试进行得更加科学和规范，以创造更多的测试价值。

软件测试度量应该遵循以下原则。

（1）要制订明确的软件测试度量目标。

（2）软件测试度量标准的定义应该具有一致性、客观性。

（3）软件测试度量的方法应该尽可能简单、可计算。

（4）软件测试度量数据的收集应该尽可能自动化。

软件测试是用于度量软件质量的一种手段，通过测试发现软件缺陷，进而评估软件的整体质量。

开发人员、测试人员及软件产品之间的关系如图 6-2 所示。

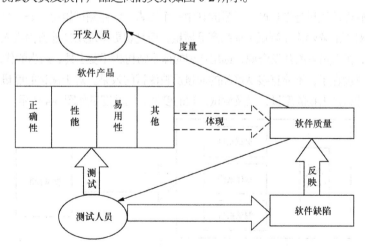

图6-2　开发人员、测试人员及软件产品之间的关系

6.1.2　软件测试度量的难度

软件测试是用于度量软件质量的一种手段，通过测试发现软件缺陷，从而评估软件的整体质量。

那么测试本身的质量如何度量呢？开发人员开发产品、测试人员测试产品，真实可见的是软件产品的质量，软件产品的质量可直接反映开发人员的工作效率。但是否能反映测试人员的工作效果呢？

例如，假设项目 A 的研发时间充裕，同时也配备了充足的资源，如优秀的设计架构师和开发人员，并且能够做到与客户充分地沟通交流；项目 B 则有点窘迫，进度明显较慢，开发人员虽然很负责任，但是士气明显有些低落。如果对项目 A 做测试，不出意外的话最终的产品结果是质量过关，测试人员受到好评。但是，如果对项目 B 做测试，即使测试人员很努力，也很可能做得不好。

从这个例子可以得到以下两点启示。

（1）测试不能提高质量，软件的质量是固有特性，测试人员只能通过测试来评估产品质量，产品质量的提高有赖于开发人员的努力。

（2）测试人员的工作成果不能从软件的产品质量或软件的最终成果得到科学的评估。不能用最终产品来决定一个测试是否成功，或者测试人员是否优秀，要考虑测试过程的更多因素。

影响产品质量的因素如图 6-3 所示。

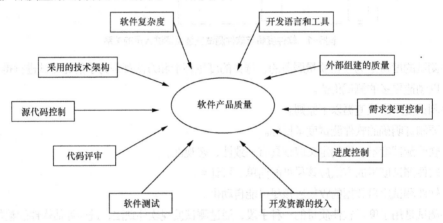

图6-3 影响产品质量的因素

显而易见，软件测试只是影响产品质量的其中一个因素，软件测试做得不好，会影响质量的改进与提高，但是绝对不能依赖软件测试来提高产品质量，而是要更多地从其他方面投入，例如，充分估计软件的复杂度，投入足够的开发资源，选用合理的体系结构和开发工具、适当的代码评审等。

测试度量的难度在于，不能直接从产品的质量反映测试的效果。对于测试的度量，应该从软件产品的度量转移到测试产出物的度量，以及测试过程的度量。测试度量如图 6-4 所示。

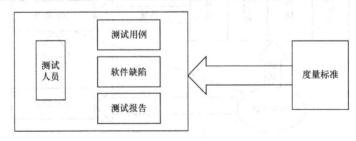

图6-4 测试度量

6.1.3 软件测试人员工作质量的衡量

测试人员是测试过程的核心人物，测试人员的工作质量会极大地影响测试的质量及产品的质量。测试人员可以对别人的工作做出侧面的评价，因为可以通过测试人员的测试结果衡量开发人员的工作成果。

一般来说，对测试人员有如下的素质要求。

（1）测试人员要有责任心。

（2）测试人员要有沟通能力。

（3）测试人员要有团队合作精神。

（4）测试人员要有耐心、细心和信心。

（5）测试人员要时时刻刻保持怀疑态度，并且有软件缺陷预防的意识。

（6）测试人员要有不断学习的能力。

素质要求偏向主观，而技能要求就比较客观了。测试人员的技能要求有以下几点。

（1）业务知识。测试人员对业务知识了解得越多，测试就越贴近用户的实际需求，并且测试发现的软件缺陷也是用户非常关注的软件缺陷，同时还是项目经理、开发人员都会认为很重要的软件缺陷。一些业务应用系统的测试尤其如此。相反，如果测试人员缺乏对产品所涉及的业务领域的理解，那么测试出来的软件缺陷可能只是停留在功能操作的正确性层面，会被开发人员认为测试得不够全面。甚至更糟糕的是，由于对某些业务知识存在误解，导致误测，提交的软件缺陷会被开发人员拒绝。

注意　多阅读需求文档、多从用户角度出发考虑问题、多与用户或者需求分析人员沟通是发现更多软件缺陷的好方法。

（2）产品设计知识。测试人员对软件产品相关的信息了解得越多，对测试越有利；对软件产品设计、软件架构方面的信息了解得越多，越有利于把测试进行得更加深入，测试的范围也会越广。

（3）软件架构知识。对于产品知识了解得越多，测试就能越深入产品的核心位置。例如，对于性能测试，如果不了解程序的架构和分层，则很难把性能测试做到深入和完整，提交的测试报告只能表明性能存在问题，但是具体瓶颈在哪里，是在界面响应还是网络传输，还是在后台服务的处理能力上，都很难分析出来。

注意　如果不了解软件架构方面的知识，就很难有效地帮助开发人员定位性能瓶颈，很难有效协助开发人员解决性能问题。

（4）统一建模语言（Unified Modeling Language, UML）。现在，大部分软件开发组织都在使用UML指导设计和开发。其实，UML对于测试人员也是有指导意义的，测试人员也非常有必要学习一下UML的相关知识。

注意　一个好的书画鉴赏家不一定是一个出色的画家，但是却非常清楚什么是最好的作品。这个道理同样适用于测试人员对待产品设计的态度。

UML中的用例图可以指导测试人员进行功能测试，单元测试则可以用到类图，测试用例的设计可能要用到状态图、协作图和活动图，系统测试和流程测试可能用到顺序图，指导单元测试和回归测试可能用到构件图，指导性能测试、环境测试、兼容性测试等可能用到配置图。

（5）测试工具。测试人员有一个"法宝"，那就是测试工具，测试人员常常会使用测试工具来寻找软件系统中存在的软件缺陷；使用测试工具可以明显地提高软件测试的效率，减少测试人员的非必须工作量。一个优秀的测试人员，如果能够掌握多种多样的测试工具，会对实现测试要求起到事半功倍的效果。

初步统计人才市场关于测试工程师对测试工具的掌握要求可知，仅功能自动化测试工具这一类，就至少包括表 6-1 所示的测试工具。

表 6-1　常用功能自动化测试工具

厂商	工具名称
HP Mercury	QuickTest Pro
Micro Focus	TestPartner
Micro Focus	SilkTest
IBM Rational	Robot
IBM Rational	Functional Tester
Parasoft	WebKing
Oracle	e-Tester
AutomateQA	TestComplete
SeaStone Software	EggPlant
Microsoft	Visual Studio Test Edition
Software Research	eValid
开源	Selenium
开源	WebInject
开源	Watir

（6）不同的测试手段和测试工具。不同的项目采用的技术手段一般不一样，采用的平台、语言、开发工具、控件一般也不尽相同。这就可能导致某个测试方法或者测试工具在项目 A 中能很好地得到应用，但是到了项目 B 就变得"力不从心"了。

例如，同样是性能测试，在项目 A 中能够使用 LoadRunner 录制脚本，但是到了项目 B 就录制不下来。原因往往是不同项目的产品采用的协议是不一样的。在项目 A 可能是 B/S 结构，采用 HTTP，而到了项目 B 则可能是 C/S 结构的，采用 ADO.NET 2.0 协议。

注意　　优秀的测试人员必须懂得针对具体项目的上下文和环境，使用各种不同的测试手段和测试工具。

（7）开发工具。测试人员一般不做编码工作，需要掌握开发工作吗？答案是需要！至少懂得如何使用开发工具的基本编译功能。测试人员有必要掌握开发工具的一些基本操作，这样对测试过程和问题重现等会起到事半功倍的作用。而且，如果进行白盒测试，对开发工具的掌握就更不可或缺了。

（8）用户心理学。测试应该始终站在用户、使用者的角度去考虑问题，而不应该站在开发人员、实现者的角度考虑问题。因此，要求测试人员必须掌握用户的心理模型、用户的操作习惯等。用户心理学一般应用在界面交互设计的测试、用户体验测试等方面。

（9）界面设计中的3种模型。在界面设计中，通常有3种模型，即设计者模型、实现者模型和用户模型。用户模型往往在用户的开发过程中被过多的忽略。

① 设计者模型通常关注的是对象、表现、交互过程等。

② 实现者模型则更多的关注数据结构、算法、库等界面实现时要考虑的问题。

③ 用户模型通常关注目标、信心、情绪等。

界面开发过程应该综合考虑3种模型，但是由于很多软件项目缺乏界面设计阶段，或者是由开发人员在编码阶段即兴为之，结果往往导致界面效果偏向于实现者模型。例如，经常会看到有些系统的界面有很多冗余对象是用户不会用到的。而究其原因则是开发人员为了重用某个界面的设计，直接继承了界面父类，这些明显是过分考虑实现模型而导致的恶果，如图6-5所示。

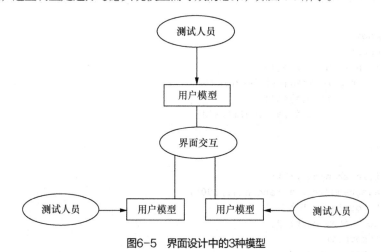

图6-5　界面设计中的3种模型

（10）人机交互认知心理学。人机交互是一个从用户体验的角度出发考虑用户感受的过程。考虑到用户心理学和认知科学等，测试人员不得不根据以下基本原则指导界面测试。

① 一致性：在任务完成、信息的传达、界面的控制和操作等方面应该与用户理解和熟悉的模式尽量保持一致。

② 兼容性：在用户期望和界面设计的现实之间要兼容，要基于用户以前的经验。

③ 适应性：用户应该处于控制地位，因此界面应该尽可能多地适应用户。

④ 指导性：界面设计应该通过任务提示和及时的反馈信息来指导用户，需要做到"以用户为中心"。

⑤ 结构性：界面设计应该是结构化的，以减少复杂度。

⑥ 经济性：界面设计要用最少的步骤来实现用于支持用户业务的操作。

（11）编程技能。这个问题比较具有争议性，同时也是新入行的测试人员急迫想知道的问题。有一部分人认为编程是开发人员才需要的技能，测试人员完全不需要。另一部分人并不赞同，认为编程是测试人员必备的技能之一，并不能过分强调只有开发人员才需要掌握编程技能。

对于测试人员而言，编程技能未必是必不可缺的技能，但是如果掌握基本的编程技巧，则会对测试有事半功倍的效果。大部分的自动化测试工具，需要测试人员具备一定的编程能力或者语言知识。相比较而言，对于黑盒测试、手工测试者而言，编程显得没那么重要，但肯定也会带来一定的好处。至少在与开发人员沟通一个软件缺陷的时候会很轻松，开发人员也会感觉测试人员是明白和理解其代码的人。另外，具备良好的编程知识可以让测试人员做更多层面的测试，如单元测试、性能测试，还可以让测试人员自己动手编写测试小程序或者测试工具，帮助自己进行某些特殊的测试。

（12）脚本语言。测试人员的编程技巧和开发人员的编程技巧并不能相提并论，对两者要求的深度和广度都有所不同。显而易见，开发人员必须对编程掌握得更加专业和准确，他们需要懂得处理很多专业的软件问题，需要深入了解很多语言的特性，如组织编程、面向对象、可重用性、可扩展性、设计模式、高效率、性能等。而测试人员则更偏向于快速地应用编程知识解决测试方面的问题，不需要追求精致的语言应用，不追求完美的可重用性，甚至在有些时候也不会追求性能和效率，但是归根结底，需要的是快速、能解决实际的问题。

可以对比一下实现相同的一个冒泡排序算法的 C++程序和 Python 程序的区别，下面是 Python 实现的代码：

```python
import random
def bubblesort(a):
    for i in xrange(0,len(a)):
        for j in xrange(i,len(a)):
            if a[j]<a[i]:
                a[j],a[i]=a[i],a[j]


def Test():
    a=[]
    for i in xrange(1,10):
        a.append(random.randint(1,100))
    print "orginal: ",a
    #print "after sort: "
    bubblesort(a)
    print "after sort:",a


if __name__=='__main__':
    Test()
```

而实现同样的功能，在 C++中却需要更多的代码量，具体如下：

```cpp
#include <iostream>
using namespace std;

void BubbleSort(int pData[],int length){
    int temp;
        for(int i=0;i!=length;++i)
        {
            for (int j=0;j!=length; ++j)
            {
                if (pData[i]<pData[j])
                {
                    temp=pData[i];
                    pData[i]=pData[j];
                    pData[j]=temp;
                }
            }
        }
    }
```

```
void print(int* pData,int length)
{
    for (inti=0;i!=length; ++i)
    {
        cout<<pData[i]<<" ";
    }
    cout<<endl;
}
int main(int argc, const char * argv[])
{
    int pData[]={2,3,7,1,6};
    BubbleSort(pData,5);
    cout<<"the result is:";
    print(pData,5);
    return 0;
}
```

显然可见脚本语言虽然"短小精悍"但又"五脏俱全"。编程语言可分为两大类：系统编程语言（如 Pascal、C、C++、Java 等）和脚本语言（如 Perl、Python、Rexx、TCL、VB、UNIX Shell 等）。系统编程语言在从头开始构建方面和性能方面会更好，而脚本语言在重用代码和快速开发方面更有优势，是理想的自动化测试语言。

注意　　测试人员掌握一门脚本语言对于解决测试中遇到的问题一般会有立竿见影的帮助。

（13）文档能力。文档能力对于一个测试人员有多么重要呢？测试人员的工作集中体现在软件缺陷文档、测试报告这些文档，一个优秀的测试人员应该善于利用这些书面的沟通方式来表达自己的观点、体现自己的能力和价值。优秀的测试人员能通过优秀的软件缺陷报告，让开发人员心悦诚服地修改软件缺陷；优秀的测试人员能通过优秀的测试报告，让项目经理基于测试人员报告做出明智的决策。读者可以对比表 6-2 所示的对于同一个软件缺陷的两份不同描述方式的报告，并说一说开发人员会更中意哪一个呢？测试人员在文档能力方面的提高和锻炼需要注意以下几个方面。

① 合理组织语言，体现清晰的思维。一个思维不清晰的人写出的文档肯定会让人觉得是"云里雾里"的。因此要锻炼好清楚地表达自己的能力，在下笔之前先合理地组织语言、规划结构、列好提纲。

② 多用短句、精炼的语言，切忌长篇大论。短句能够增加可读性，节省读者的识别和认知过程的时间，增加可理解程度，尽量用最精简的语言描述最全面的内容。

③ 适当空行和换行。录入软件缺陷时，在适当的地方空行和换行，利用软件缺陷录入工具的编辑功能，适当高亮或者加粗显示某些行，提醒开发人员需要注意的内容。

④ 在每写一段话后自己再进行通读，检查是否通畅、是否有错别字。错别字可以说是测试人员的软件缺陷报告的缺陷，而且是十分低级的缺陷，一定要尽量避免。测试人员会要求开发人员在提交程序测试之前自己测试一遍。同理，测试人员在提交软件缺陷报告前，也应该自己检查一遍，看看是否存在"缺陷"。

⑤ 尽量规范的格式。规范的格式有利于统一理解的基础，有利于增强交流的舒畅程度，有利于读者快速地找到自己需要的内容。测试人员应该遵守一定的软件缺陷录入规范、测试文档编写规范进行

文档的编写。

表 6-2　两份不同描述方式的软件缺陷报告

好的软件缺陷报告	糟糕的软件缺陷报告
摘要： Arial、Wingdings 和 Symbol 字体破坏了新文件 **重现步骤：** ➢　启动编辑器，创建一个文件。 ➢　输入 4 行文字，每行文字都包括 "The quick fox jumps over the lazy browndog"。 ➢　选中 4 行文字，单击"字体"下拉菜单，选中 Arial 字体。所有文字都变成了乱码。 ➢　尝试了三次，每次都出现了这个问题。 **问题隔离：** ➢　这个问题是在 1.1.018 版本更新的时候出现的，因为相同的问题在 1.1.007 版本并没有出现。 ➢　使用 Wingdings 和 Symbol 字体也会出现同样的问题，使用 Times Roman、Courier New 和 Webdings 字体则不会出现这个问题。 ➢　保存文件，关闭，重新打开，错误依然存在。 ➢　这个错误只会出现在 Windows 98 平台下，在其他操作系统中并没有出现类似的问题	在向文字应用字体为 Arial 时，创建的新文件的内容出现乱码

6.2　软件测试的度量及其应用

6.2.1　软件缺陷的数量

软件测试的度量方法有很多，根据测试产出物的不同需要定义不同的度量方法。对测试人员的度量则要考虑更多因素。

软件测试的度量方法及其应用

我们常常遇到这种情况，经验丰富的测试人员千辛万苦花了大量时间寻找软件缺陷，并且找到了许多软件缺陷，却被人认为太少了。软件缺陷的数量能够说明什么问题？对于这个问题的思考确实存在一些矛盾。

（1）利用软件缺陷数量来考核测试效率。

如果在考核过程中发现的漏洞越多，那么说明这个测试人员的测试效率越高，测试能力越强。

（2）发现软件缺陷数量的多少并不能完全证明测试人员的能力。但是如果把软件缺陷数量加上一些前置条件（如软件缺陷的严重程度），就会有一定的说明意义。

例如，在同一个项目中，A、B 两个测试人员参与同样的测试工作，统计出如下数据。

测试人员 A：发现级别为 1 的软件缺陷 100 个，级别为 2 的软件缺陷 150 个，级别为 3 的软件缺陷 250 个。

测试人员 B：发现级别为 1 的软件缺陷 10 个，级别为 2 的软件缺陷 200 个，级别为 3 的软件缺陷 350 个。

虽然测试人员 B 发现的软件缺陷比测试人员 A 要多一些，但是不会认为测试人员 A 比测试人员 B 逊色，其至可以认为测试人员 A 要表现得更加优秀一些，因为测试人员 A 发现了大部分严重的软件缺陷，修改这些严重的软件缺陷对于用户来说是至关重要的，因此测试人员 A 发挥的价值要相对大一些。

6.2.2 软件缺陷的价值

仅凭软件缺陷数量的多少显然不能完全说明测试人员的能力，正确的做法应该是在软件缺陷数量度量的基础上加入以下前提条件。

（1）给软件缺陷加权。

（2）度量筛选后的软件缺陷。

按软件缺陷的严重程度分级，然后每个级别的权值由高到低对应，如图 6-6 所示。

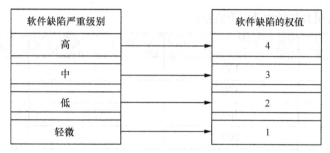

图6-6　按软件缺陷严重等级定义权值

例如，测试人员 A 在某个项目的测试中发现的软件缺陷数如表 6-3 所示。

表 6-3　测试人员 A 发现的软件缺陷

软件缺陷严重级别	软件缺陷个数
高	100
中	200
低	300
轻微	400

例如，测试人员 B 在某个项目的测试中发现的软件缺陷数如表 6-4 所示。

表 6-4　测试人员 B 发现的软件缺陷

软件缺陷严重级别	软件缺陷个数
高	150
中	350
低	300
轻微	200

如果将两位测试人员的测试结果通过加权的方式进行计算，测试人员 A 的计算结果如表 6-5 所示。

表6-5 测试人员 A 的软件缺陷价值计算

软件缺陷严重级别	软件缺陷个数	权值	软件缺陷价值
高	100	4	400
中	200	3	600
低	300	2	600
轻微	400	1	400

总计：2000

测试人员 B 的计算结果如表 6-6 所示。

表6-6 测试人员 B 的软件缺陷价值计算

软件缺陷严重级别	软件缺陷个数	权值	软件缺陷价值
高	150	4	600
中	350	3	1050
低	300	2	600
轻微	200	1	200

总计：2450

所以虽然二者发现软件缺陷的总数相等，但是通过加权计算可知软件缺陷的总体价值不一样。此外，还可以考虑其他的加权因素，例如，软件缺陷的类型、软件缺陷发现的及时性、软件缺陷的重现率等。

加权法虽然科学，但是如果基于未加过滤的软件缺陷来计算，则会多少有些不公平。例如，不同的测试人员对于软件缺陷严重程度的理解可能存在偏差。那么有没有什么解决的办法呢？

解决方法：制订软件缺陷级别评估规范，用于指导测试人员进行软件缺陷等级的划分。此外，每个软件缺陷的等级划分应该得到评审，对于不符合划分标准的应予以纠正。对于那些经确认拒绝处理的软件缺陷，也不能纳入统计范畴，如图 6-7 所示。

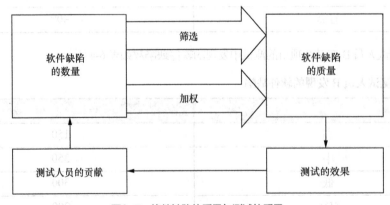

图6-7 软件缺陷的质量与测试的质量

6.2.3 软件缺陷的定性评估

软件缺陷评估对测试过程中软件缺陷达到的比率或发现的比率提供了一个软件可靠性指标。对于软件缺陷分析，常用的主要参数有以下 4 个。

状态：软件缺陷的当前状态。

优先级：必须处理和解决的软件缺陷的相对重要性。

严重性：对最终用户、组织或者第三方的影响等。

起源：导致软件缺陷的起源故障以及其位置，或者排除该软件缺陷需要修复的构件。

软件测试的软件缺陷评估可以依据以下 5 类进行度量：软件缺陷发现率、软件缺陷潜伏期、软件缺陷分布（密度）和整体软件缺陷清除率。

（1）软件缺陷发现率：将发现的软件缺陷数量作为时间的函数来评估。创建软件缺陷趋势图和报告，如图 6-8 所示。

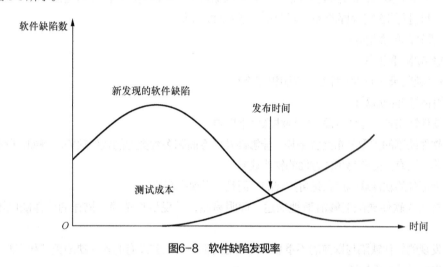

图6-8 软件缺陷发现率

由图 6-8 可以看出，软件缺陷发现率将伴随着测试时间和修复进度而减少；随着测试时间延长而测试成本增加。可以设定一个阈值，在软件缺陷发现率低于该阈值时才能应用软件。

（2）软件缺陷潜伏期：软件缺陷潜伏期是一种特殊类型的软件缺陷分析度量。软件缺陷潜伏期报告显示软件缺陷处于特定状态下的时间长短。实际测试工作中，发现软件缺陷的时间越晚，此软件缺陷所带来的危害就越大，修复该软件缺陷所耗费的成本就越高。

（3）软件缺陷分布：软件缺陷分布报告允许把软件缺陷计数作为一个或者多个软件缺陷参数的函数来显示。软件缺陷分布是一种以平均值来估算软件缺陷的分布值。程序代码通常是以千行为单位，软件缺陷分布度量使用下面的公式计算：

$$软件缺陷密度 = \frac{软件缺陷数量}{代码行或功能点的数量}$$

（4）整体软件质量、软件缺陷注入率和清除率。

设 F 为描述软件规模用的功能点；$D1$ 为软件开发过程中发现的所有软件缺陷数；$D2$ 为软件使用后发现的软件缺陷数；D 为发现软件缺陷的总数，则 $D=D1+D2$。

对于一个软件项目，可以从不同角度来估算软件的质量、软件缺陷注入率和清除率：

$$软件质量（每个功能点的软件缺陷数） = \frac{D2}{F}$$

$$软件缺陷注入率 = \frac{D}{F}$$

$$整体软件缺陷清除率 = \frac{D1}{F}$$

（5）整体软件缺陷清除率。

① 一级、二级 bug 修复率达到 100%。

② 三级、四级 bug 修复率达到 80%以上。

③ 五级 bug 修复率应该达到 60%以上。

除了必要的定量软件缺陷价值评估外，还可以加入定性的评估。定性评估是指对测试人员发现的软件缺陷质量进行相对主观的衡量，可包括以下方面的评价。

① 软件缺陷的类型分布。

② 软件缺陷重现率。

③ 软件缺陷录入的清晰程度、简明程度等。

④ 软件缺陷的新颖性。

有关软件缺陷定性评估方面，需要注意以下事项。

（1）软件缺陷的类型分布比较平均，能够涉及多方面和多种类型的软件缺陷。例如，既有功能性的软件缺陷，又有性能和易用性方面的软件缺陷。

（2）大部分的软件缺陷应该是可重现的，而且是重现率高的。

（3）录入的软件缺陷能够清晰地描述、简明易懂，重现步骤精简，描述的软件缺陷不会造成误解。

（4）发现的软件缺陷与以前的不重复，而且能发现一些以前没有的软件缺陷类型和方面，能发现别人没有发现过的软件缺陷。

6.2.4　软件缺陷综合评价模型

某些测试人员认为录入的软件缺陷描述不清晰无关紧要，如果导致开发人员误解，开发人员就应该主动找测试人员询问。这种思维方式反映出一部分沟通中的问题。但是测试人员如果尽量清晰地描述软件缺陷，尽量让开发人员一看就明白是什么问题，甚至是什么原因引起的错误，这样就可以节省更多沟通上的时间。因此需要引起测试人员注意的是，软件缺陷的质量除了软件缺陷本身外，描述这个软件缺陷的形象载体也是其中一个衡量的标准。如果把测试人员发现的一个目前为止尚未出现的严重级别的软件缺陷称为一个好软件缺陷，那么如果录入的软件缺陷描述不清楚，令人误解，难以按照描述的样子重现，就会极大地损失这个好的"光辉形象"。

如何录入一个大家认为好的，尤其是开发人员认为是好的软件缺陷呢？撰写软件缺陷报告的一个基本原则就是客观地陈述所有相关事实。一个合格的软件缺陷报告应该包括完整的内容，至少包括图 6-9 所示的方面。

在加入定性的评估后，可以形成一个图 6-10 所示的软件缺陷综合评价模型，用来对测试人员发现软件缺陷的能力、发现软件缺陷的质量等进行综合的评价。同时，从软件缺陷综合评价模型中可以得到一些启示，在对测试人员发现的软件缺陷进行定量和定性评价的同时，还应该考虑测试过程对软件缺陷发现率的影响，应该考虑如何规范化测试过程，提高测试人员的素质，从而提高软件缺陷的发现率和软件缺陷的质量。

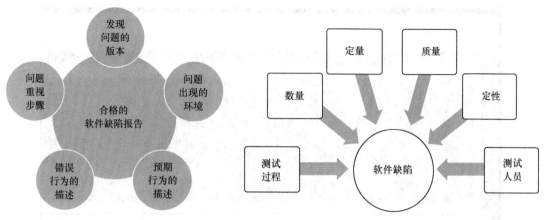

图6-9 合格的软件缺陷报告需要包括的方面　　　　图6-10 软件缺陷综合评价模型

6.2.5 测试覆盖率统计

统计测试的覆盖率是一种衡量测试工作的方法。因为只有测试充分覆盖了产品的各方面，才能发现尽可能多的软件缺陷，才能给项目经理足够的信息以告诉用户放心地使用这个产品。

测试覆盖率可分为代码行覆盖率、功能模块覆盖率、数据库覆盖率和需求覆盖率等。

（1）代码行覆盖率

代码行覆盖率是指测试执行遍历了代码的哪些区域，测试执行经过的代码行数与总的代码行数的比例。可以使用以下公式计算代码行覆盖率。

代码行覆盖率=(已执行测试的代码行/总的代码行)×100%

代码覆盖程度的度量方式是有很多种的，这里介绍一下最常用的几种，详细内容参见 4.2.2 小节。

① 语句覆盖。它度量程序中每条语句是否被测试到了。

② 判定覆盖，又称分支覆盖、所有边界覆盖、基本路径覆盖。它度量程序中每个判定的分支是否都被测试到了。

③ 条件覆盖。它度量判定中的每个子表达式结果 true 和 false 是否都被测试到了。

④ 路径覆盖，又称断言覆盖。它度量函数的每个分支是否都被执行了。测试期望所有可能的分支都执行一遍，有多个分支嵌套时需要对多个分支进行排列组合，可想而知，测试路径随着分支数量的增加而呈指数级别增加。

代码行覆盖率对于一些在安全性上要求比较高的软件系统来说是十分重要的。代码行覆盖率可借助一些工具来实现统计，如 AQTime、DevPartner、Clover.Net 等。图 6-11 所示的是用 C++test 得到代码行覆盖率的结果。

注意　代码行覆盖率只能代表测试过哪些代码，不能代表是否测试好这些代码。不能追求过高的代码行覆盖率，因为有些代码只有在非常罕见的情况下才能出现。因而，测试人员不能盲目追求代码行覆盖率，而应该想办法设计更多更好的测试用例，哪怕多设计出来的测试用例对代码行覆盖率一点影响也没有。

一个通过访问数据库，接收数据进行算术运算后结果存到文件中的程序可能引发各种异常情况的出现，对于每一种异常情况都需要分别处理，如以下示例代码。

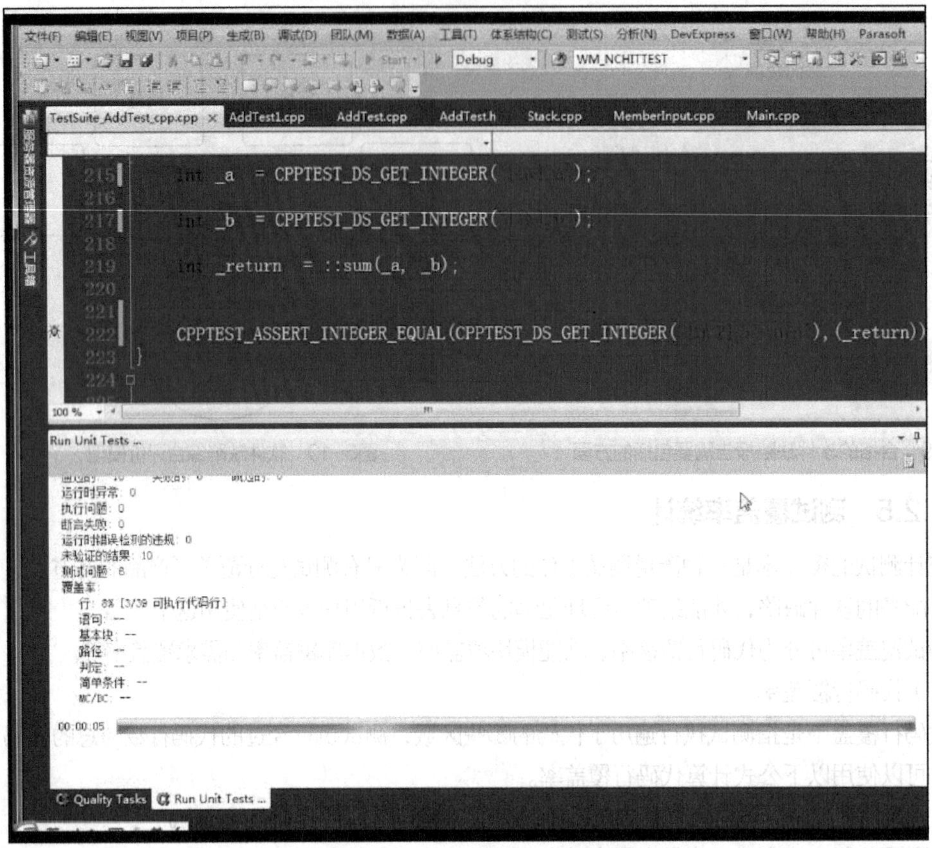

图6-11　使用C++test进行代码行覆盖率统计

```
Try
{
    … //
}
Catch (IOException IOex)
{
    … // I/O 错误的异常
//
}
Catch (DataException DataEx)
{
    // 数据访问异常
    … //
}
Catch (ArithmetionException ArEx)
{
    // 算术运算异常
    … //
}
Catch (DivideByZeroException DivExx)
{
    // 除以零时的异常
    … //
}
```

```
Catch (OutOfMemoryException MercyEx)
{
    //没有足够的内存继续执行程序时的异常
    … //
}
```

可以看出，有些异常情况是很难出现的，如"OutOfMemoryException"；有些异常则不会出现，如果程序代码写得正确，如"DivideByZeroException"，那么这些异常相对应的代码就很可能不会被测试执行到。

注意 　代码行覆盖率只能作为测试充分程度的参考，因为即使代码行覆盖率达到100%也很可能是测试不充分的。

例如，下面的示例代码：
```
If(a==1 || b==1)
{
MessageBox.show("OK!");
}
```

如果变量 a 和 b 是输入参数，那么只要 a 或者 b 有一个等于 1 就可以覆盖所有代码行。但是其他使用到 a 或 b 的地方则有可能受到不同取值的影响而产生不同的结果。如果仅仅满足于代码覆盖，那么测试显然是不够充分的。

（2）功能模块覆盖率

功能模块覆盖率是一种比较粗的衡量方式。它主要用在系统功能上，或者包括很多子系统、子模块的产品上，并且通常在回归测试时衡量测试的覆盖面。功能模块覆盖率的计算公式为：

$$功能模块覆盖率=已执行测试的功能模块数/总的功能模块数×100\%$$

注意 　在制订功能模块覆盖率的衡量标准时，需要注意系统的各个功能模块之间是否是有关联的。

例如，测试人员在测试库存模块时，可能需要在基础配置模块中先初始化一些库存信息，而这也就同时测试了基础配置模块的一部分功能；另外，有些模块在单元测试中已经详细地测试，且核心代码已经受控，则没有必要每次都进行详细的测试，因此不能每次都要求具有很高的功能模块覆盖率。

假设某个项目包括 m 个主要功能模块，在某次测试中，测试人员对其中的 n 个功能模块进行了测试，其他功能模块并未进行测试，则可统计出功能模块覆盖率为 n/m。此情况统计功能模块覆盖率是没有意义的。

（3）数据库覆盖率

除了功能模块覆盖率，还有一种覆盖率统计方法是介于代码行覆盖率和功能模块覆盖率之间的，叫作数据库覆盖率。数据库覆盖率指的是测试人员测试的功能模块对数据库表的访问面积的覆盖率。

这种覆盖率的计算方法只能应用在数据库软件系统的测试覆盖率统计上。统计的方法是在测试过程中跟踪程序访问数据库的操作产生的 SQL 语句，然后根据 SQL 语句覆盖到的表存储过程、视图、函数、触发器等数据库对象的面积来统计测试覆盖率。

数据库覆盖率=SQL 中出现的数据库的对象数/数据库总的对象数×100%

（4）需求覆盖率

需求覆盖率是基于需求项的覆盖度量，主要通过分析测试用例的执行情况来衡量对需求的满足程度。需求覆盖率的计算公式为：

需求覆盖率=被验证到的需求数量/总的需求数量×100%

需求覆盖率能够较好地体现测试的覆盖率和测试人员的工作效率，但是这种统计方式要求比较规范的测试过程，需求必须是相对完整覆盖用户要求的。测试人员基于需求设计出测试用例，纳入测试用例库，并且需要不断地维护测试用例库，使其能体现测试的需求。

6.3 软件测试常见的度量类型

基于测试执行的不同类型，得到下面软件测试度量的类型。

（1）手工测试度量。

（2）性能测试度量。

（3）自动化测试度量。

不同的软件测试度量如图 6-12 所示。

手工测试度量	性能测试度量	自动化测试度量	通用度量
●测试用例生产率 ●测试执行摘要 ●软件缺陷可接受率 ●软件缺陷不接受率 ●不良软件缺陷修复率 ●测试执行生产率 ●测试效率 ●软件缺陷严重度指数	●性能脚本生产率 ●个性执行摘要 ●性能执行数据—客户端 ●性能执行数据—服务器端 ●性能测试效率 ●性能严重程度指数	●自动化脚本生产率 ●自动化测试执行生产率 ●自动化覆盖率 ●成本对比	●工作量偏差 ●进度偏差 ●范围变化

图6-12 软件测试度量

6.3.1 手工测试度量

几种手工测试度量如下。

（1）测试用例生产率

该度量基于测试用例编写的生产率，这些测试用例有确定的结果。测试用例生产率（Test Case Productivity，TCP）的计算公式如下：

$$测试用例生产率=\frac{总原始测试步骤}{工作时间（小时）}（单位：步骤/小时）$$

测试例子如表 6-7 所示。

表6-7 测试例子

测试用例名称	测试步骤
XYZ_1	30
XYZ_2	32
XYZ_3	40
XYZ_4	36
XYZ_5	45
总步骤	183

结论为 8 小时编写 183 个测试步骤，则 TCP=183/8≈22.8，因此可以知道测试用例生产率为 23 步骤/小时。人们可以与以前版本的测试用例生产率进行比较，并从中得出最有效的结论。

（2）测试执行摘要

测试执行摘要（Test Execution Summary）给出测试用例执行结果分类方面的状态及原因，针对各类测试用例，给出了发布版本的静态视图，并收集执行结果及测试用例数量的数据。图 6-13 中测试用例执行结果分类状态为通过、失败、未能测试，还可分析失败以及未能测试的原因，例如，时间不足、推迟缺陷、安装问题、超出范围等。

摘要趋势：人们也可以为各种不能进行的测试以及失败的测试用例的原因进行分类以展示同样的趋势。

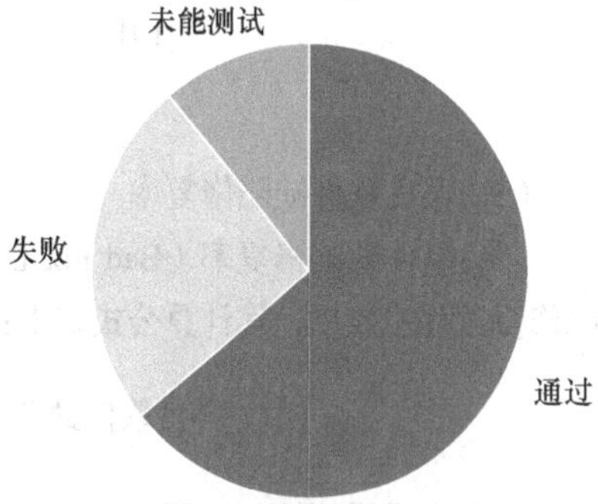

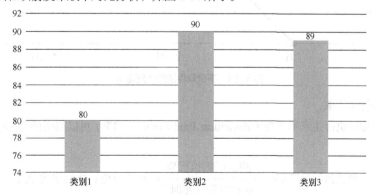

图6-13 测试执行摘要

（3）软件缺陷可接受率

软件缺陷可接受率（Defect Acceptance，CA）决定测试组在执行期间定义的有效软件缺陷的数量，其计算公式如下：

$$软件缺陷可接受率 = \frac{有效软件缺陷数}{总软件缺陷数} \times 100\%$$

度量值可以和以前发布版本对比分析，如图 6-14 所示。

图6-14 软件缺陷可接受趋势

（4）软件缺陷不接受率

软件缺陷不接受率（Defect Rejection，DR）决定在测试期间不接受的软件缺陷数量，其计算公式如下：

$$软件缺陷不接受率= \frac{软件缺陷不接受数}{总软件缺陷数} \times 100\%$$

它提供了测试组已经打开的无效软件缺陷的百分比，如图 6-15 所示。

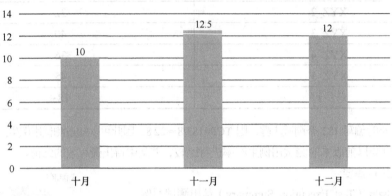

图6-15　软件缺陷不接受趋势

（5）不良软件缺陷修复率

不良软件缺陷修复率（Bad Fix Defect）是指由解决缺陷导致的新软件缺陷。这项度量决定软件缺陷修复过程的效果，其计算公式如下：

$$不良软件缺陷修复率= \frac{不良软件缺陷修复数}{总有效软件缺陷数} \times 100\%$$

它指出了需要控制的不良软件缺陷修复的百分比，如图 6-16 所示。

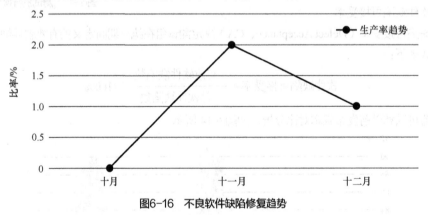

图6-16　不良软件缺陷修复趋势

（6）测试执行生产率

进一步分析测试执行生产率（Test Excuation Productivity，TEP）可以得出确切的结果，TEP 的计算公式如下：

$$测试执行生产率= \frac{测试用例执行数}{执行时间（小时）} \times 8（单位：执行次数/天）$$

其中，测试执行数（Number of Test Case Excuted，TE）的计算方法如下：

TE=BTC+T(0.33)×0.33+T(0.66)×0.66+T(1)×1，其中，BTC 是指基本测试用例（Base Test Case），即至少执行了一次的测试用例的数量。

T (1) =重新测试需执行总 TC 步骤的 71%至 100%的 TC 数量

T (0.66) =重新测试需执行总 TC 步骤的 41%至 70%的 TC 数量

T (0.33) =重新测试需执行总 TC 步骤的 1%至 40%的 TC 数量

这个例子的基本测试用例情况如表 6-8 所示。

表 6-8　基本测试用例情况

用户名称	基础执行效果（hr）	重复运行情况 1	重复执行效率 1（hr）	重复运行情况 2	重复执行效率 2（hr）	重复运行情况 3	重复执行效率 3（hr）
XYZ_1	2	T（0.66）	1	T（0.66）	0.45	T（1）	2
XYZ_2	1.3	T（0.33）	0.03	T（1）	2		
XYZ_3	2.3	T（1）	1.2				
XYZ_4	2	T（1）	2				
XYZ_5	2.15						

这个例子中基本测试用例统计如表 6-9 所示。

表 6-9　基本测试用例统计

基础测试用例	5
T（1）	4
T（0.66）	2
T（0.33）	1
测试用例执行时间 TE	19.7

因此，可以得出 TE = 5 +(1×4 + 2×0.66 + 1×0.33) = 5 + 5.65 = 10.65，测试执行生产率= 10.65/19.7×8≈4.3（执行次数/天）。人们可以和以前发布版对比测试执行生产率，从而得出有效结论，如图 6-17 所示。

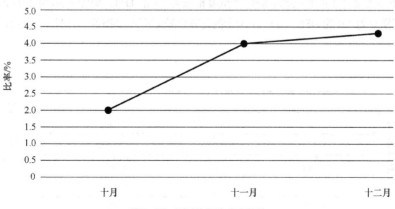

图6-17　测试执行生产率趋势

（7）测试效率

测试效率（Test Efficiency，TE）决定测试组在提交软件缺陷时的效率，其计算公式如下：

测试效率=DT/(DT+DU)×100%

其中，DT 为在测试期间定义的有效软件缺陷数，DU 为应用发布后由用户定义的有效软件缺陷数。换句话说就是，事后测试软件缺陷，如图 6-18 所示。

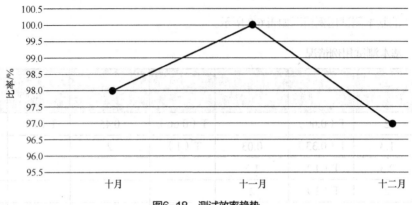

图6-18　测试效率趋势

（8）软件缺陷严重度指数

软件缺陷严重度指数（Defect Severity Index，DSI）决定测试时和发布时的产品质量。基于这项度量，人们可以决定是否发布产品，即这项度量代表了产品质量，其计算公式如下：

$$软件缺陷严重度指数=\frac{\sum(缺陷严重度指数×该缺陷严重度指数下的有效软件缺陷数量)}{有效软件缺陷总数}$$

可以将软件缺陷严重程度分为以下两个部分。

① 所有状态软件缺陷的严重度指数：这项值提供了在测试中的产品质量。

② 打开状态软件缺陷的严重度指数：这项值给出发布时的产品质量。此时计算软件缺陷严重程度，必须考虑仅仅是打开状态的软件缺陷。

$$DSI（打开状态）=\frac{\sum(缺陷严重度指数×该缺陷严重度指数下打开状态的有效软件缺陷数量)}{有效打开状态的软件缺陷总数}$$

图 6-19 所示的是对于所有状态的缺陷严重度指数为 2.8 的 DSI，而图 6-20 所示的是对于打开状态的缺陷严重度指数为 3.0 的 DSI，图 6-21 所示的是软件缺陷严重度指数，并且从图 6-21 中可以很清晰地看到。

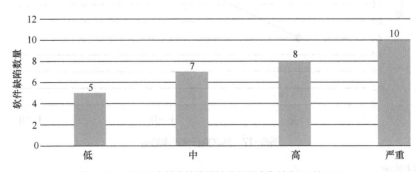

图6-19　对于所有状态的软件缺陷严重度指数为2.8的DSI

① 测试中的产品质量,即所有状态软件缺陷的软件缺陷严重度指数=2.8(高严重程度)。

② 发布时的产品质量,即打开状态软件缺陷的软件缺陷严重度指数=3.0(高严重程度)。

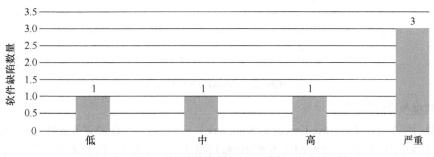

图6-20 对于打开状态的软件缺陷严重度指数为3.0的DSI

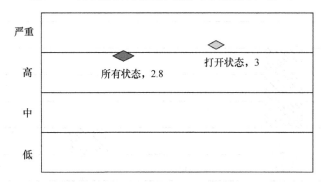

图6-21 软件缺陷严重度指数

6.3.2 性能测试度量

几种性能测试度量如下。

(1)性能脚本生产率

性能脚本生产率(Performance Scripting Productivity,PSP)为性能测试脚本提供脚本生产率以及一段时间内的趋势,其计算公式如下:

$$性能脚本生产率=\frac{\sum 性能操作}{用时(小时)}$$

性能脚本示例执行的操作是:①点击数量,即点击刷新的数据;②输入参数的数量;③关联参数数量。性能脚本的执行性能和相关统计如表 6-10 所示。

表6-10 性能脚本的执行性能和相关统计

执行性能	计数
点击数量	10
输入参数数量	5
关联参数数量	5
总执行性能	20

脚本编写用时=10 小时,性能脚本生产率= 20/10=2(操作/小时),如图 6-22 所示。

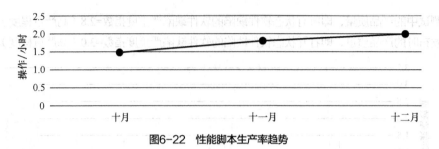

图6-22　性能脚本生产率趋势

（2）性能执行摘要

性能执行摘要（Performance Execution Summary）列出了针对性能测试的各种类型，由状态（通过/失败）控制的测试数量。性能测试类型包括峰值测试、压力测试、耐力测试、故障切换测试等，如图 6-23 所示。

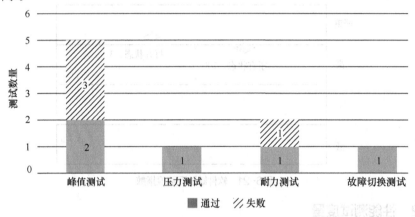

图6-23　性能执行摘要

（3）性能执行数据—客户端

性能执行数据—客户端给出执行性能测试时客户端数据的详细信息。这项度量的数据包括运行用户数、响应时间、每秒点击率、吞吐量、每秒总事务数、第 1 个字节传输时间、每秒错误数。

（4）性能执行数据—服务器端

性能执行数据—服务器端给出执行性能测试时服务器端数据的详细信息。这项度量的数据包括CPU 占用率、内存占用率、堆内存占用率、每秒数据库连接数。

（5）性能测试效率

性能测试效率（Performance Test Efficiency，PTE）决定了性能测试团队满足需求的质量，如果需要，可以将其用作后续改进的输入，其计算公式如下：

$$性能测试效率 = \frac{PT\ 期间满足的需求}{PT\ 期间满足的需求 + PT\ 退出后未满足的需求} \times 100\%$$

其中，PT 为性能测试期间。该指标需要在性能测试期间及测试结束后收集数据点。

一些性能测试的需求如下：平均响应时间、每秒事务数、可以处理预定义的最大用户负载、服务器稳定性。

例如，考虑在性能测试期间需满足上述需求。

已知：性能测试期间的需求数=4；在产品中，平均响应时间比期望值更好，在性能测试结束后没有满足需求=1；可知，PTE = 4 / (4+1)×100% = 80%，即性能测试效率是 80%。

（6）性能严重程度指数

性能严重程度指数（Performance Severity Index，PSI）决定基于性能标准的产品质量，性能标准可以决定下阶段是否发布产品，即它代表性能方面测试的产品质量。其计算公式如下：

$$性能严重程度指数 = \frac{\sum(严重指数×该严重级别未满足的需求数)}{未满足需求总数}$$

如果性能不满足要求，则可以分配要求的严重性，以便根据性能来决定产品的发布。

例如，考虑到平均响应时间没有满足的重要需求，测试人员可以按照标准打开软件缺陷严重程度。性能严重程度指数=(4×1)/1=4（严重），如图 6-24 所示。

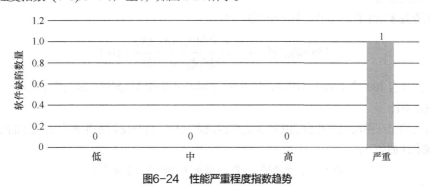

图6-24　性能严重程度指数趋势

6.3.3　自动化测试度量

几种自动化测试度量如下。

（1）自动化脚本生产率

自动化脚本生产率（Automation Scripting Productivity，ASP）为基于已有的分析得出最有效结论的自动化测试脚本生产率，其计算公式如下：

$$自动化脚本生产率 = \frac{\sum 执行操作}{用时（小时）}（单位：操作/小时）$$

自动化脚本示例执行的操作如下。

① 点击数量，即点击刷新的数据。

② 输入参数的数量。

③ 增加的检查点个数。

自动化脚本的操作和相关统计如表 6-11 所示。

表 6-11　自动化脚本的操作和相关统计

操作	计数
点击数量	10
输入参数数量	5
增加的检查点个数	10
总的操作性能	25

可见，脚本编写用时=10 小时，ASP=25/10=2.5，即自动化测试脚本生产率= 2.5（操作/小时）。

（2）自动化测试执行生产率

自动化测试执行生产率（Auto Execution Productivity，AEP）给出自动化测试用例执行生产率。

$$自动化测试执行生产率=\frac{自动化测试用例执行总数（ATE）}{执行工作量（小时）}×8$$

其中，ATE 的计算方法如下：

$$ATE=BTC+T(0.33)×0.33+T(0.66)×0.66+T(1)×1$$

自动化测试执行生产率评估过程和手工测试执行生产率评估过程相似。

（3）自动化覆盖率

自动化覆盖率指出自动化手工测试用例的百分比。

$$自动化覆盖度=\frac{自动化测试用例总数}{手动测试用例总数}×100\%$$

例如，如果有 100 个手动测试用例，其中 60 个用例可以自动化测试，那么自动化覆盖率为 60%。

（4）成本对比

成本对比给出在手动测试和自动化测试之间的成本比较。这项度量被用来得出确定的投资回报，手动测试成本评估如下：

$$成本（手动测试）=执行结果（小时）×支付比率$$

自动化测试成本评估如下：

$$成本（自动化测试）=购买工具成本（一次性投资）+维护成本+脚本开发成本+执行结果×支付率$$

如果脚本是重用的，脚本开发成本改成脚本更新成本。

6.3.4 通用度量

几种通用度量如下。

（1）工作量偏差

工作量偏差（Effort Variance，EV）用来指出估计结果的差异，其计算公式如下：

$$工作量偏差=\frac{实际工作量-预估工作量}{预估工作量}×100\%$$

工作量偏差趋势如图 6-25 所示。

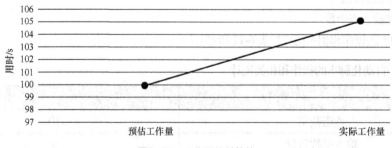

图6-25 工作量偏差趋势

（2）进度偏差

进度偏差（Schedule Variance，SV）用来指出估计进度的差异，即日期数，其计算公式如下：

$$进度偏差 = \frac{实际时间-预估时间}{预估时间} \times 100\%$$

进度偏差趋势如图 6-26 所示。

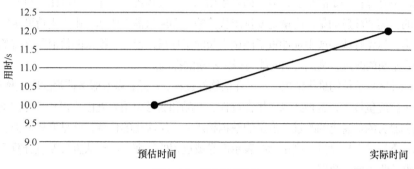

图6-26 进度偏差趋势

（3）范围变化

范围变化（Scope Change，SC）用来指出如何固定测试范围，其计算公式如下：

$$范围变化 = \frac{总范围-以前范围}{以前范围} \times 100\%$$

当范围扩大，总范围=以前的范围+新范围。

当范围缩小，总范围=以前的范围-新范围。

一个发布版本的范围变化趋势如图 6-27 所示。

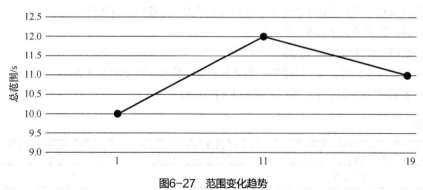

图6-27 范围变化趋势

6.4 小结

软件测试度量是评估的重要组成部分，也是任何业务改进的基础。它是应用于过程、产品和服务的基于技术的度量，为工程和管理提供信息。它指出客户满意程度，易于数字化管理，深入获取数据，在过程将要超出控制时，随时根据需要扮演监视器角色。

对测试人员的能力和素质的要求是多方面的，包括但不限于以下所列的方面：沟通和外交能力、技术能力、自信与幽默感、记忆力、怀疑精神、洞察力。

度量是走向专业化、职业化的成熟表现。无论是国际标准化组织（International Organization for

Standardization，ISO）还是软件能力成熟度模型（Capability Maturity Model for Software，CMM），都定义了度量方面的指引。例如，CMM 的三级主要解决的问题就是过程的度量、过程分析的量化，从而获得更高的生产率和质量。

考核测试虽然存在一定的难度，但是如果数据充分、过程规范，还是可以比较科学、客观、公正地进行度量的。需要注意的是，度量是要付出代价的，即度量需求成本。由于支持度量的是基础数据的记录和收集，这无疑或多或少地加重了测试人员的工作量，但是它换来的价值是客观的，它促使测试的过程得到不断的改进，测试人员的能力得到不断的提高。

度量是标准度量单位的量化结果。对于评估软件过程、产品，以及服务使用的度量称作软件度量。软件度量是一种度量技术，这种技术应用在过程、产品和服务中用来支撑工程和管理信息，以及支持过程、产品和服务的信息上的改进。度量的数据构成一个层次化的体系，就是度量框架。框架的上层是度量指标，下层是直接度量。度量指标表示产品或过程的特征，需要从直接度量计算而来。而直接度量是可以直接收集到的数据。

由此可知，应该尽量让度量自动化进行，适当使用工具记录和收集数据。在面对流程改进的附加工作要求时，不要消极应对，而应积极主动地想办法解决，建立更多的自动化过程帮助数据收集、记录、分析统计的工作。

6.5 习题

1. 什么是软件测试的度量？
2. 软件测试度量是出于什么原因才进行的？是不可或缺的吗？
3. 软件测试对工作人员有什么要求？对测试人员的工作如何进行评价？
4. 软件测试的度量有什么现实的应用？
5. 软件缺陷综合评价模型包括哪 6 个方面？
6. 代码行覆盖率如何计算？功能覆盖率如何计算？数据库覆盖率如何计算？
7. 在表 6-12 所示的例子中，尝试计算脚本编写用时是多少？

表 6-12

操作	计数
点击数量	10
输入参数的数量	5
增加的检查点个数	10
总的操作性能	25

8. 软件测试度量涉及哪几个关键问题？
9. 简述软件测试度量的复杂性和经济性。
10. 软件测试度量应遵循哪些重要的原则或方针？

第 2 部分　实际应用

本章将就系统测试进行介绍,目的是让读者对系统测试所涉及的概念和方法有所了解。学完本章后,读者可以就系统测试及相关内容提出一些有意义的问题。

7.1 软件自动化测试

7.1.1 自动化测试的概念

自动化测试是软件测试的一个重要组成部分,它能够完成许多手工测试无法完成的或难以实现的测试工作。

首先要理清自动化测试的概念,广义上来讲,一切通过工具(程序)的方式代替或辅助手动测试的行为都可以看作自动化,包括性能测试工具(如 Loadrunner、Jmeter),或者自己所写的一段程序,用于生成 1~100 个测试数据。狭义上讲,自动化测试是指通过工具记录或编写脚本的方式模拟手动测试的过程,通过回放或运行脚本执行测试用例,从而代替人工对系统功能进行验证。

软件自动化测试

分层的自动化测试这个概念最近曝光度比较高。传统的自动化测试更关注产品 UI 层的自动化测试,而分层的自动化测试倡导产品的不同阶段(层次)都需要自动化测试,如图 7-1 所示的金字塔,其中 UI 代表页面级的系统测试,Service 代表服务集成测试,Unit 代表单元测试。这个金字塔也表示不同层次需要投入的精力和工作量。

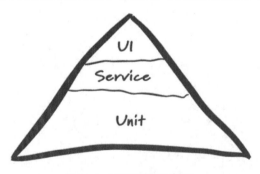

图7-1 自动化测试金字塔

软件测试自动化涉及测试流程、测试体系、自动化编译,以及自动化测试等方面。要让测试能够自动化,不仅是技术和工具的问题,更是一个公司文化的问题。首先公司要从技术和管理上给予支持，其次要有专门的测试团队建立适合自动化测试的测试流程和测试体系。

自动化测试的流程一般包括可行性分析、测试工具选择、设计测试框架、设计测试用例、开发测试脚本、使用测试脚本和维护测试资产7个流程，自动化测试的流程如图7-2所示。

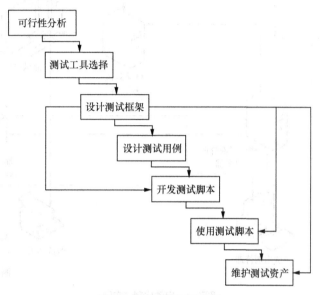

图7-2　自动化测试流程图

自动化测试体系一般包括硬件和基础设施、运行环境、开发环境、代码管理、测试用例管理和分析报告6个部分，自动化测试体系如图 7-3 所示。

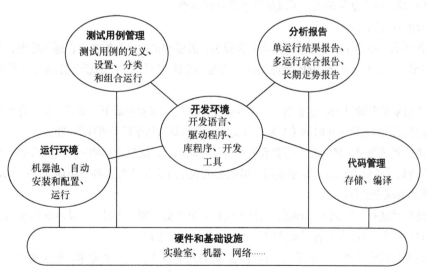

图7-3　自动化测试体系

自动化测试实例如图 7-4 所示。

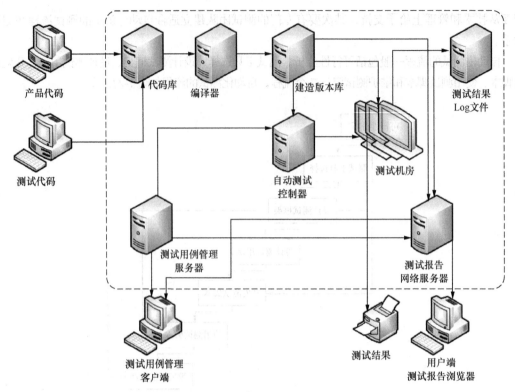

图7-4 自动化测试实例

7.1.2 自动化测试的优缺点

通俗地说，自动化测试就是把测试用例脚本化，然后执行脚本，产生一份自动化测试的测试报告。要理解为什么要进行自动化测试，可以从以下几方面考虑。

（1）手动测试的局限性

① 随着产品的日趋完善、功能日渐增多和复杂，需要测试和检查的内容也越来越多，手动测试设计得再好的测试用例也不可能100%地覆盖软件功能，还要通过其他方式发现软件缺陷，否则很容易造成遗漏。

② 人工重复回归测试的难度非常大，这样会使测试的效率变得低下。试想，如果有大量（几千甚至几万）的测试用例需要在短时间（1天）内完成，手动测试几乎是不可能做到的。

③ 当进行系统可靠性测试时，需要模拟系统长时间运行，这是手动测试无法模拟的。而一些软件在进行系统负载或性能测试时，需要模拟大量数据或大量并发用户等各种应用场景，这些场景的测试很难通过手动测试来进行。

④ 手动测试还存在精确性的问题，尤其在面对大量数据需要检查时，手动测试的搜索和比较很容易出错，有些在别人看起来很容易暴露的问题测试者却很难发现。

⑤ 手动测试代价比较高，人员投入也较大，而且对测试人员的经验要求可能会更高。

（2）自动化测试的好处

① 自动化测试对程序回归测试更方便，尤其是程序修改比较频繁的情况下。由于用于测试的脚本和测试用例是设计好的，测试期望的结果也可以预料，自动化测试可以显著地降低重复手动测试的时

间，极大地提高测试效率。

② 自动化测试可以建立可靠、重复的测试，减少人为失误，更好地利用资源。测试自动化让更多更烦琐的事情自动化执行，减少人为测试的失误，同时也解放了测试人员，使有限的人力资源得到更有效的利用。

③ 自动化测试可以增强测试质量和覆盖率。由于测试的自动执行，所以不存在测试过程中的疏忽和错误，测试质量完全取决于测试的设计。

④ 自动化测试可以执行手动测试不可能完成的任务。如软件的系统可靠性测试、性能测试和负载测试等。

（3）自动化测试的局限性

自动化测试带来明显收益的同时也有其自身的局限性。

① 不能取代手动测试。自动化测试没有思维，设计的好坏决定了测试质量。

② 不能用于测试周期很短的项目，不能保证100%的测试覆盖率，不能测试不稳定的软件和软件易用性等。

相比于手动测试，自动化测试有着明显的优势，但是手动测试也有其不可替代性，表现为以下几点。

① 测试用例的设计、测试人员的经验和对错误的判断能力是工具不可替代的。

② 界面和用户体验测试、审美观和心理学体验是不可代替的。

③ 正确性检查、对是非的判断、逻辑推理能力是工具不具备的。

7.1.3　自动化测试工具

根据应用领域的不同，一般将自动化测试工具分为 3 类：白盒测试工具、黑盒测试工具、测试管理工具，下面依次进行介绍。

1. 白盒测试工具

白盒测试工具应用在具有高可靠性的软件领域，如军工软件、航空航天软件、工业控制软件等。白盒测试工具一般是针对被测源程序进行的测试，测试所发现的故障可以定位到代码级。测试的主要内容包括词法分析和语法分析、静态错误分析、动态错误分析。对于不同的开发语言，测试工具实现的方式和内容差别是比较大的。目前自动化测试工具主要支持的开发语言包括标准 C、C++、Java、Visual J++等。

根据自动化测试工具工作原理的不同，白盒测试工具可分为以下两种。

（1）静态测试工具

静态测试工具直接对代码进行分析，不需要运行代码，也不需要对代码编译、链接，生成可执行文件。静态测试工具一般是对代码进行语法扫描，找出不符合编码规范的地方，根据某种质量模型评测代码的质量，生成系统的调用关系图。静态测试工具的代表有法国 Telelogic 公司的 Logiscope 软件、英国编程研究（Programming Research Ltd，PRL）公司的 PRQA 软件。

（2）动态测试工具

动态测试工具一般采用"插桩"的方式，向代码生成的可执行文件中插入一些监测代码，用来统计程序运行时的数据。动态测试工具要求被测系统实际运行。动态测试工具的代表有美国康博软件（Compuware）公司的 DevPartner 软件、Rational 公司的 Purify 系列工具。

2. 黑盒测试工具

黑盒测试工具与白盒测试工具不同，其针对的主要是软件的功能或性能，主要用于系统测试和验收测试，检测产品是否达到用户的要求，检测每个功能是否按照需求规格说明书的规定正常工作。按照完成的职能不同，黑盒测试工具可以分为以下两种。

（1）功能测试工具

功能测试工具用于测试软件的功能，检测产品是否达到用户的要求，检测每个功能是否都按照需求规格说明书的规定正常工作。功能测试工具有 Rational 公司的 TeamTest、Robot；Compuware 公司的 QACenter 等。

（2）性能测试工具

性能测试工具用于测试软件的性能。例如，某些工具支持虚拟用户技术，其通过模拟真实用户行为对被测程序（Application Under Test，AUT）施加负载，测试 AUT 的性能指标，如事务的响应时间、服务器吞吐量等。性能测试工具有 Radview 公司的 WebLoad、Microsoft 公司的 WebStress 等，此外还有针对数据库测试的 TestBytes、针对应用性能进行优化的 EcoScope 等工具。

3. 测试管理工具

测试管理工具用于对测试过程进行管理，帮助完成制订测试计划，跟踪测试运行结果。通常，测试管理工具对测试计划、测试用例、测试实施进行管理，还包括软件缺陷跟踪管理，一般贯穿于整个软件测试生命周期。测试管理工具有 Rational 公司的 TestManager、ClearQuest 等，Compuware 公司的 QACenter 和 TrackRecord 等。

测试管理工具包括测试用例管理、软件缺陷跟踪管理、配置管理等，下面做详细介绍。

（1）测试用例管理

测试用例管理具有以下功能。

① 测试管理工具可以提供用户界面用于管理测试。

② 测试管理工具可以对测试进行管理，方便使用和维护。

③ 测试管理工具可以启动并管理测试执行，运行用户选择的测试。

④ 测试管理工具可以提供与捕获/回放及覆盖分析工具的集成。

⑤ 测试管理工具可以提供自动化的测试报告和相关文档的编制。

（2）软件缺陷跟踪管理

软件缺陷跟踪管理又称为问题跟踪工具、故障管理工具等，它用于在整个软件生命周期中对软件缺陷进行跟踪管理和强化管理记录、跟踪并提供全面的帮助。软件缺陷跟踪管理具有如下一些特征。

① 软件缺陷跟踪管理可以迅速地提交和更新故障报告。

② 软件缺陷跟踪管理可以有选择地自动通知用户对故障进行修改。

③ 软件缺陷跟踪管理可以对数据的安全访问。

（3）配置管理

配置管理是为了标识变更、控制变更、确保变更正确实现并向其他有关人员报告变更。从某种角度讲，配置管理是一种标识、组织和控制修改的技术，目的是将错误降为最小并最有效地提高生产效率。

自动化测试工具有以下特点。

① 自动化测试工具支持脚本化语言（Scripting Language）：包括变量、数据类型、数组、集合、列表、结构、条件逻辑（if 和 case）、循环（for 和 while）、函数的创建和调用、脚本语言的功能等。

② 自动化测试工具对程序界面中对象的识别能力：自动化测试工具必须能够将程序界面中的对象（如按钮、文本框、表单等）区分并识别，这样测试脚本才能具有良好的可读性、修改的灵活性和维护的方便性。如果只是简单地通过像素位置坐标区分对象，就会存在较多问题，例如，界面稍微改变、

屏幕的分辨率或测试环境的改变，都会导致原有的测试脚本无法使用。

③ 自动化测试工具支持函数的可重用性：测试脚本比较容易实现对函数的调用。

④ 自动化测试工具支持外部函数库：通过对外部函数的支持，如对 Windows 中 DLL 文件的访问、对数据库编程接口的调用、采用外部函数进行数据库操作正确性检查等，获得强大的功能。

⑤ 自动化测试工具支持抽象层：抽象层用于将程序界面中存在对象实体映射成逻辑对象，测试针对逻辑对象进行，不需要依赖界面的对象实体，减少测试脚本建立和维护的工作量。

⑥ 自动化测试工具支持分布式测试：分布式测试可以实现定制任务实现的时间表，安排多人同时进行测试。

⑦ 自动化测试工具支持数据驱动测试（Data-Driven Test）：测试脚本通过从事先准备好的数据文件中读取或者写入数据，保证测试流程的正常执行。

⑧ 自动化测试工具支持错误处理：在出现错误时，能够跳过错误或者对系统进行复位，执行后面的任务，从而不至于因为出现一个问题而耽误了所有用例的执行。利用它可以避免测试程序因一些异常错误而异常终止。

⑨ 自动化测试工具支持源代码管理。

⑩ 自动化测试工具支持脚本的命令行（Command Line）方式执行。

7.2　兼容性测试

7.2.1　兼容性测试的概念

软件通常需要在各种不同的软硬件环境中运行，因此任何一个软件或多或少地受运行的环境影响。环境的差异可能导致软件在不同的环境下运行得到不同的结果，这就是软件兼容性问题。实际工作中，经常遇到此类问题：客户反映系统存在某些问题，而测试人员在本地测试环境下参照客户给出的步骤和数据反复测试却无法复现。就此类情况而言，往往需要考虑：软件是否存在兼容性问题？从此角度出发，或许能够找到答案。

兼容性测试

什么是兼容性测试呢？兼容性测试是验证软件与所依赖环境的依赖程度，如对硬件平台的依赖程度和对软件平台的依赖程度，即通常所说的软件的可移植性。软件兼容性测试就是要检查软件能否在不同的组合环境下正常运行，或者软件之间能否正常交互和信息共享。简单来说，兼容性测试就是待测项目在同一操作系统/平台的不同版本、不同操作系统/平台上是否能够很好地运行；待测项目是否能与相关的其他软件和平共处，相互会不会有不良的影响；待测项目是否能在指定的硬件环境中正常运行，软件和硬件之间能否发挥很好的工作效率，会不会影响或导致系统的崩溃；待测项目能否在不同的网络环境中正常运行。

对于一些个人或小团体开发，仅作学习研究之用的小型软件来讲，兼容性测试可能无关紧要，但对于一款成熟的软件产品而言，随着用户基数的不断增大，产品运行环境也是多种多样。基于此现状，良好的兼容性可以有效地提升用户的满意度，为产品的推广打下坚实的基础。显然，兼容性测试极其重要，不容忽视。

7.2.2　兼容性测试的内容

兼容性测试的核心内容包括以下 4 个方面。

（1）测试软件是否能在不同的操作系统平台上兼容，或测试软件是否能在同一操作系统平台的不同版本上兼容。

（2）测试软件本身能否向前兼容（Forward Compatible）或者向后兼容（Backward Compatible）。

（3）测试软件能否与其他相关的软件兼容。

（4）测试数据兼容性主要是指数据能否共享等。

兼容性测试用于检验被测软件与其他软件之间能否正确交互和实现信息共享。软件的交互不限于同一台计算机上运行的软件之间，也包括通过网络与远在异地的不同计算机上运行的软件进行交互。兼容性测试无法做到完全的质量保证，但对于一个项目来讲，兼容性测试是必不可少的一个步骤。

针对软件自身而言，存在向前兼容和向后兼容的问题。向前兼容是指被测软件与未来版本保持兼容，向后兼容是指软件与其以前版本兼容。向后兼容是对被测软件的基本要求，否则用户以前所做的工作在新版本中打不开，这将给用户带来巨大损失。向前兼容是一个较高的要求，软件应该预留很多接口，即使很多非常流行的软件也很难做到。无论向前兼容还是向后兼容都是限定在一定范围内的兼容，不需要考虑对所有版本的兼容。

兼容性测试的另一个问题是检测被测软件与其他应用程序的兼容性问题。在当前的操作平台上，使用的应用程序种类繁多，被测软件能否与它们兼容？当然没有必要检测被测试软件与所有这些软件的兼容性，只需选择与被测软件关系最密切、最重要的应用程序，并选择不同版本组成测试用例来展开测试。例如，测试一套网络软件系统，需要对当前市场上流行的多种网页浏览器及其不同版本是否兼容进行测试。

数据共享是兼容性测试的一个重要内容，在应用程序之间共享数据是对用户友好的表现，所开发的软件应符合公开的标准和规范，应允许软件与其他相关应用程序之间方便地交互数据。针对数据共享的兼容性测试主要考虑以下方面的问题：文件是否能够正常保存或读取，包括从硬盘、U盘、光盘等各种存储介质读取和存入；文件是否能够正常导入和导山；是否能够支持剪切、复制和粘贴操作；是否能够支持软件不同版本的数据转换，用户可以在新版本中使用原来的文件，反之亦可，例如，在Office 2013中可以使用Office 2016的文件。

兼容性测试可以分为硬件兼容性测试、软件兼容性测试和数据兼容性测试3大类。

1. 硬件兼容性测试

硬件兼容性测试的目的是确定软件运行的最低硬件配置和环境。一般来讲，操作系统和驱动软件要特别重视硬件兼容性测试；而应用软件对硬件的依赖取决于操作系统对硬件的依赖。硬件兼容性测试一般考虑两个方面的内容：一是不同的硬件配置可能影响软件的性能；二是软件若使用了某些硬件的特定功能，就要对此功能进行兼容性测试。硬件兼容性测试的具体内容如下。

（1）与整机的兼容性测试

考虑到软件的运行情况，需要对常见的硬件配置进行测试，从而确定软件能够在多种硬件配置环境下运行。如果软件对硬件的配置要求比较高，还要测试它的敏感度。

（2）与板卡和外部设备的兼容性测试

如果软件需要直接访问某类板卡和外部设备，通常需要对这些板卡和外部设备的接口调用进行测试，以确保对这些接口的访问适用于所有型号的板卡和外部设备。

2. 软件兼容性测试

软件兼容性测试主要考虑以下问题。

（1）与操作系统/平台的兼容性

目前市场上主流操作系统有很多，如 Windows XP/Vista/7/8/Server/10、macOS、Linux、UNIX、

Android、Windows Mobile、iOS 等。一种软件在研发之初，首先应该考虑该软件的运行环境为何种操作系统，当然，这是由软件的开发语言所决定的。由于各个操作系统的底层架构不同，且开发语言的适应性也有所差异，因此，有可能导致同一款软件在操作系统 A 下能正常运行，在操作系统 B 下却出现无法运行等不兼容问题。

因此，针对软件进行操作系统兼容性测试时，首先明确被测软件的目标操作系统、平台为哪个或哪些，此内容往往都应在软件需求规格说明书中明确描述。随后才能有针对性地结合测试范围中的目标操作系统开发测试，而对于尚未明确声明目标操作系统的软件，则应在目前主流的操作系统下对其进行测试。

（2）与数据库的兼容性

数据库的标准主要包括 SQL、JDBC、ODBC、ADO、OLEDB 等，这些标准也在不断地完善、升级并推出多个版本。目前常用的数据库产品大多数都是支持 SQL 标准的数据库，但不同的数据库对 SQL 标准的支持程度不同，这就导致基于某一数据库开发的应用在其他数据库上未必能够良好运行。如果软件需要支持不同的数据库，通常需要针对不同的数据库产品进行兼容性测试，例如，被测软件支持 ODBC 和 JDBC，并通过 ODBC 和 JDBC 与实际的数据库连接，此时对该软件进行兼容性测试应该包括对 ODBC 和 JDBC 的测试，以及对实际数据库的测试。如果同一数据库产品包含多个版本，也需要针对不同的版本进行兼容性测试。另外，在进行数据库迁移或者升级的时候（如数据库系统从 SQL Server 迁移到 Oracle，或者从 Oracle 8i 升级到 Oracle 9i），都应当进行数据库兼容性测试。

数据库兼容性测试包括以下 3 个要点。

① 数据完整性：数据完整性是指检查原数据库中的所有表能否全部移入新的数据库，比较所有表中的数据是否正确。

② 数据处理正确性：数据处理正确性是指检查原数据库中的所有存储过程和触发器是否能够在新数据库中正确执行并加载。

③ 响应性能影响：响应性能影响是指检查新数据库中数据查询速度，判断对性能是否有很大影响。

（3）与浏览器的兼容性

若进行浏览器兼容性测试，首先要了解市面上主流的浏览器类型。以 PC 平台为例，Internet Explorer（IE）作为 Windows 操作系统自带的浏览器，始终占据着主流之位。就目前来讲，IE 6 和 IE 7 基本已被淘汰；对于 IE 8、IE 9 和 IE 10，微软也已经不再提供技术支持；伴随着 Windows 10 的 IE 11 和 Microsoft Edge 也占有一定的市场份额。Firefox 浏览器由于其开源免费、拥有多种功能强大的插件，也拥有相当多的使用者；2008 年推出的 Chrome 浏览器以稳定安全著称，同时具有多平台版本，广受信息从业者的好评；与此同时，国内的 360、搜狗、金山、腾讯等软件公司推出的浏览器也占有了一定的市场份额。

目前市场上的主流浏览器种类繁多，不同的浏览器以及浏览器的不同版本经常会出现兼容性问题。在进行兼容性测试时，若需求规格说明书中未明确提及所推荐浏览器的范围，则测试人员应根据实际情况，选择市面上主流的各类浏览器来展开浏览器兼容性测试。

在浏览器兼容性测试过程中，可选用第三方工具来协助进行测试，如 MultiIE、MultiBrowser、IETester、SuperPreview 等。上述工具能够模拟多浏览器环境，协助测试人员检测待测网站在不同的浏览器下的运行情况。客观地讲，这类工具虽然功能强大，但不可否认的是，其毕竟与真实浏览器存在差异。因此，在条件允许的情况下，仍建议测试人员采用真实浏览器进行测试以保证达到最佳测试效果。

（4）与其他应用软件的兼容性

一般来说，计算机上除了被测软件外，还会运行各种其他软件。因此，在进行兼容性测试时，还需要考虑被测软件与此计算机上其他软件的兼容性，旨在保证被测软件与其他软件协同存在。而且被测软件在运行中总是需要与其他软件进行交互，而任何交互问题都可能引起软件的运行问题，因此要针对与该被测软件可能发生交互的软件进行兼容性测试。

应用软件之间的兼容性测试主要考察以下两项内容。

① 被测软件运行需要哪些应用软件支持。

② 判断被测软件与其他常用软件一起使用是否会造成其他软件运行错误或本身不能正确实现其功能。

3. 数据兼容性测试

数据兼容性是指软件之间能否正确地交互和共享信息。为了获得良好的兼容性，软件必须遵守公开的标准和某些约定，允许与其他软件传输、共享数据。

数据兼容性测试主要包括以下内容。

（1）不同格式数据的兼容。

① 被测软件能否与其他软件相互复制和粘贴文字、图片、表格。

② 被测软件能否打开或调用以前版本软件产生的数据。

③ 被测软件能否与相关的软件正常地交换数据。

④ 被测软件能否与同类软件正常地交换数据。

⑤ 被测软件所涉及的数据是否符合行业标准。

（2）数据共享兼容性。

① 被测软件是否支持文件保存和文件读取。被测试软件文件的数据格式必须符合标准，能被其他应用软件读取。例如，Microsoft Excel 文件可以转换为 HTML 格式供浏览器直接打开，而应用软件的数据可以转换成.csv 格式，供 Excel 读取，自动形成 Excel 表格。

② 被测软件是否支持文件导入和文件导出。文件导入和文件导出是许多应用程序与自身以前版本、其他应用程序保持兼容的方式。例如，Microsoft Outlook 就可以导出通讯录，可以让手机导入这些信息。如果开发一个应用软件，用户需要管理联系人，那么这个软件最好要提供通讯录导入功能，如导入 Microsoft Outlook、IBM Lotus Notes、Gmail、Yahoo IM、LinkedIn 等应用的通讯录，提高软件的竞争力。

③ 被测软件是否支持剪切、复制和粘贴。剪切、复制和粘贴是人们经常使用的功能，实际上这些功能就是在不同应用程序上的数据共享。剪贴板只是一个全局内存块，当一个应用程序将数据传送给剪贴板后，通过修改内存块分配标志，把相关内存块的所有权从应用程序移交给 Windows 自身。其他应用程序可以通过一个句柄找到这个内存块，从而能从内存块中读取数据。这样，就实现了数据在不同应用程序之间的传输。

7.2.3 兼容性测试的标准和规范

如果某应用程序能够与某平台兼容，就必须遵守本软件与该平台的标准和规范。兼容性测试的标准与规范有两种：一种是高级标准和规范；另一种是低级标准和规范。

1. 高级标准和规范

高级标准和规范是指软件产品应当遵守的形式化标准，如外形、感觉和外特性等。Microsoft Windows 认证徽标就是高级标准和测试的一个例子，如图 7-5 所示。为了得到这个徽标，软件必须执行通过独立测试

图7-5　Windows认证徽标

实验室的兼容性测试，其目的是保证软件在操作系统上能够平稳可靠的运行。

软件产品认证徽标有以下几点要求。

（1）软件产品需要可以支持 3 键以上的鼠标。

（2）软件产品需要可以支持在 C 盘和 D 盘以外的磁盘上安装。

（3）软件产品需要可以支持长文件名。

（4）软件产品需要可以不读写或者以其他形式使用旧文件系统 win.ini、system.ini、autoexec.bat 和 config.sys。

2. 低级标准和规范

低级标准和规范指的是软件产品应当遵循的实质性标准，如语言规范、文件格式、通信协议等。应用软件不兼容于系统平台的低级标准和规范，是不能正常运行的。低级标准和规范可以视为软件说明书的扩充部分，如一个软件以.bmp、.jpg 和.gif 格式读写图形文件，如果一个图形程序把文件保存为.pict 文件格式，而程序不符合.pict 文件的标准，用户就无法在其他程序中查看该文件。

标准符合性测试的基本原理是将被测软件产品的功能、性能指标与标准规定的进行比较，确定软件与标准的符合程度。比较的标准有以下 4 类。

① 数据内容类标准：数据内容类标准是指有行业主管部门制订的一套标准，主要描述用于数据交换和操作的数据格式或内容规范。

② 通信协议标准：通信协议标准描述了数据通信与传输的接口数据格式。

③ 开发接口标准：开发接口标准描述了软件层次结构之间数据传输的格式和方法，如 SQL 标准符合性测试、ODBC 标准符合性测试和 JDBC 标准符合性测试。

④ 信息编码类标准：信息编码类标准通常是对字符集进行测试，如中文系统必须符合 GB 18030 标准。

7.2.4 浏览器兼容性测试工具

浏览器兼容性测试工具多种多样，它们大多数的原理是调用不同的浏览器客户端程序，将页面进行更好的展示，方便用户查看和比较。有些工具进行了智能的判断，对软件明显的兼容性问题进行了提示。本节将会介绍几款不同的兼容性测试工具。

Superpreview 工具：Superpreview 是一款由微软公司发布的、强大跨浏览器的兼容性测试工具，也可以同时查看网页在不同浏览器的渲染情况，对页面排版进行直观的比较，支持 IE 6、IE 7、IE 8、Firefox 3 等不同浏览器。该工具带有很多元素查看工具，如箭头、移动、辅助线、对比等。

Browsershots 工具：Browsershots 是一款免费的开源工具，提供给设计师一个方便的途径来测试网站在不同浏览器下的兼容性，支持在不同操作系统的不同浏览器下给网页做截图。提交的网页会被加入一个任务序列，然后一群分布式的计算机会在浏览器中打开提交的网站，然后开始截图并上传到中央独立服务器供用户浏览。

Browsercam 工具：Browsercam 是一款需要付费的工具，可以帮助检查 JavaScript 和 DHTML，提供不同的测试环境平台。Browsercam 的屏幕捕捉服务允许提交单个或多个 URL，选择要查看的浏览器和操作系统，并将网页的截图加载到用户所选择的不同浏览器和操作系统中。通过这项服务，可以看到网站在移动设备上的外观。

Litmus 工具：Litmus 提供跨浏览器网页测试，可以帮助检查网站在多个浏览器的呈现状况，跟踪软件缺陷并创建报告，而且可以对发送到用户的电子邮件进行浏览。只要填写一个网址，它就会告诉用户怎么适应当下流行的 Web 浏览器。

BrowserSeal 工具：BrowserSeal 是一款非常快速的网站截图工具，支持在多个浏览器上捕获网站的图像，并支持检测各种网站所呈现的引擎之间的差异。它针对速度进行了大量优化，这点在具有滚动条的大型网站尤为明显。这个工具的两个主要特色是独立的浏览器支持和带自动化脚本的命令行界面。

WebDevLab 工具：WebDevLab 是专门用于测试网站在苹果 Safari 浏览器中是什么样子的工具。

用于兼容性测试的工具还有很多，这里就不再一一做介绍了。

7.3 Web测试实践

Web 测试

7.3.1 Web应用体系结构

Web 系统可以被看成是一个使用方便、接受全局访问、具有图形化界面的大数据库前端。Web 系统一般采用浏览器/服务器（B/S）架构，Web 应用体系结构如图 7-6 所示。在这种结构下，用户界面完全通过浏览器实现。一部分事务逻辑在前端实现，但是主要事务逻辑则在服务器端实现，形成所谓的 3-tier 结构（三层结构：表示层、业务逻辑层和数据访问层）。

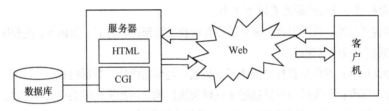

图7-6 Web应用体系结构图

一个 Web 应用程序是由完成特定任务的各种 Web 组件（Web Components）构成的，并通过 Web 将服务展示给外界。在实际应用中，Web 应用程序由多个 Servlet（Server Applet）、JSP 页面、HTML 文件，以及图像文件等组成。所有这些组件相互协调为用户提供一组完整的服务。

B/S 架构能够很好地应用在广域网上，相比于其他应用程序体系结构，有以下 3 个方面的优点。

① B/S 架构采用 Internet 上标准的通信协议（通常是 TCP/IP），这样可以使位于 Internet 任意位置的用户都能够正常访问服务器。对于服务器来说，通过相应的 Web 服务和数据库服务可以对数据进行处理。对外采用标准的通信协议，以便数据共享。

② B/S 架构在服务器上对数据进行处理，就处理的结果生成网页，以方便客户机直接再现。

③ B/S 架构在客户机上对数据的处理被进一步简化，将浏览器作为客户机的应用程序，以实现对数据的显示，不再需要为客户机单独编写和安装其他类型的应用程序。这样，在客户机只需要安装一套内置浏览器的操作系统，例如，Windows 7、Windows 10 或直接安装一套浏览器，就可以实现对服务器上数据的访问。而浏览器是计算机的标准软件配置。

7.3.2 Web测试概述

Web 系统综合了大量的新技术，诸如 HTML、Java、JavaScript、VBScript 等，其测试过程也会比较复杂。由于 Web 应用与用户直接相关，又通常需要承受长时间的大量操作，因此 Web 项目的功能和性能都必须经过可靠的测试。Web 应用的用户群体非常广泛，客户机系统平台和浏览器等也不同，因此还要检测其在不同用户浏览器的显示是否合适。Web 应用具有动态性、异构性等特征，因此在对 Web 应用进行测试时，还需要从最终用户的角度进行安全性和可用性等方面的测试。综上所述，Web 系统具有动态性、异构性、并发性和分布性等特征，测试的类型也会比较多。

7.3.3 Web测试主要类型

由Web应用的特点和性质决定了对Web应用的测试种类比较繁多。Web测试大致可分为用户界面测试、功能测试、性能测试、兼容性测试和安全性测试5个大的方面。下面将对这些测试类型逐一进行介绍。

1. 用户界面测试

用户通过 Web 界面实现对软件的访问和操作。Web 界面测试的主要目的是确保系统向用户提供了正确的信息显示，使用户能够通过 Web 界面进行正确的操作，从而实现 Web 应用的功能。用户界面测试又可以分为以下几个方面。

（1）导航测试

导航描述了用户在一个页面内、不同的用户接口控制之间（如按钮、对话框、列表等）和不同的连接页面之间的操作方式。导航在 Web 应用系统中扮演一个回答用户问题"你是谁？""你从哪里来？"和"你到哪里去？"的角色。通过考虑下列问题，可以决定一个 Web 应用系统是否易于导航、导航是否直观、Web 应用系统的主要部分是否可以通过主页存取。

在一个页面上放太多的信息往往会起到与预期相反的效果。Web 应用系统的用户趋向于目的驱动，很多用户都是很快扫描一个 Web 应用系统，看看是否有满足自己需要的信息或功能，如果没有，就会很快地离开。很少有用户愿意耗费时间去熟悉 Web 应用系统的结构。因此，Web 应用系统导航功能要尽可能地准确。

导航测试的另一个重要作用是检查 Web 应用系统的页面结构、菜单、链接的风格是否一致，确保用户凭直觉就知道 Web 应用系统里面是否还有内容、内容在什么地方。

Web 应用系统的层次一旦决定，就要着手测试导航功能，让最终用户参与这种测试，效果将会更加明显。在对导航进行测试的时候尤其要注意是否有死导航、乱导航和操作复杂等现象。

（2）图形测试

在 Web 应用系统中，适当的图片和动画既能起到广告宣传的作用，又能起到美化页面的功能。一个 Web 应用系统的图形可以包括图片、动画、边框颜色、字体、背景、按钮等。图形测试的主要内容如下。

① 确保图形有明确的用途，图片或动画不能乱堆在一起，以免浪费传输时间。Web 应用系统的图片尺寸要尽量小，并且能清楚地说明某件事情，一般都连接到某个具体的页面。

② 图片的大小和质量也是一个重要因素，一般采用 JPG 或 GIF 格式压缩，最好能使图片的大小减小到 30KB 以下。

③ 验证所有字体的风格是否一致。

④ 背景颜色应该与字体颜色和前景颜色相搭配。

⑤ 需要验证文字回绕是否正确。如果说明文字指向右边的图片，应该确保图片出现在右边。不要因为使用图片而使窗口和段落排列古怪或者出现孤行。

通常来说，使用少许或尽量不使用背景是个不错的选择。如果要使用背景，那么最好使用单色的。另外，图案或图片可能会转移用户的注意力。

（3）内容测试

内容测试用来检验 Web 应用系统提供信息的正确性、准确性和相关性。

① 信息的正确性是指信息是可靠的还是误传的。例如，在商品价格列表中，错误的价格可能引起财政问题，甚至导致法律纠纷。

② 信息的准确性是指是否有语法或拼写错误，这种测试通常使用一些文字处理软件来进行。例如，使用 Microsoft Word 的"拼音与语法检查"功能。

③ 信息的相关性是指是否在当前页面可以找到与当前浏览信息相关的信息列表或入口。例如，有些网站页面中的"相关文章列表"。

（4）表格测试

表格测试需要验证表格是否设置正确。例如：用户是否需要向右滚动页面才能看见产品的价格；把价格放在左边，而把产品放在右边是否更有效；每一栏的宽度是否足够宽，表格里的文字是否都折行；是否有因为某一格的内容太多，而将整行的内容拉长。

2. 功能测试

功能测试是黑盒测试的一方面，它用来检查实际软件的功能是否符合用户的需求。

Web 功能测试的主要内容可以分为以下 4 个方面。

（1）链接测试

链接是 Web 应用系统的一个主要特征，它是在页面之间切换和指导用户去一些未知地址页面的主要手段。链接测试可分为以下 3 个方面。

① 测试所有链接是否按指示的那样确实链接到了该链接的页面。

② 测试所链接的页面是否存在。

③ 保证 Web 应用系统上没有孤立页面（所谓孤立页面，是指没有链接指向该页面），因为只有知道正确的 URL 地址才能访问。

链接测试可以自动进行，现在已经有许多工具可以采用。链接测试必须在集成测试阶段完成，也就是说，在整个 Web 应用系统的所有页面开发完成之后进行链接测试。

（2）表单测试

当用户通过表单提交信息的时候，都希望表单能正常工作。如果使用表单来进行在线注册，要确保提交按钮能正常工作，当注册完成后应返回注册成功的消息。如果使用表单收集配送信息，应确保程序能够正确处理这些数据，最后能让客户收到。要测试这些程序，需要验证服务器是否能正确保存这些数据，而且需要验证后台运行的程序是否能正确解释和使用这些信息。

当用户使用表单进行用户注册、登录、信息提交等操作时，必须测试提交操作的完整性，以校验提交给服务器的信息正确性，例如，用户填写的出生日期与职业是否恰当，填写的所属省份与所在城市是否匹配等。如果使用了默认值，还要检验默认值的正确性。如果表单只能接受指定的某些值，也要进行测试，例如，表单只能接受某些字符，测试时可以跳过这些字符，看系统是否会报错。

（3）Cookies 测试

Cookies 是一种能够让网站服务器把少量数据存储到客户端的硬盘或内存，或是从客户端的硬盘读取数据的一种技术。Cookies 通常用来存储用户信息和用户在某些应用系统的操作，如用户 ID、密码、浏览过的网页、停留的时间等信息。当用户下次再来到该网站时，网站通过读取 Cookies，得知用户的相关信息，从而做出相应的动作。

如果 Web 应用系统使用了 Cookies，就必须检查 Cookies 是否能正常工作。Cookies 测试的内容可包括 Cookies 是否起作用、Cookies 是否按预定的时间进行保存、刷新对 Cookies 有什么影响等。如果在 Cookies 中保存了注册信息，请确认该 Cookies 是否能够正常工作，而且已对这些信息进行加密。如果使用 Cookies 统计次数，需要验证次数累计是否正确。

（4）数据库测试

数据库在 Web 应用技术中起着重要的作用，它为 Web 应用系统的管理、运行、查询和实现用户对数据存储的请求等提供空间。在 Web 应用系统中，最常用的数据库类型是关系型数据库，在该类数据库中可以使用 SQL 对信息进行处理。

在使用了数据库的 Web 应用系统中，一般情况下可能发生两种错误，数据一致性错误和输出错误。数据一致性错误主要是由于用户提交的表单信息不正确而造成的，而输出错误主要是由于网络速度或程序设计问题等引起的。针对这两种情况，可分别进行测试。

3. 性能测试

Web 性能测试的主要内容有：连接速度测试、负载测试和压力测试 3 个方面。

（1）连接速度测试

用户连接到 Web 应用系统的速度根据上网方式的变化而变化，上网方式可能是电话拨号，也可能是宽带上网。当下载一个程序时，用户可以等较长的时间，但如果仅仅访问一个页面，如果 Web 系统响应时间太长（例如，超过 5 秒），用户就会因没有耐心等待而离开。

另外，有些页面有超时的限制，如果响应速度太慢，用户可能还来不及浏览内容，就需要重新登录了。而且连接速度太慢，还可能引起数据丢失，使用户得不到真实的页面。

（2）负载测试

负载测试是模拟实际软件系统所承受负载条件的系统负荷，通过不断加载（如逐渐增加模拟用户的数量）或其他加载方式来观察不同负载下系统的响应时间和数据吞吐量、系统占用的资源（如 CPU、内存）等，检验系统的行为和特性，以发现系统可能存在的性能瓶颈、内存泄漏、不能实时同步等问题。

负载测试是为了测量 Web 系统在某一负载级别上的性能，以保证 Web 系统在需求范围内能正常工作。负载级别可以是某个时刻同时访问 Web 系统的用户数量，也可以是在线数据处理的数量。例如，Web 应用系统能允许多少个用户同时在线、如果超过了这个数量会出现什么现象、Web 应用系统能否处理大量用户对同一个页面的请求。

负载测试可以安排在实际的网络环境中进行测试。因为一个企业内部员工的网络带宽和人员有限，而一个 Web 系统能同时处理的请求数量将远远超出这个限度。当然在初期阶段，可以采用模拟请求数量的方式进行测试。

（3）压力测试

压力测试是在强负载（大数据量、大量并发用户等）下的测试，检查应用系统在峰值使用情况下的操作行为，从而有效地发现系统的某项功能隐患、系统是否具有良好的容错能力和可恢复能力。压力测试是测试系统的限制和故障恢复能力，也就是测试 Web 应用系统会不会崩溃，在什么情况下会崩溃。压力测试分为高负载下的长时间（如 24 小时以上）的稳定性压力测试和极限负载情况下导致系统崩溃的破坏性压力测试。压力测试的区域包括表单、登录和其他信息传输页面等。

4. 兼容性测试

Web 兼容性测试主要包括平台兼容性测试、浏览器兼容性测试、分辨率兼容性测试、打印机兼容性测试以及组合兼容性测试 5 个方面内容。

（1）平台兼容性测试

市场上有很多不同类型的操作系统，最常见的有 Windows、UNIX、macOS、Linux 等。不同的用户可能在不同的操作系统下访问 Web 页面，Web 应用系统的最终用户究竟使用哪一种操作系统完全取决于用户系统的配置。这样，就可能会发生兼容性问题。同一个 Web 应用可能在某些操作系统下能正常运行，但在另外的操作系统下可能会运行失败。因此，在 Web 系统发布前，需要在各种操作系统下对 Web 系统进行兼容性测试。

（2）浏览器兼容性测试

常用浏览器包括：Internet Explorer、Chrome、Firefox、Opera、Safari 等。浏览器是 Web 客户端最核心的构件，来自不同厂商的浏览器对 Java、JavaScript、ActiveX、plug-ins 或不同的 HTML 规格有不同的支持。例如，ActiveX 是 Microsoft 公司的产品，是为 Internet Explorer 而设计的；JavaScript 是 Netscape 公司的产品；Java 是 Sun 公司的产品等。另外，框架和层次结构风格在不同的浏览器中也有不同的显示，甚至根本不显示。不同的浏览器对安全性和 Java 的设置也不一样。

测试浏览器兼容性的一个方法是创建一个兼容性矩阵。在这个矩阵中，测试不同厂商、不同版本的浏览器对某些构件和设置的适应性。

（3）分辨率兼容性测试

分辨率兼容性测试是为了确保页面在不同的分辨率模式下能正常显示、字体符合要求而进行的测试。现在常见的分辨率有 1280×1024、1027×768、800×600。对于常见的分辨率，必须保证测试通过；对于其他分辨率，可以根据具体情况进行取舍。

（4）打印机兼容性测试

打印机兼容性测试是指使用不同型号的打印机进行打印操作，测试打印出来的内容是否正确。打印机兼容性测试对于操作系统、办公软件、网站和其他打印功能比较重要的软件来说，是必不可少的。打印机兼容性测试一般重点关注两个方面：打印机型号兼容性和打印纸规格兼容性。打印机型号兼容性测试一般包括安装打印机功能测试、打印测试页、打印分辨率调整和打印机维护等测试方式。打印纸规格兼容性测试一般选择常用的 A4 和 B5 大小的纸张进行测试，通过对比排版内容是否正确、合理进行兼容性判断。

（5）组合兼容性测试

最后需要进行组合兼容性测试。600×800 的分辨率在 Mac 机上可能不错，但是在 IBM 兼容机上却很难看。在 IBM 机器上使用 Netscape 浏览器能正常显示，却无法使用 Lynx 浏览器来浏览。如果公司指定使用某个类型的浏览器，那么只需在该浏览器上进行测试。有些公司内部应用程序，开发部门可能在系统需求中声明不支持某些系统而只支持那些已设置的系统。理想的情况是，系统能在所有机器上运行，这样就不会限制将来的发展和变动。

5. 安全性测试

安全性测试是检验在系统中已存在的系统安全性保密措施是否发挥作用。即使站点不接受信用卡支付，安全问题也是非常重要的。Web 站点收集的用户资料只能在公司内部使用。如果用户信息被黑客泄露，客户在进行交易时，就不会有安全感。安全性测试主要包括以下几个方面。

（1）目录设置

Web 安全的第 1 步就是正确地设置目录。每个目录下应该有 index.html 或 main.html 页面，这样就不会显示该目录下的所有内容。

（2）SSL

很多站点使用 SSL 进行安全传送。用户进入 SSL 站点是因为浏览器出现了警告消息，而且在地址栏中的 HTTP 变成了 HTTPS。如果开发部门使用了 SSL，测试人员需要确定是否有相应的替代页面（适用于 3.0 以下版本的浏览器，这些浏览器不支持 SSL）。当用户进入或离开安全站点的时候，请确认是否有相应的提示信息。此外还应考虑是否有连接时间限制，超过限制时间后出现什么情况。

（3）登录

有些站点需要用户进行登录，以验证身份。验证系统需要阻止非法的用户名/口令登录，而能够通过有效登录。测试时可以从以下方面考虑：用户登录是否有次数限制？是否限制从某些 IP 地址登录？如果允许登录失败的次数为 3，在第 4 次登录的时候输入正确的用户名和口令，能通过验证吗？口令选择有规则限制吗？是否可以不登录而直接浏览某个页面？Web 应用系统是否有超时的限制？也就是说，用户登录后在一定时间内（如 15 分钟）没有单击任何页面，是否需要重新登录才能正常使用？

（4）日志文件

在后台，要注意验证服务器日志是否正常工作。例如，日志是否记录所有的事务处理？日志是否记录失败的注册企图？日志是否记录被盗信用卡的使用？日志是否在每次事务完成的时候都进行保存？日志记录 IP 地址吗？日志记录用户名吗？

（5）脚本语言

脚本语言是常见的安全隐患。每种脚本语言的细节有所不同，有些脚本语言允许访问根目录，其他脚本语言只允许访问邮件服务器，但是经验丰富的黑客可以将服务器用户名和口令发送给他们自己。在安全测试中，需要找出站点使用了哪些脚本语言，并研究该脚本语言的缺陷，还需要测试没有经过授权就不能在服务器端放置和编辑脚本的问题。最好的办法是订阅一个讨论站点使用的脚本语言安全性的新闻组。

7.4 移动终端软件测试实践

7.4.1 移动终端软件测试背景

随着移动通信技术的迅速发展，每个人手中的移动终端不仅可以用来打电话、发短信，还可以连接到网络，使用异彩纷呈的移动端应用，而且许多在计算机领域中成熟的技术也已出现在移动终端上。由此来看，移动终端可以被看作是一种具有无线通信功能的嵌入式计算机系统，它不仅是一部通讯工具，也是集办公、商务、娱乐等多种功能于一体的智能帮手。

目前，3 大主流移动系统分别为 Android、iOS 和 Windows Phone。各个平台上各种各样的应用软件不断产生，必然导致软件质量的不稳定，软件已有功能有时很难满足用户的实际需要，甚至由于智能手机软件缺陷导致的软件事故也时有发生。因此，对移动终端软件的测试工作也变得越来越重要。

7.4.2 移动终端软件测试要求

从衡量互联网软件质量的角度看，移动终端软件测试的质量要求主要有以下 4 点。

① 功能性：移动终端软件的功能越来越复杂多样，测试难度和测试工作量不断加大，测试成本逐步上升。

② 稳定性：移动终端软件在用户使用过程中，与移动终端的电话、短信、浏览器等背景业务经常在功能层面上产生交互，移动终端软件的不稳定性提升。

③ 可维护性：用户体验是移动终端软件开发人员关注的重点，在移动终端软件交付使用后，开发

人员还要定期对移动终端软件运行质量进行监控和测试。

④ 性能：移动终端软件的表现如何与终端、网络和服务的性能都有关系。性能遇到瓶颈时，移动终端软件的优化成本也不断提高。

从用户角度看，移动终端软件测试重点主要有功能测试、性能测试、兼容性测试、稳定性测试和安全性测试等。

7.4.3 移动终端软件测试实例

本小节移动终端软件测试实例以 Android 系统平台上运行的"大角虫"软件作为待测软件，为其编写测试脚本，完成基本的登录功能以及简单的滑动操作。本次测试的基本步骤如下。

1. 环境搭建

（1）Java 环境安装配置——Eclipse 安装

① 从官网下载 JDK 1.7（最好是 JDK 1.7，最新版可能会存在一些问题），配置好 JAVA_HOME 环境变量。

② 从官网下载并安装 Eclipse 或者 MyEclipse（也可以使用 IDEA 开发工具，本书以版本为 Luna Service Release 2（4.4.2）的 Eclipse 为例来介绍）。

（2）下载、安装和配置 SDK

① 从 Android 中文官网下载适当版本的 SDK，并下载好 SDK 需要的一些文件，如图 7-7 所示。

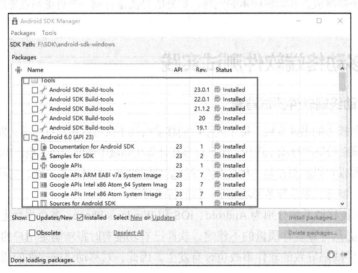

图7-7　SDK需要的文件

② SDK 下载完成后，需配置 ANDROID_HOME 环境变量，使得 PATH 里包含 $ANDROID_HOME/platform-tools 和 $ANDROID_HOME/tools。

③ 检查配置成功：在命令提示符（cmd）下输入命令 "android –h"，若出现图 7-8 所示的结果则说明配置成功，否则重复检查以上步骤。

（3）安装配置 Appium

① 从官方网站下载 Appium，安装后将环境变量 PATH 中配置安装目录下的:\Appium_1.4\node_modules\.bin。

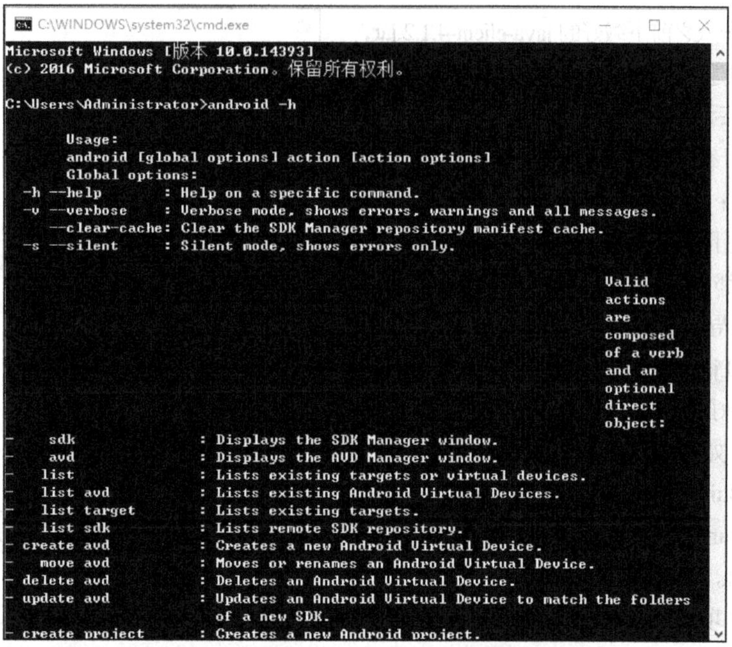

图7-8 ANDROID_HOME环境变量配置成功

② 检查配置成功：在命令提示符下输入命令"appium"，若出现图 7-9 所示的结果则说明配置成功，否则重复检查以上步骤。

图7-9 Appium配置成功

（4）下载 jar 包和需要的文件

① 从官方网站下载 selenium-server-standalone-2.51.0.jar（版本过低或者太高都可能出现问题）。

② 从官方网站下载 java-client-4.1.2.jar（该版本较为合适，版本过低或者太高都可能出现问题）。

③ 从官方网站下载 selenium-2.51.0，这里需要解压后 libs 里的 jar 包。

④ 从官方网站下载以下 3 个 jar 包：dx.jar、shrinkedAndroid.jar 和 apkUtil.jar。

⑤ 从官方网站下载 aapt 和 aapt.exe，以及如下系列的.so 文件：libbcc.so、libbcinfo.so、libc++.so、libclang.so 和 libLLVM.so。

2. 测试项目的创建

（1）打开 Eclipse 新建一个 Java Project，此处将其取名为 Test。

（2）右键单击 Test 项目，选择"Build Path"→"Add Library"选项，在出现的"Add Library"界面中选择"User Library"选项，单击"Next"按钮，如图 7-10 所示。

（3）选择"User Libraries"选项，然后单击"New"按钮创建 3 个 Library：client、selenium、server。

① client：导入之前下载好的 java-client-4.1.2.jar，导入方式是在创建了 client 后，单击"Add External JARs"按钮，然后找到 java-client-4.1.2.jar 在本地的位置即可。

② selenium：导入之前下载好的 selenium-2.51.0 里面 libs 文件夹下的所有 jar 包，然后把 libs 文件夹外面的 jar 包也都导入进去，导入方式同上。

③ server：导入之前下载好的 selenium-server-standalone-2.51.0.jar，导入方式同上。

（4）将创建好的 3 个 Library 全部选中，然后导入到项目里面，如图 7-11 所示。

（5）通过 Build Path 中的 Add External JARs 将之前下载的 dx.jar、shrinkedAndroid.jar、apkUtil.jar 导入到项目里面。

图7-10　"Add Library"界面

（6）在 Test 项目下面新建一个名为 lib 的文件夹，直接将之前下载的 aapt 和 aapt.exe 复制到 lib 文件夹下。

（7）在 lib 文件夹下面新建一个名为 lib 的文件夹，将之前下载的所有的 .so 文件复制到 lib 文件夹下。

（8）上述步骤完成后会看到项目结构如图 7-12 所示（src 和 apk 文件夹后面会介绍）。

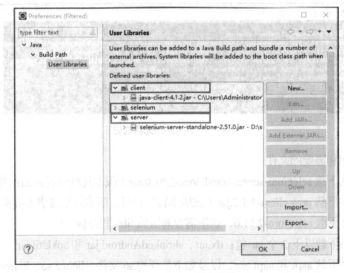

图7-11　Library导入界面

3. 为待测软件编写测试脚本

（1）本次实验以"大角虫"软件为例进行，因此要找到（下载）此软件的安装包，即 dajiaochong.apk，然后在项目 Test 下新建一个名为 apk 的文件夹，直接将 dajiaochong.apk 复制到该文件夹下。

（2）在 src 文件夹下创建一个名为 com.mooctest 的包（package），在其中创建一个 java 文件，命名为 Main.java，最后的项目结构如图 7-13 所示。

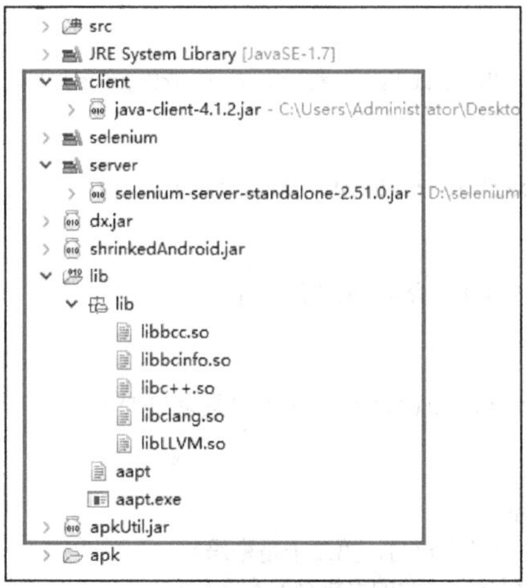

图7-12 项目结构（一）

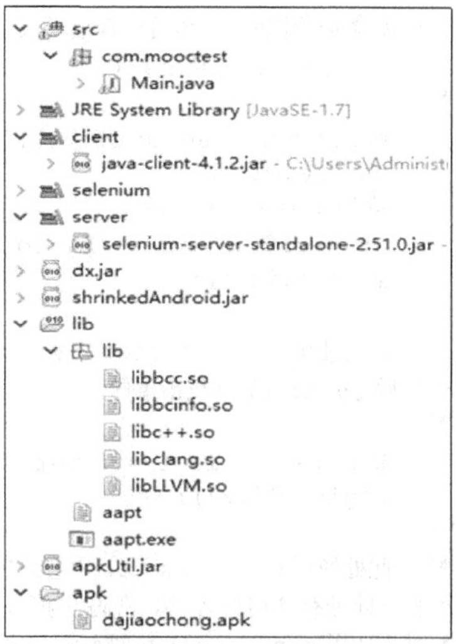

图7-13 项目结构（二）

（3）在 Main.java 中编写测试脚本如下。

```java
public class Main {
/*
 * port 是在 appium 中配置好的端口，可自行修改
 */
private String port="8080";
/*
 * 需要测试的软件 apk 安装包，直接替换即可，同时需要将 apk 文件放入 apk 文件夹下
 */
private String appPath="apk" + File.separator + "dajiaochong.apk";
/*
 * apk 文件的包名以及启动时的首个 Activity
 */
private String appPackage;
private String appActivity;
/*
 * 请将手机的 udid 手动赋值给 deviceUdid，连接好手机后，在 cmd 中通过 adb
 * devices 获得，直接替换
 */
private String deviceUdid = "DUA6P7O799999999";
//你可以直接使用 driver 进行各类操作，所有的测试脚本将在该函数内完成
private void test(AppiumDriver driver) {
    System.out.println("正在执行你的脚本逻辑");
    System.out.println("执行脚本");
/* TODO
 * 以下将使用最常用的几种控件获取方式来演示
 * 1.findElement(By.id("****"))
 * 2.findElement(By.name("****"))
 * 3.findElement(By.className("****"))
 * 4.findElement(By.xpath("****"))
 * 5.切记 UI Automator 中的 index 不能用来定位控件
 * 6.使用 swipe 来完成滑动手势
 */
/*
 * 1.此处使用 UI Automator 中看到的 "我的" 按钮的 resource-id 值
 * "cn.kidstone.cartoon:id/rbtn_mine"来定位控件
```

```
 * 如实验步骤中图示，还可以直接写成 "rbtn_mine"
 * 然后完成click()点击事件
 */
     WebElement cancle=driver.findElementById ("cn.kidstone.cartoon:id/cancel_txt");
     cancle.click();
     WebElement mine=
     driver.findElement(By.id("cn.kidstone.cartoon:id/rbtn_mine"));
     mine.click();
/*
 * 2.此处使用 UI Automator 中看到的"登录"按钮的 text 值'登录'来定位控件
 * 然后完成click()点击事件
 */
     WebElement login=driver.findElement (By.xpath(".//*[@text='登录']"));
     login.click();
/*
 * 3.此处使用 UI Automator 中看到的 class 类来定位控件
 * 由于此处有 "用户名"和"密码"两个 EditText 类（第一个是用户名，第二个是密码）
 * 然后使用 sendKeys()依次赋值(此处使用已经注册好的用户名（我的手机号）和密码)
 */
     WebElement username=
(WebElement)driver.findElements(By.className("android.widget.EditText")).get(0);
     username.sendKeys("15929949928");
     WebElement password=
(WebElement) driver.findElements(By.className("android.widget.EditText")).get(1);
     password.sendKeys("123456789");
/*
 * 4.此处使用 UI Automator 中看到的 xpath 类来定位控件
 * 在 UI Automator 中选中"登录"按钮，然后从该按钮 Button 依次往其父控件找，直到
 * 找到全局唯一的父控件为止
 * 然后完成click()点击事件
 */
     WebElement finalLogin=driver.findElement
         (By.xpath("//android.widget.ScrollView/" +"android.widget.RelativeLayout/"
             +"android.widget.LinearLayout/" +"android.widget.Button"));
     finalLogin.click();
/*
 * 5.此处使用 UI Automator 中看到的 xpath 类来定位'收藏'控件
 * xpath 还能如此使用，By.xpath(".//*[@****]")
 * 然后完成click()点击事件
 */
     WebElement collect=driver.findElement (By.xpath(".//*[@text='收藏']"));
     collect.click();
/*
 * 6.获得屏幕的宽和高，然后使用 swipe()来完成滑动,swipe 中的参数含义如下：
 * 起点的x,y轴坐标，终点的x,y轴坐标，滑动的时间（是匀速滑动）
 * swipe(start_point_x,start_point_y,end_point_x,end_point_y,time)
 * 这里向右滑动
 */
     int width=driver.manage().window().getSize().width;
     int height=driver.manage().window().getSize().height;
     driver.swipe(width*4/5,height/2,width/5,height/2,1000);
}

public static void main(String[] args) {
    Main example=new Main();
    example.execute();
```

```
    }

    private void execute() {
        getApkInformation();
        AppiumDriver driver=setUp();
        if (driver!=null) {
            test(driver);
        } else {
            System.err.println("服务器未开启");
        }
    }

    private void getApkInformation() {
        ApkInfo apkInfo=null;
        try {
            apkInfo=new ApkUtil().getApkInfo(appPath);
        } catch (Exception e) {
            e.printStackTrace();
        }

        appPackage=apkInfo.getPackageName();
        appActivity=apkInfo.getLaunchableActivity();

        System.out.println("the apk package is " + appPackage + " and the activity is "+
appActivity);
    }

    private AppiumDriver setUp() {
        File file=new File(appPath);
        String path=file.getAbsolutePath();   //获得 apk 文件的绝对路径
        DesiredCapabilities capabilities=new DesiredCapabilities();
        capabilities.setCapability(CapabilityType.BROWSER_NAME, "");
/*
 * platformName：设置测试所用的平台类型
 * deviceName：设置设备名称，可以随便取名，最好使用"Android Emulator"
 */

        capabilities.setCapability("platformName", "Android");
        capabilities.setCapability("deviceName", "Android Emulator");
/*
 * platformVersion：设置测试平台的版本
 * app：设置 apk 文件的绝对路径
 */

        capabilities.setCapability("platformVersion", "4.3");
        capabilities.setCapability("app", path);
/*
 * appPackage：设置 app 的包名
 * appActivity：设置 app 启动时首个 Activity 名
 * udid：设置连接的手机设备的 id
 */

        capabilities.setCapability("appPackage", appPackage);
        capabilities.setCapability("appActivity", appActivity);
        capabilities.setCapability("udid",deviceUdid);
/*
 * unicodeKeyboard, resetKeyboard 是用来安装 appium 的输入法的
 * 为了避免手机自带的输入法可能出现的问题，最好设置这两个属性
 */

        capabilities.setCapability("unicodeKeyboard",true);
```

```
capabilities.setCapability("resetKeyboard",true);
AppiumDriver driver=null;
boolean success=false;
int num=1;
while (!success&&num<=2) {
    try {
        driver=new AndroidDriver<>(new URL("http://127.0.0.1:" + port
                    +"/wd/hub"),capabilities);
        success=true;
    } catch (MalformedURLException e1) {
        e1.printStackTrace();
    } catch (UnreachableBrowserException e) {
        System.out.println("appium 服务器未开启，请手动开启");
    }
    num++;
}
/*
 * 隐式时间等待，此处设置将作用于所有控件，用来设置一定的等待时间，
 * 防止某些控件还没加载出来而出现错误
 */
    driver.manage().timeouts().implicitlyWait(30, TimeUnit.SECONDS);
    return driver;
    }
}
```

（4）将一部运行 Android 系统的手机连接到计算机上，然后开启开发者模式，打开 USB 调试功能，如图 7-14 所示。然后在命令提示符下输入命令 "adb devices"，如果 SDK 安装配置成功，则会出现该手机的通用唯一识别码（Universally Unique Identifier, UUID），此手机的 UUID 为 DUA6P7O799999999，不同手机的 UUID 不同，记下该号码，编写脚本时需要，如图 7-15 所示。

图7-14　USB调试模式图

图7-15　SDK安装配置成功

（5）打开 Appium，打开后单击左上角的"设置"按钮，进入设置界面，然后在设置界面里将 Server Address 设置为 127.0.0.1，将 Port 设置为 8080，如图 7-16 所示。

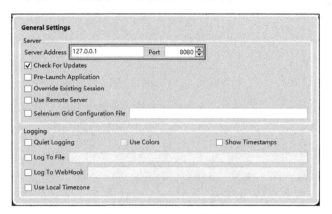

图7-16　Appium设置界面

（6）设置完成后单击右上角的三角按钮启动 Appium，如图 7-17 所示。

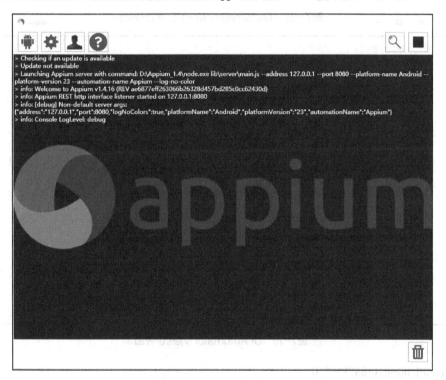

图7-17　Appium启动界面

（7）打开被测试软件，进入需要操作的界面，在 SDK 安装目录中找到 tools 文件夹，双击打开 uiautomatorviewer.bat 文件，然后单击左上角的手机图标，如图 7-18 所示。随后就会看到 UI Automator Viewer 里面出现了手机上的界面，每个控件都可以找到相应的属性，如图 7-19 所示。

（8）图 7-19 所示界面中的 text、resource-id、class 可以用来定位控件，或一系列控件的路径 xpath（稍后介绍）也能用来定位控件，详见 main.java 中的 test()函数。以下将列举最常用的几种控件获取方式。

159

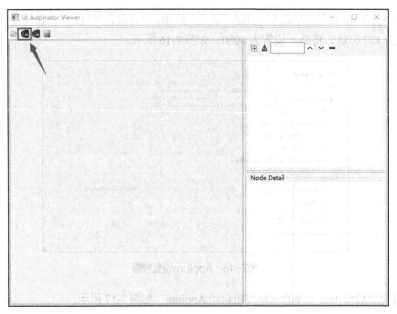

图7-18　uiautomatorviewer.bat打开界面

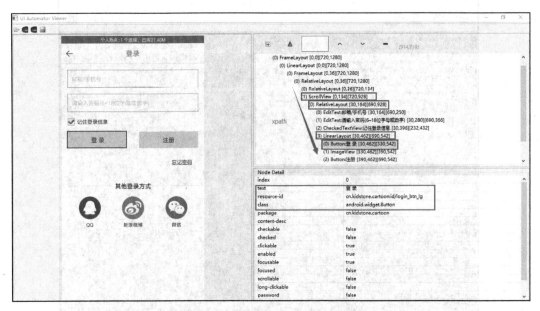

图7-19　UI Automator Viewer界面

① findElement(By.id("****"))。

② findElement(By.name("****"))。

③ findElement(By.className("****"))。

④ findElement(By.xpath("****"))。

使用 swipe 来完成滑动手势；切记 UI Automator Viewer 中的 index 不能用来定位控件。

① 通过 resource-id 来定位控件：在 uiautomatorviewer.bat 中获取手机中软件当前的界面，找到需要操作控件的 resource-id，例如，resource-id 为 "cn.kidstone.cartoon:id/rbtn_mine"，然后可以通过如下

代码来获取该控件。

```
WebElement mine=
driver.findElement(By.id("cn.kidstone.cartoon:id/rbtn_mine"));
```

通过 resource-id 定位控件如图 7-20 所示。

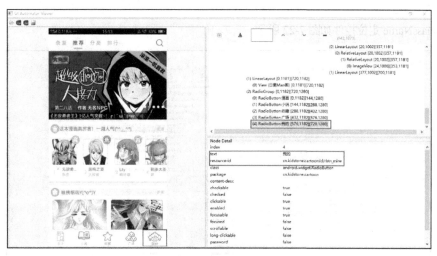

图7-20 控件resource-id

② 通过 text 来定位控件：在 uiautomatorviewer.bat 中获取手机中软件当前的界面，找到需要操作控件的 text，例如，图 7-21 所示的界面中 text 为"登录"，然后可以通过如下代码来获取该控件。

```
WebElement login=driver.findElement(By.xpath(".//*[@text='登录']"));
```

通过 text 定位控件如图 7-21 所示。

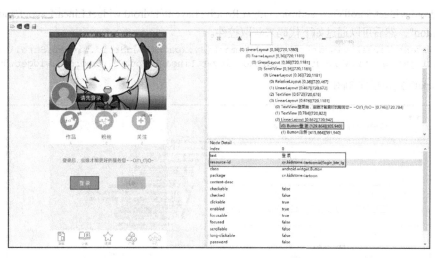

图7-21 控件text

③ 通过 className 来定位控件：在 uiautomatorviewer.bat 中获取手机中软件当前的界面，找到需要操作控件的 className，例如 className 为 android.widget.EditText，然后可以通过如下代码来获取该控件。

```
WebElement username=
(WebElement)driver.findElements(By.className("android.widget.EditText")).get(0);
```

```
WebElement password=(WebElement)
driver.findElements(By.className("android.widget.EditText")).get(1);
   /*
    * 该页面内有两个EditText控件，因此，需要使用get(i)来获得相应的控件，从上到
    * 下，从左到右依次为相应类控件的编号，通过get()函数可以获取
    */
```

通过 className 定位控件如图 7-22 所示。

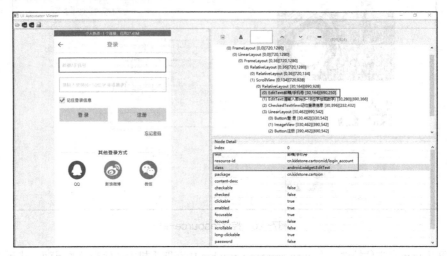

图7-22 控件className

④ 通过 xpath 定位控件：在 uiautomatorviewcr.bat 中获取手机中软件当前的界面，然后找到需要操作的控件所在的父元素，依次往上找，直到找到一个可以全局区分的控件。例如，此处的 xpath 为：xpath="android.widget.ScrollView/android.widget.RelativeLayout/android.widget.LinearLayout/android.wid-get.Button"，然后可以通过如下代码来获取控件。

```
   WebElement finalLogin=driver.findElement(By.xpath("//android.widget.ScrollView/"+
"android.widget.RelativeLayout/" +"android.widget.LinearLayout/"+ "android.widget.Button"));
```

通过 xpath 定位控件如图 7-23 所示。

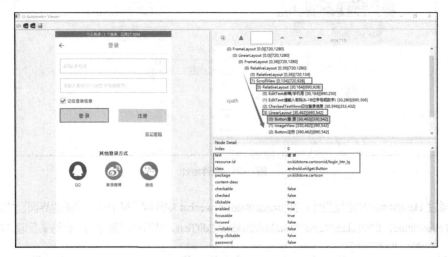

图7-23 控件xpath

（9）在 Appium 中常用的操作有以下 3 种。

① click()：对某一个控件完成点击操作，直接调用即可，如 element.click()。

② sendKeys()：对某一个控件写入文本，一般用于 EditText 控件，直接调用即可，如 element.sendKeys("hello")。

③ swipe()：滑动手势，用来滑动屏幕或者控件（是匀速滑动）。

其用法为 swipe(start_x,start_y,end_x,end_y,time)，4 个参数分别是滑动起点的 x、y 轴坐标和滑动终点的 x、y 轴坐标以及滑动所用时间 time。示例代码如下：

```
int width=driver.manage().window().getSize().width;
int height=driver.manage().window().getSize().height;
driver.swipe(width*4/5,height/2,width/5,height/2,1000);
/*
 *其中的width和height分别是手机屏幕的宽和高，左上角为原点，x轴沿着手机上边
 *向右，y轴沿着手机左边向下
 */
```

7.5　小结

自动化测试就是通过测试工具或其他手段，按照测试工程师的预定计划对软件产品进行自动化的测试。软件测试自动化涉及测试流程、测试体系、自动化编译和自动化测试等方面。自动化测试的必要性可从以下两个方面理解：手动测试的局限性和自动化测试的好处。

根据应用领域的不同，一般将测试工具分为 3 类：白盒测试工具、黑盒测试工具、测试管理工具。

软件兼容性测试是要检查软件能否在不同组合的环境下正常运行，或者软件之间能否正常交互和共享信息。软件兼容性测试的核心内容：测试软件是否能在不同的操作系统平台上兼容，或者测试软件是否能在同一操作系统平台的不同版本上兼容；测试软件本身是否能向前或者向后兼容；测试软件是否能与其他相关的软件兼容；测试数据兼容性，主要是指测试数据是否能共享等。

Web 系统可以被看成是一个使用方便、接受全局访问、具有图形化界面的大数据库前端。Web 系统具有动态性、异构性、并发性和分布性等特征，其测试类型主要有界面测试、功能测试、性能测试、兼容性测试、安全性测试。

移动终端上运行的软件越来越多使得移动终端软件测试越来越重要。从用户体验的角度出发，移动终端测试的重点主要有功能测试、性能测试、兼容性测试、稳定性测试和安全性测试等。

7.6　习题

一、单项选择题

1. 以下有关自动化测试的说法中，错误的是（　　　）。

    A. 自动化测试过程的核心内容是执行测试用例

    B. 采用技术手段保证自动化测试的连续性和准确性很重要

    C. 自动化辅助手动测试过程中，设置和清除测试环境是自动开展的

    D. 自动化测试过程中，除选择测试用例和分析失败原因外，其他过程都是自动化开展的

2. 下列关于自动化测试工具的说法中，错误的是（　　　）。

    A. 采用录制/回放是不够的，还需要进行脚本编程，加入必须的检查点

    B. 自动化测试并不是总能降低测试成本的，因为维护测试脚本的成本可能非常昂贵

    C. 相对于手动测试而言，自动化测试具有更好的一致性和可重复性

    D. 自动化测试能够改善混乱的测试过程

3. 通常情况下软件兼容性测试可分为（　　　）个工作步骤。

    A. 5   B. 4   C. 3   D. 2

4. 对 Web 网站进行的测试中，属于功能测试的是（　　　）。

    A. 连接速度测试   B. 链接测试   C. 平台测试   D. 安全性测试

5. 以下不属于 Web 测试类型的是（　　　）。

    A. 界面测试   B. 功能测试   C. 性能测试   D. 网页数量测试

二、简答题

1. 自动化测试与测试自动化有什么区别？

2. Web 系统具有什么特征？

08

第8章 软件测试工具及其应用

软件测试工具的作用是通过一些工具使软件的一些简单问题能够直观地显示在测试人员面前，使测试人员能更好地找出软件的错误所在。软件测试工具分为自动化软件测试工具和测试管理工具。自动化软件测试工具存在的价值是为了提高测试效率，用软件来代替一些人工输入。测试管理工具是为了复用测试用例，提高软件测试的价值。好的自动化测试工具和测试管理工具结合起来使用将会使软件测试效率极大提高。本章主要介绍主流的软件测试工具及其使用。

8.1 性能测试工具LoadRunner

LoadRunner 是一种适用于各种体系架构的自动负载测试工具，它能预测系统行为并优化系统性能。LoadRunner 的测试对象是整个企业的系统，它通过模拟实际用户的操作行为和实行实时性能监测，帮助用户更快地查找和发现问题。它有 Windows 版本和 UNIX 版本。LoadRunner 能够对整个企业架构进行测试。使用LoadRunner，企业能最大限度地缩短测试时间、优化性能和加速应用系统的发布周期。此外，LoadRunner 能支持广泛的协议和技术，为用户的特殊环境提供特殊的解决方案。

8.1.1 性能测试简介

软件的性能包括很多方面，主要有时间性能和空间性能两种。时间性能主要是指软件的一个具体事务的响应时间；空间性能是指软件运行时所消耗的系统资源。性能测试是为描述测试对象与性能相关的特征并对其进行评价而实施和执行的一类测试，它主要通过自动化的测试工具模拟多种正常、峰值以及异常负载条件来对系统的各项性能指标进行测试。通常软件性能测试可以分为一般性能测试、稳定性测试、负载测试和压力测试。

1. 一般性能测试

一般性能测试是指让被测系统在正常的软硬件环境下运行，不向其施加任何压力的性能测试。对于单机版的软件，在其推荐配置下运行软件，检查 CPU 的利用率、内存的占有率以及软件主要事务的平均响应时间等性能指标。对于 C/S 和 B/S 结构的软件，则测试单个用户登录后，系统主要事务的响应时间和服务器的资源消耗情况。

例如，测试某邮箱的登录模块，只让 1 个用户多次登录，记录服务器端系统资源（CPU、内存等）的消耗情况，并记录单个用户的平均登录时间。

2. 稳定性测试

稳定性测试（也叫可靠性测试）是指连续运行被测系统，检查被测系统运行时的稳定程度。我们通常用错误发生的平均时间间隔来衡量被测系统的稳定性，错误发生的平均时间间隔越大，被测系统的稳定性越强。

3. 负载测试

负载测试是指通过逐步增加被测系统的负载，测试系统性能的变化，并最终确定在满足系统的性能指标的情况下，系统所能够承受的最大负载量的测试。负载测试和稳定性测试比较相似，都是让被测系统连续运行，区别在于负载测试需要给被测系统施加其刚好能承受的压力，例如，测试某邮箱系统的登录模块，先用 1 个用户登录，再用 2 个用户并发登录，再用 5 个、10 个……，在这个过程中，每次都需要观察并记录服务器的资源消耗情况（可以通过任务管理器中的性能监视器或者控制面板中的性能监视器），当发现服务器资源的消耗快要达到临界值时（例如，CPU 的利用率达到 90%以上，内存的占有率达到 80%以上），停止增加用户，假如现在的并发用户数为 20，就让这 20 个用户同时多次重复登录，直到系统出现故障为止。负载测试为测试系统在临界状态下运行是否稳定提供了一种办法。

4. 压力测试

压力测试是指通过逐步增加被测系统的负载，测试系统性能的变化，最终确定在什么负载条件下系统性能处于失效状态，并获得系统能提供的最高服务级别的测试。

性能测试的策略一般从需求设计阶段开始讨论制订，策略的内容决定着性能测试工作投入多少资源、什么时间开始实施等后续工作如何安排。决定性能测试策略的主要因素如下。

（1）性能指标：系统在需求分析、设计阶段和产品说明书等文档中明确地提出性能指标，这些指标是性能测试要完成的工作。

（2）独立业务性能测试：独立业务主要是指软件产品的模块具有独立业务功能，在需求阶段就可以确定，要单独测试其性能。

（3）业务性能组合测试：应用类软件系统通常不会使所有的用户只使用一个或者几个核心业务模块，而是对多个业务进行组合使用，对多个业务进行组合性能测试。由于组合业务测试最能反映用户使用系统的情况，因而业务性能组合测试是测试的核心内容。

（4）疲劳强度性能测试：疲劳强度性能测试是指在系统稳定运行的情况下模拟较大的用户数量，并长时间运行系统的测试，通过综合分析执行指标和资源监控来确定系统处理最大业务量时的性能，主要目的是测试系统的稳定性。

（5）大数据量性能测试：大数据量性能测试是为了测试系统的业务处理能力而进行的。大数据量性能测试可分为两种，一种是针对某些系统存储、传输、统计查询等业务进行的大数据量测试，主要是测试数据增多时的性能情况；另一种是极限状态下的数据测试，主要是指系统数据量达到一定程度时，通过性能测试来评估系统的响应情况，测试的对象也是某些核心业务或者常用的组合业务。

（6）网络性能测试：网络性能测试主要是为了准确地展示带宽、延迟、吞吐量、负载和端口的变化是如何影响用户的响应时间的。网络性能测试重点测试吞吐量指标，因为 80%的系统性能瓶颈是由吞吐量造成的。

8.1.2　LoadRunner的主要功能

1. 轻松创建虚拟用户

使用 LoadRunner 的虚拟用户生成器（Virtual User Generator）能很简便地创立系统负载。该引擎能够生成虚拟用户，用虚拟用户模拟真实用户的业务操作行为。它先记录下业务流程（如下订单或机票预订），然后将其转换为测试脚本。利用 LoadRunner 可以在使用 Windows、UNIX 或 Linux 系统的计算机上同时产生成千上万个虚拟用户进行访问。所以 LoadRunner 能极大地减少负载测试所需的硬件和人力资源。另外，LoadRunner 的 TurboLoad 专利技术能提供很高的适应性。TurboLoad 每天可以产生数十万在线用户和数百万点击数的负载。用 Virtual User Generator 建立测试脚本后，可以对其进行参数化操作，这一操作能利用几套不同的实际发生数据来测试应用程序，从而反映系统的负载能力。以一个订单输入过程为例，参数化操作可将记录中的固定数据（如订单号和客户名）用可变值来代替。在这些变量内随意输入可能的订单号和客户名，以匹配多个实际用户的操作行为。

LoadRunner 可通过它的 Data Wizard 自动实现所测试数据的参数化。Data Wizard 直接与数据库服务器连接，可以从中获取所需数据（如订单号和用户名）并直接将其输入到测试脚本。这样不必再人工处理数据，为测试工作节省了大量的时间。为了进一步确定虚拟用户能够模拟真实用户，可利用 LoadRunner 控制某些行为特性。例如，只需要单击鼠标，就能轻易地控制交易的数量、交易的频率、用户的思考时间和连接速度等。

2. 创建真实的负载

虚拟用户建立后，需要设定负载方案、业务流程组合和虚拟用户数量。用 LoadRunner 的控制器（Controller）很快就可以组织起多用户的测试方案。Controller 的 Rendezvous 功能提供了一个互动的环境，在其中既能建立持续且循环的负载，又能管理和驱动负载测试方案，还可以利用它的日程计划服务定义用户在什么时候访问系统以产生负载，这样就能将测试过程自动化。同样还可以用 Controller 来限定负载方案，在这个方案中所有用户同时执行一个动作（如登录到某一库存应用程序）来模拟峰值负载的情况。另外，还可以监测系统架构中各个组件（包括服务器、数据库、网络设备等）的性能来帮助客户决定系统的配置。

LoadRunner 通过它的自动加载（AutoLoad）技术，为测试人员提供了更多的测试灵活性。使用 AutoLoad，可以根据目前的用户数事先设定测试目标，优化测试流程。例如，设定的目标可以是确定应用系统每秒收到的点击数或每秒交易量。

3. 定位性能问题

LoadRunner 内含集成的实时性能监测器，通过实时性能监测器在负载测试过程的任何时候都可以观察到应用系统的运行性能。这些性能监测器为用户实时显示交易性能数据（如响应时间）和其他系统组件（包括应用服务器、Web 服务器、网络设备和数据库等）的实时性能，并且可以在测试过程中，从客户和服务器两个方面评估这些系统组件的运行性能，从而更快地发现问题。

利用 LoadRunner 的 ContentCheck 工具，还可以判断负载下的应用程序的功能正常与否。ContentCheck 在虚拟用户运行时，检测应用程序的网络数据包内容，以此确定是否有错误内容传送出去。它的实时浏览器可帮助测试人员从终端用户角度观察程序性能状况。

4. 分析结果

一旦测试完毕，LoadRunner 即收集汇总所有的测试数据，并为测试人员提供分析和报告工具，以便迅速地查找到性能问题并追溯缘由。使用 LoadRunner 的 Web 交易细节监测器，可以了解到将所有的图像、框架和文本下载到每个网页上的时间。例如，Web 交易细节监测器能够分析是否因为一个大的图形文件或者第三方的数据组件造成应用系统运行速度减慢。另外，Web 交易细节监测器可以分解用于客户端、网络和服务器上端到端的响应时间，便于确定问题，定位真正出错的组件。例如，可以将网络延时分解，以判断 DNS 解析时间、连接服务器或 SSL 认证所耗费的时间。使用 LoadRunner 的分析工具能够很快地查找到出错的位置和原因并做出相应的调整。

5. 重复测试

负载测试是一个重复过程。每次处理完一个出错的情况，都需要对应用程序在相同方案下再进行一次负载测试，以此检验所做的修正是否改善了性能。

6. EJB 的测试

LoadRunner 完全支持企业级 Java 组件（Enterprise Java Beans，EJB）的负载测试。这些基于 Java 的组件运行在应用服务器上，提供广泛的应用服务。通过测试这些组件，可以在应用程序开发的早期就确认并解决可能产生的问题。

利用 LoadRunner，可以很方便地了解系统的性能。它的 Controller 允许重复执行与出错修改前相同的测试方案，并基于 HTML 的报告为测试工作提供了一个比较性能结果所需的基准，以此衡量在一段时间内有多大程度的改进，并确保应用成功。这些报告是基于 HTML 的文本，因此可以将其公布在企业内网上，便于随时查阅。

7. 最大化投资回报

所有 Mercury Interactive 的产品和服务都是集成设计的，它们能完全相容地一起运作。由于它们具有相同的核心技术，因此来自 LoadRunner 和 ActiveTest 的脚本在 Mercury Interactive 的负载测试服务项目中可以重复用于性能监测。借助 Mercury Interactive 的监测功能——Topaz 和 ActiveWatch，测试脚本可重复使用，从而平衡投资收益。更重要的是，这样能为测试的前期部署和生产系统的监测提供一个完整的应用性能管理解决方案。

8. 支持无线应用协议

随着无线设备数量和种类的增多，测试计划需要同时满足传统的基于浏览器的用户和无线互联网设备（如手机和 PDA）的用户。LoadRunner 支持两项最广泛使用的协议，即 WAP 和 I-mode。此外，通过负载测试系统整体架构，LoadRunner 只需记录一次脚本就可完全检测上述无线互联网设备。

9. 支持 Media Stream 应用

LoadRunner 还支持媒体流（Media Stream）应用。为了保证终端用户得到良好的操作体验和高质量的媒体流，必须检测媒体流应用。使用 LoadRunner 可以记录和重放任何流行的多媒体数据流格式，来诊断系统的性能问题、查找缘由、分析数据的质量。

8.1.3 性能测试的主要术语

1. 并发

并发一般分为两种情况：一种并发是严格意义上的并发，也就是狭义的并发，即所有用户在同一时刻做同一件事情或操作，这种操作一般针对同一类型的业务；另一种并发是广义的并发，这种并发与狭义的并发的区别是尽管多个用户对系统发出了请求或进行了操作，但是这些请求或操作可以是相同的，也可以是不同的。对整个系统而言，仍然有很多用户同时对系统进行操作。因此，广义的并发仍然属于并发的范畴。可以看出，广义的并发是包含狭义的并发的，而且广义的并发更接近用户的实际使用情况，因为对大多数系统而言，只有数量很少的用户进行"严格意义上的并发"。对性能测试而言，这两种并发一般都需要进行测试，通常的做法是先进行狭义的并发测试。狭义的并发一般发生在使用比较频繁的模块中，尽管发生的概率不是特别高，但是一旦发生，后果很可能是极严重的。狭义的并发测试往往与功能测试相关联，因为只要并发功能遇到异常通常都是程序的问题，这种测试也是健壮性测试和稳定性测试的一部分。

2. 并发用户数量

关于并发用户数量，有两种常见的错误观点。一种错误观点是把并发用户数量理解为使用系统的全部用户的数量，理由是这些用户可能同时使用系统；还有一种比较接近正确的观点是把用户在线数量理解为并发用户数量。但实际上，在线用户不一定会和其他用户发生并发，例如，正在浏览网页信息的用户，对服务器是没有任何影响的。但是，用户在线数量是统计并发用户数量的主要依据之一。并发主要是对服务器而言的，是否并发的关键是看用户的操作是否对服务器产生了影响。因此，并发用户数量的正确理解是，在同一时刻与服务器进行交互的在线用户数量。这些用户的最大特征是与服务器发生了交互，这种交互既可以是单向传送数据，也可以是双向传送数据。

并发用户数量的统计方法目前还没有准确的公式，因为不同的系统会有不同的并发特点。例如，办公自动化（Office Automation,OA）系统统计并发用户数量的经验公式为：使用系统的用户数量×(5%~20%)。对于这个公式，没有必要拘泥于计算出的结果，因为为了保证系统的扩展空间，测试时的并发用户数量会稍大一些，除非要测试系统能承受的最大并发用户数量。举例说明：如果一个 OA 系统的期望用户为 1000 个，只要测试出系统能支持 200 个并发用户就可以了。

3. 请求响应时间

请求响应时间是指从客户端发出请求到得到响应的整个过程的时间。这个过程从客户端发出一个请求开始计时，到客户端接收到从服务器端返回的响应结果计时结束。在某些工具中，请求响应时间通常会被称为 "TTLB"，即 "time to last byte"，意思是从发送一个请求开始，到客户端接收到最后一个字节的响应为止所耗费的时间。请求响应时间的单位一般为 "秒" 或 "毫秒"。

4. 事务响应时间

事务可能由一系列请求组成。事务的响应时间主要针对用户而言，属于宏观上的概念，它是为了向用户说明业务响应时间而提出来的。例如，跨行取款事务的响应时间就是由一系列的请求组成的。事务响应时间和业务吞吐率都是直接衡量系统性能的参数。

5. 吞吐率

吞吐率通常用来指单位时间内网络上传输的数据量，也可以指单位时间内处理的客户端请求数量，它是衡量网络性能的重要指标。但是从用户或业务角度来看，吞吐率也可以用 "请求数/秒" 或 "页面数/秒" "业务数/小时（或天）" "访问人数/天" "页面访问量/天" 来衡量。例如，在银行卡审批系统中，可以用 "千件/小时" 来衡量系统的业务处理能力。

6. TPS

每秒系统能够处理的交易或事务的数量（Transaction Per Second，TPS）是衡量系统处理能力的重要指标。TPS 也是 LoadRunner 中重要的性能参数指标。

7. 点击率

点击率是指每秒用户向 Web 服务器提交的 HTTP 请求数。这个指标是 Web 应用特有的：Web 应用是 "请求-响应" 模式，用户发出一次请求，服务器就要处理一次，所以 "点击" 是 Web 应用能够处理交易的最小单位。如果把每次点击定义为一次交易，点击率和 TPS 就是一个概念。不难看出，点击率越大，对服务器的压力就越大。点击率只是一个性能参考指标，重要的是分析点击时产生的影响。需要注意的是，这里的点击不是指鼠标的一次 "单击" 操作，而是在一次 "单击" 操作中，客户端可能向服务器发出多少个 HTTP 请求。

8.1.4　LoadRunner的安装

LoadRunner 有 Windows 版本和 UNIX 版本。本节讲解的是 LoadRunner 11.00 的 Windows 版本安装。LoadRunner 的主要组件有 Virtual User Generator（VuGen）、Controller 和 Analysis。Virtual User Generator 用于捕获最终用户业务流程和创建自动性能测试脚本（也称为虚拟用户脚本）；Controller 用于组织、驱动、管理和监控负载测试；Analysis 有助于查看、分析和比较性能结果。在安装之前要先了解 LoadRunner 11.00 的配置，其配置如下。

处理器：主频最小 1GHz，推荐 2GHz 及更高。

操作系统：Windows 7、Windows Vista SP2 32bit、Windows XP Professional SP3 32bit、Windows Server 2003 Standard Edition/Enterprise Edition SP2 32bit、Windows Server 2008 Standard Edition/Enterprise Edition SP2 32bit 和 64bit。

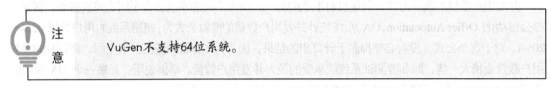

> 注
> 意　　VuGen不支持64位系统。

安装 LoadRunner 的操作步骤如下。

（1）开始安装 LoadRunner 时，要以 Administrator 的身份登录操作系统，然后运行 Setup.exe 进入图 8-1 所示的安装首页界面。

该界面中各主要选项的含义如下。

① LoadRunner 完整安装程序：完整安装 LoadRunner。

② Load Generator：安装能够创建虚拟用户的组件以及 MI 监听器（MI Listener），若只想生成多个用户而不想控制它们，可以选择这个选项。

③ Monitor Over Firewall：在启动 LoadRunner 代理的机器上安装监视器，穿越防火墙来监测。

④ MI Listener：安装 MI 监听器。

（2）选择 "LoadRunner 完整安装程序" 选项后，出现图 8-2 所示的安装欢迎界面。

图8-1　LoadRunner安装首页

图8-2　LoadRunner安装欢迎界面

（3）单击 "下一步" 按钮，进入图 8-3 所示的界面，如果接受许可协议条款，选中 "我同意" 单选按钮后单击 "下一步" 按钮。

（4）在出现的图 8-4 所示的 "客户信息" 界面上，输入相应的姓名和组织名称，然后单击 "下一步"按钮。

（5）在出现的图 8-5 所示的"选择安装文件夹"界面上，单击"浏览"按钮，选择需要将软件安装到的位置。选择完后，单击"下一步"按钮继续。

图8-3　LoadRunner许可协议界面　　　　　图8-4　LoadRunner客户信息界面

（6）在出现图 8-6 所示的"确认安装"界面上，单击"下一步"按钮开始安装。

图8-5　LoadRunner选择安装文件夹界面　　　图8-6　LoadRunner确认安装界面

（7）安装完成后会弹出图 8-7 所示的"安装完成"界面，单击"完成"按钮以退出。

图8-7　LoadRunner安装完成界面

8.1.5　LoadRunner的脚本录制

选择录制的脚本为LoadRunner自带的示例Web Tours Application，如图8-8所示，它位于LoadRunner安装目录下的\Samples\Web。

图8-8　LoadRunner示例目录

在录制之前需要开启相应的服务"Start Web Server"，如图8-9所示。

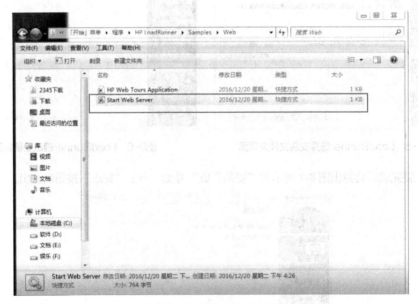

图8-9　开启示例程序的服务

选择程序组里的Mercury LoadRunner/Applications/Virtual User Generator或者直接选择程序组里的LoadRunner，在弹出的窗口中选择Create Scripts，打开录制脚本程序。之后，在图8-10所示的界面中选择相应的协议创建脚本。

图8-10左侧所示的功能列表中的选项的意义如下。

① New Single Protocol Script：创建一个单协议脚本。

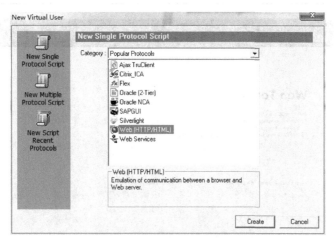

图8-10 选择协议界面

② New Multiple Protocol Script：创建一个多协议脚本。

③ New Script Recent Protocols：创建一个脚本，使用最近用过的协议。

对于标准的 Web 系统一般选择"New Single Protocol Script"选项；而对于使用了多种协议的系统，则选择"New Multiple Protocol Script"选项。选择哪一种协议通常是一件比较困难的事，如何选择一个正确的协议来测试，关系到能否得到正确有效的测试结果。正确选择协议需要测试人员对被测软件的系统架构有一定的了解。在实际工作中，可以多和开发人员进行沟通。录制脚本时根据应用类型建议选用的协议等如表 8-1 所示。选择录制的示例网站如图 8-11 所示。

表 8-1 录制脚本时选择的协议等

应用类型	建议选用协议等
Web 网站	HTTP/HTML
FTP 服务器	File Transfer Protocol（FTP）
邮件服务器	Internet Messaging Application Protocol（IMAP） Post Office Protocol（POP3） Simple Mail Transfer Protocol（SMTP）
C/S 客户端以 ADO、OLEDB 方式连接后台数据库	Microsoft SQL Server Oracle、Sybase、DB2、Informix
C/S 客户端以 ODBC 方式连接后台数据库	ODBC
C/S 客户端没有后台数据库	Socket
ERP 系统	SAP、PeopleSoft
分布式组件	COM/DCOM、EJB
无线应用	WAP、PALM

在选择完相应的协议之后，出现开始进行录制的窗口如图 8-12 所示，单击"OK"按钮进行录制。

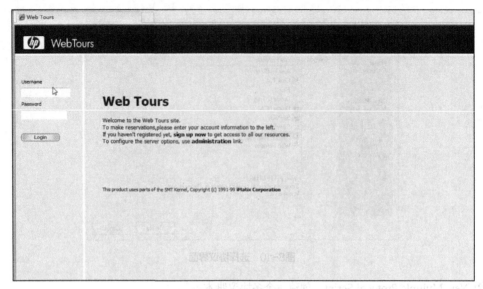

图8-11 选择录制的示例网站

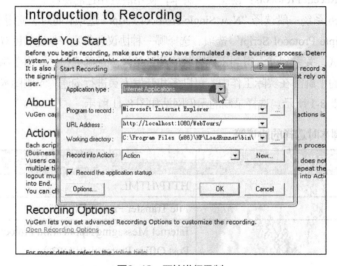

图8-12 开始进行录制

在开始录制之后，会自动出现图 8-13 所示的主要按钮提示框，提示框上也记录了相应的事件数。录制脚本的流程如下。

① 登录系统。

② 选择航班信息。

③ 选择出发城市：Denver。出发日期：保持默认。

④ 选择抵达城市：London。出发日期：保持默认。

⑤ 选择座位首选项：Window。其余选项：保持默认。

⑥ 选择航班号：保持默认。

⑦ 填写支付卡号：123456。

⑧ 填写输出日期：12/26。

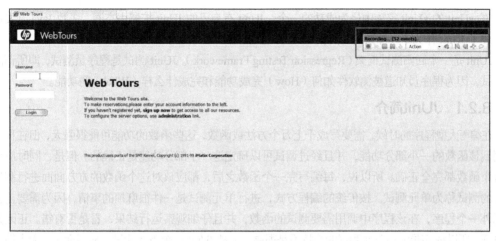

图8-13　事件录制

⑨ 查看订票信息。

⑩ 退出系统。

产生的脚本如图 8-14 所示，LoadRunner 的脚本是类 C 语言，一般不需要测试人员从头到尾自己编写，只需要在录制完的脚本上修改即可。录制成功之后就可以运行一遍该脚本，方法是单击工具栏上的运行脚本按钮，运行完后会自动生成一个报告。至此，脚本录制完毕。

图8-14　产生的脚本

8.2　单元测试工具JUnit

JUnit 是一个 Java 语言的单元测试框架。它由 Kent Beck 和 Erich Gamma 建立，逐渐成为源于 Kent

Beck 的 sUnit 的 xUnit 家族中最为成功的一个。JUnit 有自己的 JUnit 扩展生态圈，多数 Java 开发环境都集成了 JUnit 作为单元测试的工具。

JUnit 是一个回归测试框架（Regression Testing Framework）。JUnit 测试是程序员测试，即所谓的白盒测试，因为程序员知道被测软件如何（How）完成功能和完成什么样（What）的功能。

8.2.1　JUnit简介

在编写大型程序的时候，需要写成千上万个方法或函数，这些函数的功能可能很强大，但在程序中只用到该函数的一小部分功能，并且经过调试可以确定这一小部分功能是正确的。但是，同时应该确保每个函数都完全正确。所以说，每编写完一个函数之后，都应该对这个函数的方方面面进行测试，这样的测试称为单元测试。按传统的编程方式，进行单元测试是一件很麻烦的事情，因为需要重新编写另外一个程序，在该程序中调用需要测试的函数，并且仔细观察运行结果，看是否有错。正因为如此麻烦，所以程序员编写单元测试的热情不是很高。于是 JUnit 这个单元测试包应运而生，大大简化了进行单元测试所要做的工作。

JUnit 是用于编写和运行可重复的自动化测试的开源测试框架。JUnit 可广泛应用于工业和作为 IDE（如 Eclipse）内单独的 Java 程序。

JUnit 提供了一些特有的便于测试的功能，例如，利用断言的方式确定结果是否正确，同时测试功能可以共享通用的测试数据。此外，JUnit 还提供了测试套件，也就是 TestSuite，来帮助组织和运行测试。

JUnit 提供以下功能。

① JUnit 提供断言测试预期结果。

② JUnit 提供测试功能共享通用的测试数据。

③ JUnit 提供测试套件轻松地组织和运行测试。

④ JUnit 提供图形和文本测试运行。

JUnit 有以下非常明显、易于使用的优点。

① JUnit 是用于编写和运行测试的开源框架。

② JUnit 提供了注释，以确定测试方法。

③ JUnit 提供断言测试预期结果。

④ JUnit 提供了测试运行的运行测试。

⑤ JUnit 测试让程序员可以更快地编写代码，提高质量。

⑥ JUnit 的风格优雅、简洁，并不过于复杂，学习和使用它编码无须花费太多的时间。

⑦ JUnit 可以自动运行，检查自己的结果，并提供即时反馈，没有必要通过测试结果报告来手动梳理。

⑧ JUnit 可以组织成测试套件包含测试案例，甚至其他测试套件。

⑨ JUnit 是显示测试进度的，如果测试结果没有问题，表示测试结果的条形是绿色的，否则会变成红色。

此外，JUnit 还提供了许多不同的注释，帮助确定测试方法，也就是说，可以利用注释来测试程序的各个方面。JUnit 是开源的，不需要购买框架，也可以在其原有的基础上对其做出扩展。因为 JUnit 的测试代码是另外编写的，所以可以将测试代码与产品代码分开，不会出现混淆的情况。同时，JUnit 能够比较容易地被集成到构建过程中。

8.2.2　安装与使用

下面通过一个简单的示例来学习 JUnit 的安装与使用：首先新建一个项目叫 JUnit_Test，编写一个

Calculator 类，这是一个能够简单实现加/减/乘/除、平方、开方功能的计算器类，然后对这些功能进行单元测试。这个类并不是很完美，在其中故意保留了一些软件缺陷用于演示，这些软件缺陷在注释中都有说明。该类代码如下。

```
package andycpp;
public class Calculator {
    private static int result;      // 静态变量，用于存储运行结果
    public void add(int n) {
        result=result+n;
    }
    public void substract(int n) {
        result=result-1;            //软件缺陷：正确的应该是 result=result-n
    }
    public void multiply(int n) {
    }               // 此方法尚未写好
    public void divide(int n) {
        result=result/n;
    }
    public void square(int n) {
        result=n*n;
    }
    public void squareRoot(int n) {
        for (; ;) ;       //软件缺陷：死循环
    }
    public void clear() { // 将结果清零
        result=0;
    }
    public int getResult() {
        return result;
    }
}
```

第 1 步，将 JUnit4 单元测试包引入这个项目。在该项目上右键单击，在弹出的快捷菜单中选择"Properties"菜单项，如图 8-15 所示。

图8-15　导入JUnit包1

在弹出的属性对话框中，首先在左边选择"Java Build Path"选项，然后到右上选择"Libraries"标签，之后在最右边单击"Add Library..."按钮，如图8-16所示。

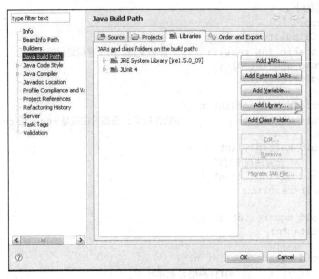

图8-16　导入JUnit包2

然后在新弹出的对话框中选择"JUnit 4"并单击"OK"按钮，JUnit4软件包就被包含进这个项目了。

第2步，生成JUnit测试框架。在Eclipse的Package Explorer中右键单击该类，在弹出的菜单中选择"New"→"JUnit Test Case"菜单项，如图8-17所示。

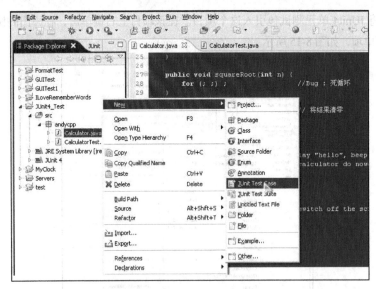

图8-17　生成JUnit测试框架

在弹出的"JUnit Test Case"对话框中进行相应的选择，如图8-18所示。

单击"Next"按钮后，系统会自动列出这个类中包含的方法，选择要进行测试的方法。此例中，仅对"add(int)、substract(int)、multiply(int)、divide(int)"4个方法进行测试，如图8-19所示。

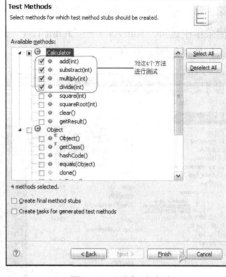

图8-18　生成JUnit测试框架　　　　　　　图8-19　测试4个方法

　　之后系统会自动生成一个新类 CalculatorTest，里面包含一些空的测试用例，只需要将这些测试用例稍做修改即可使用。完整的 CalculatorTest 代码如下。

```java
package andycpp;
import org.junit.*;
public class CalculatorTest {
    private static Calculator calculator=new Calculator();
    @Before
    public void setUp() throws Exception {
        calculator.clear();
    }
    @Test
    public void testAdd() {
        calculator.add(2);
        calculator.add(3);
        assertEquals(5, calculator.getResult());
    }
    @Test
    public void testSubstract() {
        calculator.add(10);
        calculator.substract(2);
        assertEquals(8, calculator.getResult());
    }
    @Ignore("Multiply() Not yet implemented")
    @Test
    public void testMultiply() {
    }
    @Test
    public void testDivide() {
        calculator.add(8);
        calculator.divide(2);
        assertEquals(4, calculator.getResult());
    }
}
```

第 3 步，运行测试代码。按照上述代码修改完后，在 CalculatorTest 类上用鼠标右键单击，在弹出的快捷菜单中选择"Run As"→"JUnit Test"菜单项来运行测试，如图 8-20 所示。

运行结果如图 8-21 所示。

图8-20　运行测试代码

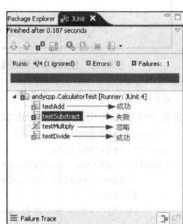

图8-21　运行结果

进度条是红色表示发现错误，具体的测试结果在进度条上面有表示。对于图 8-21 所示的示例，共进行了 4 个测试，其中 1 个测试被忽略，1 个测试失败。

至此，已经完成了一个较为完整的测试过程，接下来对测试的原则和方法进行分析。

8.2.3　JUnit使用原则

继续对 8.2.2 小节使用 Eclipse 自动生成的测试框架进行分析。在本小节中，仔细分析这个测试框架中的每个细节，同时了解一些简单的测试方法与原则，才能更加熟练地应用 JUnit。

1. 包含必要的包

在测试类中用到了 JUnit 4 框架，自然要把相应的包包含进来，最主要的一个包就是"org.junit.*"。把它包含进来之后，绝大部分功能就有了。此外，还有一个包也非常重要，它就是"org.junit.Assert.*"，在测试的时候使用的一系列 assertEquals 方法就来自这个包。注意，这里使用静态包含，即"import static org.junit.*"，也就是说，assertEquals 是 Assert 类中的一系列静态方法，一般的使用方式是 Assert.assertEquals()，但是若使用了静态包含，前面的类名就可以省略了，使用起来更加方便。

2. 测试类的声明

示例中使用的测试类是一个独立的类，没有任何父类。测试类可以任意命名，没有任何限制。所以不能通过类的声明来判断它是不是一个测试类，它与普通类的区别在于其内部方法的声明。

3. 创建一个待测试的对象

需要测试哪个类就先要创建一个该类的对象。正如 8.2.2 小节中的如下代码：

```
private static Calculator calculator=new Calculator();
```

为了测试 Calculator 类，必须创建一个 calculator 对象。

4. 测试方法的声明

在测试类中，并不是每个方法都是用于测试的，必须使用"标注"来明确表明哪些是测试方法。某些方法的前有@Before、@Test、@Ignore 等字样的就是标注，标注以一个"@"作为开头。这些标注都是 JUnit 4 自定义的，熟练掌握这些标注的含义非常重要。

5. 编写一个简单的测试方法

在方法的前面使用@Test 标注，表明这是一个测试方法。对于方法的声明也有如下要求：名称可以随便取，没有任何限制，但是返回值必须为 void，而且不能有任何参数。如果违反这些规定，会在运行时抛出异常。方法内的内容视需要测试的内容来定，示例代码如下：

```
@Test
    public void testAdd() {
        calculator.add(2);
        calculator.add(3);
        assertEquals(5, calculator.getResult());
    }
```

如果想测试"加法"功能是否正确，就在测试方法中调用几次 add()函数，初始值为 0，先加 2，再加 3，我们期待的结果应该是 5。如果最终实际结果也是 5，则说明 add 方法是正确的，反之说明它是错的。语句"assertEquals(5, calculator.getResult());"就是用来判断期待结果和实际结果是否相等，第一个参数填写期待结果，第二个参数填写实际结果，也就是通过计算得到的结果。这样写好之后，JUnit 会自动进行测试并把测试结果反馈给用户。

6. 忽略测试某些尚未完成的方法

如果在写程序前做了很好的规划，那么一些方法及其对应的功能都应该提前确定下来。因此，即使该方法尚未完成，它的具体功能也是确定的，这也就意味着可以为它编写测试用例。但是，如果测试人员已经把该方法的测试用例写完，而开发人员尚未完成该方法，那么测试的时候一定是"失败"。这种失败和真正的失败是有区别的，因此 JUnit 提供了一种方法来区别它们，那就是在这种测试函数的前面加上@Ignore 标注，这个标注的含义就是"某些方法尚未完成，暂不参与此次测试"。这样的话，测试结果就会提示有几个测试被忽略，而不是失败。一旦开发人员完成了相应的函数，只需要把@Ignore 标注删去，就可以进行正常的测试。

7. Fixture

Fixture 的含义就是"在某些阶段必然被调用的代码"。例如，上面的测试由于只声明了一个Calculator 对象，它的初始值是 0，但是测试完加法操作后，它的值就不是 0 了；接下来测试减法操作就必然要考虑上次加法操作的结果。然而这个设计在测试多个对象时就并不适用了。测试人员希望每个测试都是独立的，相互之间没有任何耦合。因此，很有必要在执行每个测试之前，对 Calculator 对象进行一个"复原"操作，以消除由其他测试造成的影响。因此，"在任何一个测试执行之前必须执行的代码"就是一个 Fixture，用@Before 来标注，如前面例子所示。

```
@Before
    public void setUp() throws Exception {
       calculator.clear();
    }
```

这里不再需要@Test 标注，因为这不是一个测试方法，而是一个 Fixture。同理，如果"在任何测试执行之后需要进行的收尾工作"也是一个 Fixture，使用@After 来标注。本例比较简单，没有用到此功能。

8.2.4 其他特性

通过 8.2.2 小节和 8.2.3 小节的介绍，读者现在对 JUnit 应该有了一个基本的了解。下面来探讨 JUnit 4 中一些高级特性。

1. 高级 Fixture

8.2.3 小节中介绍了两个 Fixture 标注，分别是@Before 和@After，下面来看看它们是否适合完成如下功能。

有一个类是负责对大文件（超过 500MB）进行读写的，每个方法都是对文件进行操作。换句话说，在调用每个方法之前，都要打开一个大文件并读入文件内容，这绝对是一个非常耗费时间的操作。如果使用@Before 和@After，那么每次测试都要读取一次文件，效率及其低下。而这里所希望的是在所有测试一开始读一次文件，所有测试结束之后释放文件，而不是每次测试都读文件。JUnit 的开发者显然也考虑到了这个问题，它给出了@BeforeClass 和@AfterClass 两个 Fixture 来帮助实现这个功能。顾名思义，用这两个 Fixture 标注的函数只在测试用例初始化时执行@BeforeClass 方法，当所有测试执行完后，执行@AfterClass 进行收尾工作。这里要注意一下，每个测试类只能有一个方法被标注为@BeforeClass 或@AfterClass，并且该方法必须是 Public 和 Static 的。

2. 限时测试

在 8.2.2 小节中，给出了一个计算器类 Calculator，而其中求平方根的函数是有软件缺陷的，它是个死循环：

```
public void squareRoot(int n){
    for(; ;);//软件缺陷:死循环
}
```

如果测试的时候遇到死循环，测试会变得非常麻烦。因此，对那些逻辑很复杂、循环嵌套比较深的程序一定要采取一些预防措施。限时测试是一个很好的解决方案。给这些测试函数设定一个执行时间，超过这个时间，它们就会被系统强行终止，并且系统会进行反馈，这样测试人员就可以发现这类软件缺陷了。要实现这一功能，只需要给@Test 标注加一个参数即可，示例代码如下：

```
@Test(timeout = 1000)
public void squareRoot(){
    calculator.squareRoot(4);
    assertEquals(2, calculator.getResult());
}
```

timeout 参数表明了需要设定的时间，单位为毫秒，因此代码中的 1000 就代表 1 秒。

3. 测试异常

Java 中的异常处理也是一个重点，因此经常需要编写一些需要抛出异常的函数。那么，如果一个函数应该抛出异常，但是它没抛出，这算不算软件缺陷呢？这当然是软件缺陷，JUnit 也考虑到了这一点，帮助找到这种软件缺陷。例如，Calculator 类有除法功能，如果除数是一个 0，那么必然要抛出"除 0 异常"。因此，很有必要对这些进行测试，代码如下：

```
@Test(expected=ArithmeticException.class)
public void divideByZero(){
    calculator.divide(0);
}
```

如上述代码所示，需要使用@Test 标注的 expected 属性将要检验的异常传递给它，这样 JUnit 框架就能自动检测是否抛出了指定的异常。

4. 运行器

把测试代码提交给 JUnit 框架后，框架如何运行代码呢？答案就是用运行器（Runner）。在 JUnit 中有很多个 Runner，它们负责调用测试代码，每个 Runner 都有各自的特殊功能，要根据需要选择不同的 Runner 来运行测试代码。JUnit 中有一个默认的 Runner，如果没有指定，那么系统自动使用默认的 Runner 来运行代码。换句话说，下面两段代码含义是完全一样的。

```java
import org.junit.internal.runners.TestClassRunner;
import org.junit.runner.RunWith;
//使用了系统默认的 TestClassRunner，与下面代码完全一样
public class CalculatorTest{
 ...
}


@RunWith(TestClassRunner.class)
public class CalculatorTest{
 ...
}
```

从上述例子可以看出，要想指定一个 Runner，需要使用@RunWith 标注，并且把所指定的 Runner 作为参数传递给它。另外，@RunWith 是用来修饰类而不是用来修饰函数的。只要对一个类指定了 Runner，那么这个类中的所有函数都被这个 Runner 来调用。

5. 打包测试

通过前面的介绍大家可以感觉到，在一个项目中，只写一个测试类是不可能的，而是会写出很多很多个测试类。可是这些测试类必须一个一个地执行，这也是比较麻烦的事情。鉴于此，JUnit 提供了打包测试的功能，将所有需要运行的测试类集中起来，一次性地运行完毕，极大地方便了测试工作，具体代码如下：

```java
import org.junit.runner.RunWith;
import org.junit.runners.Suite;
@RunWith(Suite.class )
@Suite.SuiteClasses({
    CalculatorTest.class ,
    SquareTest.class
 })
public class AllCalculatorTests{
}
```

可以看到，这个功能也需要使用一个特殊的 Runner，因此需要向@RunWith 标注传递一个参数 Suite.class。同时，还需要另外一个标注@Suite.SuiteClasses 来表明这个类是一个打包测试类，把需要打包测试的类作为参数传递给该标注就可以了。有了这两个标注之后，就已经完整地表达了所有的含义，因此下面的类已经无关紧要了，任意起一个类名，内容全部为空即可。

8.3　功能测试工具C++test

C++test 是 Parasoft 针对 C/C++语言的一款自动化测试工具。Parasoft 是全球领先的软件测试工具和整体解决方案的专业开发供应商，自动错误预防（Automated Error Prevention，AEP）理论的创始者，软件测试领域的领导者，成立于 1987 年总部设在美国加利福尼亚州的蒙罗维亚市，其前身是一家专

门为美国国防部提供并行计算等专业服务的机构。Parasoft 公司拥有数十年丰富的专业技术积累和行业应用经验，专注于软件测试领域，有 18 项软件技术专利，致力于帮助客户迅速提高软件质量的同时大幅缩短上市周期和降低开发成本；Parasoft 公司拥有遍布全球的分支机构和分销商网络，全球超过 10000 家客户，财富 500 强公司中的 58%、财富 100 强公司中的 88%都正在使用 Parasoft 的产品和解决方案。

Parasoft C++test 是经广泛证明的最佳实践集成解决方案，它能有效地提高开发团队的工作效率和软件质量。C++test 支持编码策略增强、静态分析、全面代码走查、单元与组件的测试，为用户提供一种实用的方法来确保其 C/C++代码按预期运行。它能够在桌面的 IDE 环境或命令行的批处理方式下进行回归测试。C++test 和 Parasoft GRS 报告系统相集成，为用户提供基于 Web 且具备交互和向下钻取能力的报表以供用户查询，并允许团队跟踪项目状态并监控项目趋势。

C++test 具有以下特性。

（1）在不需要执行程序的情况下识别软件运行时缺陷

C++test BugDetective 通过静态模拟程序执行路径，可跨越多个函数和文件，从而找到软件运行时缺陷。查找到的软件缺陷包括使用未初始化的内存、空指针引用、除零、内存和资源泄漏。对这些通过常规静态分析所忽略的软件缺陷，可高亮显示其执行路径。

对未经健壮性测试的遗留代码或基于某些嵌入式系统的代码（运行时分析是无效或不可能实现的），BugDetective 的这种在执行代码前就定位软件缺陷的能力对用户是非常有用的。

（2）自动化代码分析以增强兼容性

一套行之有效的编码策略能够降低整个程序中的错误，C++test 通过建立一系列编码规范，进而通过静态分析来检测兼容性并预防代码错误。对 C++test 进行配置，用户可以对特定团队或组织进行编码标准策略增强，同时用户可以在内置和自定义规则中定义自己的规则集。C++test 提供了 800 多条内置规则，包括 MISRA、JSF、Ellemtel、斯科特·迈耶（Scott Meyers）的 Effective C++和 Effective STL，以及其他一些从主流资源中提取的编程建议，识别代码中因 C/C++使用不当而存在的潜在软件缺陷，提供最佳编码建议以提高代码的可维护性和可复用性。使用图形化的 RuleWizard 编辑器制订的自定义规则能将 API 使用标准化并预防发现单个错误后类似错误重复出现。

（3）C++test 的优点

C++test 能提高团队开发的效率，应用全面的最佳实践集合以缩减测试时间，降低测试难度，减少质量保证阶段遇到的错误。

在现有开发资源下，使用 C++test 能完成更多任务，能自动解决琐碎的编码问题，从而使更多的时间可被分配到需要人来解决的问题上。

C++test 提供可靠的构件代码，使用它可以高效地构造，提供可持续执行和全面的回归测试套件以检测版本更新是否破坏既有功能。

C++test 提供 C/C++代码质量完成状态的可视化报告按需访问目标代码的评估，并跟踪其过程以提高质量和完成预期目标。

使用 C++test 可以削减支持成本。它可以自动对广泛的潜在用户路径进行负面测试以查找出只有在真正使用时才能发现的问题。

（4）支持嵌入式和跨平台开发

针对嵌入式和跨平台开发，C++test 可以用于基于宿主环境和目标环境的代码分析和测试流。在宿主环境中，开发者通过使用编码策略增强、静态代码分析、全面代码审查、单元测试、组件测试以及回归测试来检测代码。测试过程中依赖外部环境的代码将被桩函数替换，桩函数模拟真实运行环境，而不需要访问相关硬件或软件。

通过宿主环境的扩展测试，C++test 允许用户在目标硬件尚未构建好或不可用于测试的情况下，针对已经完成的代码进行验证。正是因为如此，应用程序逻辑上的大多数问题能够在早期就被发现，这时发现并且修复是最方便和迅捷的，从而使目标环境的测试能够着重于验证软硬件接口方面的问题。此外，在宿主环境中，自动化运行和维护更易于进行，使开发者能够检查独立于平台的代码的正确性而不必使用其他附加的嵌入式开发工具。

（5）高度可定制化

C++test 允许用户完全自定义测试执行流程。除了使用内置的自动化测试，用户还可以包含自定义的测试脚本和 shell 命令来使工具符合自己的具体构建和测试环境。

C++test 主要具有以下功能。

① C++test 根据用户选定的编码规范对代码做静态分析来增强兼容性。

② C++test 提供一个图形化的 RuleWizard 编辑器来定制用户编码规则。

③ C++test 对代码路径做静态模拟以定位潜在的运行时错误。

④ C++test 提供图形化接口和动态跟踪使代码走查自动化。

⑤ C++test 自动生成并执行单元级和组件级的测试。

⑥ C++test 提供灵活的桩函数机制。

⑦ C++test 完全支持回归测试。

⑧ C++test 提供代码高亮显示的代码覆盖率分析。

⑨ C++test 使用图形或命令行方式进行全面团队部署。

接下来将一步一步地详细介绍 C++test 的安装和使用方法。

8.3.1　C++test的安装

C++test 的安装包分为独立版本和插件版本两种，C++test 可安装运行在 Windows、Linux 和 Solaris 操作系统上。在 Windows 操作系统环境下，插件版本安装完成后，C++test 可作为 Visual Studio 集成开发环境的一个插件供用户使用。独立版本安装完成后为独立的集成测试环境。插件版本的 C++test 可以运行于 Visual Studio 集成开发环境中，这样便于开发者边开发边测试。本小节主要以插件版本的 C++test 为基础进行讲解。

在 Windows 操作系统下，C++test 的安装比较简单，本小节的安装实例选用的是 C++test 9.2 版本的插件安装包，具体安装步骤如下。

（1）双击插件版本的 C++test 安装包。

（2）步骤（1）执行完成后，出现图 8-22 所示的对话框，选择安装版本的语言（C++test 目前支持英文、中文、日文）。

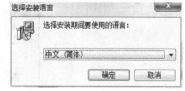

图8-22　选择安装语言

（3）单击"确定"按钮，出现图 8-23 所示的安装向导对话框，单击"我接受协议"单选按钮，然后单击"下一步"按钮。

（4）出现图 8-24 所示的安装向导，点击"下一步"按钮。

（5）出现图 8-25 所示的安装向导，选择 C++test for Visual Studio 的安装目录，如图 8-25 所示，然后单击"下一步"按钮。

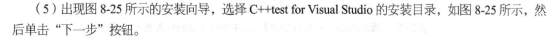

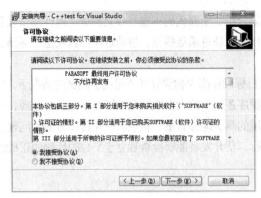

图8-23　接受协议

图8-24　单击"下一步"按钮

（6）出现图8-26所示的安装向导，选择Parasoft Test for Visual Studio的安装目录，然后单击"下一步"按钮。

图8-25　选择C++test安装目录

图8-26　选择Parasoft Test安装目录

默认情况下，会安装两个文件夹：一个是cpptest；另一个是test。后者是Parasoft工具统一的框架，在C++test 9.0及其以后的版本都有此文件夹。如果想选择其他目录安装，一定要将cpptest和test的位置并列存放，不可以将某一文件夹放入另一文件夹。

（7）出现图8-27所示的安装向导，添加Parasoft C++test插件到主Visual Studio配置中，这里选择默认配置即可，然后单击"下一步"按钮。

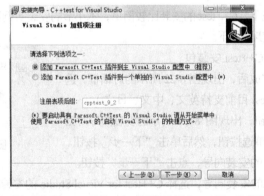

图8-27　添加Parasoft C++test插件到主Visual Studio配置中

（8）出现图 8-28 所示的安装向导，选择程序快捷方式存放位置，这里保持默认即可，单击"下一步"按钮，出现图 8-29 所示的正在安装界面，直到完成安装。

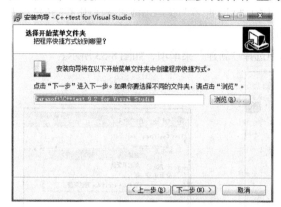

图8-28 选择程序快捷方式存放位置

图8-29 完成安装

安装完成后，打开 Visual Studio 2010 集成开发环境，即可看到菜单栏中多出 Parasoft 的菜单项，则表明安装成功，如图 8-30 所示。

图8-30 安装插件版本C++test后的Visual Studio主界面截图

独立版本 C++test 安装完成后，主界面如图 8-31 所示。

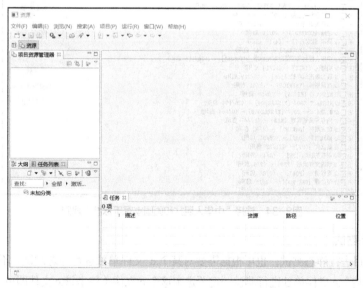

图8-31 独立版本C++test主界面

8.3.2 C++test静态测试

静态测试是指不运行被测程序本身，仅通过分析或检查源程序的语法、结构、过程、接口等来检查程序的正确性。

C++test 有一个非常重要的功能，就是静态测试。

1. 静态测试配置

选择 Visual Studio 2010 菜单栏上 Parasoft 菜单中的"测试配置"菜单项或者选择测试三角号右边的下拉菜单中的"测试配置"菜单项，如图 8-32 所示。

右键单击"用户自定义"选项，在弹出的菜单中选择"新建"菜单项，如图 8-33 所示。

图8-32 选择"测试配置"菜单项

图8-33 选择"新建"菜单项

名称可根据不同的测试项目及测试标准命名，这里命名为"静态测试"。单击"静态"选项卡，只选中"中华人民共和国国家军用标准"的所有规则，图 8-34 所示的是系统规则树，用户也可以创建自己的静态规则，创建方法将在 8.3.3 小节给出讲解。

其他项留给读者自行练习，单击"Apply"→"Close"按钮完成测试配置。

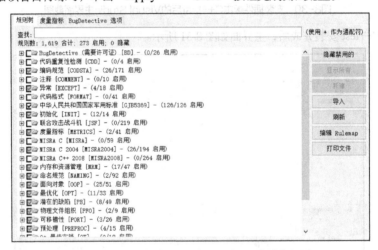

图8-34 选择"中华人民共和国国家军用标准"规则

2. 执行静态测试

可对整个项目进行静态测试，也可根据需要对某个.c 文件单独进行静态测试。不同的测试要选中测试目标，如对某个.c 文件单独进行测试一定要选中这个.c 文件（单击该.c 文件即可）。单击工具栏中的"生成"→"生成解决方案"选项。

执行静态测试，单击右三角右边的下拉菜单，选择"静态测试"选项，直接运行静态规则。

3. 查看测试报告

运行静态规则后，控制台则显示测试报告，如图 8-35 所示。

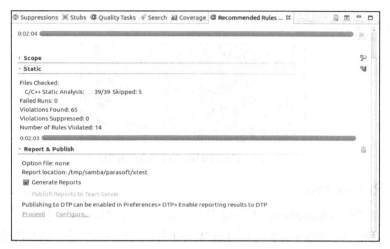

图8-35 测试报告

4. 查看质量任务

在菜单栏中选择"Parasoft"→"显示视图"→"质量任务"菜单项，如图 8-36 所示。

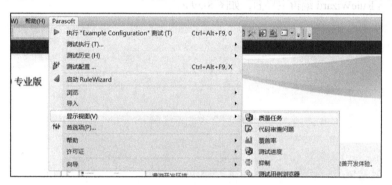

图8-36 查看质量任务

查看质量任务的结果如图 8-37 所示。

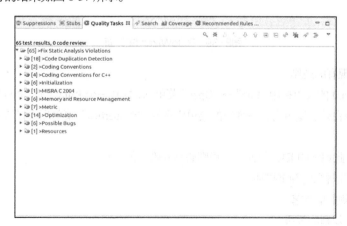

图8-37 测试结果

双击看到的"感叹号"可以快速地定位到源代码中的位置；也可把鼠标指针放到源代码小红帽处

189

查看静态测试的详细信息，如图 8-38 所示。

图8-38　静态测试找出的不符合规则的行

8.3.3　RuleWizard

用 C++test 图形化的 RuleWizard 可以结合用户的编码规范来定制规则，这样可以给测试人员带来方便、节约人工检查所带来的不必要成本。RuleWizard 提供给用户一个图形化编辑规则的界面，用户可通过界面操作定制自己的测试规则，提高测试规则的灵活性。

1. 启动 RuleWizard

单击 Visual Studio 2010 集成开发环境主界面，在菜单栏中打开 Parasoft 菜单，选择"启动 RuleWizard"菜单项，则弹出 RuleWizard 编辑主界面，如图 8-39 所示。

图8-39　RuleWizard主界面

2. 打开一个现有的规则

选择 RuleWizard 的菜单栏中"File"→"Open"菜单项，打开一个 Rule 文件，RuleWizard 文件以.rule扩展名结尾。在空白处右键单击，在弹出的菜单中选择"Properties"菜单项可以查看此规则的属性，包括如下属性。

- Rule ID：此规则的 ID，任何一个规则必须有唯一的 ID。
- Header：此规则的简单描述。
- Author：规则的作者。
- Severity：规则的等级。
- Description：规则的例子。

规则的等级包括如下几个。

- Information：通知（I）。
- Possible violation：可能的违规（PV）。
- Violation：违规（V）。
- Possible severe violation：可能的严重违规（PSV）。
- Severe violation：严重违规（SV）。

3. 设计一个新规则

（1）选择"File"→"New"菜单项，打开新规则界面，如图 8-40 所示。

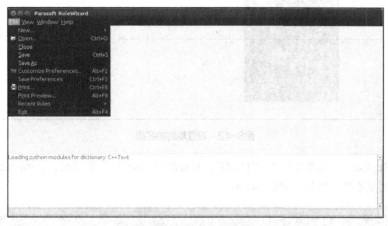

图8-40 新建一个规则

（2）选择"C，C++"→"Declarations"→"Functions"节点，然后单击"OK"按钮，如图 8-41 所示。

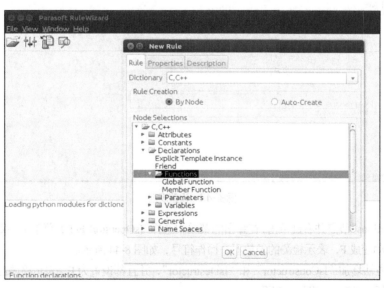

图8-41 为Functions新建一个规则

（3）设置规则内容：选择"Functions"节点并右键单击，在弹出的菜单中选择"Names(s)"菜单项，如图 8-42 所示。

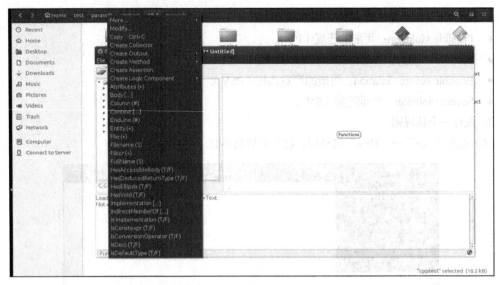

图8-42　设置规则的名称

（4）在"RegExp"文本框中输入"^[A-Z]"，并且选中"Negate"复选框，表示函数名称必须以大写字母开头，如果不是则报错，如图8-43所示。

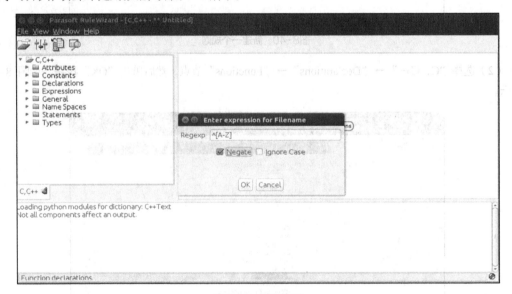

图8-43　设置规则

选择"Functions"节点并右键单击，在弹出的菜单中选择"IsOperator（F/T）"菜单项，双击"IsOperator"的T开关，自动变成F，表示检测的函数不是操作符号，如图8-44所示。

用同样的方法增加"IsConstructor"和"IsDestructor"，并且都设置为F，表示检测的函数不是构造函数，也不是析构函数，如图8-45所示。

（5）设置检查结果显示标题，选择"Functions"节点并右键单击，在弹出的菜单中选择"Create Output"→"Display"菜单项。在"Message"文本中输入"A function name should begin with a capital letter"，表示函数必须以大写字母开头。

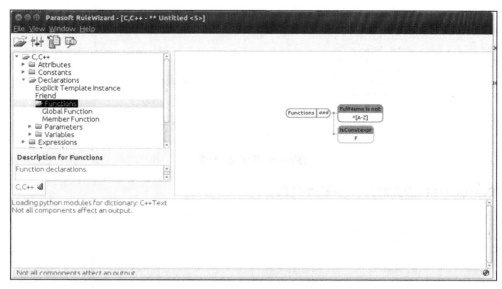

图8-44 设置检测规则不是操作符

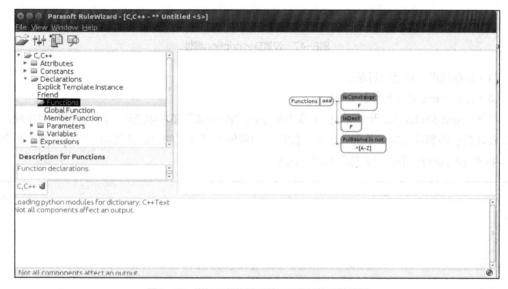

图8-45 增加不是构造函数和不是析构函数规则

（6）设置规则属性。

在空白处右键单击，在弹出的菜单中选择"Properties"菜单项，然后在弹出的"Rule Properties"对话框中编辑以下信息。

- Rule ID：规则的 ID 号，每个规则都有一个唯一的 ID。
- Header：规则的显示标题。
- Author：规则的作者。
- Severity：规则的等级。

设置规则属性如图 8-46 所示。

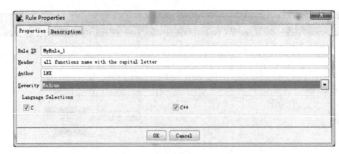

图8-46　设置规则属性

Description 给出规则的例子，如图 8-47 所示。

图8-47　设置Description属性

（7）保存规则到自己的目录。

（8）在 C++test 中导入自定义规则。

打开 Visual Studio 集成开发环境，在菜单栏中的"Parasoft"菜单中选择"测试配置"菜单项，这时，新建自己的测试配置，单击"导入"按钮，则可导入刚建立的自定义规则。刚建立的规则会在图 8-48 所示的规则树中以"未知"项显示出来。

图8-48　导入自己所建的规则

利用之前建立的规则，按照上述测试方法，重新对源代码进行测试，测试结果如图 8-49 所示。可见，sum 函数的首字符为小写，违反了所建的规则。

图8-49 利用新建规则重新测试得出的结果

8.3.4 C++test动态测试

1. 自动生成测试用例

选择"Parasoft"→"测试配置"菜单项，如图 8-50 所示。

图8-50 选择"测试配置"菜单项

选择"用户自定义"节点，单击"新建"按钮，名称可根据不同的测试项目及测试标准填写，这里默认命名为"自动生成测试用例"，如图 8-51 所示。

单击"静态"选项卡，取消"启动静态分析"复选框。

单击"生成"选项卡，选中"启动单元测试生成"复选框。

其他选项暂不考虑，单击"Apply"→"Close"按钮完成测试配置。

2. 执行自动生成测试用例

可对整个项目执行自动生成测试用例，也可根据需要对某个.c 文件单独执行自动生成测试用例。不同的测试要选中测试目标，如对某个.c 文件单独进行测试，则先选中这个.c 文件。

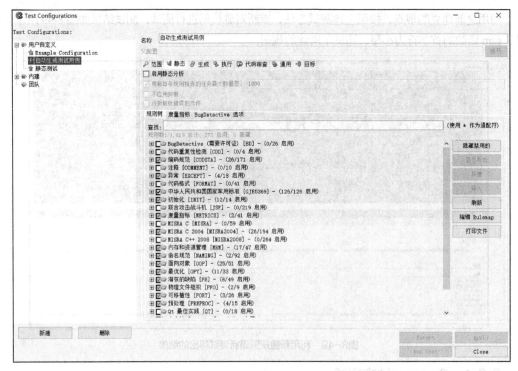

图8-51　应用新的测试配置

选择工具栏中的"生成"→"生成解决方案"菜单项。

执行自动生成测试用例，在右三角右边的下拉菜单中选择"测试执行"→"用户自定义"→"自动生成测试用例"菜单项，如图 8-52 所示。

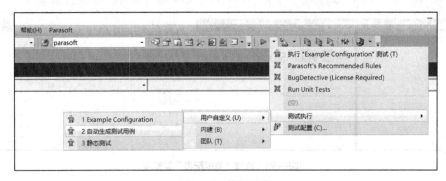

图8-52　执行测试

运行测试后，可见解决方案资源管理器中会自动生成 TestSuite_AddTest_cpp.cpp 的测试文件，如图 8-53 所示。

3. 查看测试报告

自动生成测试用例后，单击控制台，可看到测试结果，如图 8-54 所示。

4. 查看自动生成的测试用例

在菜单栏中选择"Parasoft"→"显示视图"→"测试用例浏览器"菜单项，出现图 8-55 所示的界面，双击测试用例可查看测试用例源代码。

图8-53　执行完测试后界面样式

图8-54　查看控制台

图8-55　查看测试用例源代码

5. 手动建立数据源测试用例

（1）建立数据源

例如，上面所述的 sum 函数，在自动生成测试用例后，在测试用例浏览器中右键单击"TestSuite_AddTest_cpp_d5312f31"节点，在弹出的菜单中选择"新建"→"数据源"菜单项，如图8-56所示。

在弹出的"新建项目数据源"对话框中选择"Excel"选项，然后单击"Finish"按钮，如图8-57所示。

在弹出的"数据源"对话框中给数据源命名，并给数据源添加路径，选择已经建好的 Excel 文件，如图8-58所示。

单击"OK"按钮，所建 Excel 表格的样式如图 8-59 所示。

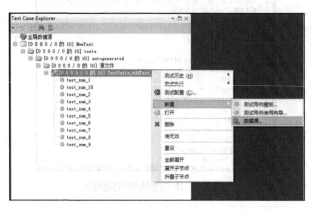

图8-56 新建数据源

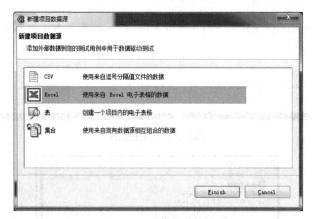

图8-57 选择Excel表格

图8-58 选择表格文件

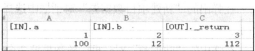

图8-59 所建的Excel样式

（2）手动建立数据源测试用例

在测试用例浏览器中右键单击"TestSuite_AppTest_cpp_d5312f31"节点，在弹出的菜单中选择"新建"→"测试用例使用向导"菜单项，如图 8-60 所示。

图8-60　新建测试用例使用向导

在弹出的"创建新的测试用例"界面中给测试用例命名，然后单击"Next"按钮，如图 8-61 所示。

在弹出的"配置测试用例"界面中选中"使用数据源"复选框，然后单击"Finish"按钮完成向导操作，如图 8-62 所示。

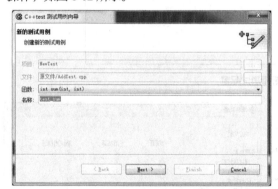

图8-61　给测试用例命名 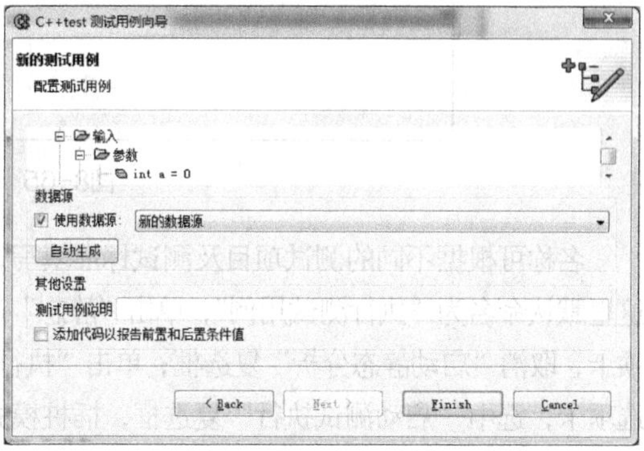　　　　　　　　　图8-62　单击"Finish"按钮完成向导操作

新建的数据源测试用例代码如图 8-63 所示。

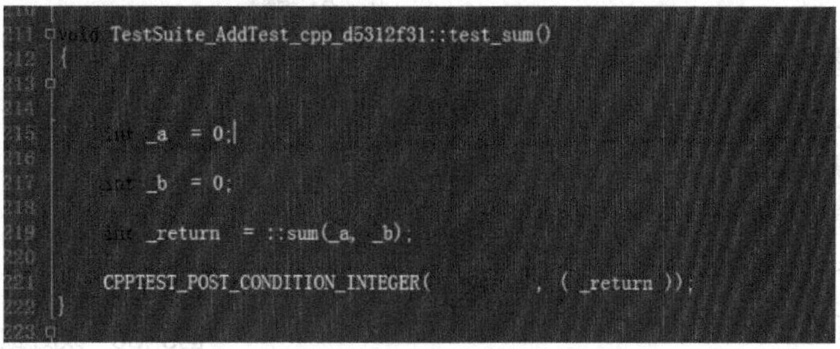

```
void TestSuite_AddTest_cpp_d5312f31::test_sum()
{

    int _a = 0;

    int _b = 0;

    int _return = ::sum(_a, _b);

    CPPTEST_POST_CONDITION_INTEGER(          , ( _return ));
}
```

图8-63　数据源测试用例对应源代码

做图 8-64 所示的修改，此时就可以在新建的 Excel 表格中添加测试用例或者修改测试用例了。

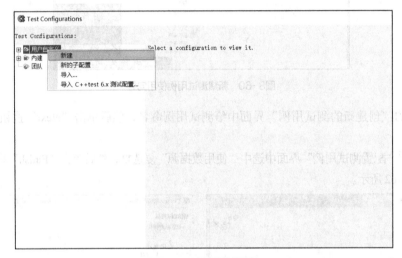

图8-64　修改数据源对应源代码

6. 执行测试用例

在测试三角号右边的下拉菜单中选择"测试配置"菜单项，右键单击"用户自定义"节点，在弹出的菜单中选择"新建"菜单项，如图 8-65 所示。

图8-65　新建测试配置

名称可根据不同的测试项目及测试标准填写，这里默认命名为"执行测试用例"，单击"静态"选项卡，取消"启动静态分析"复选框；单击"执行"选项卡，选中"启动测试执行"复选框，插桩模式默认为"带有行覆盖的完全运行时"，可修改此项以查看其他覆盖率；单击右边"编辑"选项，在弹出的"插桩功能"对话框中勾选覆盖率指标，如图 8-66 所示。

其他选项暂不考虑，单击"Apply"→"Close"按钮完成测试配置。可对整个项目执行自动生成测试用例，也可根据需要对某个.c 文件单独执行自动生成测试用例，不同的测试要选中测试目标，如对某个.c 文件单独进行测试，一定要选中这个.c 文件（单击该.c 文件即可）。选择工具栏中的"生成"菜单中的"生成解决方案"菜单项。执行自动生成测

图8-66　改测试配置选项

试用例，右键单击，并选择"Parasoft"→"测试执行"→"用户自定义"→"新的配置"菜单项，如

图 8-67 所示。

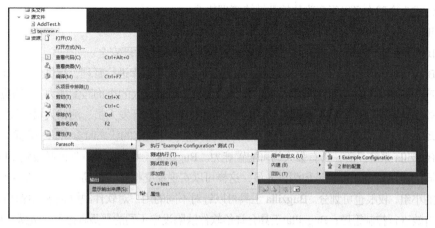

图8-67 执行新的测试配置

测试执行完成后，查看控制台，测试报告如图 8-68 所示。

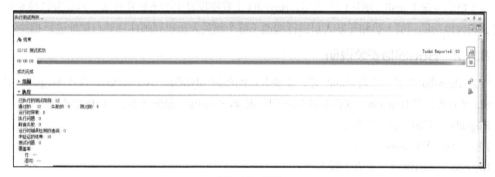

图8-68 报告

在菜单栏中选择"Parasoft"→"显示视图"→"覆盖率"菜单项，结果如图 8-69 所示。

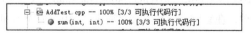

图8-69 覆盖率

8.4 开源软件缺陷管理工具Bugzilla

8.4.1 Bugzilla简介

Bugzilla 是一个共享的、免费的软件缺陷记录及跟踪工具，由 Mozilla 公司提供。其创始人是特里·韦斯曼（Terry Weissman），开始时是使用一种名为"TCL"的语言创建的，后用 Perl 语言实现，并作为开放源代码发布。

Bugzilla 能够建立一个完善的软件缺陷跟踪体系：报告软件缺陷、查询软件缺陷记录并产生报表、处理解决软件缺陷、管理员系统初始化和设置 4 个部分，可以帮助个人或是小组开发者有效地跟踪已经发现的软件缺陷。许多商业软件缺陷

开源软件缺陷管理
工具 Bugzilla

跟踪软件收取昂贵的授权费用，Bugzilla 作为一个免费软件，拥有许多商业软件所不具备的特点，因而，它现在已经成为全球许多组织喜欢的软件缺陷管理软件。

Bugzilla 具有如下特点。

（1）Bugzilla 基于 Web 方式，其安装简单、运行方便快捷、管理安全。

（2）Bugzilla 有利于软件缺陷的清楚传达。Bugzilla 使用数据库进行管理，提供全面、详尽的报告输入项，产生标准化的软件缺陷报告，提供大量的分析选项和强大的查询匹配能力，能根据各种条件组合进行软件缺陷统计。当软件缺陷在它的生命周期中变化时，开发人员、测试人员以及管理人员将及时获得动态的变化信息，允许获取历史记录，并在检查软件缺陷的状态时参考这一记录。

（3）Bugzilla 系统灵活，具有强大的可配置能力。Bugzilla 工具可以对软件产品设定不同的模块，并针对不同的模块设定开发人员和测试人员，这样可以实现提交报告时自动发给指定的责任人，并可设定不同的小组，权限也可划分。Bugzilla 工具可以针对不同的用户对软件缺陷记录的操作设定不同的权限，可有效进行控制管理；Bugzilla 工具允许给软件缺陷设定不同的严重程度和优先级；Bugzilla 工具可以在软件缺陷的生命周期中管理软件缺陷，从最初的报告到最后的解决确保了软件缺陷不会被忽略，同时可以使人们注意力集中在优先级和严重程度高的软件缺陷上。

（4）自动发送 E-mail，通知相关人员。Bugzilla 工具根据设定的不同责任人，自动发送最新的动态信息，有效地帮助测试人员和开发人员进行沟通（每个相关人员收到邮件后要自觉地进行相关处理）。

8.4.2　Bugzilla安装说明

安装 Bugzilla 需要一些前期的配置，需要准备的包括 MySQL、ActivePerl，以及 Bugzilla 本身，Bugzilla 又分为安装 Bugzilla、安装 Perl 模块和配置 localconfig，最后还要进行 IIS 的配置。

Bugzilla 需要的安装环境如下。

操作系统：Windows 平台。

Bugzilla：Bugzilla 4.2 或以上版本。

数据库：MySQL v5.5.21 For Windows 或以上版本。

Web 服务器：IIS 服务器或者 Web Server:Apache 2.2.22（released 2012-01-31）或以上版本。

Perl 解析器：ActivePerl-5.14.2.1402-MSWin32-x86-295342.msi 或以上版本。

MySQL 的部分比较简单，在官网上下载安装之后进行简单的配置即可，在 MySQL 服务器中创建一个数据库 bugs 和一个用户 bugs，以及为该用户授予相应的权限，命令如下：

```
create database bugs;                          //创建一个数据库 bugs
create user bugs@localhost ;                   //创建一个用户 bugs
grant all on bugs.* to bugs@'localhost';       //为用户 bugs 授权
flush privileges;                              //刷新用户权限
```

对 MySQL 的配置完成之后可以得到图 8-70 所示的界面。

安装 Perl 模块，建议使用 ActivePerl，下载.msi 的安装包。然后运行所下载的程序，按照提示一步一步地完成安装。

安装 Bugzilla 的具体步骤如下。

（1）去 Bugzilla 的官网上下载最新的 Bugzilla 安装包。

（2）将下载后的文件解压缩到硬盘，比如 C:\Bugzilla。

（3）打开 DOS 命令行窗口：在"运行"对话框中的"打开"文本框中输入"CMD"，并单击"确定"按钮。

（4）切换到 Bugzilla 的安装目录，运行 checksetup.pl，这个程序是 Bugzilla 安装的核心，所有的安装配置都依靠这个程序。

（5）根据输出的信息，进行缺省模块的安装，例如，如图 8-71 所示，若安装 Template-CD 模块，右键单击界面，在弹出的菜单中选中"标记"菜单项，然后选中"ppm install Template-CD"后右键单击，在弹出的菜单中选择"粘贴"菜单项，按 Enter 键就可以完成该模块的安装。Perl 模块安装完成的界面如图 8-72 所示。

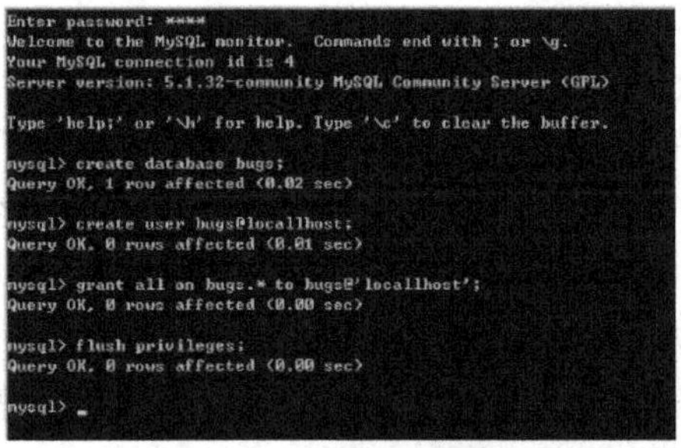

图8-70　SQL配置完成

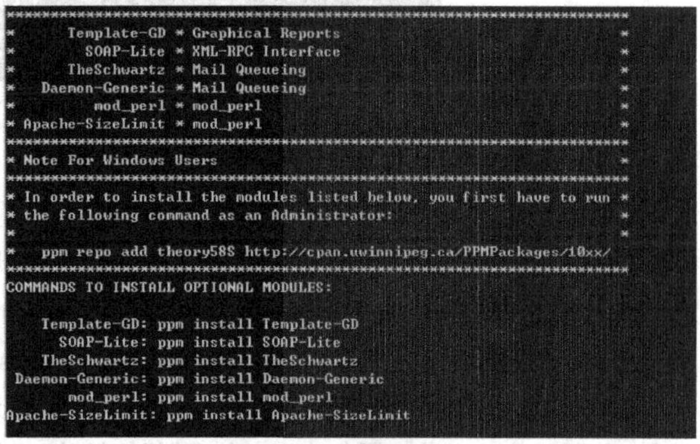

图8-71　显示信息

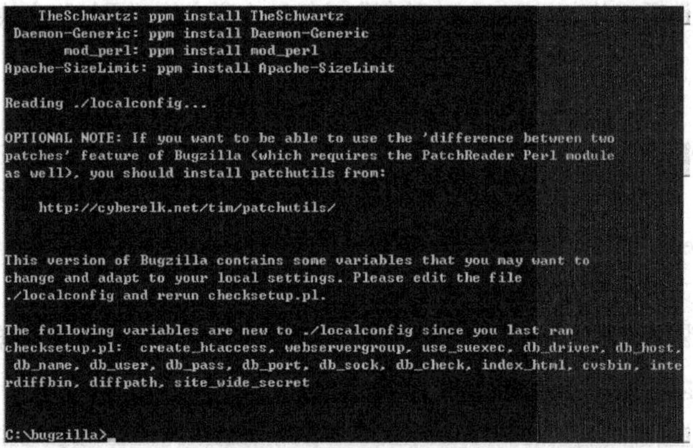

图8-72　Perl模块安装完成

一定要检查是否安装完成了所有的 Perl 模块，因为有的 Perl 模块是要基于已经安装的 Perl 模块的，所以第一次安装完成后需要再运行一次 checksetup.pl；第二次运行 checksetup.pl 模块时，有些模块仍然没法安装，没关系，因为里面有些模块并不会影响到 Bugzilla 的安装。若安装成功，将会在 Bugzilla 目录下生成一个 localconfig 文件。生成的 localconfig 文件是一个没有任何后缀的文件。打开 localconfig 文件，将其中的 "$db_port = 0" 改为 "$db_port = 3306"，"$index_html = 0" 改为 "$index_html = 1"。

完成 localconfig 文件的修改后在命令行下再次运行 checksetup.pl，将会生成和数据库有关的数据表，生成数据表后会要求填入主机的地址、服务器地址、管理员名字和账号（该账号是一个 E-mail 地址），以及管理员登录的密码和确认密码，如图 8-73 所示。

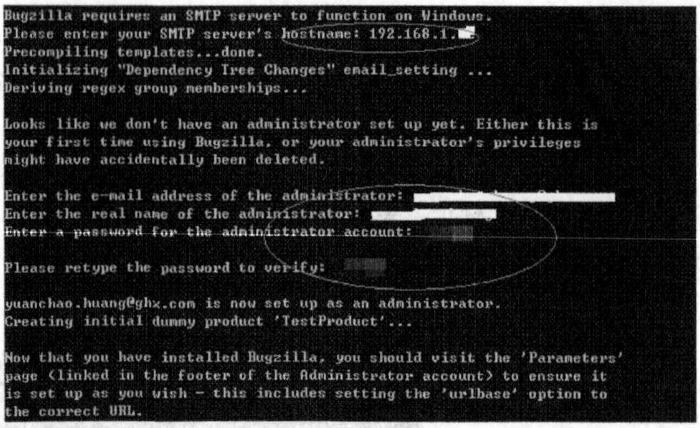

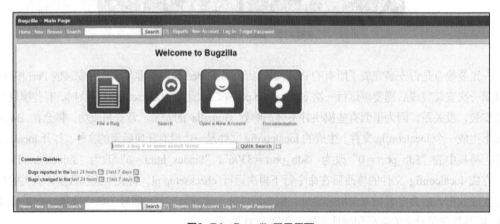

图8-73 配置完成

配置的最后一步是 IIS 配置，单击"控制面板"→"程序和功能"→"启用或关闭 Windows 功能"按钮，在弹出的"Windows 功能"对话框中进行配置，打开 IIS 节点下的所有功能，即在所有功能项之前打钩就可以，注意填充的框表示仅打开该功能的一部分，只有把该功能节点下的所有子节点都选中才会变成勾选状态。然后单击"确定"按钮完成 Windows 功能的更改。

在"控制面板"→"系统和安全"→"管理工具"中双击"Internet 信息服务（IIS）管理器"快捷方式，打开"Internet 信息服务（IIS）管理器"对话框。在左侧窗格中选中"Default Web Site"，添加虚拟目录并命名为"Bugzilla"，物理路径设置为 Bugzilla 的安装地址。选择"Bugzilla"虚拟目录，双击"处理程序映射"选项，单击"添加脚本映射"按钮，在弹出的"添加脚本映射"对话框中，输入如下信息。

请求路径：*.cgi

可执行文件：C:\Perl64\bin\perl5.16.3.exe -T "%s" %s（该路径要根据自己的安装目录进行修改）

名称：任意

选择"Default Web Site"，双击"默认文档"选项，单击"添加"按钮，在弹出的"添加默认文档"对话框中的"名称"文本框中填"index.cgi"。

此时 Bugzilla 安装配置全部完成，可以登录 Bugzilla 的界面了。打开一个浏览器，在地址栏输入配置的服务器地址"http://192.168.1.1/bugzilla"就可以登录 Bugzilla 了，如图 8-74 所示。

图8-74 Bugzilla登录界面

8.4.3 Bugzilla使用说明

1. 用户登录

（1）用户在浏览器地址栏中输入服务器地址 http://192.168.1.1/bugzilla。

（2）进入主页面后，单击"Log In"按钮进入登录界面。

（3）输入用户名和密码即可登录。用户名为 E-mail 地址，初始密码为用户名缩写。

（4）如忘记密码，单击"Forgot Password"按钮，在出现的界面中输入用户名，根据收到的邮件进行设置。

2. 用户属性设置

登录后，单击"Preferences"按钮进行如下属性设置。

（1）账号设置（Name and Password），在这里可以改变用户账号的基本信息，如口令、E-mail 地址、真实姓名等。为了安全起见，在此页进行任何更改之前都必须输入当前的口令。当变更了 E-mail 地址，系统会给新旧 E-mail 地址分别发一封确认邮件，必须到邮件中指定的地址对更改进行确认。

（2）E-mail 设置（Email Preferences），在此可以通过选择告诉系统，希望在什么条件下收到相关的邮件，其包括以下信息。

① 保存的查询（Saved Searches）。

② 常规属性（General Preferences）。

③ 用户权限（User Permissions）。

3. 报告软件缺陷

（1）报告软件缺陷之前先进行查询，确认要提交的软件缺陷报告在原有记录中不存在。若该软件缺陷已经存在，不要提交；若有什么建议，可在原有记录中增加注释，告知其属主，让软件缺陷的属主看到这个而自己去修改。

（2）若该软件缺陷不存在，创建一份有效的软件缺陷报告后进行提交。

（3）创建软件缺陷报告的操作：单击"New"按钮，选择产品后，填写表格。

（4）填表时需要注意以下几项。

Assigned to：此项为空则默认为设定的属主"Owner"，也可手动指定。

CC：此项可为多人，多人之间需用","隔开。

Description 中要详细说明下列情况。

① 发现问题的步骤。

② 执行上述步骤后出现的情况。

③ 期望应出现的正确结果。

（5）操作结果：软件缺陷状态（Status）可以选择"Initial"，state 为"New"或"Assigned"。系统将自动通过 E-mail 通知项目组长或直接通知开发者。

（6）帮助：bug 填写指南（Bug Writing Guidelines）。

4. 处理软件缺陷

（1）处理情况 1：软件缺陷的 Owner 处理问题后，提出解决意见及方法。

① 给出解决方法并填写 Additional Comments，还可创建附件（如更改提交单）。

② 具体操作，可选择以下项。

FIXED：描述的问题已经修改。

INVALID：描述的问题不是一个软件缺陷（输入错误后，通过此项来取消）。

WONTFIX：描述的问题将永远不会被修复。

LATER：描述的问题将不会在产品的这个版本中解决。

DUPLICATE：描述的问题与已存在的软件缺陷重复。

WORKSFORME：所有要重新产生这个软件缺陷的企图是无效的。如果有更多的信息出现，请重新分配这个软件缺陷，而现在只把它归档。

（2）处理情况2：项目组长或开发者重新指定软件缺陷的Owner。

① 若此软件缺陷不属于自己的范围，可置为"Assigned"，等待测试人员重新指定。

② 若此软件缺陷不属于自己的范围，但知道谁应该负责，直接输入被指定人的E-mail，进行重新分配。

③ 具体操作，可选项如下。

● Accept bug（change status to ASSIGNED）。

● Reassign bug to。

● Reassign bug to owner and QA contact of selected component。

④ 操作结果：此时软件缺陷状态又变为"New"，此软件缺陷的Owner变为被指定的人。

（3）处理情况3：测试人员验证已修改的软件缺陷。

① 测试人员查询开发者已修改的软件缺陷，即Status为"Resolved"，Resolution为"FIXED"的软件缺陷，进行重新测试。（可创建测试用例附件）

② 经验证无误后，修改Resolution为"VERIFIED"。待整个产品发布后，修改Resolution为"CLOSED"。

若还有问题，修改Resolution为"REOPENED"，状态重新变为"New"，并发邮件通知。

③ 具体操作：可选择以下项。

● Leave as RESOLVED FIXED。

● Reopen bug。

● Mark bug as VERIFIED。

● Mark bug as CLOSED。

（4）处理情况4：软件缺陷报告者（Reporter）或其他有权限的用户修改及补充软件缺陷。

① 可以修改软件缺陷的各项内容。

② 可以增加附件、增加相关性，并加一些评论来解释你正在做些什么和你为什么这样做。

③ 操作结果：当一些人修改了软件缺陷报告或加了一个评论，他们将会被加到CC列表中，软件缺陷报告中的改变会显示在要发给Owner、Reporter和CC列表中的人的电子邮件中。

5. 查询软件缺陷

（1）直接输入bug ID，单击"Find"按钮查询，可以查看软件缺陷的活动记录。

（2）单击"Search"按钮，输入条件进行查询。根据查找的需要在界面中选择对象或输入关键字，查找功能能够进行字符或字符串的匹配查找，并且具有布尔逻辑检索功能。用户可以通过在查找页面中选择"Remember this as my default query"将当前检索页面中设定的项目保存，以后可以从页脚中的"My bugs"中直接调用这个项目进行检索，还可以通过在"Remember this query,and name it:"后面输入字符，将当前检索页面中设定的项目命名并保存，同时选中"and put it in my page footer"，则以后这个被命名的检索将出现在页脚中。

（3）查询软件缺陷活动的历史。

（4）产生报表。

（5）帮助：单击"Give me some help"按钮。

6. 关于权限的说明

（1）组内成员对软件缺陷具有查询的权利，但不能进行修改。

（2）软件缺陷的 Owner 和 Reporter 对软件缺陷具有修改的权利。

（3）具有特殊权限的用户对软件缺陷具有修改的权利。

7. 软件缺陷处理流程

（1）测试人员或开发人员发现软件缺陷后，判断属于哪个模块的问题，填写软件缺陷报告后，通过 E-mail 通知项目组长或直接通知开发者。

（2）项目组长根据具体情况，重新把软件缺陷分配给其所属的开发者。

（3）开发者收到 E-mail 信息后，判断是否为自己的修改范围。

① 若不是，重新分配给项目组长或应该分配的开发者。

② 若是，进行处理，解决并给出解决方法。（可创建补丁附件及补充说明）

（4）测试人员查询开发者已修改的软件缺陷，进行重新测试。（可创建测试附件）

① 经验证无误后，修改 Resolution 为"VERIFIED"。待整个产品发布后，修改 Resolution 为"CLOSED"。

② 还有问题，修改 Resolution 为"REOPENED"，状态重新变为"New"，并发邮件通知。

（5）如果这个软件缺陷一周内一直没被处理过。Bugzilla 就会一直用 E-mail 骚扰它的 Owner，直到采取行动。

8.5 测试用例自动生成工具EvoSuite

8.5.1 EvoSuite简介

EvoSuite 是一种测试用例自动生成工具，它可以为用 Java 代码编写的类自动生成带有断言的测试用例，生成的测试用例均符合 JUnit 的标准，可直接在 JUnit 中运行。

通过使用此测试用例自动生成工具能够在保证代码覆盖率的前提下极大地提高测试人员的开发效率。但是只能辅助测试，并不能完全取代人工，测试用例的正确与否还需人工判断。

8.5.2 EvoSuite安装说明

1. 在 IntelliJ IDEA 上安装 EvoSuite 插件

（1）在 IntelliJ 的系统偏好设置中，单击"Plugins"选项，搜索"evosuite"，然后单击"Install"按钮，如图 8-75 所示。

（2）安装插件完成后重启 IntelliJ IDEA，如图 8-76 所示。

2. 在 Eclipse 上安装 EvoSuite 插件

EvoSuite 插件需要 Java 8 以上的运行环境，并且只支持 Eclipse 的 Lunar 和 Mars 版本，在安装完 Java 8 之后（若系统中有多种 Java 开发环境，需将 Eclipse 的默认 JRE 设置成 Java8 版本），需要将 jdk1.8/lib/tools.jar 文件复制到 jre8/lib/文件夹当中，在此之后 Java 8 才能保证 EvoSuite 插件的正常运行。

图8-75　安装EvoSuite插件

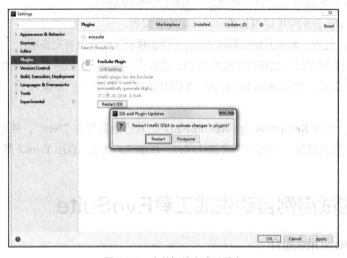

图8-76　安装插件完成后重启

（1）打开 Eclipse，单击菜单栏中的"Help"，在菜单中选择"Install New Software..."菜单项，如图 8-77 所示。

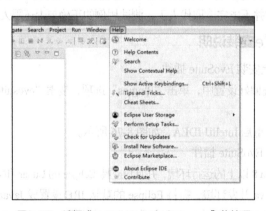

图8-77　选择"Install New Software..."菜单项

（2）在弹出的"Install"对话框中单击"Add"按钮，如图8-78所示。

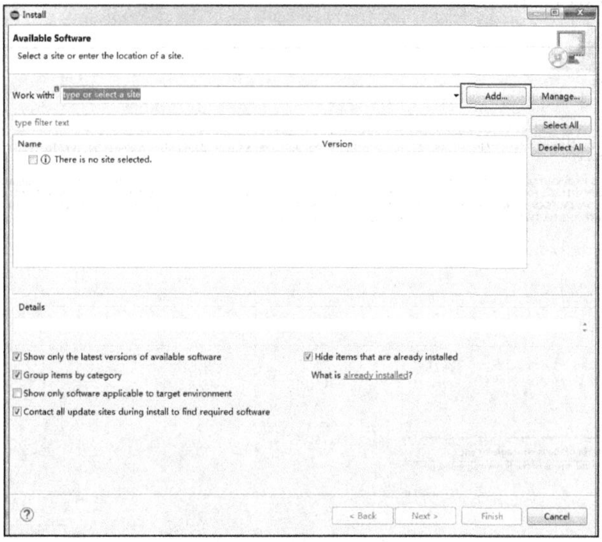

图8-78 单击"Add"按钮

（3）弹出"Add Repository"对话框，如图8-79所示。

图8-79 "Add Repository"对话框

（4）在"Add Repository"对话框中的"Location"文本框中输入 EvoSuite Eclipse 插件的地址，然后单击"Add"按钮，结果如图 8-80 所示；选中"JUnit Test Generation"复选框后，单击"Next"按钮开始安装。

图8-80 选中"JUnit Test Generation"复选框

（5）完成 EvoSuite 插件安装后，单击"I accept the terms of license agreement"单选按钮，单击"Finish"按钮，如图 8-81 所示。

图8-81 单击"Finish"按钮

（6）显示"Installing Software"对话框，等待一段时间后，对于弹出对话框，如图 8-82 所示，单击"OK"按钮即可。

（7）安装完成后重启 Eclipse，选中一个 Java 类文件，如果有图 8-83 所示的图标则说明安装成功。

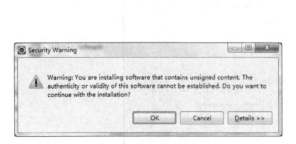

图8-82 单击"OK"按钮

图8-83 安装成功

8.5.3 EvoSuite使用说明

1. 在 IntelliJ IDEA 中 EvoSuite 使用说明

（1）要运行 EvoSuite，只需在"Project"视图中选择一个或多个类/包后右键单击，在弹出的菜单中选择"Run EvoSuite"菜单项，如图 8-84 所示，将为所有选定的类/包生成测试。

（2）弹出图 8-85 所示的对话框显示要使用哪些设置。

（3）如果是非 Maven 项目，需要前往官网提前下载好 evosuite-1.0.6.jar 文件，选择该文件，按<Enter>键后插件便开始执行，如图 8-86 所示。

（4）执行成功后弹出图 8-87 所示的对话框。

（5）生成的测试用例如图 8-88 所示。

2. 在 Eclipse 中 EvoSuite 使用说明

（1）创建一个项目，然后创建一个测试类，如图 8-89 所示。

（2）选中需要测试的类后右键单击，在弹出的菜单中选择"Generate tests with EvoSuite"菜单项，如图 8-90 所示。

图8-84 选择"Run EvoSuite"菜单项

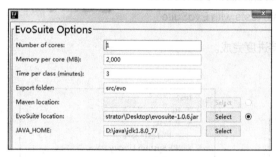

图8-85 弹出对话框将显示的设置

图8-86 按<Enter>键

图8-87 执行成功

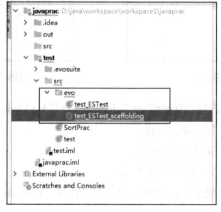

图8-88 生成的测试用例

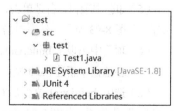

图8-89 创建测试类

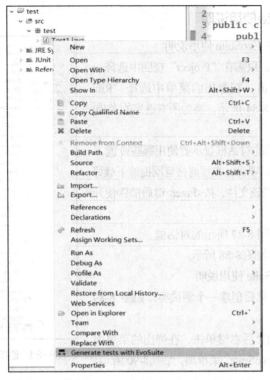

图8-90　选择"Generate tests with EvoSuite"

（3）生成测试开始执行，如图 8-91 所示，等待进度完成。

（4）生成的测试文件如图 8-92 所示。

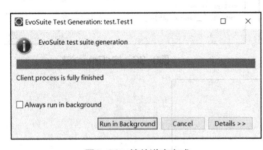

图8-91　等待进度完成

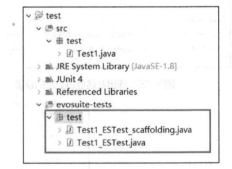

图8-92　生成的测试类

（5）如选中项目，右键单击，选择"Export" → "General" → "Ant Buildfiles"选项后，单击"Next"按钮，如图 8-93 所示，然后单击"Finish"按钮。

（6）项目中出现了 build.xml，如图 8-94 所示。

（7）在项目中新建 Junit 文件夹，如图 8-95 所示。

（8）选中 build.xml 文件后右键单击，在弹出的菜单中选择"Run As"子菜单中的第二个"Ant Build…"菜单项，如图 8-96 所示。

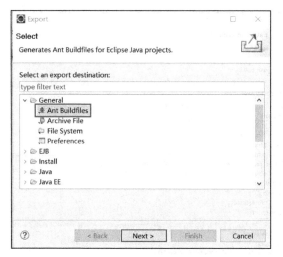

图8-93 单击"Next"按钮

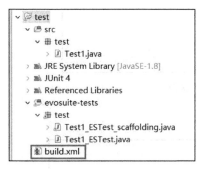

图8-94 build.xml

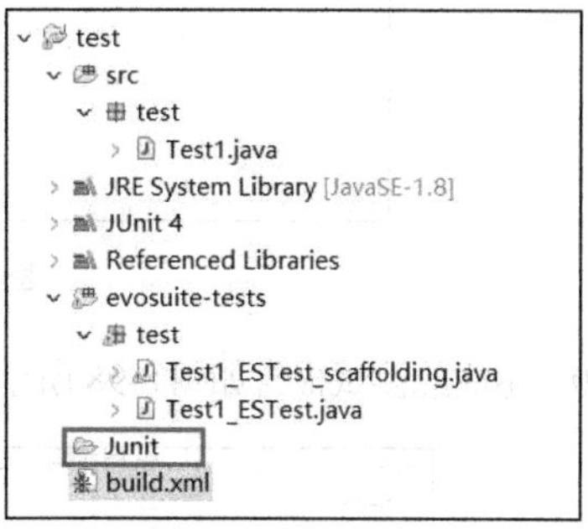

图8-95 新建Junit文件夹

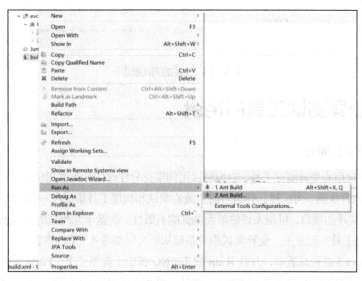

图8-96 选择第二个"Ant Build..."

（9）在弹出的图 8-97 所示的对话框中选中"build[default]"复选框、"Test Add"复选框以及"junitreport"复选框，然后单击"Run"按钮。

图8-97　单击"Run"按钮

（10）生成的测试报告如图 8-98 所示。

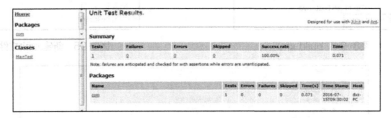

图8-98　生成的测试报告

8.6　变异测试工具Pitest

8.6.1　Pitest简介

Pitest 是目前常用的变异测试工具，它为测试用例集充分性评估和测试用例集扩充提供了一套严格的标准。它具有执行快速、可扩展，并与当前主流的测试和构建工具集成在一起的优点。Pitest 可以用于 Java 编程语言实现的项目，可用来评估单元测试的有效性，衡量单元测试的覆盖度，并且可与 Ant、Maven、Gradle 等工具一起使用。变异测试相关基础知识可以参考 4.5 节的内容。

Pitest 要求 Java 5 或更高版本，并且 JUnit 或 TestNG 都位于类路径上。Pitest 支持 JUnit 4.6 或更高版本（请注意，可以使用 JUnit 4 运行 JUnit 3 测试，因此支持 JUnit 3 测试）。目前不支持开箱即用的 JUnit 5，Pitest 中的插件对 TestNG 的支持是相当新的。Pitest 是根据 TestNG 6.1.1 构建和测试的，它可以在早期和更高版本中使用，但尚未经过测试。此外，Pitest 还需要支持 XStream 增强模式的 JVM。

变异测试是一个计算量巨大的过程，并且可能需要耗费相当长的时间，具体取决于代码库的大小以及测试套件的质量。与其他变异测试系统相比,Pitest 的速度更快,但这仍需要耗费一些时间。在工具的实际使用时,可以考虑使用更多的线程或者限制每个类可生成的变异体数量等方法来进行加速。

8.6.2 Pitest安装说明

1. 在 IntelliJ IDEA 上安装和使用 PIT Mutation Testing 插件

(1)在 IntelliJ 的 "Settings" 对话框中选择 "Plugins" 选项,如图 8-99 所示。

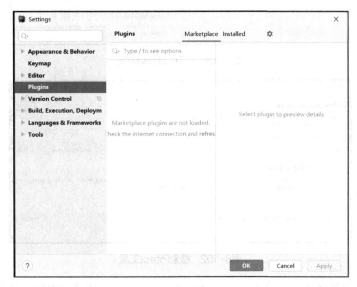

图8-99 在IntelliJ中选择 "Plugins" 选项

(2)在搜索栏输入 "PIT",然后单击 "Install" 按钮开始安装即可,如图 8-100 所示。

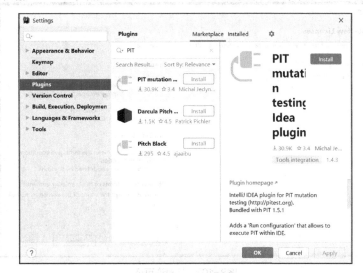

图8-100 安装插件

2. 在 Eclipse 上安装和使用 PIT Mutation Testing 插件

(1)在 Eclipse 中选择 "Help" 菜单中的 "Eclipse Marketplace…" 菜单项,如图 8-101 所示。

(2)进入 Eclipse 市场后搜索 "pitest",然后单击 "Install" 按钮安装测试工具,如图 8-102 所示。

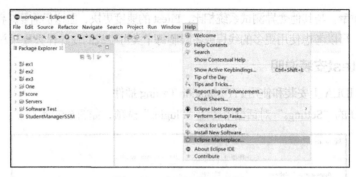

图8-101　打开Eclipse市场

图8-102　搜索Pitest工具

（3）检查许可证选择"I accept the terms of the license agreement"单选按钮，单击"Next"按钮继续下一步，单击"Finish"按钮即可完成安装，如图8-103所示。

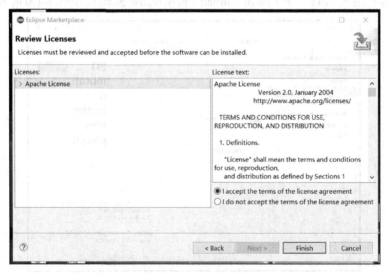

图8-103　检查许可证

8.6.3　Pitest使用说明

1. 在IntelliJ IDEA上使用Pitest进行程序测试

（1）准备好测试用例，选择测试用例文件并右键单击，在弹出的菜单中选择"Pitest classes in

'TriangleTest.java'"菜单项，如图 8-104 所示。（注意：TriangleTest 是用户写的类名）

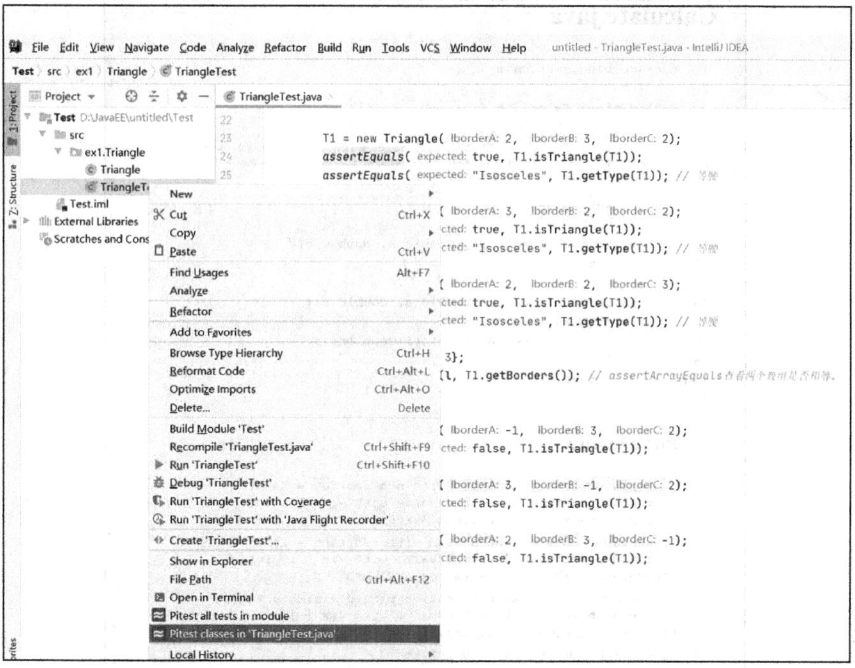

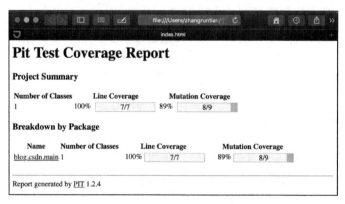

图8-104　选择用例进行变异测试

（2）执行完后会生成一个报告（Report），用户可以选择在浏览器中打开 Report，其中详细显示了测试的覆盖率和杀死变异率，如图 8-105 所示。

Pit Test Coverage Report

Project Summary

Number of Classes	Line Coverage	Mutation Coverage
1	100% 7/7	89% 8/9

Breakdown by Package

Name	Number of Classes	Line Coverage	Mutation Coverage
blog.csdn.main	1	100% 7/7	89% 8/9

Report generated by PIT 1.2.4

图8-105　Report显示信息

（3）测试结果如图 8-106 所示，在实际工具中可以看见代码用不同颜色标识出来，其中，浅绿色表示测试已覆盖的代码；深绿色表示"杀死"了变异；浅粉色表示测试未覆盖到的代码；深粉色表示未"杀死"的变异。

2. 在 Eclipse 上使用 Pitest 进行程序测试

（1）准备好测试用例，选择测试文件并右键单击，在弹出的菜单中选择"Run As"→"PIT Mutation Test"（变异测试）菜单项，如图 8-107 所示。

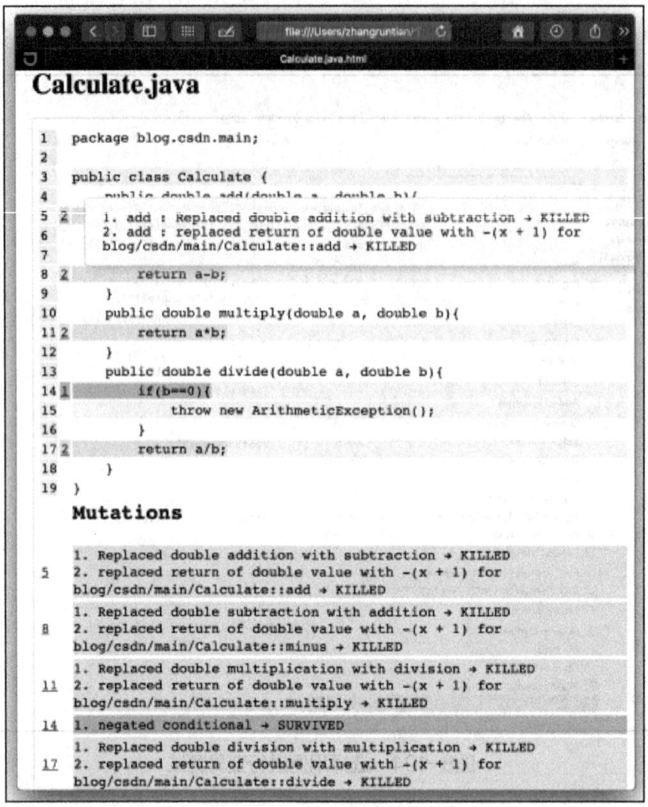

图8-106　测试展示

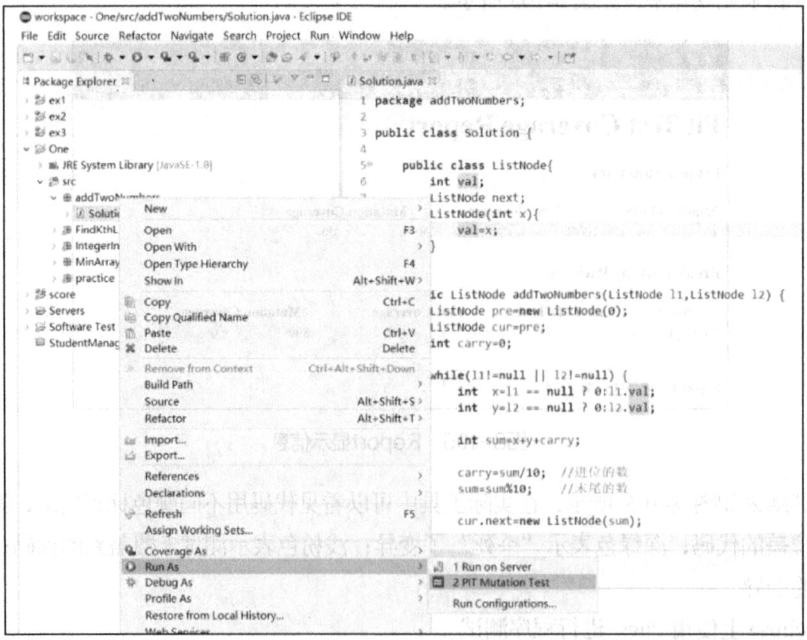

图8-107　使用Pitest工具进行测试

（2）测试结果为图 8-108 所示的 Report，其中包括测试的覆盖率和杀死变异率。

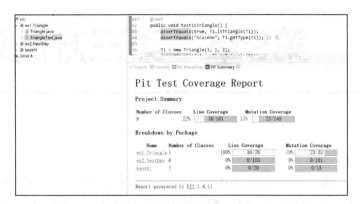

图8-108 测试结果展示

8.7 小结

本章主要介绍了 6 种主流的测试工具，如性能测试工具 LoadRunner、单元测试工具 JUnit、功能测试工具 C++test、开源软件缺陷管理工具 Bugzilla、测试用例自动生成工具 EvoSuite、变异测试工具 Pitest、并对它们的测试过程和相关技术进行了详细的介绍。

8.8 习题

1. 安装 LoadRunner，以附带的 Web Tours 网站为例，练习性能测试脚本的开发和性能测试场景的设计、运行、分析报告。
2. 简述性能测试的基本步骤和流程。
3. 以经典的 Java NextDate 程序为例，编写 JUnit 测试用例。
4. 安装 C++test，练习 C++test 中提供的静态测试和动态测试。
5. 安装和使用 Bugzilla。
6. 针对自己开发的项目，使用 EvoSuite 自动生成测试用例。
7. 针对自己开发的项目，使用 Pitest 对项目配套的测试用例集进行质量评估。

09　第9章　第三方测试

第三方测试有别于开发人员或用户进行的测试，其目的是保证测试工作的客观性。从国外的经验来看，测试工作逐渐由专业的第三方承担。同时第三方测试还可以适当地兼顾初级监理的功能，其自身具有明显的工程特性，为发展软件工程监理机制奠定了坚实的基础。测试并不仅仅是为了要找出软件缺陷，测试方还需要对软件缺陷进行归类和总结，通过分析软件缺陷产生的原因和软件缺陷的分布特征，帮助项目管理者发现当前所采用的软件过程的缺陷，以便改进软件过程，更好地帮助用户。

9.1　第三方测试的基本概念与测试过程

第三方测试是指独立于软件开发方和用户方之外的测试组织实施的测试。第三方测试也称为独立测试，它有独立的验证和确认活动。在模拟用户真实应用的环境下，进行软件确认测试。

第三方测试的基本
概念与测试过程

9.1.1　第三方测试的应用现状

根据国内外的测试情况看，软件测试工作已逐渐由专业的第三方来承担，第三方测试工作主要包括需求分析审查、设计审查、代码审查、单元测试、功能测试、性能测试等（十余）项。软件第三方测试是软件开发和用户出于不同目的的共同选择。随着软件全球化竞争的日益加剧，用户对软件质量的要求也随之提高。为了提高软件质量，降低软件开发成本，许多软件开发方已经逐步将部分测试业务交给第三方负责。与此同时，对于应用软件，甚至系统软件，大多数用户都不是很熟悉其特性，质量评测基本难以进行，迫切需要专业的机构对开发方提供的软件给予客观的测试。采用第三方测试可以保证测试的独立性、客观性及第三方具有测试的专业性，这使得第三方测试越来越成为用户的首选。

目前在国内，虽然软件第三方测试的发展还处于起步阶段，但已经有许多软件企业开始认识到软件质量的重要性，选择第三方测试的软件企业和用户越来越多，在一些重要的计算机软件应用领域，如金融、安全、航空、航天，以及军事等方面，已经有不少用户开始实施测试规定，要求第三方测试，并逐步将软件测试通过合同关系委托给第三方承担。很多软件客户在验收软件时会要求软件开发方出具第三方测试的测试报告。

9.1.2　第三方测试的意义和模式

一般说来，第三方测试具有下面 3 个方面的意义。

（1）客观性：第三方测试机构相对独立于软件的开发方与使用方，可以比较客观地开展工作。在测试中能抱着客观的态度，可以使其工作有更充分的条件按测试要求去做。

（2）专业性：独立测试作为一种专业工作，在长期的工作过程中势必能够积累大量的实践经验，形成自己的专业优势。同时，软件测试也是技术含量很高的工作，需要有专业队伍加以研究，并进行工程实践。专业化分工是提高测试水平、保证测试质量、充分发挥测试效用的必然途径。

（3）权威性：由于专业优势，独立的第三方测试工作形成的测试结果更具信服力。由专业化的独立机构实施的全面的、规范化的测试更具公正性和权威性。

软件开发模式的不同决定了测试模式的不同，第三方测试的模式根据主导因素分为以下两种模式。

1. 客户主导的测试模式

由客户主导的测试模式如图 9-1 所示。例如，中国电信公司需要开发一个话费自动计费系统，他们找到了一个软件开发团队帮助做定制化开发。但是中国电信公司对开发出来的产品质量有所顾虑，所以再去寻找了一个第三方测试公司对开发出的产品进行测试。由于是客户主导的软件开发和测试事宜，所以软件开发团队和第三方测试团队的交流都需要通过客户，他们之间的直接交流很少或者几乎没有。

2. 开发团队主导的测试模式

由开发团队主导的测试模式如图 9-2 所示。例如，百度、美团这些公司，当他们在向市场上推广其产品之前，需要寻找第三方评测平台对产品进行测试。这时，因为开发团队处于主导地位，所以他们与测试团队的沟通比较频繁，紧密地结合在一起。

图9-1　用户主导的测试模式　　　　　图9-2　开发团队主导的测试模式

9.1.3　第三方测试的相关概念

下面是与第三方测试相关的概念。

1. 第三方测试的定义与实施主体

第三方测试是由开发者和用户以外的第三方进行的软件测试，其目的是保证测试的客观性。狭义的理解是独立的第三方测试机构，如国家级软件评测中心、各省软件评测中心、有资质的软件评测企业。广义的理解是非本软件的开发人员，如 QA 部门人员测试、公司开发团队内部交叉测试。

2. 第三方测试与其他相关测试的对比

从承担软件测试的主体看，可以分为开发方测试、用户测试、外包测试和第三方测试。与第三方测试相比，其他几种测试存在着不同的缺点。

开发方测试：由于思维定式、心理因素、利益驱动等原因，很难客观地进行测试。

用户测试：很难进行全面的功能性测试，性能、并发等方面的测试比较困难。

外包测试：利益不同，外包测试代表着开发团队的利益。

3. 第三方测试的职责

（1）验证软件是否符合需求和设计要求。

（2）检测软件缺陷。

（3）对软件缺陷进行分类分析，将分析结果反馈给开发人员以改进软件过程。

4. 第三方测试的涵盖测试范围

测试阶段可以分为集成测试、系统测试和验收测试。需要注意的是，单元测试通常是由开发方实施的。第三方测试主要的测试方法是黑盒测试，采取的方式是手动测试或者自动化测试。常见的测试内容包括软件和文档，其中需要对软件的功能性、易用性、容错性、安全性和性能等进行测试。而对于文档，需要检查它的正确性与一致性。

9.1.4 第三方测试的测试过程

第三方测试的主要测试过程如图 9-3 所示。

1. 制订测试计划

测试计划是进行第三方测试的指导性文件，以指导测试的执行，最终实现测试的目标，保证软件的质量。在测试开始之前就要着手编写测试计划，随着开发过程的逐步开展逐步添加内容，在编程活动和单元测试活动之后完成测试计划的编写。测试计划需要按国家标准或行业标准规定的格式和内容编写。具体编写测试计划的目的和方法等参考 2.2.1 小节。

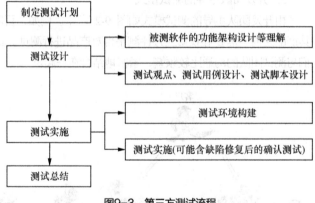

图9-3 第三方测试流程

第三方测试的测试计划的核心内容包括明确描述测试任务、所需的各种资源和技术方案、人员角色的进度安排、宏观测试观点、测试工具、预期测试目标、可能出现的问题和风险，以指导测试的执行，最终实现测试的目标，保证软件产品的质量。

2. 测试设计

当测试计划完成之后，测试过程就要进入软件测试设计和开发阶段。测试设计是建立在测试计划书的基础上的，认真理解测试计划的测试大纲、测试内容，以及测试的通过准则，通过测试用例完成测试内容与程序逻辑的转换，作为测试实施的依据，以实现所确定的测试目标。软件设计是将软件需求转换成为软件表示的过程，主要描绘出系统结构、详细的处理过程和数据库模式；而测试设计则是将测试需求转换成测试用例的过程，它要描述测试环境、测试执行的范围、层次和用户的使用场景，以及测试输入和预期的测试输出等。所以软件测试设计和开发是软件测试过程中一个技术强、要求高的关键阶段。

软件测试设计包括以下主要内容。

（1）根据产品需求分析、系统设计书等文档资料，通过阅读、实际操作或者讨论等方式充分理解被测软件的测试需求。

（2）扩充测试计划中的宏观测试观点，并针对测试观点进行审查，确保没有遗漏的测试观点。

（3）基于测试观点，明确各种测试场景，设计具体的测试用例，并进行审查。

（4）设计测试用例特定的集合，满足一些特定的测试目的和任务，即根据测试目标、测试用例的特性和属性（优先级、层次、模块等）选择不同的测试用例，构成执行某个特定测试任务的测试用例集合（组），如基本测试用例组、专用测试用例组、性能测试用例组、其他测试用例组等。

（5）测试开发：根据所选择的测试工具或者测试需求，将可以进行自动化测试的测试用例转换为测试脚本，并准备好测试数据。

3. 测试实施

当测试用例的设计和测试脚本的开发完成之后，就开始测试的实施。首先根据测试场景部署测试环境，然后实施测试。测试的实施有手动测试和自动化测试。手动测试是在合适的测试环境上，按照测试用例的条件、步骤要求，准备测试数据，对系统进行操作，比较实际结果和测试用例所描述的期望结果，以确定系统是否正常运行或正常表现；自动化测试是通过测试工具，运行测试脚本，得到测试结果。自动化测试的管理相对比较容易，会不打折扣地执行测试脚本，并能自动记录下测试结果，易于实施回归测试。

在测试实施过程中，每天要及时记录测试过程内容包括测试用例执行状况、软件缺陷录入，以及软件缺陷状态更新。此外，还需要根据与委托方的协议给开发方提交测试发现的软件缺陷，提交的方式分为定时（每日/周/月）提交或测试完成后一次性提交。当软件缺陷修改完成后需要进行确认测试，其中每个软件缺陷至少要展开 5~10 个测试项测试。

4. 测试总结

测试实施完毕并不意味着测试项目的结束。测试项目结束的阶段性标志是将测试报告或质量报告提交后，得到测试经理或者项目经理的认可。除了测试报告和质量报告的写作之外，还要对测试计划、测试设计和测试执行等进行检查、分析，完成项目的总结，编写《测试总结报告》。测试总结通常包括以下活动。

（1）审查测试全过程：在原来跟踪的基础上，要对测试项目进行全过程、全方位的审视，检查测试计划、测试用例是否得到执行，检查测试是否有漏洞。

（2）对当前状态的审查：包括审查已发现的软件缺陷和过程中没解决的各类问题。对软件目前存在的缺陷进行逐个分析，判断其对软件质量影响的程度，从而决定软件的测试能否告一段落。

（3）结束标志：根据上述两项的审查进行评估，如果所有的测试内容已完成、测试的覆盖率达到要求，以及产品质量达到已定义的标准，就可以对测试报告定稿，并提交。

（4）项目总结：通过对项目中的问题分析，找出流程、技术或管理中存在的问题根源，避免今后发生，并获得项目的成功经验。

9.2　测试实例实践

本节通过一个实例讲述第三方测试过程。

1. 被测软件介绍

命名：由于商业原因，被测软件命名为 SA。

描述：一个基于 B/S 架构的软件质量数据管理软件。

测试实例实践

开发类型：版本升级（v2.1）。

本次版本升级涉及下列开发模块（本次版本升级开发规模：7.5KL，其中本体 4.5KL，外部工具 3.0KL）。

（1）软件本体：软件缺陷详细数据上传、下载、显示和控制。

（2）外部工具：数据导入/导出，软件缺陷管理数据自定义。

2. 测试计划

测试对象：描述软件开发方负责人等信息、软件功能概述。

测试环境：描述服务器、客户端的软硬件。

测试范围以及规模：描述本次待测功能和范围描述。

测试观点：针对本次测试设计宏观的正常和异常测试观点。

自动化测试工具：QTP（Quick Test Professional）。

测试工作分配如下。

① 按照作业内容划分测试工作。

② 计划每个功能点的测试用例数（如平均测试密度：50 个/KL）。

测试指标如下。

① 预计检测出软件缺陷的数量。

② 测试工作量的预估。

图 9-4 所示的是 SA 项目的日程表。

测试工作分配的方法如下。

① 按照整体的测试内容、时间、人员等，给每个测试人员划分任务。

```
● */02/22 ～ */02/23: 制订测试计划
● */02/22 ～ */02/29: 理解被测软件
● */02/30 ～ */03/08: 完成测试观点、测试项目以及 Review
● */03/09 ～ */03/14: 测试实施
● */03/15 ～ */03/16: 测试问题点确认和确认测试
● */03/26 ～ */03/27: 数据收集以及完成测试报告
```

图9-4　SA项目的日程表

② 由于测试用例设计与实施是整个测试中最繁重的任务，需要明确计算每个功能点计划实施的测试用例个数，例如按照平均测试密度为 50 个/KL 的进行任务估算。在实际实施中，可以根据开发方提示的每个子功能的重要度不同，进行覆盖率的调整，例如在 SA 软件中重要度高的功能按照 60 个/KL 计算，其余功能按照 50 个/KL 计算。

测试指标如下。

① 预计检测出软件缺陷的数量。该指标可以根据测试团队的历史经验，根据开发类型、测试开始的不同阶段等因素进行预估。在本例中，由于是在开发团队系统测试之后进行的第三方测试，该目标按照 0.5 个/KL 进行估算。

② 测试工作量的预估。由于测试效率根据项目类型不同有所变化，通常可以依据第三方测试组织积累的经验，如测试总工作量=软件规模×（30～50）L/人·h 进行估算。在本例中，按照 40L/人·h 估算。

3. 测试设计中的被测对象理解

理解被测软件的依据资料包括必备和可选两类。

必备的资料包括：功能设计书、软件历史版本的说明书/帮助文件、本次测试的软件和相关模板文件（导入、导出数据用）、数据库构建的 SQL 脚本等。

可选的资料包括：需求分析书、详细设计书、历史版本的软件、开发团队的测试观点、测试用例以及测试报告等。

4. 测试设计中的测试观点、测试用例及测试脚本生成

该步骤的顺序：初步完成测试观点→审查测试观点→修改测试观点→依据观点初步完成测试用例/测试脚本→审查测试用例/测试脚本→修改测试用例/测试脚本（测试用例的审查和修改可能迭代多次）。

本实例中的部分测试观点如下。

① 基本功能是否可以正常运行。

② 各个消息显示是否正确。

③ 各个画面的显示、菜单等项目是否正确。

④ 文件上传、下载等的组合是否正确。

⑤ 性能是否可以接受。

⑥ 已有的 Project 是否可以继续导入、导出。

⑦ 文件格式不正确、文件异常时处理是否正确。

⑧ 数据库异常时，处理是否正确。

图 9-5 所示为第三方测试中进行测试用例审查的示例性检查列表，测试中依据该列表进行测试用例审查。图 9-6 所示为对本例中的 SA 软件进行第三方测试之前，开发方提供的开发团队内部的测试观点，图 9-7 所示为本例中 SA 软件的第三方测试示例性测试用例。

编号	大项目	小项目	审查项	确认栏 (○/△/-)
1		测试条件/数据	测试条件和测试数据描述的是否很具体	
2			测试条件能否实现	
3			测试数据是否为可实现的数据	
4		操作步骤	操作步骤写得是否详细	
5			测试工具的操作步骤以及必要的参数是否描述具体	
6	记入方法		操作步骤是否为一般常规的操作顺序	
7			操作步骤是否符合功能需求描述	
8		预期结果	预期结果是否与功能需求/设计书保持一致	
9			预期结果的消息内容是否详细写出	
10			预期结果是数据时，是否根据测试条件和数据计算出具体的值	
11			预期结果是性能测试项目时，是否明确描述了性能数据要求	
12			是否对所有的功能点都设计了测试用例	
13			测试内容的描述是否恰当	
14			测试用例数与测试计划中的要求是否一致	
15			测试项目的日期和制作者是否记录正确	
16			是否描述了必要的环境设定	
17			测试结果合格与否的判定基准是否明确	
18	测试项目	测试内容	输入/输出条件描述是否具体	
19			是否包含正常范围内的中间值	
20			是否包含正常输入范围内的边界值（最大值）	
21			是否包含正常输入范围内的边界值（最小值）	
22			是否包含正常输入范围内距离边界很近的值	
23			是否包含异常输入范围内距离边界很近的值	
24			是否考虑了反复循环处理	

图9-5　审查的要点

编号	大功能	中功能	小功能	重要度	邮件发送	自定义项目	边界值	大量数据	导入	排序
1			***	高	-	-	-			
2			***	中	-					
3		***	***	中	-	*** No.02-3	*** No.02-3	*** No.02-4	*** No.02-5	
4	***		***	低	-					
5			***	中	-					
6		***	***	中			*** No.03-3			
7		***	***	中						
8			***	中						

图9-6　参考开发部门的测试观点

225

项目	测试条件/数据	操作内容	预想结果	测试类型	测试结果	故障编号	增加测试项数目	测试者	初次测试日期	NG项确认结果	NG项确认者	NG项确认日期
	整体											
	禁止多次启动											
1	执行$INSTALLPATH¥bin¥***.exe程序		该工具可以正常启动	正常系	OK			**	*			
2	变换工具已经启动状态下	再次执行$INSTALLPATH¥bin¥***.exe程序	该工具没有被再次启动	正常系	OK			**	*			
3	变换工具已经启动状态下	点击***按钮	***功能画面正常显示出来	正常系	OK			**	*			
	画面确认											

图9-7　参照第三方测试的测试观点

5. 测试实施

测试实施包括测试环境搭建和测试执行两个步骤。

测试环境搭建注意以下问题。

① 干净的测试环境。

② 操作系统及其他软件的兼容性。

③ 尽可能不依赖开发团队独立搭建测试环境。

测试执行注意以下问题。

① 保持对测试现象的敏感性。

② 温习易出错的常见测试问题。

③ 及时/定时与开发团队对测试结果进行确认。

6. 测试总结

可以按照以下方式进行测试总结。

① 数据统计：统计实际测试用例数量、工作量、检出问题点分类整理等。

② 完成检查报告书：描述测试整体结果，其中包括测试范围、检出问题点数量、模块分布、重要度分布等；对重要问题列表；给开发部门的质量建议；需要注意对测试数据的说明（包括测试日程工时、软件缺陷密度、测试覆盖率等）。

③ 完成总结报告书：包括测试过程中的失败点和成功点。

④ 积累测试经验文档。

9.3　小结

实施软件第三方测试是国际上通用的做法。由于独立测试机构的行为是市场化的，其测试能力和权威性将直接关系到其市场影响力，因此他们的测试行为极其严格，尽可能多地找出软件的缺陷是独立测试机构的工作目标。独立的第三方测试可以严格地掌控软件质量，减少软件维护成本，这样不仅可以给客户提供更高质量的软件，对软件开发方而言，也帮助他们降低了产品质量问题带来的潜在损失。开展软件第三方独立测试，在客观性、独立性、专业性、权威性等方面都具有优势，同时对保证软件市场的公平竞争，降低小、中软件企业的测试成本也具有不可忽视的重要作用。

9.4　习题

1. 请说明什么是第三方测试。

2. 请简述第三方测试的意义和模式。

3. 请简述第三方测试的测试过程。

10 第10章　数据库测试

数据库是重要的基础软件，与之相关的软件分为两大类：数据库应用软件与数据库管理系统软件。数据库应用软件是基于数据库管理系统开发的应用软件，如常见的银行交易系统、图书管理系统等。数据库管理系统软件是指用于数据管理和数据存储的系统软件，如 MySQL、Oracle、SQL Server 等。本章将分别针对与两类数据库相关的软件测试技术进行介绍，目的是让读者了解数据库测试涉及的概念、方法和工具。

10.1　数据库应用软件测试

数据库应用软件是为了实现某种类型的应用业务，底层使用数据库进行数据存储的软件，通常包括业务程序和数据库两个部分。对数据库应用软件的测试通常包括数据库设计验证的静态测试、确认满足业务需求的功能测试、非功能需求的性能测试、安全性测试等动态测试。

10.1.1　数据库设计验证

由于关系型数据库目前依然占主导地位，本小节主要针对关系型数据库中的数据库设计验证进行说明。数据库模式是关系型数据库设计的核心，具体指数据库表结构以及表之间的关联关系。数据库模式设计的目标是对一个给定的应用环境，构造最优的数据库模式，使之能够有效地存储数据，满足用户的应用需求。同一个应用软件可能存在多种数据库模式的设计方案，目前难以通过动态测试确认设计是否合理、有效，常见的方法是通过启发式规则等进行静态检查。

一个设计不合理的数据库模式可能存在插入异常、删除异常、更新异常和数据冗余 4 类问题。例如，针对图书管理系统中的读者信息设计了表 reader(ID, name, dept_name, dmng_name, book_ID, book_name, borrow_date, return_date)，该表中各个字段依次表示读者编号、读者姓名、读者所在院系、院系领导姓名、图书编号、图书名称、借阅日期、归还日期。经过分析，发现该 reader 表存在以下 4 类问题。

1. 数据冗余大

数据冗余大导致浪费大量的存储空间，例如，每个院系领导姓名重复出现多次。

2. 修改复杂

数据冗余导致更新数据时，维护数据完整性的代价大。例如，某学院更换领导后，必须修改与该学院学生有关的每个元组。

3. 插入异常

该插入的数据无法插入到该表中。例如，如果一个学院刚成立，尚无学生，就无法把这个学院及其学院领导的信息存入数据库。

4. 删除异常

不该删除的数据被删掉了。例如，如果某个学院的学生全部毕业了，在删除该学院学生信息的同时，把这个学院及其领导的信息也删掉了。

基于以上问题，数据库模式设计的总体原则是尽可能地消除插入异常、删除异常和更新异常的发生，减少数据冗余的发生。数据库模式设计中的关键步骤与对应的验证观点如表 10-1 所示。

表 10-1　数据库设计步骤、成果与验证观点

编号	数据库设计步骤和输出成果	数据库设计验证观点
1	需求分析 输出：数据字典和数据流图	- 是否反映所有的用户需求 - 是否充分考虑系统的扩充和改变
2	概念结构设计 输出：关系实体（Entity-Relation，ER）图	- 是否涵盖了系统所有的实体和属性 - 实体与属性的划分是否正确 - 实体之间的联系与约束刻画是否准确、全面 - 不同的子 ER 图中是否存在命名、结构等冲突 - 不同的子 ER 图中是否存在冗余
3	逻辑结构设计 输出：数据库表结构等	- 是否符合关系型数据库设计的范式理论，通常应达到 3NF 或者 BCNF - 是否考虑该系统的性能需求等进行反范式化设计 - 是否考虑该系统的性能要求进行分库、分表
4	物理结构设计 输出：存储、索引等	- 索引设计（聚簇索引、唯一索引等）是否合理 - 存储结构（关系、索引、日志、备份等）是否合理

关于 ER 图、关系型数据库设计的范式理论、索引等概念的详细讲解，读者可参考数据库相关的专业教材，特别是索引的设计对大型数据库应用软件的性能产生重要的影响，必须在设计中给予足够的重视。

10.1.2　功能测试

功能测试是通过测试验证软件的每个功能是否都按照用户的需求进行了实现并且能正常使用。功能测试在不同的测试阶段可以采用不同的测试方法，如单元测试、接口测试通常采用白盒测试，集成测试、系统测试、验收测试等通常采用黑盒测试。具体的测试策略和方法参考本书第 2～4 章。

数据库应用软件的功能测试是根据具体应用软件的功能需求进行测试，通过设计的测试用例逐一验证每个功能是否都能正常运行并达到预期结果。目前主流的数据库应用软件客户端包括 Web App、移动 App 等，相关的测试技术参考本书第 7 章。该类客户端软件与数据库交互的部分是本章测试重点关注的内容，特别是数据库的连接和断开、多用户并发时数据的一致性等。

10.1.3　性能测试

性能测试是数据库应用软件的一种重要的非功能性需求测试。性能测试主要评价数据库系统或组件的实际性能是否与用户的性能需求一致，例如，访问系统的速度是否达到用户需求，内存资源的消耗

情况是否满足设计要求。数据库应用软件的性能测试通常关注该软件整体或者其中某些组件在规定时间内响应用户或系统输入的能力，通常用请求响应时间等度量性能优劣。数据库应用软件通常由多种组件（如客户端、服务器、数据库）构成，测试时需要注意分别测试每个组件以及各组件之间的性能。

在数据库应用软件的测试中，与性能测试容易混淆的两种测试分别是负载测试与压力测试。为帮助读者理清概念，本节将对其进行简单对比。负载测试（Load Test）是通过增加负载评估系统或者组件性能的测试方法。例如，通过增加并发用户数、事务数量等观察系统或者组件能够承受的负载。负载测试和性能测试的主要区别在于：负载测试时，系统负载是逐渐增加的，负载测试需要观察系统在各种不同负载的情况下是否都能够正常工作，而性能测试通常是直接指定一个特定的负载进行测试。压力测试（Stress Test）是评估系统或者组件处于或超过预期负载时的运行情况。压力测试重点关注系统在峰值负载或超出最大负载情况下的处理能力。在压力级别逐渐增加时，系统性能应该是按照预期缓慢下降，但是不应发生系统崩溃的现象。例如，系统最大支持的同时在线用户数是 1000 个，压力测试需要测试在 1000 个用户，甚至 2000 个用户同时在线时系统的表现。虽然测试时负载已经超过了系统的承载能力，但是在这种情况下被测试系统也不应该发生崩溃。压力测试也可以针对系统资源进行测试，例如，在系统内存耗尽情况下，测试系统的运行情况。

并发测试是数据库应用软件性能测试中的重要内容。数据库应用软件使用数据库存储数据的优点之一就是可以支持多人并发访问。数据库并发访问常常会导致数据库数据不一致、死锁等故障，因此进行并发测试是必不可少的一个环节。此外并发测试也是实施性能测试、压力测试等的重要手段。对数据库应用软件的并发测试通常是利用测试工具模拟多个用户进行并发操作，观察在不同并发用户下软件在功能和性能等方面的表现。以下为几款数据库应用软件并发测试常用工具。

（1）LoadRunner

LoadRunner 是一款被广泛使用的商业收费的压力测试工具，同样适用于数据库应用软件的并发压力测试，采用录制脚本或者自行编写脚本的方式可以进行并发测试。该软件功能完整、强大，详细使用方法参考 8.1 节。

（2）JMeter

JMeter 是由 Apache 组织开发的、基于 Java 的开源免费压力测试工具。它最初被设计用于 Web 应用测试，后来扩展到其他测试领域。JMeter 可以用于对服务器、网络或对象模拟巨大的负载，针对不同压力下测试软件的强度和分析整体性能。

（3）Locust

Locust 是一款用 Python 编写的分布式用户负载测试工具，用于对网站或其他系统进行并发压力测试。Locust 使用了协程（gevent）机制并发，由于协程机制自身的特点避免了并发场景下多线程/多进程切换造成的资源开销，因此提高了系统资源利用率和单机并发效率。

本小节以 JMeter 5.3 为例演示某个基于 MySQL 的数据库应用软件进行并发测试的过程。

（1）下载、安装 JMeter。

（2）由于 JMeter 是由 Java 开发的，为了连接 MySQL，需要下载 mysql-connector-java-版本号.jar。

（3）启动 JMeter 安装目录下 bin 文件夹中的 ApacheJMeter.jar。

至此，JMeter 安装、启动完毕，开始准备测试。

每个测试需要根据具体的需求创建测试计划。以下示例中针对一个学生选课系统的数据库本身进行并发测试。

（1）创建一个测试计划，其名称为"学生选课系统测试计划"，并指定 MySQL 的 JDBC 驱动依赖库，如图 10-1 所示。该测试计划保存后以一个配置文件的形式保存。

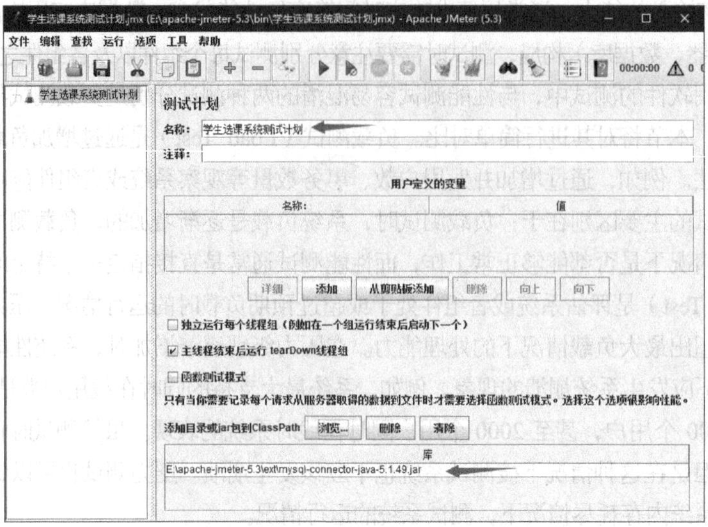

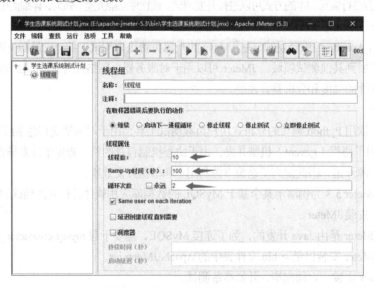

图10-1　JMeter测试计划创建

（2）选中顶层目录"学生选课系统测试计划"后右键单击，在弹出的菜单中选择"添加"→"线程（用户）"→"线程组"菜单项，并进行并发用户数、循环次数等配置，如图 10-2 所示。

① 线程数：虚拟并发用户数。

② Ramp-Up 时间（秒）：启用线程需要的时间间隔。若此处设为 10 秒，用户数是 100，则每秒启动的用户数是 100/10=10 个。

③ 循环次数：该测试重复的次数。

图10-2　JMeter线程组添加与配置

（3）选中目录"学生选课系统测试计划"→"线程组"后右键单击，在弹出的菜单中选择"添加"→"配置元件"→"JDBC Connetion Configuration"菜单项，如图 10-3 所示。

图10-3 JMeter线程组添加JDBC Connection Configuration

（4）配置 JDBC 连接，如图 10-4 所示。

① Variable Name for created pool：变量名，不能为空。

② Max Number of Connections：最大连接数。

③ Database URL：其格式为 jdbc:mysql://服务器 ip:端口号/数据库。

④ JDBC Driver class：com.mysql.jdbc.Driver。

⑤ Username：连接 MySQL 数据库的用户名。

⑥ Password：连接 MySQL 数据库的密码。

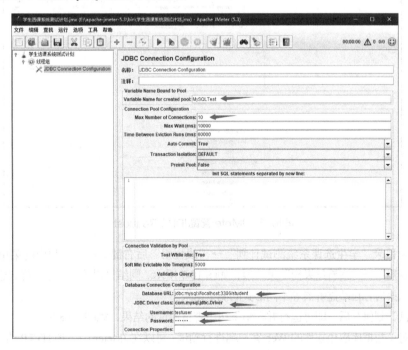

图10-4 JMeter配置JDBC连接

（5）选中目录"学生选课系统测试计划" → "线程组"后右键单击，在弹出的菜单中选择"添加" → "取样器" → "JDBC Request"菜单项，如图10-5所示。

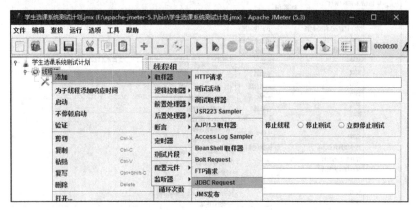

图10-5　JMeter添加JDBC Request

（6）配置JDBC Request，假设数据库中有一张表s，测试SQL语句为select * from s，如图10-6所示。

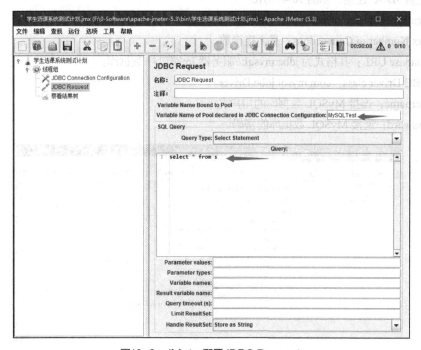

图10-6　JMeter配置JDBC Request

（7）选中目录"学生选课系统测试计划" → "线程组"后右键单击，在弹出的菜单中选择"添加" → "监听器" → "察看结果树"菜单项，如图10-7所示。同结果树操作方法一样，还可以添加聚合报告、汇总报告、自端监听器等不同形式的测试结果。

（8）测试计划保存后，即可运行并在结果树中查看测试的结果，如图10-8所示。

若希望对该数据库应用软件的Web客户端进行测试，可以在JMeter中添加HTTP请求，并设置请求URL、端口、协议等信息进行并发测试。

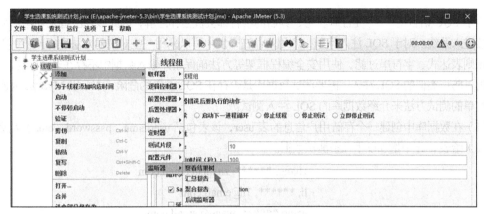

图10-7 JMeter添加察看结果树

图10-8 JMeter查看结果树中测试结果

10.1.4 安全性测试

信息安全是人们对软件的一种重要的非功能需求。在数据库应用软件中，安全性测试也尤为重要。数据库应用软件的基本安全性测试主要围绕用户权限展开，例如，拥有不同权限的用户是否能进行对应权限的操作、用户的操作是否都可以进行审计和追踪、数据库中的重要数据是否有加密存储等。

由于数据库应用软件中使用了 SQL 语句，与之相关的 SQL 注入测试是该类软件进行安全性测试的一个重要内容。SQL 注入是指通过把 SQL 命令插入到 Web 表单提交或页面请求等的查询字符串中，最终达到欺骗服务器执行恶意 SQL 命令的目的，即利用现有的应用程序将恶意 SQL 命令注入后台数据库引擎中执行。例如，在程序中动态构造如下 SQL 语句：

```
select * from member where UID =' "& request("ID") &" ' and Passwd =' "& request("Pwd") " '
```

若攻击者已知系统中已有一个 Admin 的管理者 ID，则输入 Admin'-- ，导致构造出的 SQL 语句为：

```
select * from member where UID =' Admin '-- ' and Passwd =' '
```

由于 SQL 语言中 "--" 是注释符号，其后的字符都会被当作注解，因此该攻击者无须输入密码即可直接进入系统。对于 SQL 注入问题，应用软件在开发中可以采用一些对应的方法进行预防，例如，使用正则表达式、字符串过滤、使用安全编程框架等方法确保用户输入数据中不存在非法字符。

为了防止类似的 SQL 注入，需要测试数据库是否存在 SQL 注入的危险。本节以 MySQL 为例，用一个简单的测试方法来介绍数据库的 SQL 注入测试。

（1）在数据库中创建一个存储用户信息的表 user，该表包括 username、password、email 字段。

（2）给表 user 中增加以下几条测试数据。

> zhang, ******, zhang@email.com
>
> li, ******, 1i@email.com
>
> wang ******, wang@email.com

（3）在被测的数据库应用软件登录界面中，在输入用户名的地方输入：zhang'--，不输入密码确认是否能登录该系统。若能登录，则说明该数据库应用程序存在 SQL 注入的问题。

若该软件的 Web 等客户端可以直接输入或者构造 SQL 语句，则可以用拼接两个数字字符串的方法进行测试。先用一个单引号结束当前的数字字符串，然后用相应的串联运算符将另一个数字字符串进行拼接，其 SQL 语句如下：

```
update user set email = '1'+'1' where username = 'zhang'
```

如果数据库成功地将两个数字字符串拼接在一起，用户 zhang 的 email 被更新成了 2，则说明该数据库应用程序存在 SQL 注入的问题。关于 SQL 注入问题更加深入的安全性测试的内容可参考 10.3 节。对于测试发现存在 SQL 注入问题的数据库应用软件如何进行预防和修改，用户可以采用异常字符检测等多种方法，具体细节本书不再赘述。关于 SQL 注入安全性测试可参考 12.3.2 小节。

10.2 数据库管理系统基础测试

10.2.1 数据库管理系统简介

数据库管理系统（Database Management System，DBMS）是一种控制和管理数据库的大型基础软件，用于建立、使用和维护数据库。DBMS 对数据库进行统一的管理和控制，以保证数据库的安全性和完整性。DBMS 提供如下功能。

（1）数据定义功能：DBMS 定义数据库、表、索引、视图、用户等对象。

（2）数据操纵功能：DBMS 提供对数据的基本操作，包括插入、删除、修改、查询等。

（3）数据库运行管理功能：DBMS 提供数据控制功能，可以对数据的安全性、完整性进行管理，通过并发控制对数据库运行有效的事务管理以确保数据正确、有效。

（4）数据库的维护功能：DBMS 提供数据库的统一管理功能以支持数据库的运行和维护，如数据库的初始建立、安全控制、数据转储、备份与恢复、监控等。

（5）数据库的传输功能：DBMS 提供处理数据的传输接口，实现用户程序与 DBMS 之间的数据传输。

DBMS 是一种规模大、复杂度高的基础软件，测试难度也较大。近年来，随着国产 DBMS 软件公司的快速发展，对 DBMS 的充分测试是保障软件质量的有效措施。

10.2.2 DBMS的SQL功能测试

DBMS 中的数据定义、数据操纵等功能都是通过 SQL 语句提供的，因此从功能角度进行 SQL 语句的功能测试是整个 DBMS 中最基础的测试。

进行 SQL 语句的基本功能测试时，通常是依据被测软件的 SQL 指南或者 SQL 功能说明设计相关的测试用例，并逐一进行测试即可。此处以 MySQL 8.0 中的 CREATE DATABASE 为例说明。MySQL 官网列出的 CREATE DATABASE 的语法规则如图 10-9 所示。

```
1   CREATE {DATABASE | SCHEMA} [IF NOT EXISTS] db_name
2       [create_option] ...
3
4   create_option: {
5       [DEFAULT] CHARACTER SET [=] charset_name
6     | [DEFAULT] COLLATE [=] collation_name
7     | [DEFAULT] ENCRYPTION [=] {'Y' | 'N'}
8   }
```

图10-9　MySQL 8.0 CREATE DATABASE语法

设计如下的多条 SQL 命令。实际测试时，可以在 MySQL 客户端逐一执行并确认结果。

① CREATE DATABASE IF NOT EXISTS database_name
   DEFAULT CHARACTER SET=utf8
   DEFAULT COLLATE=utf8_general_ci;
② CREATE SCHEMA IF NOT EXISTS schema_name
   DEFAULT CHARACTER SET=utf8
   DEFAULT COLLATE=utf8_general_ci;
③ CREATE DATABASE testdb ENCRYPTION='Y';
④ CREATE SCHEMA test_schema
⑤ CREATE SCHEMA testdb DEFAULT ENCRYPTION='N';

以上仅是部分测试用例的展示。实际测试中，为了确保测试用例的充分性，根据组合测试的方法，可以对相关参数进行组合，形成更多更加全面的正常和异常 SQL 测试用例集。

DBMS 软件的复杂性决定了开发过程中经常需要不断进行迭代和回归测试，若仅在命令行逐条进行测试，那么效率会比较低，通常会使用自动化测试的工具辅助测试。本小节以 MySQL 中用于 SQL 功能自动化回归测试的工具 Mysqltest 为例进行介绍。Mysqltest 是 MySQL 自带的测试引擎，它实现了一种自定义的语言，用来描述测试过程，并将测试结果与期望结果自动对比。

Mysqltest 的语言按照语法大致分为 3 类：command、sql、comment。sql 是 MySQL 支持的 SQL 语句；command 语句用来控制测试脚本运行时的行为，通常以--开头；comment 即为注释，用#开头。图 10-10 所示的是 Mysqltest 的一个测试脚本文件（扩展名为.test）func_isnull.test，该例子对 isnull 函数进行测试。每个测试用例有一个图 10-11 所示的标准测试结果（扩展名为.result）func_isnull.result。

```
1   #
2   # test of ISNULL()
3   #
4
5   --disable_warnings
6   drop table if exists t1;
7   --enable_warnings
8
9   create table t1 (id int auto_increment primary key not null, mydate date not null);
10  insert into t1 values (0,"2002-05-01"),(0,"2002-05-01"),(0,"2002-05-01");
11  flush tables;
12  select * from t1 where isnull(to_days(mydate));
13  drop table t1;
```

图10-10　Mysqltest测试用例文件func_isnull.test

```
1   drop table if exists t1;
2   create table t1 (id int auto_increment primary key not null, mydate date not null);
3   insert into t1 values (0,"2002-05-01"),(0,"2002-05-01"),(0,"2002-05-01");
4   flush tables;
5   select * from t1 where isnull(to_days(mydate));
6   id  mydate
7   drop table t1;
```

图10-11　Mysqltest测试用例对照结果文件func_isnull.result

运行以上.test 测试用例时，Mysqltest 工具会将每个测试用例的实际执行结果与对应标准结果文件进行对比，若一致表明该测试用例测试成功，否则该测试用例测试失败。

10.2.3 DBMS的事务特性测试

DBMS 的事务处理是为了确保数据库在并发访问时数据的正确性，该模块是 DBMS 系统中最复杂的模块，也是 DBMS 测试的重点部分。本小节的事务仅指基础的单机事务，不涉及分布式事务。

事务处理具有以下 4 大特性（通常称为 ACID）。

（1）原子性（Atomic）：事务是数据库进行数据操作的最小逻辑单元，即事务中的 SQL 语句或者全部执行，或者全部不执行，不能出现部分 SQL 语句执行的情况。

（2）一致性（Consistent）：一个事务在执行之前和执行之后，数据库的数据都必须处于一致的状态。

（3）隔离性（Isolation）：隔离性是指在并发环境中，并发的事务是相互隔离的，一个事务的执行不能被其他事务干扰。标准 SQL 规范中定义了 4 个事务隔离级别，即读未提交、读已提交、可重复读和可串行化。不同的隔离级别下事务的处理不同，不同的 DBMS 对隔离级别支持的细节也有所差异。表 10-2 列出了在不同隔离级别下允许/不允许出现的数据不一致问题。

表 10-2　数据库中不同隔离级别防止的数据不一致问题

隔离级别	脏读	不可重复读	幻读
读未提交（Read Uncommitted）	允许	允许	允许
读已提交（Read Committed）	不允许	允许	允许
可重复读（Repeatable Read）	不允许	不允许	允许
可串行化（Serializable）	不允许	不允许	不允许

假设有两个并发的事务 T1 和 T2，表 10-2 中涉及的各种数据不一致问题分别如下。

① 脏读：T1 修改后写回，T2 读，T1 回滚，此时 T2 读到了 T1 中修改完但还未提交的数据。

② 不可重复读：T1 读，T2 更新，T1 再次读，发现与 T1 第一次读取的数据不同。

③ 幻读：T1 读，T2 删除或者插入部分记录，T1 再读，发现数据行数与 T1 第一次读到的行数不同。

（4）持久性（Duration）：一旦事务提交，事务对数据库中的对应数据的状态变更就会永久保存到数据库中。

针对以上事务处理的 ACID 特性进行测试时，总体思想是通过改变 DBMS 中的隔离级别，在不同隔离级别下并发执行相关 SQL 语句，再确认测试结果数据。针对某个 DBMS 的事务特性进行测试时，首先需要确定被测 DBMS 所支持的隔离级别和事务相关的命令或 SQL 语句，其次根据其支持的隔离级别规范设计相关的测试用例并进行测试。

在事务测试中，至少需要启动两个以上的数据库连接才能测试。以 MySQL 为例，测试中可以采用启动两个 MySQL 客户端同时连接数据库或者利用 Mysqltest 工具，利用脚本同时建立两个数据库连接。下面以 MySQL 客户端为例，展示读未提交情况下的测试过程。假设数据库 DBTest 中有一张学生信息表 student，表结构和数据如图 10-12 所示。

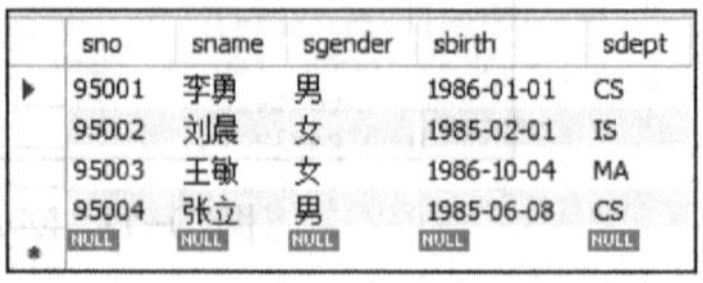

sno	sname	sgender	sbirth	sdept
95001	李勇	男	1986-01-01	CS
95002	刘晨	女	1985-02-01	IS
95003	王敏	女	1986-10-04	MA
95004	张立	男	1985-06-08	CS
NULL	NULL	NULL	NULL	NULL

图10-12　数据库DBTest中表student的信息

启动 MySQL WorkBench 的查询窗口 A，执行读图 10-13（a）所示的 SQL 语句，将隔离级别调整为读未提交；执行完查询窗口 A 后，打开一个新的查询窗口 B，执行读图 10-13（b）所示的数据，发现读到了窗口 A 中还未提交事务的脏数据（学号为 95004 学生的 sdept 值：'IS'）。读者可以尝试改变不同的隔离级别，观察数据的变化。

　　　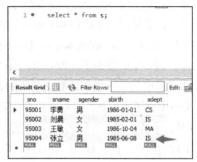

（a）查询窗口 A　　　　　　　　　　　　　（b）查询窗口 B

图10-13　数据库事务处理中读取脏数据错误

在图 10-13 中，由于 MySQL 的默认隔离级别是读已提交，所以需要通过语句"set transaction isolation level read uncommitted;"将系统的隔离级别设置为读未提交；接下来的语句"set autocommit=0;"表示不自动提交每个单独的 SQL 语句，直到显示执行 commit 或者 rollback 表示当前事务结束。

10.3　数据库管理系统性能测试

10.3.1　DBMS性能测试的目的与性能指标

随着互联网的普及与发展，现代 DBMS 需要支持的应用更加复杂，因此，人们对于 DBMS 的性能要求越来越高。DBMS 性能测试的目的是验证系统是否能满足用户提出的性能指标，发现性能瓶颈，优化系统整体性能。

常见的 DBMS 性能度量指标主要包括以下两条。

（1）每秒执行事务数

每秒执行事务数（Transaction Per Second，TPS），即数据库每秒执行的事务数。

（2）每秒执行请求数

每秒执行请求数（Queries Per Second，QPS），即数据库每秒执行的 SQL 数，SQL 操作包含 INSERT、SELECT、UPDATE、DETELE 等。

10.3.2　DBMS的基准性能测试

由于 DBMS 通常需要管理海量数据，为了测试方便并易于对比不同 DBMS 的性能，事务处理性能委员会（Transaction Processing Performance Council，TPC）组织定义了 TPC-C、TPC-H 等基准测试数据库。TPC 是由数十家会员公司创建的非营利组织，其功能是制订商务应用基准程序的标准规范、性能和价格度量，并管理测试结果的发布。

目前，TPC 发布的常见数据库基准测试主要有以下两大类。

（1）联机业务处理（Online Transaction Processing，OLTP）测试标准：TPC-C、TPC-E。

（2）联机分析处理（Online Analysis Processing，OLAP）测试标准：TPC-H、TPC-DS。

TPC-C 于 1992 年 7 月获得批准，是针对 OLTP 的基准测试，主要模拟了一个大型的商品批发销售系统。TPC-C 数据库由 9 张表组成，它通过模拟仓库和订单管理系统中的用户操作，测试数据库的查询、更新等。TPC-C 标准测试模拟了 5 种事务处理：新订单（New-Order）、支付操作（Payment）、订单状态查询（Order-Status）、发货（Delivery）、库存状态查询（Stock-Level）。TPC-C 的测试结果主要有两个：每分钟事务数 tpmC（Transactions per minute C，tpmC），该值越大越好；单位性能的价格 Price/tpmC 性价比（Price/Performance，Price/tpmC），该值越小越好。

2007 年，TPC 组织发布了一种 OLTP 测试的新标准 TPC-E，用于替代 TPC-C。TPC-E 模拟了全球最大的股票交易市场——纽约证券交易所的日常交易流程，如账户查询、在线交易和市场调研等。TPC-E 的发布促进了服务器性能测试从 C/S 架构到 B/S 架构的过渡，涉及的数据类型由 TPC-C 的 3 种扩展为 10 种，事务类型由 5 种增加到 12 种，数据库构成更为复杂，更契合实际应用。但由于 TPC-C 测试是一个较为成熟、被计算机厂商及用户广为接受的测试模型，替代过程比较缓慢，目前 TPC-C 仍是主流。

1999 年诞生的 TPC-H 是面向 OLAP 服务的基准测试，其主要目的是评价特定查询的决策支持能力，强调服务器在数据挖掘、分析处理方面的能力。TPC-H 的数据仓库基于关系模型，共包含 8 个基本表，其中关系表数据量可以设定从 1GB~3TB 不等；22 个查询测试语句（Q1~Q22）遵循 SQL92 标准，SQL 语句具有统计查询、多表关联、sum、复杂条件、group by、order by 等组合。它由一套面向零售业务的查询和并发数据修改组成，可以检索大量数据，执行高度复杂的查询，并为关键业务问题提供答案。TPC-H 测试结果的性能指标为每小时执行的查询数（QphH @ Size），反映了系统处理查询的能力的多个方面，如执行查询所选的数据库大小、单个流提交查询时的查询处理能力，以及多个并发用户提交查询时的查询吞吐量。

近年来新兴的数据仓库开始采用新的模型，如星形模型、雪花形模型。TPC-H 的关系模型已经不能精准反映当今数据库系统的性能。为此，TPC 组织推出了新一代的面向 OLAP 的 TPC-DS 基准。TPC-DS 采用星形、雪花形等多维数据模式，包含 24 张表，平均每张表 18 列；99 个测试 SQL 案例，测试案例中包含各种业务模型（如分析报告型、迭代式的联机分析型等），并且都是真实的商业问题。TPC-DS 的特点跟大数据分析挖掘应用非常类似，其测试结果可以衡量单用户模式下的响应时间、多用户模式下的查询吞吐量、特定操作系统和硬件的数据维护性能等。

10.3.3 DBMS的性能测试工具

目前已有多种针对 DBMS 进行性能测试的工具，如 BenchmarkSQL、Sysbench、tpcc-mysql 等。有些工具集成了 TPC-C 或 TPC-H 等基准测试，可以生成基准测试的库表和数据，使用方便。BenchmarkSQL 是基于 TPC-C 的一个开源工具，该工具支持 Oracle 和 PostgreSQL 数据库。由于是开源实现，该工具可以通过修改源码来支持 MySQL 等。Sysbench 是一个跨平台且支持多线程的模块化基准测试工具，用于评估系统在运行高负载数据库的性能表现，目前支持 MySQL、PostgreSQL 和 Oracle 数据库。

本小节以 Sysbench 1.0 为代表介绍 DBMS 性能测试的方法和过程。Sysbench 并未使用 TPC-C 基准数据库，其内置创建了简单的表 sbtest(id, k,c,pad)，测试场景和 SQL 语句如表 10-3 所示。具体实施测试时，如果希望按照需求针对期望的库表结构和 SQL 进行测试时，需要手动修改相关 Sysbench 源码目录下的 Lua 测试脚本文件。

表 10-3　Sysbench 内置的测试场景和 SQL 语句

测试场景	测试观点	用例分类	数量	SQL 语句
OLTP 只读	主键点查询	point_select	10	SELECT c FROM sbtest%u WHERE id=?
	范围查询	simple_ranges	1	SELECT c FROM sbtest%u WHERE id BETWEEN ? AND ?
		sum_ranges	1	SELECT SUM(k) FROM sbtest%u WHERE id BETWEEN ? AND ?
		order_ranges	1	SELECT c FROM sbtest%u WHERE id BETWEEN ? AND ? ORDER BY c
		distinct_ranges	1	SELECT DISTINCT c FROM sbtest%u WHERE id BETWEEN ? AND ? ORDER BY c
OLTP 只写	增/删/改	index_update	1	UPDATE sbtest%u SET k=k+1 WHERE id=?
		non_index_update	1	UPDATE sbtest%u SET c=? WHERE id=?
		delete	1	DELETE FROM sbtest%u WHERE id=?
		insert	1	INSERT INTO sbtest%u (id, k, c, pad) VALUES (?, ?, ?, ?)
OLTP 混合读写	OLTP 只读	—	14	同 OLTP 只读
	OLTP 只写	—	4	同 OLTP 只写

具体使用 Sysbench 对本地机型上事先安装好的 MySQL 进行测试的过程如下。

（1）下载并安装 Sysbench。

可用命令安装 yum：

```
yum -y install sysbench
```

（2）安装后，确认 Sysbench 测试中各种 Lua 脚本文件，创建好 sbtest 数据库备用。

（3）测试准备：准备数据库的表结构以及装载数据，以 oltp_read_write.lua 为例。

```
sysbench oltp_read_write.lua --tables=3 --table_size=10000 --mysql-user=root
--mysql-password=123456 --mysql-host=127.0.0.1 --mysql-port=3306 --mysql-db=sbtest
prepare
```

此处重要的参数含义如下。

--tables：创建好 sbtest 表的数量。

--table_size：每张表中插入的记录数量。

以上命令表示创建 3 个测试表，每个表中插入 1 万行数据（实际测试时应该插入更多的数据）。prepare 表示这是准备数据的过程。

执行结束后用图 10-14 所示的 SQL 命令进行确认。

（4）执行测试：以 point_select 为例进行测试。

```
sysbench oltp_point_select.lua --tables=3 --table_size=10000 --mysql-user=root
--mysql-password=123456 --mysql-host=127.0.0.1 --mysql-port=3306
--mysql-db=sbtest --threads=100 --time=100 --report-interval=5 run
```

按<Enter>键之后测试开始，如图 10-15 所示，按照 5 秒的间隔输出测试报告，一直等待测试结束。

```
mysql> show tables;
+------------------+
| Tables_in_sbtest |
+------------------+
| sbtest1          |
| sbtest2          |
| sbtest3          |
+------------------+
3 rows in set (0.00 sec)

mysql> select count(*) from sbtest1;
+----------+
| count(*) |
+----------+
|    10000 |
+----------+
1 row in set (0.09 sec)
```

图10-14　Sysbench测试数据准备状况确认

```
[root@localhost lua]# sysbench oltp_point_select.lua --tables=3 --table_size=10000 --mysql-user=root --mysql-password=li@
--mysql-port=3306 --mysql-db=sbtest --threads=100 --time=100 --report-interval=5 run
sysbench 1.1.0-797e4c4 (using bundled LuaJIT 2.1.0-beta3)

Running the test with following options:
Number of threads: 100
Report intermediate results every 5 second(s)
Initializing random number generator from current time


Initializing worker threads...

Threads started!

[ 5s ] thds: 100 tps: 12918.20 qps: 12918.20 (r/w/o: 12918.20/0.00/0.00) lat (ms,95%): 13.70 err/s: 0.00 reconn/s: 0.00
[ 10s ] thds: 100 tps: 13307.71 qps: 13307.71 (r/w/o: 13307.71/0.00/0.00) lat (ms,95%): 13.22 err/s: 0.00 reconn/s: 0.00
[ 15s ] thds: 100 tps: 13279.14 qps: 13279.14 (r/w/o: 13279.14/0.00/0.00) lat (ms,95%): 12.98 err/s: 0.00 reconn/s: 0.00
[ 20s ] thds: 100 tps: 13429.99 qps: 13429.99 (r/w/o: 13429.99/0.00/0.00) lat (ms,95%): 13.22 err/s: 0.00 reconn/s: 0.00
[ 25s ] thds: 100 tps: 12887.86 qps: 12887.86 (r/w/o: 12887.86/0.00/0.00) lat (ms,95%): 13.46 err/s: 0.00 reconn/s: 0.00
[ 30s ] thds: 100 tps: 13499.98 qps: 13499.98 (r/w/o: 13499.98/0.00/0.00) lat (ms,95%): 12.98 err/s: 0.00 reconn/s: 0.00
```

图10-15　Sysbench测试用例执行中

（5）确认测试结果：测试结束后结果如图 10-16 所示，重点关注每秒事务数（Transactions）和每秒查询数（Queries）和响应时间（Latency）等。在图10-16 所示的例子中，由于每条 SQL 查询都是一个事务，因此每秒事务数和每秒查询数相等，即每秒事务数（TPS）和每秒查询数（QPS）均为 12871.28，响应时间 Latency 为 12.3 毫秒。

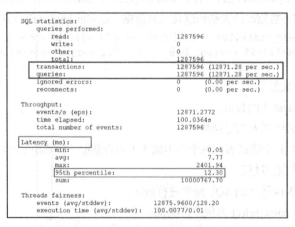

```
SQL statistics:
    queries performed:
        read:                            1287596
        write:                           0
        other:                           0
        total:                           1287596
    transactions:                        1287596 (12871.28 per sec.)
    queries:                             1287596 (12871.28 per sec.)
    ignored errors:                      0       (0.00 per sec.)
    reconnects:                          0       (0.00 per sec.)

Throughput:
    events/s (eps):                      12871.2772
    time elapsed:                        100.0364s
    total number of events:              1287596

Latency (ms):
         min:                                    0.05
         avg:                                    7.77
         max:                                 2401.94
         95th percentile:                       12.30
         sum:                             10000767.70

Threads fairness:
    events (avg/stddev):                 12875.9600/128.20
    execution time (avg/stddev):         100.0077/0.01
```

图10-16　Sysbench测试结果

（6）测试完毕，如果希望清除测试数据，可以使用如下命令：

```
sysbench oltp_point_select.lua --tables=3 --table_size=10000 --mysql-user=root
--mysql-password=123456 --mysql-host=127.0.0.1 --mysql-port=3306
--mysql-db=sbtest --threads=100 --time=100 --report-interval=5 cleanup
```

10.4　数据库管理系统高可用性测试

数据库的高可用性是指 DBMS 最大程度地为用户提供服务，避免由服务器宕机等故障带来的服务中断。数据库的高可用性多通过部署数据库的集群服务实现，因此 DBMS 的高可用性测试也主要围绕集群、灾备等展开。

DBMS 的集群部署与各种 DBMS 的架构紧密相关，当前比较流行的部署架构有：传统数据库的单中心主备集群、多中心主备集群以及分布式数据库的两地三中心集群部署等。不论对于哪种架构，在集群中提供服务的节点宕机时，DBMS 应可以自动迅速切换节点，启动备用节点继续对外提供服务。目前关于 DBMS 高可用性的系统性测试由于各种数据库架构差异较大，没有通用的测试工具可以直接使用。

DBMS 集群的正常运行将涉及 DBMS 自身、操作系统、硬件和网络等多种复杂因素，因此重点要面对的问题是如何在发生各种不可预料的故障时，能继续提供服务。对高可用性测试而言，模拟出各种不可预料的故障是必要的，如网络故障、CPU 超载、服务器宕机、内存不足等。目前，已经有一些系统级故障的注入工具、框架或者平台可供使用，如 Linux 内核中的故障注入工具 Fault Injection Framework、Namazu、Jepsen、ChaosBlade 等，其中 Jepsen 是开源社区比较公认的一个分布式数据库的测试框架，它实现了模拟各类常见的系统软硬件故障，其测试用例是基于随机式的方法进行设计，故障类型覆盖率良好。

本小节以 MySQL 的单中心主备集群架构为例（假设架构：一主节点两备用节点，主节点负责写，备用节点负责读），示例 3 个高可用性测试的测试用例。

（1）在主节点机器上创建一个数据库 testdb，确认两个备用机器上的数据是否同步成功。

（2）模拟主节点故障：关闭主节点，确认备用节点是否可以继续向外提供读服务。

（3）模拟备节点故障：关闭一个备用节点，在主节点添加数据，然后启动关闭的备用节点，确认数据已经同步到两个备用节点。

各种故障注入工具为 DBMS 的高可用性测试奠定了较好的基础，但是由于该测试的破坏性相对较大，测试集群环境可能随时变化，这些特点造成了高可用性测试费时费力，未来还需要开发更有效的自动化工具支撑此类测试。

10.5　小结

数据库软件是现代信息社会的重要基础设施，对数据库应用软件与数据库管理系统软件的全面深入测试是提升数据库软件质量的有效方法。本章首先介绍了数据库应用软件中的数据库设计方案验证、软件功能、性能以及安全性等测试；其次介绍了 DBMS 的 SQL 功能测试与回归测试、事务特性测试等，详细叙述了 DBMS 性能测试的方法和工具；最后简要介绍了 DBMS 的高可用性测试。

10.6　习题

1. 简述数据库应用软件与数据库管理系统软件的区别和联系。
2. 如何对数据库应用软件中设计的数据库模式的优劣进行验证？
3. 简述 MySQL 的 SQL 功能回归测试过程。
4. 请举例说明如何测试 DBMS 的事务特性。
5. 如何对 DBMS 进行性能测试？性能测试中重点需要考虑哪些内容？
6. DBMS 的高可用性测试的主要挑战有哪些？

第 3 部分　前沿技术

11 第11章 智能软件测试技术

智能软件测试是当前软件测试研究和实践中的一个热点。本章将依次介绍基于机器学习的软件缺陷报告分析、基于软件度量的软件缺陷预测方法和基于搜索的软件测试方法。这些都是当前智能软件工程领域的热门研究问题。

11.1 基于机器学习的软件缺陷报告分析

本节首先介绍基于机器学习的软件缺陷报告分析的目的和意义，其次以安全缺陷报告检测为例，介绍软件缺陷报告数据集的构造，以及面向安全缺陷报告检测的机器学习模型和方法。

11.1.1 基于机器学习的软件缺陷报告分析的目的和意义

软件缺陷报告是软件设计、开发、维护过程中发现的软件问题的记录，是测试人员和开发人员之间重要的沟通工具。软件缺陷报告通常采用软件缺陷跟踪系统，如 JIRA、Bugzilla、LaunchPad 等进行管理，而大型软件项目以及开源软件系统的软件缺陷报告产生速度非常快，使得软件缺陷报告的管理过程耗时耗力且非常昂贵。

常见的软件缺陷报告管理过程如图 11-1 所示，该过程包括重复检测、设置严重性和优先级、分配合适的开发人员、软件缺陷定位、软件缺陷修复，以及回归验证这几个关键步骤。为了提高软件缺陷报告管理效率、降低软件缺陷管理成本，需要进行自动化软件缺陷报告分析。

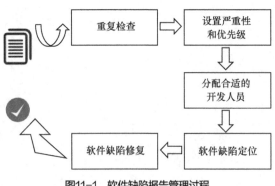

图11-1 软件缺陷报告管理过程

1. **自动化软件缺陷报告分析涉及的主要方面**

针对软件缺陷报告的一系列分析研究，主要涉及以下 5 个方面。

（1）重复软件缺陷报告检测

软件缺陷报告提交是一个并发的过程，不同的软件缺陷报告提交人员（如测试人员、用户等）可能会发现相同的问题并提交类似的软件缺陷报告。重复软件缺陷报告会造成后续处理过程中资源的浪费，因此，自动检测重复软件缺陷报告是软件缺陷报告分析研究的目的之一。

（2）高影响力软件缺陷报告识别

不同的软件缺陷对软件系统的影响程度不尽相同。高影响力软件缺陷是指软件缺陷的发生会对系统造成较为严重影响的软件缺陷，如核心功能缺陷、安全性相关缺陷、性能缺陷等。有效地识别软件缺陷报告中潜藏的高影响力软件缺陷，以便尽早地对其进行跟踪解决是降低软件系统风险以及保证系统质量的一个关键步骤。

（3）软件缺陷报告优先级和严重性预测

软件缺陷报告的优先级和严重性用于标识软件缺陷的紧急程度和重要程度，合理、正确地标识它们有助于提高软件缺陷管理效率，降低软件缺陷管理成本。

（4）软件缺陷/故障定位

软件缺陷/故障定位是软件缺陷修复的首要任务，传统的人工故障定位方法极其耗时且很大程度依赖于开发人员的经验。自动故障定位旨在利用程序和软件缺陷发生时给出的信息自动定位出故障语句或给出出错语句的可疑范围，以辅助故障修复。

（5）自动程序修复

当开发人员面对大量软件缺陷报告无从入手时，自动程序修复可以成功地完成其中一些软件缺陷的自动修复，从而减少开发人员的程序调试时间。基于软件缺陷报告分析的程序修复方法研究如何利用软件缺陷报告信息自动生成测试补丁。

2. **安全缺陷报告分析的背景**

互联网的快速发展导致各种网络安全事件频繁发生。软件因为自身存在缺陷而遭受外界利用攻击导致隐私泄露、非法提权、勒索等严重后果，从而给个人、企业、社会和国家造成严重威胁。研究表明，互联网面临的安全攻击（如拒绝服务攻击、缓冲区溢出、SQL 注入、病毒、数据篡改等）几乎都是利用软件中存在的安全漏洞实施的。例如，2017 年出现的大规模恶意勒索软件 WannaCry，通过读取系统 MS17_010 漏洞利用代码进行线程创建和蠕虫传播，影响全球 150 多个国家。智能合约遵循"代码即法律，法律即代码"的规则，代码漏洞也成为其安全问题的根源。国际权威漏洞报告机构（Common Vulnerabilities and Exposures，CVE）数据显示，从 1999 年（CVE 数据记录第一年）至 2019 年，20 年内总共产生 122774 条安全漏洞记录。图 11-2 所示的是从 2010 年到 2019 年 CVE 网站每年新增的漏洞数量。从 2010 年开始每年至少新增 4000 条记录，特别地，从 2017 年开始数量出现猛烈增长，近三年（2017 年—2019 年）产生数据总量为 43444 条记录，占近十年（2010 年—2019 年）数据总量的 52%。

实际项目中，许多安全缺陷报告往往由于开发人员或者测试人员缺乏安全知识等因素未被及时标记为安全相关缺陷报告，从而长期滞留在软件缺陷报告库中，直到安全事件发生并造成严重的后果。因此，面向安全缺陷报告识别的软件缺陷报告分析的相关研究对于降低系统安全风险、保证系统质量都至关重要。

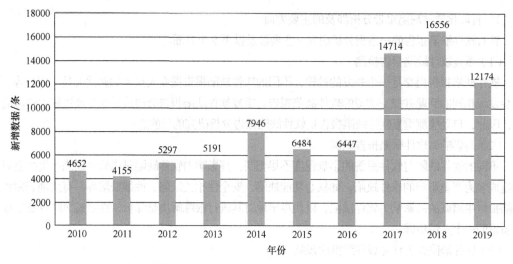

图11-2 2010年至2019年CVE数据增长趋势

11.1.2 安全缺陷检测数据集的构造

数据是机器学习应用的基础，基于机器学习的软件缺陷报告分析，首先需要有大规模带标记的软件缺陷报告数据的支持。

在开源软件社区，软件工程实践产生大量的软件工程数据，具有多源异构、规模巨大、碎片分散、快速膨胀等特性。这些数据以软件制品的形式存储在不同的软件仓库中，收集了大量来自实际项目的软件缺陷报告数据，为安全缺陷检测数据集的构造提供了良好的数据源。用于安全缺陷检测的数据集构造主要以开源的软件缺陷报告数据仓库（如 JIRA、Bugzilla、LaunchPad）和开源漏洞数据库（如 CVE、NVD、SARD）为数据源。软件缺陷跟踪系统的介绍可参考 1.3.4 小节的内容。

1. **安全漏洞数据库 CVE**

通用漏洞披露（Common Vulnerabilities and Exposures，CVE）是由 MITER 公司托管的公共可用漏洞数据库，提供有关漏洞的基本信息，用于将标识符分配给在世界各地的众多 IT 产品中发现的公共已知漏洞。对于开源项目，CVE 详细信息页面的"参考"部分列出了相关源软件缺陷报告的链接，这些链接连接了 CVE 条目和源软件缺陷报告，因此，为安全缺陷检测数据集的构造提供了极大的便利。许多开源项目（如 OpenStack、Chromium、Apache）使用开源漏洞跟踪系统进行漏洞管理，截至 2020 年 7 月，CVE 系统总共记录了 123454 条漏洞报告记录。

2. **人工样本标记**

当前，在软件工程领域，许多样本数据的标记依然在很大程度上依赖领域专家知识，主要靠人工标记的方式来完成，面向安全缺陷报告分析的样本标记亦是如此。例如，Gunawi 等人通过人工分析的方法，对 Hadoop 的 7 个项目中的 3000 多条问题单进行了标记，标记维度包括 8 个方面：性能（Performance）、可用性（Availability）、可扩展性（Scalability）、可靠性（Reliabililty）、安全性（Security）、一致性（Consistency）、拓扑逻辑（Topology）以及服务质量（Quality of Service）。Ohira 等人对 Apache 的 4 个项目中的 4000 个问题单进行了人工分析，并对 6 种高影响力软件缺陷类型进行了标记。

安全缺陷报告检测自动化过程中，通常将安全缺陷报告检测形式化为一个二分类问题。即，与安全相关的软件缺陷报告（Security Bug Report，SBR），标记为"1"；与安全不相关的缺陷报告（Non-Security Bug Report，NSBR），标记为"0"。安全缺陷报告检测数据集构建的一项核心任务就是识别软件缺陷报告中的安全相关的缺陷报告并对其进行标记。为了保证人工标记的正确性，通常采用"卡片分类法"来进行样本标记，并通过Fleiss Kappa系数衡量不同成员标记结果之间的差异性。

- 卡片分类法：组织至少两名成员对样本数据进行独立标记；然后，根据各成员标记结果判断最终样本标签，如果不同成员的标记结果一致，则该标签为该样本的最终标签；如果各成员标记结果不同，则成员进行沟通讨论，直到达成一致标记结果为止。

- Fleiss Kappa系数是检验实验标注结果数据一致性的一个重要指标。Fleiss Kappa对于评定条件属性与条件属性之间的相关程度有很大帮助。设 N 为被评定对象的总数，n 为评定对象的总数，k 为评定的等级数，n_{ij} 为第 j 个评定对象对第 i 个被评对象划分的等级数，则系数的计算公式为

$$\overline{P} = \frac{1}{N}\sum_{i=1}^{N} P_i$$
$$\overline{P}_e = \sum_{j=1}^{k} P_j^2$$

公式（11.1）

其中
$$P_i = \frac{(\sum_{j=1}^{N} n_{ij}^2) - N}{N \times (N-1)}, P_j = \frac{\sum_{j=1}^{k} n_{ij}}{N \times n}$$

公式（11.2）

Fleiss Kappa系数计算结果一般为-1～1，但通常为0～1，一般分为5组来表示不同等级的一致性：0～0.20（极低的一致性）、0.21～0.40（一般的一致性）、0.41～0.60（中等一致性）、0.61～0.80（高度一致性）、0.81～1（几乎完全一致）。

3. 自动化样本标记预处理

面向软件缺陷报告分析的自动化样本标记方法的相关研究目前尚处于初期探索阶段。具体的自动化样本标记预处理过程主要涉及数据析取、数据清洗及数据融合3个主要阶段。

（1）数据析取

首先从软件缺陷跟踪系统（如JIRA、Bugzilla、LaunchPad）获取软件项目的缺陷报告数据极其详细信息，一般而言，一个软件缺陷报告主要包括：ID、标题（Title）、提交人员（Reporter）、软件缺陷修复人员（Assignee）、状态（Status）、优先级（Priority）严重程度（Severity/Importance）以及描述信息（Description）等字段。表11-1所示的是OpenStack项目中一个软件缺陷报告的具体示例。

表11-1 来自OpenStack项目中的一个软件缺陷报告示例

字段	内容
ID	1713671
Title	Google Chat Screen Share Bug
Reporter	izbyshev
Assignee	Unassigned
Status	UNCONFIRMED
Priority	P2
Severity	S3

续表

字段	内容
Description	**User Agent**: Mozilla/5.0 (Macintosh; Intel Mac OS X 10_15_7) AppleWebKit/537.36 (KHTML, like Gecko) Chrome/90.0.4430.212 Safari/537.36 **Steps to reproduce**: Load Google Chat and share screen (3 monitor setup - "Monitor 1") Move Firefox browser window to that screen, and open Google Slides presentation in the Firefox browser while screen sharing it Hit the black "Present" button and the browser goes to fullscreen mode Escape full screen mode by hitting "ESC" on the keyboard **Actual results**: After escaping or backing out of the fullscreen browser window, participants on the Google Chat call see the shared screen as only a portion of the actual shared visual area, and it appears as if other open Firefox tabs are behind or interfering with the shared screen contents. With further testing with a colleague of mine, it seems like fullscreen mode on Google Slides in the browser triggers the issue while screen sharing with Firefox as the active browser on the shared screen. **Expected results**: What should have happened: The shared Google Slides presentation should exit fullscreen mode and the shared window session should be refreshed properly to preview conflicting tabs/applications/windows.

    自动化样本标记过程一般需要借助一部分已经标记的样本信息。对于安全缺陷而言，CVE 是当前国际权威的漏洞数据库，提交到 CVE 的软件缺陷可以认为都是跟安全相关的缺陷，因此，用户可以借助 CVE 进行一部分的安全缺陷样本标记。图 11-3 所示的是来自 OpenStack 项目的一个 CVE 数据记录。

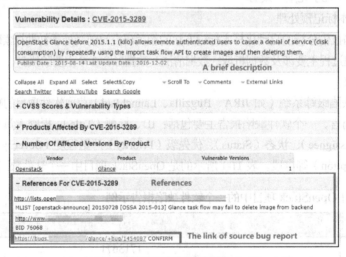

图11-3　CVE数据示例

    CVE 记录包含对漏洞的简单描述信息、通用漏洞评分系统（Common Valnerability Scoring System，CVSS）分数、漏洞类型、受影响的产品、受影响版本，以及此 CVE 记录的参考信息。其中，在 CVE 参考信息中，列出了该 CVE 相关的源软件缺陷报告的链接，从而为 CVE 和原始软件缺陷报告建立了有效的关联关系。

    （2）数据清洗

    软件缺陷报告中，描述信息（Description）是对软件缺陷的详细描述，通常包括软件缺陷发生现象

（实际结果）、预期结果、软件缺陷重现步骤等具体内容。软件缺陷报告分析往往以描述信息作为关键分析内容，因此描述信息量过少，甚至为空的软件缺陷报告往往不适合进行自动化软件缺陷报告分析。数据清洗旨在对数据进行结构化和归一化等操作，过滤掉存在关键信息缺失等现象的无效数据。

（3）数据融合

自动关联多源数据之间的关系，例如，图 11-3 所示的是 CVE 数据与原始软件缺陷报告建立管理关系，从而获取到该软件缺陷报告的标记类型为安全缺陷报告。数据融合中获取的已标记样本数据将为后续自动样本标记模型的设计和构建提供样本数据基础。

4. 面向安全缺陷报告检测的自动化样本标记方法

与人工标记过程类似，自动化样本标记中，依然采用 SBR 表示安全相关缺陷报告，标记为"1"；用 NSBR 表示与安全不相关的缺陷报告，标记为"0"。针对安全缺陷报告检测问题分析，该部分我们以 OpenStack 项目的数据集构建为例，介绍两种不同的自动化样本标记方法用于安全缺陷报告数据集的构造。

（1）OpenStack 简介

OpenStack 是一个由美国国家航空航天局（National Aeronautics and Space Administration，NASA）和 Rackspace 公司合作发起的开源云管理平台，该平台包含多个用于构建云平台的组件（如 Nova、Neutron、Swift、Cinder 等）。表 11-2 所示的是对 OpenStack 关键组件的简单介绍。

表 11-2　OpenStack 关键组件信息

组件	服务	平均长度（代码行）	描述
Nova	计算	74.35 万	Nova 为系统提供计算能力，这是系统中最核心和复杂的组件
Neutron	提供网络	43.19 万	Neutron 为 OpenStack 虚拟环境提供灵活的网络，为多用户中的每个用户提供单独的网络环境
Swift	对象存储	34.65 万	Swift 负责存储服务。它是一个可扩展的对象存储系统，用于创建基于云的弹性存储环境
Cinder	块存储	64.73 万	Cinder 是 OpenStack 块存储项目，在运行实例的环境下提供稳定的块存储服务
Keystone	识别服务	20.08 万	Keystone 负责认证、用户管理和运行在计算模块上的 OpenStack 云账户服务，它还提供 OpenStack 对象存储的授权服务
Glance	图像服务	17.23 万	Glance 为系统提供图像服务，允许用户完成存储、查询和虚拟机镜像的检索工作
Horizon	仪表板	59.91 万	Horizon 主要涉及用户界面服务。它被认为是 OpenStack 的一个网络管理控制台，用户可以访问网络界面来管理网络和虚拟机器

（2）基于迭代式投票方法的自动化样本标记

图 11-4 所示的为迭代式自动化样本标记方法示意图，其具体过程分为两个阶段：初始数据准备和迭代式投票分类。第一阶段首先从软件缺陷跟踪系统 LaunchPad 收集 OpenStack 软件缺陷报告数据，并进行数据清洗，最后获取 88790 条软件缺陷报告记录，其次进行初始基于 OpenStack 的 CVE 记录，得到 OpenStack 的正样本（SBR）作为初始数据集，如果 OpenStack 的漏洞报告与 CVE 相关，则将其

标记为安全缺陷报告 SBR（用"1"标记）。另外，从非安全缺陷报告中选择 50 条可靠性较高的负样本（用"0"标记），剩余的软件缺陷报告作为第二阶段的目标数据集等待进行自动标记。第二阶段采用 3 个分类器，通过迭代式投票的方法对目标数据进行预测。

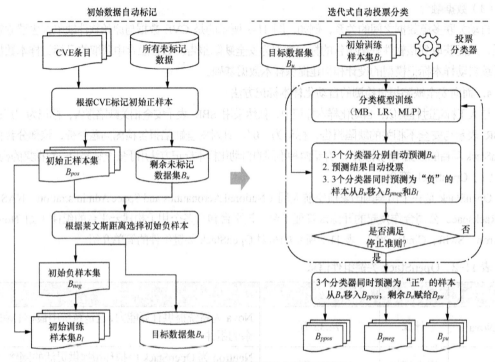

图11-4 迭代投票机制的自动化样本标记方法

基于迭代式投票方法的自动化样本标记算法的具体步骤描述如下。

步骤 1：初始训练样本标记。该阶段包括两个输入和两个输出。

输入：CVE 数据和未标记样本 B_{all}；

输出：已标记初始训练样本集 B_l 和剩余未标记样本集 B_u。

步骤 1.1：基于 CVE 进行正样本标记。由于 CVE 是国际权威漏洞数据库，因此，软件缺陷跟踪系统中的任何跟 CVE 数据相关联的软件缺陷报告都是确定的与安全漏洞相关的缺陷报告。基于此，如果一个软件缺陷报告与任意一条或多条 CVE 记录相关联，即，软件缺陷报告存在关联的 CVE 编号，或者 CVE 记录的详细信息中明确标出关联软件缺陷报告编号，则将该软件缺陷报告标记为"正"样本。最终，得到软件按产品的所有已标记正样本集合 B_{pos}。将标记为正样本的记录从软件缺陷报告集合 B_{all} 中移除，得到剩余未标记样本集 B_{left}。

步骤 1.2：基于莱文斯坦距离（Levenshtein Distance）获取初始标记"负"样本。莱文斯坦距离是编辑距离（Edit Distance）的一种，指从一个字符串变换到另一个字符串所需要的最少操作步骤。两个字符串 a, b 之间的莱文斯坦距离为 $lev_{a,b}(|a|,|b|)$，其计算公式如公式（11.3）所示。

$$lev_{a,b}(i,j) = \begin{cases} \max(i,j) & \min(i,j)=0, \\ \min \begin{cases} lev_{a,b}(i-1,j)+1 \\ lev_{a,b}(i,j-1)+1 \\ lev_{a,b}(i-1,j-1)+1_{(a_i \neq b_j)} \end{cases} & 其他 \end{cases} \qquad 公式（11.3）$$

其中，$1_{(a_i \neq b_j)}$ 是指标函数，当 $a_i = b_j$ 时，$1_{(a_i \neq b_j)}$ 等于 0；否则，等于 1。$lev_{a,b}(i,j)$ 是字符串 a 的前 i 个字符和字符串 b 的前 j 个字符之间的距离。i 和 j 是步长为 1 的索引。通过计算剩余未标记软件缺陷报告 B_{left} 中的每条记录与已标记正样本 B_{pos} 之间的莱文斯坦距离，提取莱文斯坦距离最大的前 50 条记录作为初始标记"负"样本。

为了提高计算准确率，方法首先采用自然语言工具包（Natual Language Toolkit，NLTK）工具从已标记正样本集合 B_{pos} 中提取前 100 个关键词汇 Key_{pos}；并为 B_{left} 中的每条记录提取前 100 个关键词汇，得到集合序列 $\{Key_1, Key_2, \cdots, Key_m\}$，其中 m 为 B_{left} 中的软件缺陷报告数量。在使用 NLTK 进行关键词汇提取时，首先会去除停顿词，如"a""the""this"等出现频率较高但无实际意义的词汇。然后计算集合序列 $\{Key_1, Key_2, \cdots, Key_m\}$ 中每个元素与 Key_{pos} 之间的莱文斯坦距离，得到距离序列 $\{Dis_1, Dis_2, \cdots, Dis_m\}$。最后，对 $\{Dis_1, Dis_2, \cdots, Dis_m\}$ 中的元素从大到小的序列进行排序，取前 50 个元素。与这 50 个元素对应的软件缺陷报告记录则标记为"负"样本，作为初始训练样本中的负样本集合 B_{neg}。将标记为负样本的记录从软件缺陷报告集合 B_{left} 中移除，剩余的未标记样本集则作为目标样本集 B_u。

步骤 1.3：将初始标记正样本集合 B_{pos} 和初始标记负样本集合 B_{neg} 进行合并，形成初始训练样本集 B_l。

步骤 1.4：输出初始训练样本集 B_l 和未标记目标样本集 B_u。初始训练样本集 B_l 默认输出到文件 train.csv 中；未标记目标样本集 B_u 默认输出到文件 target.csv 中。

步骤 2：迭代投票式自动分类。基于软件缺陷报告中安全漏洞相关软件缺陷报告分布稀疏特征，利用 3 个不同文本分类器，设计了一种迭代式自动投票分类方法，其包括 3 个输入和 3 个输出。

输入：已标记训练样本集 B_l、未标记目标数据集 B_u、3 个分类器。

输出：预测为正的样本集合 B_{ppos}、预测为负的样本集合 B_{pneg}、不确定样本集合 B_{pu}。

步骤 2.1：分类器选择。基于已有软件缺陷报告自动分析的相关研究，选择 3 个表现最好的分类器用于投票算法中，分别为多项式朴素贝叶斯（Multinomial Naive Bayes，MNB）、逻辑回归（Logistical Regression，LR）和多层感知神经网络（Multiple Layer Perceptron，MLP）。

步骤 2.2：模型训练。使用已标记训练样本集 B_l 对 3 个分类器 MNB、LR 和 MLP 分别进行训练。因为软件缺陷报告的描述信息（Description）采用自然语言描述形式，所以在模型训练之前，需要对数据进行预处理。该方法首先使用从软件缺陷报告的描述信息"Description"中提取文本特征，将其转换为词令牌矩阵，并去除 Scikit-learn 提供的"CountVectorizer"停顿词列表，如"a""the"和"and"等。其次，利用 Scikit-learn 中的 SelectFromModel() 和 LinearSVC() 相结合的方法进行特征选择和降维处理。最后，使用所得到的词令牌矩阵对分类器 MNB、LR 和 MLP 分别进行训练。

步骤 2.3：投票式目标数据自动标记。首先，采用 Scikit-learn 提供的"CountVectorizer"、SelectFromModel() 和 LinearSVC() 对目标数据集 B_u 进行相同步骤的数据预处理。其次，使用步骤 2.2 中训练好的 3 个分类器 MNB、LR 和 MLP 分别对目标数据进行预测。对于 3 个分类器的预测结果，如果存在 3 个分类器同时标记为负的数据，则将其从目标数据集 B_u 转入训练样本中，并标记为负样本，从而使得训练数据集 B_l 中的负样本数量得以扩充。判定是否符合迭代退出条件有如下两个准则。

① 当前迭代中没有 3 个分类器同时预测为负的样本出现。因为每次迭代的目标是将 3 个分类器同时预测为负的样本从目标数据集移入训练集中，当某次循环中不存在 3 个分类器同时预测为负的样本时，迭代停止。

② 剩余数据量达到设定阈值 f。设定迭代循环的最小目标数据集数量阈值，根据大量开源项目统计，安全漏洞报告所占比例约为软件缺陷报告总数的 5%～20%，阈值计算取最大值，计算公式如公式（11.4）所示。

$$f = 0.2 \times len(B_u) \qquad\qquad 公式（11.4）$$

其中，B_u 是目标数据集，$len(B_u)$ 是目标数据集的个数。

如果当前条件符合①和②任意一个停止准则，则迭代退出，处理过程进入步骤 2.4；否则，再次进入步骤 2.2 进行下一轮迭代。

步骤 2.4：目标数据自动标记结果输出。提取 3 个分类器预测结果同时为"正"的数据，形成预测正样本集合 B_{ppos}；迭代中不断加入训练样本的数据形成预测负样本集合 B_{pneg}；剩余的数据为 3 个分类器无法达成一致结果的数据，作为不确定样本集合 B_{pu}。

最终输出结果如表 11-3 所示。预测结果为负样本 B_{ppos}、B_{pneg} 和 B_{pu} 所占比例分别为 0.15%、99.27% 和 0.58%。

表 11-3　目标数据集迭代投票分类结果统计

数据集	B_{ppos}	比例（%）	B_{pneg}	比例（%）	B_{pu}	比例（%）
OpenStack	129	0.15	88146	99.27	515	0.58

11.1.3　基于深度学习的安全缺陷报告检测

基于深度学习的 SBR 预测方法框架如图 11-5 所示，其包含如下 4 个阶段。

阶段 1：执行 BR 数据集的收集与划分。

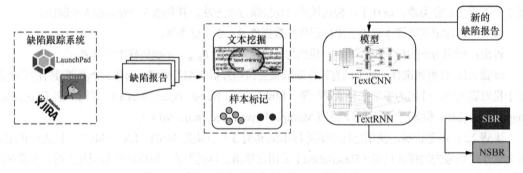

图11-5　基于深度学习的安全缺陷报告预测方法框架

阶段 2：执行文本预处理。该阶段将文本数据预处理成数字序列，深度学习模型可以方便地根据序列获得单词的表示（词向量）。

阶段 3：进行深度学习模型的构建。我们一共选择了两种适合文本挖掘的深度学习模型，分别是 TextCNN 和 TextRNN。这两个模型分别衍生自经典的 CNN 模型和 RNN 模型，选用这两个具有代表性的模型可以确保我们实证研究的结论更有代表性。

阶段 4：目标数据预测与输出。从未标记的软件缺陷报告中预测中 SBR，并对结果进行输出。

1. 文本预处理

文本预处理时依次执行移除停顿词、句子填充、建立词汇—索引映射表和建立词嵌入矩阵。

（1）移除停顿词

停顿词是指对问题分析没有实际价值的一些词语，如"this""that""we""then""a"等。移除停顿词一方面可以降噪，另一方面可以减小数据量，降低计算开销和空间开销。我们首先使用 NLTK 提供的通用停用词集。但是 NLTK 提供的默认停顿词对于软件缺陷报告问题的分析并不完善，我们通过人工分析，在此基础上进一步对论文所使用的停顿词进行了补充。

（2）句子填充

深度学习模型在进行文本数据处理的时候，需要执行句子填充（Sentences padding）操作（即统一句子长度）。一般文本处理采用最长句子的长度，但是，由于 BR 的描述信息长度差异较大，如果全部依据最长句子进行填充，一方面会大幅度增加模型的空间开销和时间开销，另一方面也会引入大量噪音。因此，我们根据实际预测效果，选择平均长度的 1.5 倍作为最大句子长度，其计算公式为

$$L = ceil(L_{avg} \times 1.5) \qquad\qquad 公式（11.5）$$

其中，L_{avg} 代表句子平均长度，$ceil$ 代表向上取整。长度大于该计算结果的句子会被按序截取，即第 L 个词以后的都会被截断。长度不够的句子会自动补充无意义符号（如 0），使其长度达到 L。

（3）建立词汇—索引映射表

词汇—索引映射表词表是一个包含所有出现过的词和一个特殊符号的集合，每种出现过的词和词表的一个元素有着唯一的对应，并且所有未出现的词都将会与词表中的特殊符号对应。

（4）建立词嵌入矩阵

词嵌入（Word Embedding）矩阵是一个 $S \times d$ 大小的矩阵，其中 S 是词表中的元素个数，d 是每个词的词嵌入向量的维度。矩阵的每个行向量都代表了一个词，并且按顺序和词表中的每个词相对应。Word2Vector 提供了 Skip-Gram 和 CBOW 两种词嵌入矩阵构建方法，本书中，我们使用 Skip-Gram 方法，并根据安全缺陷文本特征设定窗口大小为 3，完成词嵌入矩阵的构建。

这样，我们数据集中的每条记录的描述信息都成为了长度为 L 的向量。所有的软件缺陷描述构成了一个 $T = L \times N$ 的矩阵，其中 L 是句子长度，N 是样本数。样本的标签构成了一个长度为 N 的列向量 La。设存在一个理想模型 f，则有 $La = f(T)$。

2. 深度学习模型构建

关于深度学习模型构建，下面主要考虑了两种深度学习模型 TextCNN 和 TextRNN，并采用注意力机制对模型进行优化。

（1）TextCNN 模型

TextCNN 是一个由经典的卷积神经网络（Convolution Neural Networks，CNN）衍生出来的用于文本分类的神经网络，其结构如图 11-6 所示。

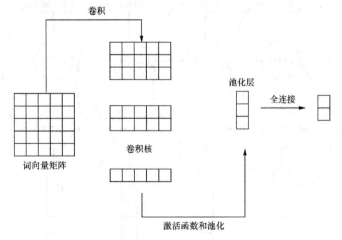

图11-6 TextCNN网络结构

模型先在词向量矩阵上用不同大小的卷积核进行卷积，每个卷积核类似于一个可训练的滤波器，

提取输入的部分特征，然后将卷积结果经过激活函数（这里我们用的是 ReLU）处理后输入到池化层，池化层会生成更高维的向量，接下来将池化层的结果通过 Dropout 层随机选择后（这样可以在一定程度上避免过拟合）通过全连接层连接，最后得到分类结果。

CNN 的空间问题复杂度与输入数据本身的大小无关，主要涉及模型的参数数量和每层输出的特征图大小，其公式如下：

$$Space \sim O(\sum_{l=1}^{D} K_l^2 \times C_{l-1} \times C_l) \hspace{2cm} 公式（11.6）$$

其中，K 为卷积核的尺寸，C 为通道数，D 为网络的深度，$l \in [1,D]$。针对安全缺陷报告本身特征，我们对模型做了一些针对性的设计。首先，我们设置了多个卷积核，大小分别是 $i \times d$（$i=1,2,3$），其中 d 是每个词的词嵌入向量的维度。这种处理方式可以把卷积视野抽象成 i（$i=1,2,3$）个单词，其核心公式为 $y=f(C_1+C_2+C_3)$，其中，C_1,C_2,C_3 是不同大小卷积核的输出结果。

（2）TextRNN 模型

TextRNN 是本书选择的另一种深度学习网络模型，也是经典的用于文本处理的深度学习模型，其基于循环神经网络（Recurrent Neural Network，RNN）的基本思想是利用给定序列中存在的信息（如文本）。给定一系列单词，将单词进行数字化表示（GloVe 或 Word2Vec）馈送到神经网络并计算输出。在计算下一个单词的输出时，还会考虑前一个单词的输出。RNN 之所以被称为循环，是因为它们使用先前计算的输出对序列的每个元素执行相同的计算。在任何步骤，RNN 执行以下计算：

$$RNN(t_i) = f(W \times x_{ti} + U \times RNN(t_{i-1})) \hspace{2cm} 公式（11.7）$$

其中，W 和 U 是模型参数，f 是非线性函数。$RNN(t_i)$ 是第 i 个步长（timestep）的输出，用户可以按原样使用，也可以再次输入参数化结构，如 softmax，具体取决于当前执行的任务。训练是通过根据全部或部分 timestep 的输出制订损失目标函数，并尽量减少损失来完成的。我们使用基于双向 LSTM（Bi-Long Short-Term Memory，BiLSTM）的 TextRNN 网络，通过在经典的 RNN 上加入三扇门（即输入门、输出门和遗忘门）而实现，其结构如图 11-7 所示。

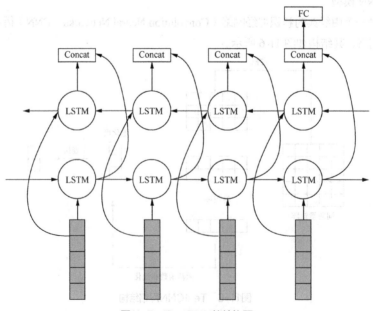

图11-7 TextRNN的结构图

输入门、输出门和遗忘门可以让信息选择性地通过，各层主要通过一个 sigmoid 的神经层和一个逐点相乘的操作实现。其中，sigmoid 层的输出是一个向量，向量的每个元素取值介于[0,1]之间，表示让对应的信息通过的权重（例如，0 表示不允许通过，1 表示允许所有信息通过）。

输入门：决定下一步允许多少新的信息加入到神经元（cell）状态中，由输入门的 sigmoid 层决定需要更新哪些信息，其公式为

$$i_t = \sigma(W_i \times [h_{t-1}, x_t] + b_i) \qquad 公式（11.8）$$

其中，σ 是激活函数，h_{t-1} 是前一时刻隐层状态，x_t 是当前时刻的输入，W_i 和 b_i 是线性关系的系数。

输出门：确定最终输出值。输出状态是一个过滤后的状态。运行一个 sigmoid 层来确定 cell 状态的哪个部分将会输出，然后把 cell 状态通过 tanh 激活函数进行处理，得到一个[-1,1]之间的值，并将它和 sigmoid 层的输出相乘，最终仅仅会输出确定要输出的部分，其公式为：

$$h_t = \sigma(W_o \times [h_{t-1}, x_t] + b_o) \times tanh(C_t) \qquad 公式（11.9）$$

其中，σ 是激活函数，h_{t-1} 是前一时刻隐层状态，x_t 是当前时刻的输入，W_o 和 b_o 是线性关系的系数。

遗忘门：LSTM 第一步决定从 cell 中遗忘的信息内容，通过遗忘门来实现。该门会读取 h_{t-1} 和 x_t，输出一个[0, 1]之间的数值给每个 cell 状态，其公式为：

$$f_t = \sigma(W_f \times [h_{t-1}, x_t] + b_f) \qquad 公式（11.10）$$

其中，W_f 和 b_f 是线性关系的系数，σ 是激活函数，h_{t-1} 是前一时刻隐层状态，x_t 是当前时刻的输入。LSTM 有多个变种，有着不同的适应场合和性能。从图 11-7 所示的结构图中可以看到，我们将词向量输入到双向的 LSTM 中，然后将结果进行连接，最后通过全连接层（Full Connection，FC）得到分类结果。我们使用双向 LSTM 的原因是双向 LSTM 可以有效缓解越往后的单词对结果影响越大的问题。

（3）注意力机制

进一步借助注意力机制（Attention Mechanism）对 TextRNN 模型进行优化。SBR 的识别主要依赖于 BR 中的描述信息（Description），采用自然语言描述形式，其安全相关文本特征较为稀疏，给 SBR 预测准确性带来一定困难。注意力机制源于对人类视觉的研究，使训练重点集中在输入数据的相关部分，而忽略无关部分。注意力机制最早由巴达瑙（Bahdanau）等人提出并应用于机器翻译任务中。其基本思想是基于编码-解码（Encode-Decode）模式，首先定义 RNN 模型中的条件概率，其计算方法如公式（11.11）所示。

$$p(y_i | y_1, \cdots, y_{i-1}, x) = g(y_{i-1}, s_i, c_i) \qquad 公式（11.11）$$

其中，S_i 为 RNN 在 i 时刻的隐藏状态，其计算方法如公式（11.12）所示。

$$S_i = f(s_{i-1}, y_{i-1}, c_i) \qquad 公式（11.12）$$

c_i 为上下文向量，其计算方法如公式（11.13）所示。

$$c_i = \sum_{j=1}^{T_x} a_{ij} h_j \qquad 公式（11.13）$$

a_{ij} 为每个注解 h_j 的权重，其计算方法如公式（11.14）所示。

$$a_{ij} = \frac{\exp(e_{ij})}{\sum_{k=1}^{T_x} \exp(e_{ik})} \qquad 公式（11.14）$$

其中 $e_{ij} = a(s_{i-1}, h_j)$ 是所得到的对齐矩阵，用于记录位置 j 的输入与位置 i 的输出的匹配程度。简单而言，注意力机制把源语言端的每个词学到的表达和当前要预测的词联系了起来，在模型训练好后，根据注意力矩阵得到源语言和目标语言的对齐矩阵。

（4）深度学习模型有效性

为了验证深度学习模型对于安全缺陷报告检测的有效性，采用公开数据集 Ambari、Camel、Derby、Wicket 和 OpenStack 对其进行验证，通过与传统分类算法朴素贝叶斯（Naive Bayes，NB）、逻辑回归（Logistic Regression，LR）、K-近邻算法（K-Nearest Neighbor）进行对比。深度学习模型 TextCNN 和 TestRNN + Attention 的预测性能与传统分类算法中表现最优的结果进行比较。使用评估指标 F1 分数（F1-score）作为主要判断指标，与取得最佳 F1-score 指标的结果进行对比，同时也给出准确率（Accuracy）、召回率（Recall）和精度（Precision）的值。为了使实验结果更为公正、客观，对每组实验运行 10 次，然后求平均值。实验结果如表 11-4 所示。第二列"传统分类算法"表示传统分类器中表现最好的 F1-score，第三列"深度学习方法"取 TextCNN 和 Attention+TextRNN 在该数据集中得到的 F1-score 的较大值，最后一列给出了深度学习模型最优结果相对于 4 个传统分类模型对 F1-score 的提升值。

表 11-4　传统分类算法和深度学习方法的最优 F1-score 对比

数据集名称	传统分类算法		深度学习方法		F1-score 提升
	算法名称	F1-score	算法名称	F1-score	
Ambari	NB	0.125	Attention+TextRNN	0.615	0.490
Camel	LR	0.108	TextCNN	0.643	0.535
Derby	NB	0.360	Attention+TextRNN	0.464	0.104
Wicket	KNN	0.048	TextCNN 或 Attention+TextRNN	0.000	−0.048
OpenStack	NB	0.201	Attention+TextRNN	0.410	0.209

在 5 个数据集中，有 4 个数据集中的深度学习模型的性能优于传统分类算法。在 Wicket 数据集上，尽管深度学习比传统分类算法差，但是实际上传统分类算法也只是正确识别出了一个正样本（TP=1，F1-score=0.048），因此两者性能差异较小。为了验证深度学习方法的统计显著性，可以将每个数据集上表现最佳的传统分类算法和深度学习算法分别运行 10 次，通过深度学习模型所得到的结果与传统分类算法所得结果进行对比，计算威尔科克森秩和（Wilcoxon rank-sum）检验所得的 p 值（p-value）和 Cliff's Delta。通过表 11-4 和统计显著性分析的结果，可以发现深度学习对 SBR 的预测性能在 80%的场景中优于传统分类算法；不论是在小规模数据集还是大规模数据集 OpenStack，深度学习模型的预测性能都要显著优于传统分类算法。

11.2　基于软件度量的软件缺陷预测方法

11.2.1　基于软件度量的软件缺陷预测的目的和意义

软件缺陷产生于开发人员的编码过程。需求理解不正确、软件开发过程不合理或开发人员的经验不足，均有可能产生软件缺陷。而含有缺陷的软件在运行时可能会产生意料之外的结果或行为，严重的时候会给企业造成巨大的经济损失，甚至会威胁到人们的生命安全。在软件项目的开发生命周期中，检测出内在缺陷的时间越晚，修复该缺陷的代价也越高。尤其在软件发布后，检测和修复缺陷的代价将大幅度增加。因此项目主管借助软件测试或代码审查等软件质量保障手段，希望能够在软件部署前尽可能多地检测出内在缺陷。但是若关注所有的程序模块会消耗大量的人力物力，因此项目主管希望能够预先识别出可能含有缺陷的程序模块，并对其分配足够的测试资源。

软件缺陷预测是其中一种可行方法，该类方法通过分析软件代码或开发过程，设计出与软件缺陷相关的度量元，随后通过挖掘软件历史仓库（Software Historical Repositories）来创建软件缺陷预测数据集。目前可以挖掘与分析的软件历史仓库包括项目所处的版本控制系统（如 CVS、SVN 或 Git 等）、软件缺陷跟踪系统（如 Bugzilla、Mantis、Jira 或 Trac 等）或相关开发人员的电子邮件等。最后基于上述收集的软件缺陷预测数据集构建软件缺陷预测模型，并用于预测出项目内的潜在缺陷程序模块。

软件缺陷预测属于当前软件工程数据挖掘领域中的一个重要研究问题。随着新的数据挖掘技术的不断涌现，以及研究人员对软件历史仓库挖掘的日益深入，软件缺陷预测研究在近些年来取得了大量的研究成果，其软件缺陷预测结果也逐渐成为判断一个系统是否可以交付使用的重要依据。因此针对该问题的深入研究，对提高和保障软件产品的质量具有重要的研究意义。

11.2.2　软件缺陷预测模型的构建

软件缺陷预测可以将程序模块的缺陷倾向性、缺陷密度或缺陷数设置为预测目标。以预测模块的缺陷倾向性为例，其典型框架如图 11-8 所示。

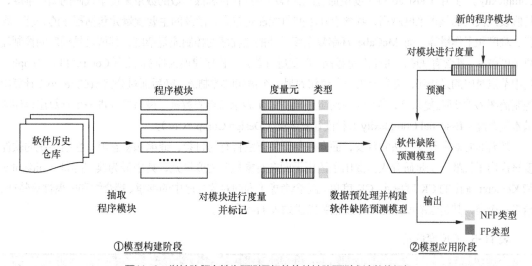

图11-8　以缺陷倾向性为预测目标的软件缺陷预测方法整体框架

该过程主要包括两个阶段：模型构建阶段和模型应用阶段。具体来说，模型构建阶段包括以下 3 个步骤。

① 挖掘软件历史仓库，从中抽取程序模块。程序模块的粒度根据实际应用的场景，可设置为文件、包、类或函数等。随后将该程序模块标记为有缺陷模块或无缺陷模块，例如，我们将有缺陷模块用红色进行标记，无缺陷模块用绿色进行标记。

② 通过分析软件代码或开发过程设计出与软件缺陷存在相关性的度量元，借助这些度量元对程序

模块进行软件度量并构建出软件缺陷预测数据集。

③ 对软件缺陷预测数据集进行必要的数据预处理（如噪声移除、特征子集选择、数据归一化等）后，借助特定的建模方法构建出软件缺陷预测模型。大部分建模方法都基于机器学习方法，其常用的模型性能评测指标包括 Accuracy、Precision、Recall、F 值（F-measure）或 ROC 曲线下面的面积（Area Under the ROC Curve，AUC）取值等。

而在模型应用阶段，当面对新程序模块时，在完成对该模块的软件度量后，基于前一阶段构造出的软件缺陷预测模型和具体度量元取值可以完成对该模块的分类，即将该模块预测为有缺陷倾向性（Defect-Proneness，FP）模块或无缺陷倾向性（Non Defect-Proneness，NFP）模块。

若将预测目标设置为缺陷密度或缺陷数时，其预测流程与图 11-8 所示的预测流程基本相同，主要的不同点是模型构建阶段中的模块标记（即需要标记出已有模块内的缺陷密度或缺陷数）和模型预测阶段中的新模块的类型输出（即预测输出的是新模块内的缺陷密度或缺陷数）。

1. 对程序模块的度量

在研究早期，大部分研究工作通过分析软件代码来设计度量元。这类度量元重点关注的是程序模块的代码规模和内在复杂度等属性，其潜在假设是代码规模或复杂度越高的程序模块，其内部含有缺陷的可能性越高。

研究人员最早借助代码行数（Lines Of Code，LOC）进行度量，例如，Akiyama 给出了缺陷数（D）与 LOC（L）的关系式：$D=4.86+0.018L$。但该度量元过于简单，难以合理地去度量软件系统的复杂性。随后研究人员逐渐考虑了霍尔斯特德（Halstead）科学度量和麦克凯（McCabe）环路复杂度（Cyclomatic Complexity）。其中 Halstead 科学度量通过统计程序内操作符和操作数的数量来度量代码的阅读难度，其假设是代码的阅读难度越高，其含有缺陷的可能性也越高。涉及的主要度量元包括程序的长度、容量、难度和工作量等。而 McCabe 环路复杂度关注的是程序的控制流复杂度，其假设是程序的控制流复杂度越高，其含有缺陷的可能性也越高。在度量时首先将程序建模为控制流图（Control Flow Graph），其中节点对应的是语句，边表示从一个语句到另一个语句的控制流。随后通过公式 $v(G)=e-n+2$ 计算出控制流图 G 的环路复杂度，其中 e 表示边的数量，n 表示节点的数量。最后可以进一步计算出程序的基本复杂度（Essential Complexity）和设计复杂度（Design Complexity）。

随着面向对象开发方法的普及，面向对象开发方法特有的封装、继承和多态等特性给传统的软件度量提出了挑战，于是研究人员提出了适用于面向对象程序的度量元，其中最为典型的是 Chidamber 和 Kemerer 提出的 CK 度量元。CK 度量元综合考虑了面向对象程序中的继承、耦合性和内聚性等特征，给定一个类，其包含的度量元名称及相关描述如表 11-5 所示。

表 11-5　CK 度量元

名称	描述
WMC	类的加权方法数
DIT	类在继承树中的深度
NOC	类在继承树中的孩子节点数
CBO	与该类存在耦合关系的其他类的数量
RFC	该类可以调用的外部方法数
LCOM	类内访问一个或多个属性的方法数

软件缺陷不仅与程序模块的内部复杂度有关，更与代码修改特征、开发人员经验、模块间的依赖性以及项目团队组织构架等因素密切相关。近些年来，对软件历史仓库挖掘的日益深入，使得分析软件开发过程并设计出与上述因素相关的度量元成为可能。

有研究人员借助代码搅动（Code Churn）来预测缺陷密度。通过分析代码的修改历史，代码搅动可以度量指定程序模块在一段时间内的代码修改量。例如，借助文件对比工具 diff，可以自动统计出代码不同版本间新增、删除或修改的代码量。

有研究人员从文件的修改次数、重构次数、缺陷修复次数、修改涉及的开发人员数、修改的代码行数等角度出发，共设计了 18 种度量元。在实证研究中，他们发现以下问题。

（1）若一个文件的修改次数越多，则该文件含有缺陷的可能性也越高。

（2）若一次代码修改涉及的文件越多，则相关文件含有缺陷的可能性也越小。因为代码修改越复杂，开发人员在分析和修改相关代码时也会越谨慎。

（3）修复有缺陷的代码而进行的修改容易引入新的缺陷。

（4）代码重构有助于提高代码质量，因此若一个文件的重构次数越多，则该文件含有的缺陷数也越少。

有研究人员从分析程序模块的所有权（Ownership）入手，模块的所有权可以被定义为开发人员与模块之间存在的代码修改关系。他们将贡献者（Contributor）定义为与程序模块存在所有权关系的开发人员，将一个贡献者的所有权比例（Proportion of Ownership）定义为该贡献者提交的代码修改数与该模块所有提交的代码修改数的比值。基于贡献者的所有权比例，他们将贡献者细分为两类：微量贡献者（Minor Contributor）和主要贡献者（Major Contributor）。其中微量贡献者的所有权比例低于 5%，而主要贡献者的所有权比例不低于 5%。基于上述定义，他们设计了 4 种基于所有权的度量元。其中MINOR 度量元计算出微量贡献者的数量，MAJOR 度量元计算出主要贡献者的数量，TOTAL 度量元计算出所有贡献者的数量，OWNERSHIP 度量元返回提交代码修改数最多的贡献者的所有权比例。基于微软的 Windows Vista 和 Windows 7 两个大规模商业软件，他们发现以下问题：①若一个模块的MINOR取值越大，则该模块含有的缺陷数越多；②若一个模块的OWNERSHIP取值越大，则该模块含有的缺陷数越少；③一个模块的微量贡献者可能是与该模块存在依赖关系的其他模块的主要贡献者；④若移除微量贡献者的信息，会大幅度降低软件缺陷预测模型的性能。

2. **软件缺陷预测模型的构建方法**

目前大部分研究工作都基于机器学习的方法来构建软件缺陷预测模型。其中常见的模型预测目标可以大致分为两类：一类是预测程序模块内含有的缺陷数或缺陷密度；另一类是预测程序模块的缺陷倾向性。缺陷预测目标的选择一般与程序模块的粒度设置有关，若程序模块设置为细粒度（如类级别或文件级别），则以预测模块的缺陷倾向性为目标，常采用的是分类方法，如 Logistic 回归、朴素贝叶斯和决策树等，针对这类方法的性能评估指标包括 Precision、Recall、F-measure 或 AUC 取值等；若设置为粗粒度（如包级别或子系统级别），则以预测模块内的缺陷数或缺陷密度为目标，常采用的是回归分析方法。具体来说，将度量元设置为自变量，将模块内的缺陷数或缺陷密度设置为因变量。回归分析尝试构建出有效模型，可以根据自变量取值来预测出因变量取值。其中相关系数是度量变量之间相关强度的统计量，若变量之间呈线性关系，则使用皮尔逊（Pearson）相关系数；若变量之间呈非线性关系，则使用斯皮尔曼（Spearman）秩相关系数。相关系数的取值范围介于−1 到 1 之间，取值越接近于 1 表示正相关性越高，而取值越接近于−1 表示负相关性越高。多元线性回归是常用的建模方法，在构建模型时，根据变量的选择方式可以分为 3 类建模方法：前向选择法、后向移除法和逐步回归法。

其中前向选择法会从模型外的自变量中，每次选出与因变量最为显著的自变量添加到模型中，直至模型外没有统计显著性的自变量为止。后向移除法会每次从模型内移除对模型贡献最不显著的自变量，直至模型内所有自变量都具有统计显著性。而逐步回归法是上述两种方法的综合，前两步与前向选择法一致，但当模型新增一个自变量时，会对模型内的所有变量进行重新考察，若发现有自变量对模型的贡献不显著时，则移除该自变量。当完成模型构建后，借助判断系数 R2（或校正后的 R2）来评价模型对数据的拟合优度，其取值范围介于 0 到 1 之间，其取值越接近于 1 表示模型对数据的拟合程度越好。

虽然大部分研究工作都基于机器学习方法来构建软件缺陷预测模型，但也有研究人员从软件缺陷的局部性原理入手，来识别出其中的 FP 程序模块。我们将这类方法统一称为基于缓存的方法。

有研究人员设计出了 BugCache 方法，该方法主要考虑了如下的软件缺陷局部性原理。

① 修改模块局部性：即一个程序模块，若最近被修改过，则将来可能还会含有软件缺陷。

② 新增模块局部性：即一个程序模块，若是最近新增加的，则将来可能还会含有软件缺陷。

③ 时间局部性：即一个程序模块，若最近检测出一个软件缺陷，则将来可能也会含有其他软件缺陷。

④ 空间局部性：即一个程序模块，若最近检测出一个软件缺陷，则将来它附近的程序模块可能也会含有软件缺陷。

BugCache 方法的执行过程可简单总结如下：首先在缓存内会预先加载一些代码规模最大的程序模块，随后当提交对模块内缺陷进行修复的代码（Bug Fixing Change）后，BugCache 方法会在缓存内查看是否包含该程序模块，若不存在，则根据时间局部性和空间局部性，将该模块和附近的模块加载到缓存中。随后若存在一些新增或修改过的程序模块，则该方法也会将这些程序模块加载到缓存中。最后该方法会采用特定的缓存置换策略（如最近最少使用策略）来从缓存中移除掉一部分程序模块，以确保缓存内部包含的程序模块数始终保持不变。研究人员基于 7 个开源项目发现：假设缓存仅能容纳 10%的程序模块，则若将程序模块粒度设置为文件，BugCache 方法可以达到 73%～95%的预测精度；而若将程序模块粒度设置为函数，则可以达到 46%～72%的预测精度。

3. 软件缺陷预测数据集的质量问题

（1）数据集内的噪声问题

在挖掘软件历史仓库时，在对程序模块进行类型标记和软件度量时均可能产生噪声，这些噪声的存在会影响到软件缺陷预测模型的构建，并会对已有实证研究结论的有效性产生严重影响。以图 11-9 所示的程序模块类型标记过程为例，我们分析其中噪声产生的原因及相应的解决方法。

首先，将版本控制系统中的修改日志与软件缺陷跟踪系统中的软件缺陷报告建立链接关系时容易产生噪声。例如，通过在修改日志中搜索特定关键词（如 fixed 或 bug）和软件缺陷 ID 号（如#53322）可以去建立这种链接关系；随后基于该链接关系将代码修改涉及的程序模块标记为有缺陷模块。但在实际的软件开发过程中，开发人员在修复完软件缺陷并提交代码修改时，经常会忘记在修改日志中输入这次修复的软件缺陷 ID 号，从而造成一些链接关系的遗漏，这种遗漏会造成一些有缺陷模块被误标记为无缺陷模块，我们称这种噪声为假阴性（FalseNegative）噪声。有研究人员尝试去重新发现这些遗漏的链接关系，他们通过分析已确定的链接关系，发现了一些特征，例如，软件缺陷报告中软件缺陷修复的时间与代码修改的提交时间较为接近；提交软件缺陷修复代码的开发人员一般也是软件缺陷报告中要求修复该软件缺陷的开发人员；代码修改日志与对应的软件缺陷报告会存在描述相似的文本。基于上述特征，他们设计了一种自动化的链接关系发现方法 ReLink。在该方法中，若一些未知链接关系满足上述特征，则认为该链接关系是有效的。

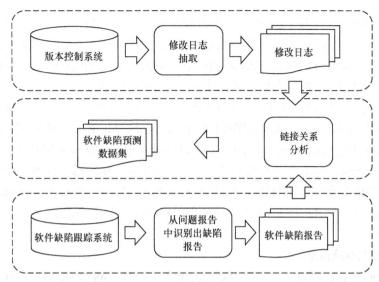

图11-9 程序模块类型的标记过程

其次，在软件缺陷跟踪系统中，如果问题报告（Issue Report）存在错误分类也会产生噪声。有研究人员手动检查了来自 5 个开源项目的 7000 多份问题报告，他们发现大部分的问题报告均被分类为软件缺陷报告（即为了修复软件缺陷）。但深入分析之后，他们发现其中 33.8% 的问题报告存在误分类问题，即其提交的问题报告不是为了修复软件缺陷，而是为程序模块添加新的特征、修改相应文档或重构内部代码等。这些被误分类的问题报告会造成一些无缺陷模块被误标记为有缺陷模块，我们称这种噪声为假阳性（False Positive）噪声。他们提出了一套分类指南，利用该指南可以有效地提高对这些问题报告的分类准确率。

（2）数据集内的维数灾难问题

在程序模块度量时，若考虑了大量与代码或开发过程相关的度量元，会使得一些数据集存在维数灾难问题（Curse of Dimensionality），因此需要提出有效的方法来重点识别出数据集中的冗余特征（在软件缺陷预测问题中，特征指度量元）和无关特征。其中冗余特征大量或完全重复了其他单个或多个特征中含有的信息，而无关特征则对采用的数据挖掘算法不能提供任何帮助。研究表明，无关特征和冗余特征的存在会提高软件缺陷预测模型的构建时间，并会降低模型的预测性能。

特征子集选择（Feature Subset Selection）是解决维数灾难问题的一种有效方法，通过识别并移除数据集中的冗余特征和无关特征，来确保选出最为有用的特征子集构建软件缺陷预测模型。目前常见的特征选择方法可简单分为两类：包装（Wrapper）法和过滤（Filter）法。其中包装法借助预先指定的学习算法的预测精度来决定选择出的特征子集，虽然它精度较高，但计算开销较大。过滤法则通过分析数据集来完成特征的选择，因此与选择的学习算法无关，具有更好的通用性且计算开销较小，但精确度较低。

（3）数据集中的类不平衡问题

类不平衡问题是软件缺陷预测训练数据集中普遍存在的问题。其产生的根源在于缺陷在软件模块中的分布大致符合"二八"原则，即 80% 的缺陷集中分布于 20% 的程序模块内。因此在软件缺陷预测中，无缺陷程序模块（即多数类）的数量要远超过有缺陷程序模块（即少数类）的数量，会造成模型对少数类的预测精度（如查准率和查全率）较低。同时在软件缺陷预测模型的构建过程中需要考虑不同预测错误类型的开销，其中错误类型 I 是将 FP 模块错误预测为 NFP 模块，该错误类型将造成测试人员不会对 FP 模块进行必要的代码审查和测试，并最终将含有缺陷的软件产品推向市场。错误类型 II 是将 NFP 模块错误预测为 FP 模块，该错误类型会造成测试人员对 NFP 模块进行大量的代码审查和测试，因此造成测试资源的浪费。显然第一类错误会给企业带来更大的损失。

类不平衡学习是当前机器学习中的一个热点研究领域，可以有效地缓解数据集中的类不平衡问题。已有方法可以大致分为两类：一类是从调整数据集中的类分布角度出发，经典方法包括随机过采样（Random Oversampling）法、随机欠采样（Random Undersampling）法和 SMOTE（Synthetic Minority Oversampling Technique）法；另一类从修改学习算法角度出发，即修改算法的训练过程，使得学习算法可以针对少数类取得更好的预测精度，典型方法包括代价敏感学习（Cost-Sensitive Learning）方法。代价敏感学习方法的目标并不是简单地使得预测错误数最少，而是使得错误分类开销总和最小，因此更符合实际需求。

4. 跨项目软件缺陷预测方法

目前大部分研究工作都集中关注同项目软件缺陷预测（Within-Project Defect Prediction，WPDP）问题，即选择同一项目的部分数据集作为训练集来构建模型，并用剩余未选择的数据作为测试集来获得模型的预测性能。但在实际的软件开发场景中，需要进行软件缺陷预测的目标项目可能是一个新启动项目，或这个项目已有的训练数据较为稀缺。目前在软件缺陷预测训练数据的收集过程中，虽然借助一些软件度量工具（如 Understand 工具）可以较为容易地自动收集到项目内程序模块的软件度量信息，但在随后分析这些模块内部是否含有缺陷时，则需要领域专家深入分析软件缺陷跟踪系统中的软件缺陷报告信息和版本控制系统中的代码修改日志，因此存在模块类型标记代价高昂且容易标记出错等问题。

一种简单的解决方案是直接使用其他项目（即源项目）已经搜集的高质量数据集来为目标项目构建软件缺陷预测模型。但不同项目的特征（如所处的应用领域、采用的开发流程、使用的编程语言或开发人员的经验等）并不相同，所以源项目与目标项目的数据集存在很大的度量元取值分布差异，难以满足独立同分布的假设。因此在软件缺陷预测模型构建时，如何从源项目中迁移出与目标项目相关的知识是其面临的研究挑战，吸引了国内外研究人员的关注，并称该问题为跨项目软件缺陷预测（Cross-Project Defect Prediction，CPDP）问题。在跨项目软件缺陷预测时，若源项目与目标项目不是来自于同一企业，则该问题有时又被称为跨企业软件缺陷预测（Cross-Company Defect Prediction）问题。

针对该问题，大部分研究人员借助机器学习领域中的迁移学习（Transfer Learning）方法来设计解决方案。迁移学习是运用已有知识，对具有一定相关性的领域问题进行求解的一种机器学习方法，其目的是迁移已有知识来解决目标领域仅有少数已标记实例甚至没有的问题。因此 CPDP 问题可以视为迁移学习在软件缺陷预测领域中的一个重要应用场景。

基于已有跨项目软件缺陷预测的研究成果分析，可以简单总结出如下 3 个场景。

① 仅存在与目标项目 T 相关的候选源项目的集合 $S=\{S\_1,S\_2,\cdots,S\_n\}$。其中 T 对应的数据集为 t，候选源项目 S_i 对应的数据集为 s_i。

② 不仅存在与目标项目 T 相关的候选源项目的集合 S，而且在 T 中存在少量已标记的目标项目模块，并将这些已标记的模块记为 tl。

③ 难以找到与目标项目 T 相关的候选源项目，同时目标项目中也不存在已标记的模块。

针对上述 3 个不同的场景，目前已有的跨项目软件缺陷预测方法可以简单分为 3 类。

① 基于有监督学习的方法：这类方法主要针对场景①，其基于候选源项目集 S 内的模块来训练软

件缺陷预测模型，并对目标项目 T 中的程序模块进行预测。

② 基于半监督学习的方法：这类方法主要针对场景②，其基于候选源项目集 S 内的模块和目标项目 T 中的少量已标记模块 $t1$ 来进行软件缺陷预测模型的训练，并用于预测目标项目中的未标记程序模块（即 $t-t1$）。

③ 基于无监督学习的方法：该类方法主要针对场景③，其直接尝试对目标项目 T 中的程序模块进行预测。

基于上述方法分类，在实际进行跨项目软件缺陷预测时，其研究框架如图 11-10 所示。

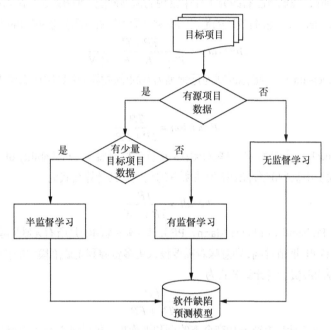

图11-10　跨项目软件缺陷预测的研究框架

其中基于有监督学习的方法主要基于候选源项目集的程序模块来构建模型。这类方法根据源项目与目标项目采用的度量元是否相同又可以细分为同构跨项目软件缺陷预测方法和异构跨项目软件缺陷预测方法。针对前者，研究人员主要从度量元取值转换、实例选择和权重设置、特征映射和特征选择、集成学习、类不平衡学习等角度展开研究。而后者更具研究挑战性，研究人员主要基于特征映射和典型相关分析等方法展开研究。基于无监督学习的方法直接尝试对目标项目中的程序模块进行预测。这类方法假设在软件缺陷预测问题中，有缺陷模块的度量元取值存在高于无缺陷模块的度量元取值的倾向，因此研究人员主要基于聚类方法展开研究。而基于半监督学习的方法则会综合使用候选源项目集的程序模块和目标项目中的少量已标记模块来构建模型。这类方法通过尝试从目标项目中选出少量模块进行标记，以提高跨项目软件缺陷预测的性能。研究人员主要借助集成学习和 TrAdaBoost 方法展开研究。

11.2.3　软件缺陷预测模型性能评估指标

绝大部分的已有研究工作将跨项目软件缺陷预测问题视为二分类问题。若将有缺陷模块设置为正例，无缺陷模块设置为反例，则可以将程序模块根据其真实类型与模型的预测类型的组合划分为真正例（True Positive）、假正例（False Positive）、真反例（True Negative）和假反例（False Negative）这 4 种情形。令 TP、FP、TN、FN 分别表示对应的模块数，则分类结果的混淆矩阵（Confusion Matrix）可如表 11-6 所示。

表 11-6　混淆矩阵

真实类型	预测类型	
	有缺陷模块	无缺陷模块
有缺陷模块	TP	FN
无缺陷模块	FP	TN

基于上述混淆矩阵，我们将已有研究工作中常用的模型性能评测指标总结如下。

（1）准确率（Accuracy），该指标返回的是正确预测的程序模块占所有程序模块的比例，其计算公式为

$$Accuracy = \frac{TP + TN}{TP + FN + FP + TN}$$
公式（11.15）

（2）查准率（Precision），该指标返回的是预测为有缺陷的模块中真实缺陷模块所占的比例，其计算公式为

$$Precision = \frac{TP}{TP + FP}$$
公式（11.16）

（3）查全率（Recall），该指标在一些文献中又被称为检测概率（Probability of Detection，PD），其返回的是所有缺陷模块中被预测为有缺陷模块所占的比例，其计算公式为

$$Recall = \frac{TP}{TP + FN}$$
公式（11.17）

（4）虚警概率（Probability of False Alarm，PF），该指标返回的是所有无缺陷模块中被预测为有缺陷模块所占的比例。若 PF 取值过高，则意味着需要投入更多资源到无缺陷模块的代码审查或单元测试，因此会造成测试资源的浪费。其计算公式为

$$PF = \frac{FP}{TN + FP}$$
公式（11.18）

（5）F-measure，该指标是查准率和查全率的调和平均数，可以对查准率和查全率这两个指标进行有效的平衡。其计算公式为

$$F\text{-}measure = \frac{2 \times Precision \times Recall}{Precision + Recall}$$
公式（11.19）

（6）G-measure，该指标则是 PD 和（1−PF）的调和平均数，其计算公式为

$$G\text{-}measure = \frac{2 \times PD \times (1 - PF)}{PD + (1 - PF)}$$
公式（11.20）

（7）Balance，该指标由 Menzies 等人提出，计算的是点(PD, PF)到点(1, 0)的欧氏距离，其计算公式为

$$Balance = 1 - \frac{\sqrt{(0 - PF)^2 + (1 - PD)^2}}{\sqrt{2}}$$
公式（11.21）

（8）G-mean，该指标主要用于类不平衡学习场景，其计算公式为

$$G\text{-}mean = \sqrt{PD \times (1 - PF)}$$
公式（11.22）

（9）MCC，该指标被一些研究人员使用，其计算公式为

$$MCC = \frac{TP \times TN - FN \times FP}{\sqrt{(TP + FN) \times (TP + FP) \times (FN + TN) \times (FP + TN)}}$$
公式（11.23）

不难看出，MCC 指标的取值范围介于−1 到 1 之间，其取值越大越好。

上述指标的计算与阈值的设定有关，即如果软件缺陷预测模型对新程序模块的预测值高于该阈值时，则该模块被预测为有缺陷模块，否则被预测为无缺陷模块。因此上述指标的取值与实际阈值的设定密切有关。而 AUC 指标的计算则与阈值设定无关，该指标主要基于 ROC 曲线。ROC 曲线的全称是受试者工作特征（Receiver Operation Characteristic）曲线。它源于敌机检测的雷达信号分析技术，随后被引入机器学习领域。其横轴为假正例率（False Positive Rate，FPR），纵轴为真正例率（True Positive Rate，TPR）。所有曲线都通过点(0,0)和点(1,1)，最优模型对应的 ROC 曲线接近于直线 $y=1$，而随机模型对应的 ROC 曲线为直线 $y=x$。AUC 值对应的是 ROC 曲线下的面积，可用于模型的性能评估。AUC 的取值范围介于 0 到 1 之间，取值越高表示模型的性能越好。

上述性能指标均假设测试人员可以审查完所有可疑程序模块。但在实际的软件测试场景中，在测试成本受限的情况下，可以测试完的程序模块数是有限的。

有研究人员提出了新的评测指标成交收益曲线下的面积（Area Under the Cost-effectiveness Curve，AUCEC）。该指标主要基于成本收益曲线，其中横轴表示可以审查的代码比例，纵轴表示可以检测出的软件缺陷比例。在曲线绘制时，需要基于模型的预测结果，将所有程序模块按照含有软件缺陷的概率从高到低进行排序。图 11-11 左边子图所示的曲线分别表示了最优模型 O、一般模型 P 和随机模型 R。除此之外，也可以事先指定可以审查的代码比例。但不同的代码审查比例在一些场景下会得到相互矛盾的结论，图 11-11 右边子图所示的曲线给出了两个不同模型 $P1$ 和 $P2$ 的成本收益曲线。若仅考虑 20% 的代码审查比例，我们会发现模型 $P2$ 的性能要优于模型 $P1$ 的性能，但若考虑 60% 的代码审查比例，则我们会发现模型 $P1$ 的性能要优于模型 $P2$ 的性能。由于软件缺陷在项目中的分布大致符合帕累托（Pareto）原则，即 80% 的软件缺陷集中分布于 20% 的代码内，因此有研究人员在他们的研究工作中将代码审查比例设置为 20%，并将该指标称为 PofB20 指标。

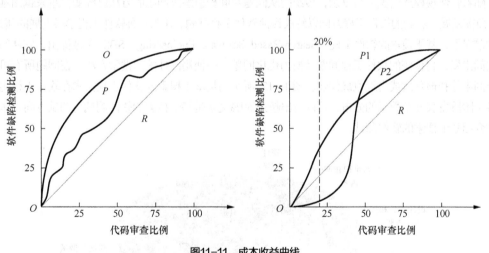

图11-11 成本收益曲线

11.2.4 软件缺陷预测常用评测数据集

从 2009 年开始，随着 NASA 和 Softlab 数据集的共享，对软件缺陷预测的数据集问题的研究开始逐步升温。尤其在 2010 年以后，研究人员通过挖掘开源软件又陆续共享了 PROMISE、Relink 和 AEEEM 数据集。本书将对这些数据集的特征进行简要介绍。目前这些数据集均可以在 PROMISE 库中进行下载。

NASA 数据集来自 NASA 的项目，其中项目类型比较多样，与卫星仪器、地面控制系统、飞行控制模块相关。而 Softlab 数据集来自土耳其一个家电制造商的项目，这些项目与洗衣机、洗碗机和冰箱的控制软件有关。这些项目在度量元的选择时，主要关注代码的复杂度，其度量元与模块的代码行数、Halstead 复杂度、McCabe 环路复杂度等有关。谢珀德（Shepperd）等人随后发现之前共享的 NASA 数据集中存在诸多质量问题，例如，部分数据的取值不一致或取值存在遗失、部分实例重复等，因此他们对 NASA 数据集进行了清理，并建议随后的研究人员在实证研究中考虑使用已经进行数据清理后的 NASA 数据集。

PROMISE 数据集由 Jureczko 和 Madeyski 搜集。该数据集来自 10 个不同开源项目（如 Ant、Log4J、Lucene、POI 等）的多个版本。程序模块的粒度设置为类，考虑了 20 种度量元，这些度量元均是关注的代码复杂度，其中包括由 Chidamber 和 Kemerer 提出的 CK 度量元。这些度量元综合考虑了面向对象程序固有的封装、继承、多态等特性。

AEEEM 数据集由 D'Ambros 等人搜集，他们分析的项目包括 Eclipse JDT Core、Eclipse PDE UI、Equinox Framework、Mylyn 和 Apache Lucene。该数据集考虑了 61 种度量元，这些度量元不仅考虑了软件代码的复杂度，也考虑了软件开发过程，重点分析了代码修改特征、历史软件缺陷检测信息、模块复杂度等。

Relink 数据集由 Wu 等人搜集，他们分析的项目是 Apache HTTP Server、Safe 和 ZXing。该数据集共考虑了 26 种度量元，这些度量元关注的均是代码复杂度，并借助 Understand 工具进行搜集。他们随后通过手动验证和校对等方式进一步提高了数据集的质量。

11.3 基于搜索的软件测试方法

随着软件规模逐渐庞大与复杂，传统的从问题空间构造解决问题的方法已经变得越来越困难。因此，急需发展一种新的软件工程方向以解决目前软件工程问题，作为一种软件工程学科发展的新方向。在此前提下，基于搜索的软件工程（Search-Based Software Engineering，SBSE）被提出，它从问题的解空间出发，将传统的软件工程问题转换为优化问题，并使用高性能的搜索方法，在问题所有可能解的空间中寻找最优解或者近似最优解。图 11-12 所示的是基于搜索的软件工程技术在软件工程生命周期各个阶段发表文章数量的分布，可以看出超过 50% 文章是基于搜索的软件测试与调试方向。本节将详细介绍基于搜索的软件测试。

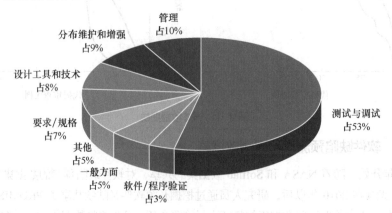

图11-12　SBSE在软件工程中研究领域的分布

11.3.1　智能搜索算法

基于搜索的软件测试的基石是高性能的搜索算法，目前软件工程领域中用到的搜索方法分为 3 大类，第 1 类是基于微积分的搜索方法，第 2 类是带有向导的随机搜索方法，第 3 类是枚举方法。由于带有向导的随机搜索技术在基于搜索的软件工程中使用频率相当高，因此本章主要介绍第 2 类带有向导的随机搜索方法，该方法主要包括遗传算法、爬山算法、模拟退火算法、蚁群算法、粒子群算法等在内的许多智能算法。本小节将对这些智能搜索算法给出详细介绍。

1. 遗传算法

在现有的智能优化算法中，遗传算法（Genetic Algorithm，GA）是使用最为广泛的一种智能搜索算法。美国教授约翰·霍兰德（J.Holland）于 1975 年首先提出遗传算法，后经过几十年的发展逐渐成为了一个重要的研究分支，形成了一个巨大的遗传算法家族。下面就遗传算法这一搜索技术做出介绍。

（1）遗传算法简介

遗传算法是一种模拟自然界生物进化过程的启发式搜索算法。它属于演化算法的一种，借鉴了进化生物学中的一些现象，这些现象通常包括遗传、突变、自然选择，以及杂交等。但遗传算法有可能在使用不当的情况下收敛于局部最优解，同时，遗传算法也具有不确定性的缺点。但是这丝毫也没影响到遗传算法的应用广度，它是一种确定的搜索技术。近年来，遗传算法在解决软件工程技术问题中显示出巨大的优势和价值。

遗传算法操作步骤中关键的几步操作为：从问题空间得到信息编码、染色体交叉，以及适应度函数的构造。

遗传算法基本的算法过程描述如下。

① 初始化：设置进化代数计数器 $t=0$，设置最大进化代数 T，随机生成 M 个个体作为初始群体 $P(0)$。

② 个体进行评价：计算群体 $P(t)$ 中各个个体的适应度，适应度函数是根据目标解的性能构造出来的，它是描述个体性能的主要指标，这里如果在适应度函数选择不当的情况下算法有可能收敛于局部最优解。

③ 选择运算：将选择算子（选择操作）作用于群体。选择的目的是把优良的个体直接遗传到下一代或通过配对交叉产生新的个体再遗传到下一代。选择操作是建立在群体中个体的适应度评估的基础上的。

④ 交叉运算：将交叉算子（交叉操作）作用于群体。遗传算法中起核心作用的就是交叉算子。

⑤ 变异运算：将变异算子（变异操作）作用于群体。即是对群体中的个体串的某些基因座上的基因值做变动。

群体 $P(t)$ 经过选择、交叉、变异运算之后得到下一代群体 $P(t+1)$。

⑥ 终止条件判断：若 $t=T$ 或者得到的解满足目标条件，则以进化过程中所得到的具有最大适应度的个体作为最优解输出，终止计算。

遗传算法的简单流程可以用图 11-13 所示的流程图进行描述。

如何选择适应度大的个体复制到下一代或者作为父代配对交叉产生下一代，大多数书籍都提及了著名的赌轮算法来解决这个问题，本书在这里也详细介绍一下赌轮算法。

理解赌轮算法前，先必须了解个体的选择概率，个体的选择概率 $P(x_i)$ 的计算公式为

$$P(x_i) = \frac{f(x_i)}{\sum_{i=1}^{N} f(x_i)} \qquad 公式（11.24）$$

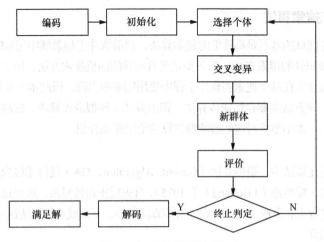

图11-13　遗传算法流程图

其中，f 为适应度函数，$f(x_i)$ 为 x_i 的适应度。可以看出，染色体 x_i 被选中的概率就是适应度 $f(x_i)$ 所占种群中全体染色体适应度之和的比例。显然，按照这种选择概率定义，适应度越高的染色体被随机选定的概率就越大，被选中的次数也就越多，从而被复制的次数也就越多。

假设种群 S 中有4个染色体：s_1、s_2、s_3、s_4，其选择概率依次为 0.11、0.45、0.29、0.15，则他们在轮盘上所占的份额如图 11-14 所示的各扇形区域。

赌轮选择法可用下面的子过程来模拟。

① 在[0,1]区间内产生一个均匀分布的伪随机数 r。

② 若 $r \leqslant q_i$，则染色体 x_i 被选中。

③ 若 $q_{i-1} < r \leqslant q_i (2 \leqslant i \leqslant N)$，则染色体 x_i 被选中。

其中 q_i 称为染色体 x_i（$i=1,2,3,\cdots,n$）的积累概率，其计算公式为

$$q_i = \sum_{j=1}^{i} P(x_j)$$
公式（11.25）

一般进行个体选择时，也常用锦标赛选择算法。锦标赛选择算法和赌轮算法的目的都是尽可能地选择出适应度大的个体。

对于上面所讲到的遗传算法的几个重要概念，下面给出解释。

交叉：交叉（Crossover）亦称交换、交配或杂交，它是指互换两个染色体某些位上的基因。

交叉率：交叉率（Crossover Rate）就是参加交叉运算的染色体个数占全体染色体总数的比例，记为 P_c，取值范围一般为 0.4～0.99。由于生物繁殖时染色体的交叉是按一定的概率发生的，因此参加交叉操作的染色体也有一定的比例，而交叉率也就是交叉概率。

变异：变异（Mutation）亦称突变，它是指改变染色体某个（些）位上的基因。例如，把染色体 s=11001101 的第 3 位上的 0 变为 1，则得到新染色体 s'=11101101。

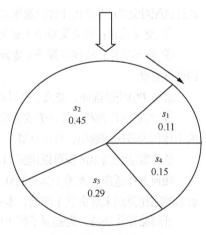

图11-14　赌轮选择示例

变异率：变异率（Mutation Rate）是指发生变异的基因位数所占全体染色体的基因总位数的比例，记为 P_m，取值范围一般为 0.0001～0.1。由于在生物的繁衍进化过程中，变异也是按一定的概率发生的，而且发生概率一般很小，因此变异率也就是变异概率。

适应度：适应度（Fitness）就是借鉴生物个体对环境的适应程度，而对所求解问题中的对象设计的一种表征优劣的测度。适应度函数（Fitness Function）就是问题中的全体对象与其适应度之间的一个对应关系，即对象集合到适应度集合的一个映射。它一般是定义在论域空间上的一个实数值函数。

目前，随着遗传算法的深入研究，解决某一具体的软件工程问题时，往往会用到混合遗传算法。混合遗传算法就是将一些要解决问题相关的启发知识的启发式算法的思想用到遗传算法中，构成混合遗传算法。这种方式能有效地提高遗传算法的运行效率和求解质量。目前，混合遗传算法体现在两个方面：一个是引入局部搜索过程；另一个是增加编码变换操作过程。

（2）遗传算法应用实例

遗传算法在函数和组合优化、生产调度、自动控制、智能控制、机器学习、数据挖掘、图像处理，以及人工智能等领域得到了成功而广泛的应用，成为 21 世纪的关键技术之一。它提供了求解复杂系统问题的通用框架，不依赖于问题的具体领域，并且对问题的求解具有很强的指导性。

下面以遗传算法在解决图论中的一个经典旅行商问题的详细求解步骤来演示遗传算法的基本应用流程。

旅行商问题（Traveling Salesman Program，TSP）问题是数学领域和图论领域中的著名问题之一。问题被描述为假设有一个旅行商人要拜访 n 个城市，他必须选择要走的路径，路径的限制是每个城市只能拜访一次，而且最后要回到原来出发的城市。路径的选择目标是要求得到的路径路程为所有路径之中的最小值。

遗传算法在软件
测试中应用

TSP 问题，迄今为止，没有找到一个有效的解决算法，倾向接受 NP 完全问题和 NP 难题，不存在有效算法这一猜想，认为这类问题的大型实例不能用精确算法求解，必须寻求这类问题的有效近似算法，而遗传算法便是很好地解决此类软件工程问题的近似算法。

示例 设有 5 个城市，依次用 A、B、C、D、E 表示，这 5 个城市之间的路径拓扑图如图 11-15 所示，欲求解的是从城市 A 出发，遍历每个城市，并且每个城市只走一次，当遍历完所有的城市，回到起始点位置，找出所有路径路程中路径路程最小的一条。

上述例题很容易利用穷举法或者其他简单方法求解，但是当城市数量很多的情况下，问题的复杂度可能急剧上升，穷举法或者其他传统方法解决此问题则略显疲惫，这里将利用遗传算法给出求解过程，用遗传算法解决该问题的意义在于说明遗传算法的基本操作流程。

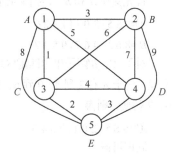

图11-15 5个城市之间的路径拓扑图

① 编码。可以对这 5 个城市进行数字编码，这里可以给城市 A 编码 1，给城市 B 编码 2，给城市 C 编码 3，给城市 D 编码 4，给城市 E 编码 5。

在求解 TSP 问题的各种遗传算法中，多采用以遍历城市的次序排列进行编码的方法，如码串 1 3 4 5 2 表示自城市 1 开始，依次经过城市 3、4、5、2，最后返回城市 1 的遍历路径。显然，这是一种针对 TSP 问题的最自然的编码方式，这一编码方案的主要缺陷在于造成了交叉操作的困难。

另一种较为常用的编码方案是采用"边"的组合方式进行编码。例如，码串 1 3 4 5 2 的第 1 个码 1

表示城市2到城市1的路径在 TSP 圈中，第2个码3表示城市1到城市3的路径在 TSP 圈中。这一编码方式有着与前面的"节点"遍历次序编码方式相类似的缺陷。

② 产生初始化种群。本问题中可以随机产生几个字符串作为染色体，其中每个字符串首字母和尾字母都是代表起始位置的城市编码，中间的几个字符随机产生，但是字符不能重复。

③ 确定适应度。适应度函数常取路径长度 T_d 的倒数，即 $f = \dfrac{1}{T_d}$。若结合 TSP 的约束条件（每个城市经过且只经过一次），则适应度函数可表示为

$$f = \frac{1}{(T_d + \alpha + N_t)}$$

其中 N_t 是对 TSP 路径不合法的度量（如取 N_t 为未遍历的城市的个数）；α 为惩罚系数，常取城市间最长距离的两倍多一点，这里可以取 α 为 2.05×9=18.45。

④ 选择。前面讲到，遗传算法中对于选择这一步，经常使用的算法除了赌轮算法，也有锦标赛选择算法。在锦标赛选择算法中，随机地从种群中选择一定数量的个体，其中适应度最高的个体保存到下一代。这一过程反复执行，直到保存到下一代的个数达到预先设定的数量为止。对于本题的求解，选择锦标赛选择算法，从种群选择一定数量相对适应度大的个体保存到下一代。

⑤ 交叉。基于 TSP 问题的顺序编码，若采取简单的一点交叉或多点交叉策略，必然产生未能完全遍历所有城市的非法路径。解决这一问题的一种处理方法是对交叉、变异等遗传操作适当地修正，使其自动满足 TSP 的约束条件。针对 TSP 问题的交叉操作包括 3 种：部分匹配交叉（Partial Matching Crossover，PMX）、顺序交叉（Order Crossover，OX）和循环交叉（Cycle Crossover，CX）。

PMX 操作是由 Goldberg 和 Lingle 于 1985 年提出的。在 PMX 操作中先随机产生两个位串交叉点，定义这两点之间的区域为一匹配交叉区域，并使用位置交换操作来交换两个父串的匹配区域。考虑下面一个实例，如两个父串及匹配区域为：

A=9 8 5｜4 6 7｜1 3 2 0

B=8 6 3｜2 0 1｜9 5 4 7

首先交换 A 和 B 的两个匹配区域，得到：

A'=9 8 5｜2 0 1｜1 3 2 0

B'=8 6 3｜4 6 7｜9 5 4 7

对于 A'、B'两子串中匹配区域以外出现的遍历重复，依据匹配区域内的位置映射关系，逐一进行交换，对于 A'有2到4、0到6、1到7的位置符号映射，对于 A'的匹配区域以外的2、0、1分别以4、6、7替换，则得

A''=9 8 5｜2 0 1｜7 3 4 6

同理可得

B''=8 0 3｜4 6 7｜9 5 2 1

这样，每个子串的次序由其父串部分确定。

1985 年戴维斯（Davis）等人提出了基于路径表示的 OX 操作，OX 操作能够保留排列，并融合不同排列的有序结构单元。此方法开始也是选择一个匹配区域：

A=9 8 5｜4 6 7｜1 3 2 0

B=8 6 3｜2 0 1｜9 5 4 7

首先，两个交叉点之间的中间段保持不变，在其区域外的相应位置标记 X，得到

A'=ＸＸＸ｜４６７｜ＸＸＸＸ

B'=ＸＸＸ｜２０１｜ＸＸＸＸ

其次，记录父个体 B 从第 2 个交叉点开始城市码的排列顺序，当到达表尾时，返回表头继续记录城市码，直至到达第 2 个交叉点结束，这样便获得了父个体 B 从第 2 个交叉点开始的城市码排列顺序为 9-5-4-7-8-6-3-2-0-1；对于父个体 A 而言，已有城市码 4、6、7 将它们从父个体 B 的城市码排列顺序中去掉，得到排列顺序 9-5-8-3-2-0-1，再将这个排列顺序复制给父个体 A，复制的起点也是从第 2 个交叉点开始，以此决定子个体 1 对应位置的未知码 X，这样新个体 A'' 为

A''=２０１４６７９５８３

利用同样的方法可以得到交叉后的 B'' 染色体为

B''=４６７２０１３９８５

1987 年，奥利弗（Oliver）等人提出了 CX 方法，与 PMX 方法和 OX 方法不同，CX 的执行是以父串的特征作为参考，使每个城市在约束条件下进行重组。设两个父串为

A=９８２１７４５０６３

B=１２３４５６７８９０

不同于选择交叉位置，从左边开始选择一个城市，得到

A'=９- - - - - - - - -

B'=１- - - - - - - - -

再从另一个父串中的相对位置，寻找下一个城市，得到

A'=９- - １- - - - - -

B'=１- - - - - - - ９-

再轮流选择下去，最后可得到最终交叉后的染色体。

此外还有类似于 OX 的交叉，首先在两个父串中随机选择一个交配区域，如两父串及交配区域选定为

A=１２｜３４５６｜７８９

B=９８｜７６５４｜３２１

然后将 B 的交配区域加到 A 的前面（或后面），A 的交配区域加到 B 的前面（或后面）得到

A'=７６５４｜１２３４５６７８９

B'=３４５６｜９８７６５４３２１

最后在 A' 中自交配区域后依次删除与交配区域相同的城市码，得到最终的子串为

A''=７６５４１２３８９

B''=３４５６９８７２１

与其他方法相比，这种方法在两父串相同的情况下仍能产生一定程度的变异效果，这对维持群体多样性特性有一定的作用。

⑥ 变异。目前已有多种变异算子，如两元素优化（2-optimization，2-opt）变异算子、倒位变异算子、启发式变异算子等。其中启发式变异算子相对于其他变异算子更有效，下面我们详细介绍启发式变异算法子的操作过程。

设：P_1=１２３４５６７８９

随机选择 3 个点：如 2、4、6，任意交换位置可以得到 5 个不同的个体。

A_1=1 2 3 4 5 8 7 6 9

A_2=1 6 3 4 5 2 7 8 9

A_3=1 8 3 4 5 6 7 2 9

A_4=1 6 3 4 5 8 7 2 9

A_5=1 8 3 4 5 2 7 6 9

从中选择最好的作为新的个体。

⑦ 终止。算法在迭代若干次后终止，一般终止条件有进化次数限制、计算耗费的时间限制、一个个体已经满足最优值的条件，即最优值已经找到、适应度已经达到饱和，继续进化不会产生适应度更好的个体、人为干预，以及以上两种或更多种的组合。

（3）改进遗传算法

① 编码。二进制字符串所表达的模式多于十进制，因此，二进制编码具有明显的优越性，在执行交叉及变异时可以有更优的变化。近年来，遗传算法中常常采用格雷码（Gray Code）编码。格雷码是一种循环的二进制字符串，它与普通二进制数的转换如公式（11.26）所示，即由标准二进码 a_i 转换到格雷码 b_i。

$$b_i = \begin{cases} a_i, & i=1, \\ a_{i-1} \oplus a_i, & i>1. \end{cases} \qquad 公式（11.26）$$

其中 $\oplus$ 表示以 2 为模的加运算。

相邻的两个格雷码只有一个字符的差别。通常，相邻两个二进制字符串中字符不同的数量被称作海明距离（Hamming Distance）。格雷码的海明距离总是 1。这样，在进行变异操作时，格雷码某个字符的突变很有可能是字符串变成相邻的另一个字符串，从而实现顺序搜索，避免无规则的跳跃式搜索。有人做过实验，采用格雷码编码后遗传算法的收敛速度只提高了 10%～20%，作用不明显，但有人却宣称格雷码能明显提高收敛速度。

② 适应度。在遗传算法的初始化阶段，各个个体的性态明显不同，其适应度大小的差别很大。个别优良的个体的适应度有可能远远高于其他个体，从而增加被复制的次数；反之，个别适应度很低的个体，尽管本身含有部分有益的基因，但却会被过早舍弃。这种不正常的取舍，对于个体数量不是很多的群体尤为严重，会把遗传算法的搜索引向误区，从而过早地收敛于局部最优解。这时，需要将适应度按照比例缩小，减少群体中适应度的差别。另外，当遗传算法进行到了后期，群体逐渐收敛，各个个体的适应度差别不大；为了更好地优胜劣汰，希望适当地放大适应度，突出个体之间的差别。无论是缩小还是放大适应度，都可用公式（11.27）变换适应度。

$$f' = af + b \qquad 公式（11.27）$$

其中 f' 为缩放后的适应度，f 为缩放前的适应度，a、b 为系数。

公式（11.27）为线性缩放。调整适应度的另一种方法是采用方差缩放技术，即根据适应度的离散情况进行缩放。对于适应度离散的群体，调整量要大一些；反之，调整量较少。具体的调整方法如下公式：

$$f' = f + (\overline{f} - C \cdot \delta) \qquad 公式（11.28）$$

其中 $\overline{f}$ 为适应度的均值，δ 为群体适应度的标准差，C 为系数。

也有人建议采用指数缩放的方法，即

$$f' = f^k \qquad 公式（11.29）$$

上述调整适应度的各种方法，其目的都是修改个体性能的差距，以便体现"优胜劣汰"的原则。

例如，假如想多选择一些优良的个体进行下一代，则应尽量加大适应度之间的差距。

③ 精英主义。遗传算法寻优的过程是种群进化的过程，个体的优劣程度使用适应度值表示，适应度值越大，表示个体越优，并称之为精英个体。传统遗传算法在遗传操作中进行随机选择、交叉、变异操作，并没有将精英个体进行保留，导致个别精英个体在进行遗传操作时被破坏，这样就有可能导致最优个体的丢失或者找到最优个体的时间延长。在遗传操作进行前，可进行精英主义选择。精英主义（Elitist Strategy）选择作为遗传算法的一种优化方法，是为了防止进化过程中产生的最优解被交叉和变异所破坏，可以将每一代中的最优解原封不动地复制到下一代中。

④ 修改遗传算子。遗传算子包括交叉算子、变异算子，传统的遗传算法在进行交叉和变异时有可能把上一代的优化因子破坏掉，因此，改进的遗传算法通常会改进遗传算子，如将同位交叉方式改为均匀交叉。

⑤ 引入别的优化算法。

一般在求解遗传算法的时候引入局部搜索算法，如果融合这些优化算法，构造一个混合其他优化算法的遗传算法，将能有效地提高遗传算法运行效率和求解质量。

2. 蚁群算法

蚁群算法由马克·杜利高（Marco Dorigo）于1992年在他的博士论文中首次提出，其灵感来源于蚂蚁在寻找食物过程中发现路径的行为。通过模拟自然界蚂蚁搜索路径的行为，提出一种新型的模拟进化算法。下面将给读者一个对蚁群算法的基础性认识。由于算法本身灵活性比较高，如果读者对算法比较感兴趣，可以多阅读这方面的论文期刊，然后提出自己的改进思路并应用到实践中。

（1）蚁群算法简介

蚁群算法的各个蚂蚁在没有事先被告诉食物在什么地方的前提下开始寻找食物，当一只蚂蚁找到食物以后，它会向环境释放一种挥发性分泌物信息素（Pheromone），该物质随着时间的推移会逐渐挥发消失。信息素浓度的大小表征路径的远近，吸引其他的蚂蚁过来，这样越来越多的蚂蚁会找到食物。有些蚂蚁并没有像其他蚂蚁一样总重复同样的路，他们会另辟蹊径，如果另开辟的道路比原来的其他道路更短，那么，渐渐地，更多的蚂蚁被吸引到这条较短的路上来。最后，经过一段时间运行，可能会出现一条最短的路径被大多数蚂蚁重复着，这就是蚁群算法的简单描述。

但是蚁群算法存在很多的问题：蚂蚁究竟是怎么找到食物的呢？在没有蚂蚁找到食物的时候，环境中并没有有用的信息素，那么蚂蚁为什么会相对有效地找到食物呢？这要归功于蚂蚁的移动规则，尤其是在没有信息素时候的移动规则。首先，它要能尽量保持某种惯性，这样使得蚂蚁尽量地向前移动（开始，这个前方是随机固定的一个方向），而不是原地打转或者震动；其次，蚂蚁要有一定的随机性，虽然有了固定的方向，但它也不能像粒子一样直线运动下去，而是有一个随机的干扰，这样就使得蚂蚁运动起来具有了一定的目的性——尽量保持原来的方向，但又有新的试探，尤其当碰到障碍物的时候，它会立即改变方向，这可以看成一种选择的过程，也就是环境的障碍物让蚂蚁的某个方向正确，而其他方向则不对。这就解释了为什么单个蚂蚁在复杂的诸如迷宫的地图中仍然能找到隐蔽得很好的食物。当然，在有一只蚂蚁找到了食物的时候，大部分蚂蚁会沿着信息素很快地找到食物，但还存在这样的情况：在最初的时候，一部分蚂蚁随机选择了同一条路径，随着这条路径上蚂蚁释放的信息素越来越多，更多的蚂蚁也选择这条路径，但这条路径并不是最优的（即最短的），所以导致了迭代次数完成后，蚂蚁找到的不是最优解，而是次优解，这种情况下的结果可能对实际应用的意义就不大了。

蚂蚁是如何找到最短路径的？这一方面要归功于信息素，另外要归功于环境，具体说是计算机时钟。信息素多的地方显然经过这里的蚂蚁会多，因而会有更多的蚂蚁聚集过来。假设有两条路从窝通向食物，开始的时候，走这两条路的蚂蚁数量同样多（或者较长的路上蚂蚁多，这也无关紧要）。当蚂蚁沿着一条路到达终点以后会马上返回来，这样，短的路上的蚂蚁来回一次的时间就短，这也就意味着重复的频率就快，因而在单位时间走过的蚂蚁数量就多，播撒的信息素自然也会多，自然会有更多的蚂蚁被吸引过来，从而撒下更多的信息素；而长的路正相反，因此越来越多的蚂蚁聚集到较短的路径上来，最短的路径就近似找到了。也许有人会问局部最短路径和全局最短路径的问题，实际上蚂蚁是逐渐接近全局最短路径的，为什么呢？这源于蚂蚁会犯错误，也就是它会按照一定的概率不往信息素高的地方走而另辟蹊径，这种行为可以理解为一种创新，这种创新如果能缩短路途，那么根据刚刚叙述的原理，更多的蚂蚁会被吸引过来。

还有一个重要的问题，如果要为蚂蚁设计一个人工智能程序，那么这个程序要多么复杂呢？首先，要让蚂蚁能够避开障碍物，就必须根据适当的地形给它们编进指令让它们能够巧妙地避开障碍物；其次，要让蚂蚁找到食物，就需要让它们遍历空间上的所有点；再次，如果要让蚂蚁找到最短的路径，那么需要计算所有可能的路径并且比较它们的大小，而且更重要的是，程序的错误也许会导致前功尽弃。如此看来，为实现此算法，这个程序异常烦琐冗余。

然而，事实并没有想象得那么复杂，上面这个程序每只蚂蚁的核心程序编码不过 100 多行。为什么这么简单的程序会让蚂蚁干这样复杂的事情？答案是简单规则的涌现。事实上，每只蚂蚁并不是像想象的那样需要知道整个世界的信息，它们其实只关心眼前很小范围内的信息，而且根据这些局部信息利用几条简单的规则进行决策，这样，在蚁群这个群体里，复杂性的行为就会凸现出来。这就是人工生命，复杂性科学解释的规律。那么这些简单规则是什么呢？这是一个比较哲理性的问题，对于问题的解释，读者可以自行思考。

关于蚁群算法的几个比较重要的规则，这里给出说明。

① 范围。蚂蚁观察到的范围是一个方格世界，蚂蚁有一个参数为速度半径（一般是 3），那么它所能观察到的范围是 3×3 个方格世界，并且能移动的距离也在这个范围之内。

② 环境。蚂蚁所在的环境是一个虚拟的世界，其中有障碍物，有别的蚂蚁，还有信息素。信息素有两种，一种是找到食物的蚂蚁洒下食物信息素，另一种是找到窝的蚂蚁洒下的窝的信息素。每只蚂蚁仅仅能感知它范围内的环境信息，环境以一定的速率让信息素消失。

③ 觅食规则。在每只蚂蚁能感知的范围内寻找是否有食物，如果有就直接过去，否则看是否有信息素，并且比较在能感知的范围内哪一点的信息素最多，这样，它就朝着信息素多的地方走，并且每只蚂蚁都会以小概率犯错误，从而并不是往信息素最多的点移动。蚂蚁找窝的规则和上面一样，只不过它对窝的信息素做出反应，而对事物信息素没反应。

④ 移动规则。每只蚂蚁都朝向信息素最多的方向移动，并且当周围没有信息素指引的时候，蚂蚁会按照自己原来运动的方向惯性地运动下去，并且，在运动的方向有一个随机的小的扰动。为了防止蚂蚁原地转圈，它会记住刚才走过了哪些点，如果发现要走的下一点已经在之前走过了，它就会尽量避开。

⑤ 避障规则。如果蚂蚁要移动的方向有障碍物挡住，它会随机地选择另一个方向，并且有信息素指引，它会按照觅食的规则行动。

⑥ 信息素规则。每只蚂蚁在刚找到食物或者窝的时候播撒的信息素最多，并随着它走远的距离，播撒的信息素越来越少。

根据这几条规则，蚂蚁之间并没有直接的关系，但是每只蚂蚁都与环境发生交互，而通过信息素这个纽带，实际上把各只蚂蚁之间关联起来了。例如，当一只蚂蚁找到了食物，它并没有直接告诉其他蚂蚁这儿有食物，而是向环境播撒信息素，当其他的蚂蚁经过它附近的时候，就会感觉到信息素的存在，进而根据信息素的指引找到了食物。

蚁群算法有以下 4 个基本的特点。

① 蚁群算法是一种自组织的算法。在系统论中，自组织和它组织是组织的两个基本分类，其区别在于组织力或组织指令是来自系统的内部还是来自系统的外部，来自系统内部的是自组织，来自系统外部的是它组织。如果系统在获得空间的、时间的或者功能结构的过程中，没有外界的特定干预，便说系统是自组织的。在抽象意义上讲，自组织就是在没有外界作用时的系统熵减少的过程（即是系统从无序到有序的变化过程）。蚁群算法充分体现了这个过程，以蚂蚁群体优化为例说明。当算法开始的初期，单个的人工蚂蚁无序地寻找解，算法经过一定时间的演化，人工蚂蚁间通过信息素的作用，自发地越来越趋向于寻找到接近最优解的一些解。这就是一个无序到有序的过程。

② 蚁群算法是一种本质上并行的算法。每只蚂蚁搜索的过程彼此独立，仅通过信息素进行通信。所以蚁群算法可以看作是一个分布式的多 Agent 系统，它在问题空间的多点同时开始进行独立的解搜索，不仅增加了算法的可靠性，也使得算法具有较强的全局搜索能力。

③ 蚁群算法是一种正反馈的算法。从真实蚂蚁的觅食过程中不难看出，蚂蚁能够最终找到最短路径直接依赖于最短路径上信息素的堆积，而信息素的堆积却是一个正反馈的过程。对于蚁群算法来说，初始时刻在环境中存在完全相同的信息素，给予系统一个微小扰动，使得各个边上的轨迹浓度不相同，蚂蚁构造的解就存在优劣，算法采用的反馈方式是在较优的解经过的路径留下更多的信息素，而更多的信息素又吸引了更多的蚂蚁，这个正反馈的过程使得初始的不同得到不断的扩大，同时又引导整个系统向最优解的方向进化。因此，正反馈式蚂蚁算法的重要特征是它使得算法演化过程得以进行。

④ 蚁群算法具有较强的鲁棒性。相对于其他算法，蚁群算法对初始路线要求不高，即蚁群算法的求解结果不依赖于初始路线的选择，而且在搜索过程中不需要进行人工的调整。其次，蚁群算法的参数数量少，设置简单，易于将蚁群算法应用到其他组合优化的问题求解。

以蚁群算法为代表的蚁群智能已成为当今分布式人工智能研究的一个热点，许多源于蚁群和蚁群模型设计的算法已越来越多地被应用于企业的运转模式的研究。

下面就蚁群算法解决 TSP 问题给出蚁群算法的具体操作步骤。

（2）蚁群算法应用示例

利用蚁群算法求解 TSP 问题也是软件研究领域中的一个经典问题，下面将就蚁群算法求解 TSP 问题给出求解过程。

① 蚁群算法解决 TSP 问题的数学模型。

设蚂蚁的数量为 m，城市的数量为 n，城市 i 与城市 j 之间的距离为 d_{ij}，t 时刻城市 t 与城市 j 之间的信息素浓度为 $t_{ij}(t)$；初始时刻，各个城市间连接路径上的信息素浓度相同，不妨记为 $t_{ij}(0)=t_0$。

蚂蚁 k（$k=1,2,\cdots,m$）根据各城市间连接路径上的信息素浓度，决定其下一个要访问的城市，设 $P_{ij}^{k}(t)$ 表示 t 时刻，蚂蚁 k 从城市 i 到城市 j 的概率，其计算公式如公式（11.30）所示。

$$P_{ij}^{k}=\begin{cases}\dfrac{[t_{ij}(t)]^{\alpha}\cdot[\eta_{ij}(t)]^{\beta}}{\sum\limits_{s\in allow}[t_{ij}(t)]^{\alpha}\cdot[\eta_{ij}(t)]^{\beta}}, & s\in allow_{k}\\[4mm] 0, & s\notin allow_{k}\end{cases} \qquad 公式（11.30）$$

其中：

$\eta_{ij}(t)$ 为启发式函数，$\eta_{ij}(t)=1/d_{ij}$，表示蚂蚁从城市 i 转移到城市 j 的期望程序。

$allow_{k}$（$k=1,2,\cdots,m$）表示蚂蚁 k 待访问的城市的集合，开始时 $allow_{k}$ 为其他 $n-1$ 城市，随着时间的推进，其中的元素不断减少，直至为空，表示所有的城市访问完，即遍历了所有城市；

α 为信息素的重要程度因子，其值越大，转移中起的作用越大；

β 为启发函数的重要程度因子，其值越大，表示启发函数在转移中的作用越大，即蚂蚁以较大的概率转移到距离短的城市。

蚂蚁释放的信息素会随着时间的推进而减少，设参数 ρ $(0 < \rho < 1)$ 表示信息素的挥发度，当所有蚂蚁完成一次循环后，各个城市间连接路径上的信息素浓度，需要实时更新。

$$t_{ij}(t+1) = (1-p)t_{ij}(t) + \Delta t_{ij}, \ \Delta t_{ij} = \sum_{k=1}^{n} \Delta t_{ij}^k \qquad 公式（11.31）$$

其中，Δt_{ij}^k 表示蚂蚁 k 在城市 i 与城市 j 的连接路径上释放的信息素浓度；Δt_{ij} 表示所有蚂蚁在城市 i 与城市 j 的连接路径上释放的信息素浓度。

Δt_{ij}^k 的计算方法如下：

$$\Delta t_{ij}^k = \begin{cases} Q/L_k, & 第k只蚂蚁从城市i访问城市j \\ 0, & 其他 \end{cases} \qquad 公式（11.32）$$

其中：

Q 为常数，表示蚂蚁循环一次释放的信息素的总量；

L_k 为第 k 只蚂蚁经过路径的长度（$Length$）。

② 蚁群算法实现步骤如下。

步骤 1：初始化参数。蚂蚁数量为 m，信息素重要程度为 α，启发函数重要程度为 β，信息素挥发因子为 ρ，信息素释放总量为 Q，最大迭代次数为 $iter\_max$。获取各城市之间的距离 d_{ij}，为了保证启发式函数 $\eta_{ij}(t) = 1/d_{ij}$ 能顺利进行，对于 $i=j$，即自己到自己的距离不能给为 0，而是给成一个很小的距离，如 10^{-4} 或 10^{-5}。

步骤 2：构建解空间。将各只蚂蚁随机地置于不同出发点，对每只蚂蚁按照下面的式子，确定下一个城市。

$$P_{ij}^k = \begin{cases} \dfrac{[t_{ij}(t)]^\alpha \cdot [\eta_{ij}(t)]^\beta}{\sum_{s \in allow} [t_{ij}(t)]^\alpha \cdot [\eta_{ij}(t)]^\beta}, & s \in allow_t \\ 0, & s \notin allow_k \end{cases} \qquad 公式（11.33）$$

步骤 3：更新信息素 P。计算各只蚂蚁经过的路径长度 L_k，记录当前迭代次数中的最优解（即最短路径），根据如下公式更新信息素。

$$t_{ij}(t+1) = (1-p)t_{ij}(t) + \Delta t_{ij}, \ \Delta t_{ij} = \sum_{k=1}^{n} \Delta t_{ij}^k \qquad 公式（11.34）$$

$$\Delta t_{ij}^k = \begin{cases} Q/L_k & 第k只蚂蚁从城市i访问城市j \\ 0, & 其他 \end{cases} \qquad 公式（11.35）$$

步骤 4：判断是否终止。若没有到最大次数，则清空蚂蚁经过路径的记录表，返回步骤 2。

以上只是通过简单单一的信息素更新机制引导搜索方向，搜索效率有瓶颈。在这里给出讲解，只是让读者对蚁群算法的实际操作步骤有个初步的了解。

（3）改进蚁群算法

① 其他优化算法与蚁群优化算法的结合点如下。

现有资料中将蚁群与遗传算法相结合的研究比较多。蚁群算法的主要特点是具有分布式的计算特性，具有很强的鲁棒性，易于与其他优化算法融合，但是蚁群算法在解决大型优化问题时，存在搜索空间和时间性能上的矛盾，易出现过早收敛于非全局最优解以及计算时间过长的弱点。在算法工作过程中，迭代到一定次数后，蚂蚁也可能在某个或某些局部最优解的领域附近发生停滞。开发人员可以将蚁群算法和遗传算法结合起来对物流配送路径问题进行求解。

② 现在对优化算法的研究已经比较深入，只要能解决蚁群算法两点致命缺陷（存在搜索空间和时间性能上的矛盾，易出现过早收敛于非全局最优解以及计算时间过长）的算法都可以与之相结合。

综上可以看出，蚁群算法的改进要从蚁群算法自身模型、蚁群算法和聚类思想结合、蚁群算法与其他算法结合这些方面来进行，以克服其需要较长的计算时间、收敛速度等缺陷。

3. 其他智能优化算法

除了上面讲到的几种经典智能优化算法，目前，还有很多用于解决软件工程问题的优化算法，其中包括人工鱼群算法、禁忌搜索算法、人工免疫算法等。

（1）人工鱼群算法

人工鱼群算法是由李晓磊、邵之江、钱积新等人于 2002 年提出的一种新的群智能优化算法，它采用了自上而下的寻优模拟方式去模仿自然界鱼群的觅食行为，主要利用鱼的觅食、聚群和追尾现象，构造个体的底层行为，通过鱼群中各个个体的局部寻优，达到全局最优值在群体中凸现的目的。研究表明，该算法具有较好的收敛性。

（2）禁忌搜索算法

禁忌搜索（Tabu Search，TS）算法是一种亚启发式（Meta-Heuristic）随机搜索算法，它从一个初始可行解出发，选择一系列的特定搜索方向（移动）作为试探，选择实现让特定的目标函数值变化最多的移动。为了避免陷入局部最优解，TS 算法中采用了一种灵活的"记忆"技术，对已经优化过程进行记录和选择，指导下一步的搜索方向。

（3）人工免疫算法

人工免疫算法（Artificial Immune Algorithm，AIA）是基于自然免疫系统中体液免疫响应的机制提出的一种函数优化算法，该算法模拟了抗体的产生，抗体与抗原的黏合、激励、克隆、超突变及未受激励细胞的消亡等自然过程，其主要步骤包括：抗原、B 细胞的算法定义，B 细胞与抗原之间的亲和度计算与选择，B 细胞的克隆、变异和记忆细胞的产生等。该算法的主要特点是模拟了不同的自然机制，具有并行性，产生了高亲和度、长寿命的记忆细胞并不断对其更新。

（4）粒子群算法

粒子群算法，也称为粒子群优化算法（Particle Swarm Optimization，PSO），其最早由肯尼迪（J. Kennedy）和埃伯哈特（R. C. Eberhart）等人提出。它是一种新的进化算法，相对于遗传算法来说，规则更为简单，省略了遗传算法的"交叉"和"变异"操作，通过追随当前搜索到的最优值来寻找全局最优解。粒子群算法的基本概念源于鸟群觅食行为的研究。设想这样一个场景：一群鸟在随机搜寻食物，在这个区域只有一块食物，所有的鸟都不知道食物在哪里，但是它们知道当前的位置离食物还有多远。那么找到食物的最优决策是什么呢？最简单有效的就是搜寻目前离食物最近的鸟的周围区域。

粒子群算法的优点是搜索速度快、效率高、算法简单、适合于实值型处理。缺点是对于离散的优化问题处理不佳，容易陷入局部最优。

（5）爬山算法

爬山算法（Hill Climbing，HC）相对于上面讲到的遗传算法来说，是一种局部搜索算法，采用启发式方法，是对深度优先搜索的一种改进，它利用反馈信息帮助生成解的决策。该算法属于人工智能算法的一种，它可以明显地避免遍历，通过启发选择部分节点，从而达到提高效率的目的。在工程研究领域中，往往把爬山算法与其他智能搜索算法结合起来解决现代软件工程技术问题。

（6）模拟退火算法

模拟退火算法（Simulated Annealing，SA）是一种基于概率的算法，是由梅特罗波利斯（N. Metropolis）等人于 1953 年首先提出其主要思想。1983 年，柯克帕特里克（S. Kirkpatrick）等人成功地将退火思想引入组合优化领域。相对于前一节讲到的爬山算法，模拟退火算法以一定的概率来接受一个比当前解要差的解，因此有可能会跳出这个局部的最优解，达到全局的最优解。

11.3.2 搜索技术在软件测试中的应用

在讲解基于搜索的软件测试之前，必须明确什么是软件测试，相信通过前面的学习，读者心里对于这个问题应该非常清楚。软件测试是进行软件质量保证的一种活动，软件测试活动的目的是度量和提高软件质量，通过对待测软件及文档、测试标准进行分析，进而设计并执行一系列的测试用例，测试人员往往想通过测试用例检测出软件中尽可能多的故障。

本小节将结合搜索技术讲解测试用例的自动化生成、测试用例的优化，最后讲解在软件测试领域中的一个新的分支——变异测试，重点是读者要了解搜索技术的使用方法。

1. 基于搜索的测试用例自动生成

利用搜索技术可以自动化生成测试用例，而测试用例是一种良好的用来定位软件故障的方式，目前用搜索技术自动化生成测试用例是测试领域中研究的一大热点，其中应用了各种搜索技术，如蚁群算法、遗传算法。鉴于遗传算法在目前搜索技术中的重要性，这里主要讲解基于遗传算法的测试用例自动化生成技术。

讲解之前，先探讨一下传统意义上的几种测试用例的生成方法。

（1）功能测试用例生成方法

功能测试也叫作黑盒测试，它不考虑程序内部的实现逻辑，以检验输入/输出信息是否符合规格说明书中有关功能需求的规定为目标。主要的测试用例生成方法有等价类划分、边界值分析、因果图、错误推测法、功能图模型法等。其中等价类划分、边界值分析、因果图参考第 3 章。

错误推测方法的基本思想是列举出程序中所有可能的错误和容易发生错误的特殊情况，根据它们选择测试用例。例如，输入数据和输出数据为 0，输入表格为空格或输入表格只有一行，这些都是容易发生错误的情况。可选择这些情况下的例子作为测试用例。

功能图模型由状态迁移图和逻辑功能模型构成，状态迁移图用于表示输入数据序列以及相应的输出数据；在状态迁移图中，由输入数据和当前状态决定输出数据和后续状态。逻辑功能模型用于表示在状态中输入条件和输出条件之间的对应关系。测试用例则是由测试中经过的一系列状态和在每个状态中必须依靠的输入/输出数据满足的一对条件组成。

（2）结构测试用例生成方法

结构测试也叫白盒测试，它主要检查程序的内部结构、逻辑、循环和路径。这里介绍逻辑覆盖和程序插装两种方法。

① 逻辑覆盖主要的测试用例设计方法有路径覆盖、语句覆盖、判定覆盖、条件覆盖、判定/条件覆盖、条件组合覆盖。各种覆盖的定义与原理参考第 4 章。下面给出一个图 11-16 所示程序段的流程图作为介绍的例子。

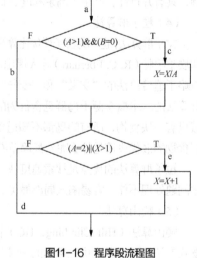

图11-16　程序段流程图

- 路径覆盖就是设计足够多的测试用例，覆盖程序中的所有可能的路径。对于本例子，4 条路径分别如下。

  路径 L_1：a-c-e。

  路径 L_2：a-b-d。

  路径 L_3：a-b-e。

  路径 L_4：a-c-d。

根据上面的路径，设计输入数据，使程序分别执行到上面 4 条路径。表 11-7 所示的测试用例即可覆盖上面的路径。

表 11-7 路径覆盖测试用例

测试用例	A	B	X	覆盖路径
Case1	2	3	0	L_1
Case2	1	0	0	L_2
Case3	2	1	1	L_3
Case4	3	1	0	L_4

上例的逻辑比较简单，路径只有 4 条，但在实际问题中，一个不太复杂程序的路径条数都是一个很大的数字。要在测试中设计大量的测试用例来覆盖这些路径靠人工需要耗费很大精力，因此应该借助自动化的搜索技术。

- 语句覆盖就是设计若干个测试用例，运行所测程序，使得每条可执行语句至少执行一次。语句覆盖是最弱的逻辑覆盖准则。例如，下面这个简单的示例程序段。

```
...
if(i<=0)
  i=j;
...
```

如果上面的程序段错写成了：

```
...
if(i>=0)
  i=j;
...
```

只要给出的 i 值大于 0，该语句就会被覆盖，但是这并不能发现其中的错误。

可见，语句覆盖除了对检查不可执行语句有一定作用外，并没有排除被测程序包含错误的风险。

- 判定覆盖就是设计若干个测试用例，运行所测程序，使得程序中每个判断的 TRUE 分支和 FALSE 分支至少经历一次。判定覆盖又称分支覆盖。

图 11-16 所示的流程图中一共包含了 c、e、b、d 这 4 个分支。表 11-8 所示的测试用例中的 Case1、Case2 就已经可以覆盖这 4 个分支。

- 条件覆盖是指设计若干测试用例，执行被测程序以后，使每个判断中每个条件的可能取值至少满足一次。

对图 11-16 所示的例子，首先给所有条件加标记。

第 1 个判断：

条件 $A>1$，判断结果取真时标记为 T1，取假时标记为 F1；

条件 $B=0$，判断结果取真时标记为 T2，取假时标记为 F2。

第 2 个判断：

条件 $A=2$，判断结果取真时标记为 T3，取假时标记为 F3；

条件 $X>1$，判断结果取真时标记为 T4，取假时标记为 F4。

根据这 8 个条件取值设计，测试用例如表 11-8 所示。

表 11-8　条件覆盖测试用例

测试用例	通过路径	条件取值
（103）（104）	a-b-e	F1　T2　F3　T4
（211）（210）	a-b-e	F2　T1　F4　T3

上面的测试用例即覆盖了所有的条件取值。

- 判定/条件覆盖要求设计足够的测试用例，使得判断中每个条件的所有可能至少出现一次，并且每个判断本身的判定结果也至少出现一次。也就是说，要求各个判断的所有可能的条件取值组合至少执行一次。
- 条件组合覆盖就是设计足够的测试用例，运行所测程序，使得每个判断的所有可能的条件取值组合至少执行一次。

② 程序插装方法就是借助往被测程序中插入操作来实现测试目的的方法。我们在调试程序时，常常要在程序中插入一些打印语句，其目的在于：希望执行程序时，顺便打印出我们最为关心的信息；通过这些信息了解执行过程中程序的一些动态特性，比如，程序的实际执行路径，或是特定变量在特定时刻的取值。从这一思想发展出的程序插装技术能够按照用户的需求，获取程序的各种信息，成为测试工作的有效手段。

如果想要了解一个程序在某次运行中所有可执行语句被覆盖的情况，或是每个函数的实际执行次数，最好的办法就是利用插装技术。

在程序的特定部位插入记录动态特性的语句，最终是为了把程序执行过程中发生的一些重要历史事件记录下来。例如，记录在程序执行过程中某些变量值的变化情况、变化的范围等。又如上面所讨论的程序逻辑覆盖情况，也只有通过程序的插装才能取得覆盖信息。实践表明，程序插装方法是应用很广的技术，特别是在完成程序的测试和调试时非常有用。

设计程序插装时需要考虑以下问题。

- 希望获取哪些信息。
- 在程序的什么部位设置探测点。

接着，详细讲述一下基于遗传算法的分支覆盖测试用例生成。

① 基于遗传算法的分支覆盖测试用例生成模型。

基于遗传算法的分支覆盖测试用例生成系统主要包括 3 个部分：测试环境构造、遗传算法包的实现和测试运行。

- 测试环境构造是整个系统的基础，它主要是通过对被测程序的静态分析提取有用的参数（包括参数的范围）和对程序进行插装。
- 遗传算法包则是用例生成系统的核心部分。它首先对测试环境构造中提取出来的参数及其范围确定种群的规模，按照编码规则进行编码，生成初始种群，然后根据测试运行部分得到的信息计算适应度值，根据评价规则对初始种群反复应用遗传运算（选择、交叉、变异）生成新一代的种群，直至最终达到终止条件。

- 测试运行是第一部分和第二部分的"桥梁"与实现，它主要完成的任务是实时地调用并运行插装后的被测程序，获取追踪信息传递给遗传算法包，根据遗传算法中的评价结果决定程序的运行与终止。

图11-17 所示的是基于遗传算法的测试用例生成系统模型图。

② 测试用例生成系统中参数的选择。

一般程序单元中的变量类型有如下几类。

- 单元的入口参数（如函数的形参）。
- 单元的出口参数（如函数的返回值）。
- 全局变量。
- 单元内部的变量。

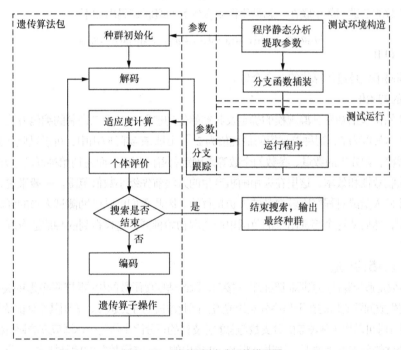

图11-17 测试用例生成系统模型图

对于这些变量，并不是所有的都需要进行编码。莱伟等人在他们的论文中提出了"有用参数编码原则"，只选取与测试单元中指定测试分支、路径条件表达式相关的变量编码，其他变量一概不进行编码。这里在参数的选取上也采用这种方法。

具体来说，这 4 类变量对于单元的出口参数，由于单元的出口参数并不影响执行的分支、路径，因此不需要对它进行编码；其次对于入口参数，如果指定分支、路径的条件表达式中包含了此变量就需要编码，否则不用编码；然后就是全局变量和局部变量，只要给定分支、路径的条件表达式中包含了此变量都要进行编码。

③ 测试用例生成系统中对参数进行编码。

对于不同类型的参数，首先对参数进行位串编码，使它成为一系列的有限长度串。这里测试用例生成系统中采用二进制编码。因为二进制编码的字符集小，比非二进制编码要好。从另一个角度看，由于实际问题中往往采用十进制，用二进制数字串编码时，需要把实际问题对应的十进制变换为二进制，使其数字长度扩大约3.3倍，因而对问题的描述更加细致，而且加大了搜索范围，使之能够以较大的概率收敛到全局解。另外，进行变异运算时工作量小（只有0变1或1变0的操作），所以一些遗传算法的编码采用二进制编码方式。

对于多个参数，先将每个参数单独编码成二进制数，然后将所有的参数位串联起来，得到一个多参数的级联编码串，如下面$X_1, X_2, \cdots, X_n$的二进制数表示。

$$X_1: \quad a_{11}a_{12}a_{13}\ldots a_{1L1}$$

$$X_2: \quad a_{21}a_{22}a_{23}\ldots a_{2L2}$$

$$\ldots\ldots$$

$$X_n: \quad a_{n1}a_{n2}a_{n3}\ldots a_{nLn}$$

把这些参数的二进制数串联在一起最终得到多参数的级联编码串如下：

$$|a_{11}a_{12}a_{13}\ldots a_{1L1}| \, |a_{21}a_{22}a_{23}\ldots a_{2L2}|\ldots|a_{n1}a_{n2}a_{n3}\ldots a_{nLn}|$$

其中$a_{ij} \in \{0,1\}$。

该级联编码串就是遗传算法的一个个体。

④ 种群的初始化。

种群的初始化包括初始种群规模的确定及其初始值的选取。对于二进制的编码方式，Goldberg已经证明了若个体长度为L，则种群规模的最优值为$2^{L/2}$。因此在实际应用中，可以以此作为参考，同时结合程序的规模，如分支的数量、参数的个数等来确定种群的规模。而在初始种群产生方法的问题上，为了提高算法收敛性和效率，这里在采用随机产生的方法前先先缩小数值范围。一般米说，程序结构测试是由程序开发人员或对程序比较熟悉的人员执行的。因此我们可以借助测试人员的经验，缩小初始值的选取范围，然后从这个筛选出来的范围里面选取初始种群，这样得到的种群适应度会相应较高，从而提高效率。

⑤ 适应度函数的构造。

适应度函数是遗传算法与实际问题的唯一接口，因此适应度函数的构造同实际问题的关系密切。分支覆盖测试用例生成问题的目的在于程序分支的覆盖，因此覆盖的分支越多，表明其个体的优越性越高。在适应度函数设计时可以用个体覆盖的分支数与总的分支数的百分比来作为个体适应度的评价标准。

为记录个体的分支覆盖情况，这里借鉴 Korel 提出的"分支函数"的插装技术。"分支函数"插装技术的做法就是在选定分支的各分支点前插入相应的分支函数（假设待测程序有n个分支）。这里根据实际情况对"分支函数"插装技术做了变化，即插入分支覆盖信息的标识而不是分支函数。根据分支的数量和种群的大小定义一个二维数组 *PathValue*，记录每个个体的分支覆盖情况，当个体i经过分支j时，*PathValue*[i][j]的值为1，在每个分支中插入该赋值语句。

以被测程序中的分支$(P_1, P_2, \cdots, P_n)$为矩阵的列，以参数个体$(V_1, V_2, \cdots, V_m)$为矩阵行。矩阵的每个值表示该种群中每个个体在对应分支上的分支覆盖信息的值，其表示如下：

$$M = \begin{array}{cccc} & p_1 & \cdots & p_n \\ & \begin{pmatrix} V_{11} & \cdots & V_{1n} \\ \vdots & & \vdots \\ V_{m1} & \cdots & V_{mn} \end{pmatrix} \end{array}$$

$\sum\limits_{j=1}^{j=n} V_{ij}$ 的值越大,说明该个体覆盖的分支越多。因为我们的目标是要生成能够覆盖所有分支的数据,

所以只要 $\sum\limits_{j=1}^{j=n} V_{ij}$ 大于 1,则该分支 j 就会被覆盖。当某一种群对应的 *PathValue* 的 $\sum\limits_{j=1}^{j=n} V_{ij}$ 都为 1 时,该种

群就是我们希望得到的种群。

⑥ 遗传算子。

- 选择算法的作用在于根据个体的优劣程度决定它在下一代是被淘汰还是被复制。一般来说,通过选择,适应度大的个体将有较大的继续存在的机会,而适应度小的个体继续存在的机会则较小。有很多方式可以实现有效的选择。在分支覆盖测试用例生成模型里,采用保留当前最优个体,并且用最优个体替代当前最差个体的选择算法,该最优保存策略的实施可保证迄今为止所得到的最优个体不会被交叉、变异等遗传运算所破坏,它是遗传算法收敛性的一个重要保证条件。

- 交叉算子有多种形式,在分支覆盖测试用例的生成模型中,对单点交叉、双点交叉、均匀交叉都分别做了研究和实现。这几种方法在该模型中的具体使用描述如下。

单点交叉(遗传算法使用的交叉算子),即从群体中随机取出两个二进制编码的个体,设其长度为 L,随机确定交叉点,它是 1 到 $L-1$ 间的正整数,然后以确定的交叉点为分界,将两个串的右半段互换再重新连接得到两个新串,如图 11-18 所示。

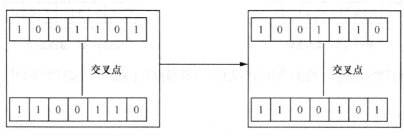

图11-18 单点交叉

双点交叉是指从种群中随机取出两个二进制编码的个体,设其长度为 L,在 1 到 $L-1$ 之间随机生成两个数作为交叉点,然后把这两个交叉点之间的基因交换,其具体操作过程如图 11-19 所示。

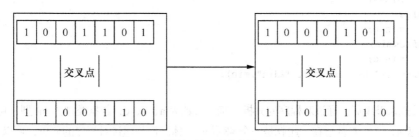

图11-19 双点交叉

均匀交叉实际上是多点交叉的另一种表现形式,假设个体的二进制长度为 L,则随机生成一个长度为 L 的二进制数成为屏蔽字,根据屏蔽字个位的 0、1 值决定个体对应位的交叉情况,为 1 则对应位互换,为 0 则保留,其具体操作过程如图 11-20 所示。

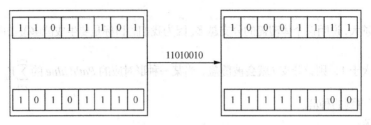

图11-20　均匀交叉

● 变异算子是对个体的某个或某些基因座上的基因值进行改变，它也是产生新个体的一种操作方法。在分支覆盖测试用例生成模型上采用了单点变异和双点变异。

单点变异也就是基本位变异，具体操作过程是：首先确定出各个个体的基因变异位置，然后将变异点的原有基本值取反，如图 11-21 所示。

双点变异的基本操作过程是：首先确定出个体的基因变异的两个点，然后按照一定的规则把这两个点之间的位取反，如图 11-22 所示。

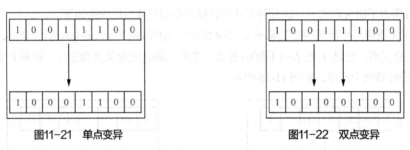

图11-21　单点变异　　　　　　　　　　　　　图11-22　双点变异

根据上面模型的描述，这里以具体程序为例，手动模拟基于遗传算法测试用例生成过程中的一次遗传过程。

```c
int main()
{
    int a,b,c,min;
    printf("input a,b,c :");
    scanf("%d%d%d",&a,&b,&c);
    if(a>b)
        min=a;
    else
        min=b;
    if(c<min)
        min=c;
    printf("The result is %d\n",min);
}
```

① 参数选取及编码。通过对程序的分析，确定参数为 a、b、c，数据类型为 int 型，可以用 16 位的二进制来表示，3 个参数连在一起就是一个 48 位的个体。但是通过对程序的分析，可以把数值范围缩小而不影响覆盖率。因此这里把 a、b、c 范围缩小为 0～15，用 4 位二进制数表示。

② 初始种群的产生。首先确定初始种群的规模，在本例中确定为 3，根据缩小范围由随机算法产生。初始种群如表 11-9 所示。

③ 适应度计算。根据各个个体的分支覆盖情况，把个体的分支覆盖数除以总的分支数，得到的数值即为该个体的适应度。

④ 选择运算。采用保留最高适应度个体的选择算法，并用最优的个体替换最差的个体。原来的最优解不参与随后的交叉、变异运算，其余的个体将按照交叉变异的规则产生下一代的种群。

⑤ 交叉运算。本例的演示采用单点交叉的方法，其具体操作过程是：先对种群进行配对，然后确定出交叉点，把配对的个体的交叉点之后的各位数值互换，得到两个新的个体。

⑥ 变异运算。本例采用基本位变异的方法来进行变异运算，其具体操作过程是：首先确定出各个个体的基因变异位置，表 11-11 中第 3 列所示的为随机产生的变异点位置，其中的数字表示变异点在该基因座处，然后将变异点的原有基因值取反。

种群遗传过程如表 11-9 至表 11-12 所示。

表 11-9　初始种群

个体编号	初始群体 P0	a	b	c
1	101010001110	10	8	14
2	001101101001	3	6	9
3	101101111101	11	7	5

表 11-10　覆盖率、选择及配对

个体编号	分支覆盖率	选择结果	配对情况	交叉点
1	1/3	101010000101	1-2	8
2	1/3	001101101001	1-2	8
3	2/3	101010000101	不配对	不配对

表 11-11　交叉及变异

个体编号	交叉结果	变异点	变异结果	子代种群
1	101010001001	9	101010000001	101010000001
2	001101100101	7	001101000101	001101000101
3	101010000101	不变异	101010000101	101010000101

表 11-12　第二代种群

个体编号	a	b	c	分支覆盖率
1	10	8	1	2/3
2	3	4	5	1/3
3	10	8	3	2/3

上面讲解的是用搜索技术解决分支覆盖测试用例的自动生成，但是分支覆盖并不完全，有些问题在分支组合的情况之下才会暴露出来，如果只是单纯分支覆盖有些可能没有办法发现，所以很多学者也大量研究了基于遗传算法的路径覆盖测试用例的自动生成。鉴于篇幅的限制，这里不展开叙述，如果读者有兴趣，可以翻阅相关的论文期刊。

2. 基于搜索的测试用例优化

上面主要讲到了测试用例的生成，接下来我们主要讲关于测试用例的优化技术。测试用例的优化对减少软件测试成本具有十分重要的意义，而对于测试用例的优化主要是挑出覆盖率高和测试代价小的测试用例。这里将讲解遗传算法在测试用例最小化的应用。

（1）测试用例最小化

当我们通过测试发现程序中的错误后，就必须立即改正这些错误，然后对改正后的程序重复以前做过的各种测试，以保证没有出现新的错误，同时还要再测定覆盖率，以保证能达到既定的覆盖率。但是，通常情况下，设计的一组测试用例所获得的覆盖率很可能只需其中的几个测试用例就可以获得了，那些冗余的测试用例在每次重新测试覆盖率时都浪费了大量的时间和资源。选取最小的测试用例集达到相同的覆盖度就是测试用例最小化。

这里把测试用例抽象表示成长度为 n 的二进制串 $f:\{x_1, x_2, x_3, \cdots, x_n\} \rightarrow \{10010, \cdots, 1\}$，其中 1 表示该测试用例与其软件对应的模块，0 表示没有测试的软件模块。这个用例的生成，经过测试软件的插装来生成一个数据文件。这里定义 1 的个数在整个二进制串的百分比为这个用例测试软件的覆盖度，即测试到软件的模块数；把模块抽象定义为段。

（2）覆盖率数据库文件

覆盖率数据库文件保存的是每次运行被测软件时，源程序的各个记录点对应的程序块是否运行过的信息。覆盖率数据库文件结构如图 11-23 所示。

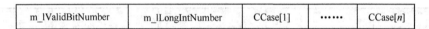

m_lValidBitNumber	m_lLongIntNumber	CCase[1]	......	CCase[n]

图11-23　覆盖率数据库文件结构

在覆盖率数据库头文件上依次保存着以下两个 unsigned long 型数据。

```
long m_lValidBitNumber;
long m_lLongIntNumber;
```

m_lValidBitNumber：源文件包含的记录点个数（就是段数）。

m_lLongIntNumber：我们用一位（bit）数据表示一个记录点所对应的程序块在一次运行时是否被执行过的信息（值为 1 表示执行过，值为 0 表示未执行过），m_lLongIntNumber 这个域的值就是保存源程序中所有记录点的是否被执行过信息所需的 long 型数据的数量。实际计算方法是 m_lLongIntNumber = (m_lValidBitNumber+31) / 32。

在两个长整型之后，就依次是一个 CCase 结构体。每个 CCase 结构体保存一次运行被测程序时各个记录点所对应的程序块的执行情况。CCase 结构体示例代码如下：

```
struct CCase
{
    long lTime;
    long lAuxiliaryTime;
    long* plData;  // total number: m_lLongIntNumber*4
};
```

lTime：本次运行被测程序的时间。

lAuxiliaryTime：辅助时间位。

plData：连续 m_lLongIntNumber 个 long 型数据。每一位（bit）数据表示一个记录点所对应的程序块在一次运行时是否被执行过的信息：值为 1 表示已执行过，值为 0 表示未执行。对应于源程序中的记录点（断点）顺序，每一个 long 型数据从高位记录到低位。

（3）对测试用例建模

测试用例最小化的原理和意义已描述，下面用遗传算法来实现。

在数据覆盖文件中记录下源代码每个段在各个测试用例执行过程中的运行次数，并将统计数据保存在图 11-24 所示的"段执行历史图"中。

段执行历史图					
	段1	段2	······	段n	······
测试用例1	1	0	······	1	······
测试用例2	0	0	······	0	······
······	······	······	······	······	······
测试用例n	0	1	······	1	······
······	······	······	······	······	······

图11-24　测试用例覆盖段图

"段执行历史图"中，值为 1 表示该段已执行，值为 0 表示未执行。

整个测试用例库文件达到的覆盖度定义为

$$req(r) = \sum_{i=1}^{n} a_{ij} / n \qquad\qquad 公式（11.36）$$

此覆盖度函数将作为遗传优化算法中的目标函数。

（4）遗传算法应用的具体实现过程

从测试用例最小化的算法我们可以得知算法的难点在于：如何尽快有效地确定最小覆盖点。也就是说，以那种最有效的途径寻找最小覆盖点是我们设计的关键之处。

下面给出了遗传算法在该问题上的算法实现。

① 初始化编码：采用多参情况下的编码方案。计算开始时，随机生成 N 个父个体（父个体1、父个体2、父个体3、父个体4······），并用二进制 1、0 来编码 1 个父个体，$F:\{x_1, x_2, x_3, \cdots, x_n\} \rightarrow \{c_1, c_2, c_3, \cdots, c_n\}$。后面的变异和交叉操作只需要改变二进制编码的结构，如 1 变成 0，0 变成 1。以种群形式存在的参数编码集通过加载遗传算法的寻优操作后，再进行解码，所得到的参数集就是提供的测试用例优化后的解集。

② 计算个体适应度值：如何定义适应度函数是遗传算法解决问题的关键，评价函数的优劣将直接影响解决问题的效率。取每个个体，计算"1"的个数占 n 段中位数总和的百分比，作为整个优化的适应函数。个体覆盖度定义如下：

$$i\_req(x) = \sum_{i=1}^{n} count(i) / n \qquad\qquad 公式（11.37）$$

③ 选择：适应度越大表示这个个体越好。根据适应度大小顺序对群体中的个体进行排序。在实际计算时，按照每个个体顺序求出每个个体的累积概率。

$$p(i) = \begin{cases} q(1-q)^{i-1}, i=1,2,\cdots,m-1, \\ (1-q)^{m-1}, i=m. \end{cases} \qquad\qquad 公式（11.38）$$

其中 i 为个体排序序号；q 是一个常数，表示最好个体的选择概率。$\sum_{i=1}^{n} p_i = 1$，若 $i\_req(x_1) > i\_req(x_2)$，则 $p_1 > p_2$。然后随机产生一个随机数，进行个体选择。显然适应度大的个体被选择的概率大，然后去替换适应度小的个体，适应度高的个体直接保存到下一代中。

④ 交叉：随机挑选经过选择操作后种群中两个个体作为交叉对象，根据交叉概率 $p[i]$ 两两进行交叉操作，这个操作重复进行直到全部个体已交叉。交叉过程是随机产生一个交叉位置 pos，从位置 pos 到个体的末位进行交叉。在实验中选取 $p(i)=0.8$，通过大量实验数据分析，得知具有较高的优化效率。

⑤ 变异：以往的遗传算法都采用静态的变异率，整个二进制编码按照一定的变异率在某位进行突变。考虑到测试用例库里测试用例的大小，我们提出适时交叉概率 $rMutate(i)$：按照种群大小动态地进行变化，采取自适应遗传算法的策略。这个改进在保持群体多样性的同时，保证了优化的收敛性。

$$rMutate(i) = \begin{cases} 0.015, & 25 < size \leqslant 35, \\ 0.01, & 35 < size \leqslant 60, \\ 0.009, & 60 < size \leqslant 70, \\ 0.0045, & 70 < size \leqslant 90. \end{cases} \quad (size：初始种群) \qquad 公式（11.39）$$

在开始时，设置最大的进化代数 max_gen 作为进化的终止条件。等进化完成后，把最好的个体输出，就是我们的优化解——最小化的测试用例。在实验中我们设置 $max\_gen=180$。

3. 基于搜索的变异测试技术

变异测试是一种面向缺陷的软件故障定位方式，首创于 1970 年。变异测试最初被一名学生 Dick Lipton 提出，被 DeMillo、Lipton 和 Sayward 首次发现并公之于众。变异测试属于一种白盒测试方法，第 4 章已经对变异测试做了详细介绍，这里主要讲述如何将搜索技术应用到变异测试。

目前基于搜索的变异测试技术是学术界研究的一个热点。Ayari 等人提出面向变异测试的基于蚁群优化（Ant Colony Optimization，ACO）的测试用例生成技术。实证研究表明，该方法在变异评分和计算开销上要优于爬山法、遗传算法和随机搜索法。姚香娟和巩敦卫采用遗传算法提出一种基于路径比较的变异测试方法，该方法可以有效地提高测试用例的生成效率。上述研究主要针对面向过程程序，Fraser 和 Zeller 则针对面向对象程序展开深入研究，他们提出 μTEST 方法，该方法可以支持面向变异测试的测试用例和 Oracle 模块的构建。该方法选择了遗传算法，并结合面向对象程序的特征分别设定了染色体编码、适应值函数，以及变异、交叉和选择操作。

变异测试用例生成的本质就是求解杀死变异体的测试用例。这一求解过程要借助杀死变异体的 3 个基本条件，现有的变异测试数据生成的方法是基于约束的生成方法和动态域削减方法。

杀死变异体的 3 个条件是可达性、必要性、充分性。设源程序为 P，变异体为 M，测试用例为 t，变异语句为 s，各条件具体如下。

可达性条件 cr：在 t 上运行 M 时能够执行到变异语句 s。

必要性条件 cn：t 到达 s 后必须使 M 产生一个不同于 P 的状态。必要性条件可描述为"element!=element2"或"expession1!=expession2"。

充分性条件 cs：M 与 P 的最终状态不同，即 P 与 M 在变异处产生的不一致状态能够传递到程序的结束处。

杀死弱变异体只需要满足可达性条件与必要性条件，故只需求解满足可达性条件与必要性条件的测试用例即可满足弱变异测试的充分性要求，而这一问题可转换为基于面向指定路径的遗传算法的测试用例生成问题。

关于基于搜索的变异测试技术，读者如果对此研究热点感兴趣，可搜索一些相关学术论文进行学习。

11.4 小结

随着人工智能技术的蓬勃发展，智能软件测试成为当前软件测试研究和实践中的一个热点。这一章重点分析了当前智能软件测试方向的 3 个热点研究问题。具体来说，针对基于机器学习的软件缺陷报告分析问题，重点分析了数据集的搜集过程、基于文本挖掘的软件缺陷报告预测模型的构建等。针对基于软件度量的软件缺陷预测问题，重点分析了常见的程序模块度量方法、模型的构建方法和数据集质量问题。除此之外，还分析了常见的模型评测指标和经典的评测数据集。针对基于搜索的软件测试问题，重点给出了智能搜索算法，如遗传算法、爬山算法、模拟退火算法、粒子群优化算法等。随后重点分析了如何将这些智能算法与传统的软件测试问题（如测试用例生成、测试用例优化和变异测试等）相结合。

通过这一章的深入学习，有助于读者将实际软件测试和维护过程中遇到的问题转换成数据挖掘问题或基于搜索的优化问题，并借助这一章介绍的方法，提出相应的解决方案，随后对构建出的模型采用合适的评测指标进行性能评估。

11.5 习题

1. 请结合自己熟悉的机器学习编程框架，完成安全缺陷报告预测模型的构建。
2. 请结合自己熟悉的机器学习编程框架，完成软件缺陷预测模型的构建。
3. 简述本节所讲的几种智能搜索算法的优劣性。
4. 简述遗传算法的过程。
5. 请查阅相关文献，思考遗传算法还有哪些交叉和变异方式。

12

第12章　公有云测试质量评估

云计算是当下很热门的一个研究领域,它的出现使软件功能向着云服务的方向发展。云计算是将廉价的硬件经过虚拟化处理后组成一个强大的计算网络,它的出现节省了硬件成本,实现了系统的可扩展性。云计算是分布式计算、并行处理和网格计算的进一步发展,它是基于互联网的计算,并能够向各种互联网应用提供硬件服务、基础架构服务、平台服务、软件服务、存储服务的系统。图 12-1 所示的是云计算的体系结构和每层所涉及的内容。

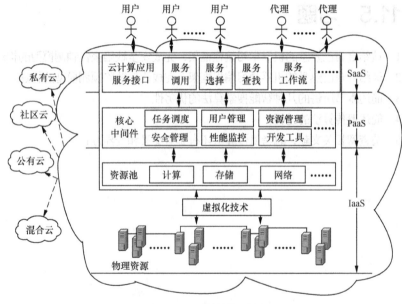

图12-1　云计算的体系结构

本章首先介绍云计算及云测试的一些概念、可靠性度量理论、公有云安全测试的一些理论,最后介绍了云计算的其他测试理论。

12.1　云测试概念

12.1.1　云计算

在介绍云测试前,先了解一下什么是云计算。从云部署的角度来说,云计算分为私有云、社区云、公有云和混合云。私有云是为一个客户单独使用而构建的，因而提供对数据、安全性和服务质量的最有效控制。企业拥有基础设施，并可以控制在此基础设施上部署应用程序的方式。私有云可部署在企业数据中心的防火墙内，也可以部署在一个安全的主机托管场所，私有云的核心属性是专有资源；社区云是大的"公有云"范畴内的一个组成部分，它是指在一定的地域范围内，由云计算服务提供商统一提供计算资源、网络资源、软件和服务能力所形成的云计算形式；公共云是基于标准云计算的一个模式，在公有云中，服务供应商创造资源，如应用和存储，公众可以通过网络获取这些资源；混合云融合了公有云和私有云，它是近年来云计算的主要模式和发展方向。私有云主要是面向企业用户，出于安全考虑，企业更愿意将数据存放在私有云中，但是同时又希望可以获得公有云的计算资源，在这种情况下混合云被越来越多地采用，它将公有云和私有云进行混合和匹配，以获得最佳的效果，这种个性化的解决方案，达到了既省钱又安全的目的。根据美国国家标准与技术研究院（National Instritute of Standards and Technology，NIST）的定义，从云计算服务的角度，云计算服务类型可以分为 IaaS、PaaS、SaaS。

基础设施即服务（Infrastructure as a Service，IaaS）是底层服务，接近于物理硬件资源，通过虚拟化的相关技术提供用户计算、存储、网络功能，以及其他资源，以便用户能够部署操作系统与系统软件。这一层典型的服务如亚马逊的弹性云（EC2），以及 Apache 的开源项目 Hadoop。EC2 给用户提供一个虚拟的环境，使得基于虚拟的操作系统环境运行自身的应用程序，用户可以创建亚马逊机器镜像，并操作云计算平台的各个实例。Hadoop 本身实现的是分布式文件系统（Hadoop Distributed File System，HDFS），以及计算框架 MapReduce。此外，Hadoop 还包含一系列扩展项目，如分布式文件数据库 HBase、分布式协同服务 ZooKeeper。

平台即服务（Platform as a Service，PaaS）是构建在 IaaS 上的服务，用户通过云服务提供的软件工具和开发语言部署自己需要的软件运行环境，不必控制底层的相关技术问题。这一层服务是软件的开发和运行环境，提供一套各自的 API 方便用户编写可扩展的应用程序，用户可以基于 Google 的基础设施或是 Microsoft 数据中心开发和部署应用程序。

最上一层为软件即服务（Software as a Service，SaaS），该服务是基于前两层服务所开发的软件应用，不同用户以简单客户端的方式对该层服务进行调用。用户可以根据自己的实际需求，定制自己所需的应用软件服务。

云计算软件与传统软件有着一些本质的不同：传统软件无论是安装、管理、更新还是维护等操作均由用户完成，而且需要在本地完成；而云计算软件由提供商完成，极大地降低了用户的负担。但这也意味着服务对于用户来说是透明的、不可控的，用户对于软件的使用只能完全依赖于提供商，提供商完全控制着服务的安装、管理、更新、维护等。从费用的角度看，用户对传统软件的开销是一次性购买和后期维护费用，可能导致其购买了不需要的功能模块，造成了资金的浪费；使用云计算软件，用户可以按照需求配置自己的软件功能，这样使得用户可以以最小的代价获得所需要的应用软件服务。云计算软件提供的虚拟化技术可以被多用户租赁，使硬件和软件资源可以为更多的用户使用，提高了资源的利用率，降低使用成本。云计算的一些优势是传统软件所无法具备的，这些资源配置上的优势和灵活性可以便捷地部署对第三方软件的测试，这对于软件测试来说具有深远的影响。

12.1.2　云测试

对于云测试，目前没有一个明确的定义，一些学者认为云测试是一种利用云环境模拟实际用户使用负载，以对 Web 应用进行负载和压力测试的软件测试。而另外一些学者则认为测试是对于在线软件、"云"中的平台和基础设施及对于"云"本身环境 3 个方面的测试。前者突出了利用云环境对于其他软件进行测试；而后者突出了云测试对于 3 个不同方面的测试，其中第 1 个方面是对于其他软件的测试，而后两个方面的本质是对部署在"云"中的基础设施、开发平台、应用软件的测试，其本质是对"云"中 3 个不同服务类型所部署的软件进行测试。

实际上，云测试包含两层含义：第 1 种是有效利用云计算环境资源对其他软件进行测试，即基于云计算的测试；第 2 种是针对部署在"云"中的软件进行测试，即面向云计算的测试。

由于当前测试领域仍然缺乏对云测试问题的充分研究，未来在学术界和产业界的共同关注及推动下，云测试将围绕在云环境中的测试、针对"云"的测试、迁移测试到"云"中的相关研究展开。云测试的过程中经常会同时涉及在云环境中的测试和针对"云"的测试，例如，部署在云环境中的软件需要进行测试，而此测试又要调用云计算环境中的资源。下面详细介绍几种典型的云测试。

在云环境中的测试是利用云资源对其他软件系统进行测试，这方面的测试涉及云环境资源的调度、优化、建模等方面问题。被测对象可以是传统意义上的本地化软件，也可以是"云"环境中的应用软件服务。目前，云计算作为一种可灵活配置的资源服务，可以参与到软件测试的各个阶段；未来，云计算的不断发展将会给传统软件测试方式带来变革。

针对"云"的测试，这方面测试主要做的是面向云的测试，主要对云计算内部结构、内部框架、资源配置等云环境内部的组成要素进行测试，并主要对以下几个方面测试。

（1）功能性测试：与传统软件测试方法类似，按照测试阶段来分，功能性测试可分为单元测试、集成测试、系统测试。

（2）性能测试：包括压力测试和负载测试，测试云服务可扩展性能否满足用户按需服务的要求。

（3）安全性测试：通常云服务对用户来说是透明的，云功能服务对用户来说是不可控的，因此，安全性是云服务首要考虑的，也是至关重要的。"云"的安全性是云服务能否推广使用的关键。

（4）兼容性和互操作性测试：确保开发的云服务能够运行在不同的配置环境下（如不同的操作系统、浏览器、服务器等）。

迁移测试到"云"中，即迁移传统的测试方法、过程、管理、框架到云环境中，迁移测试方法到"云"包括针对云的测试和在云环境中对其他软件的测试两类，迁移测试到云中既有第 1 种云环境中的测试，也含有第 2 种针对"云"的测试问题，是两者的交叉。前者是利用云环境测试其他软件，解决以往传统测试中资源获取的局限性；后者是指迁移传统的测试方法到"云"中，解决部署在云计算中软件的测试问题。

12.2 云可靠性度量

本节介绍云服务可靠性度量方法，主要针对云软件质量评估和质量属性定量化描述问题进行阐述，覆盖了软件可靠性模型、软件故障诊断，以及软件使用模型的内容。

对于云软件质量属性定量化描述的问题，最直接的思路分为两种：一种是通过有效的定义软件失效和选取恰当的工作负载进行度量的方式，定义软件可靠性；另一种是通过诊断软件的故障信息，结合软件内部度量，提供其他产品的质量度量。

软件可靠性度量的方法自提出以来，经过近 40 年的发展，已经较为成熟。其应用场景也由传统的单机软件系统，扩展至 Web 应用、分布式软件系统。所以本节以此为出发点，首先介绍基本的软件可靠性模型和度量方法，及其在大型商用软件、Web 服务软件和分布式软件上的应用。

软件质量评估和分析中，如何定义软件失效是最重要的问题之一。只有准确地定义了软件失效及其分类方法，才能进一步定义软件可靠性，以及针对各类软件失效做相应的质量改进。本节针对这一问题，给出了软件失效和软件可靠性的定义并介绍了几类软件可靠性模型，以及相关的软件故障分析和诊断。

12.2.1 软件可靠性

软件可靠性可以定义为软件产品在规定的条件下和规定的时间区间完成规定功能而不发生软件失效的概率。此处的软件失效是指软件系统表现出与期望不一致的执行行为。

1. 软件可靠性基础理论

度量软件可靠性的本质是计算软件系统发生故障的概率。考虑系统在 t 时刻发生故障的概率，实际上是系统在时间 $[t, t+\Delta t]$ 发生软件失效的概率，该概率可表达为公式（12.1）。

$$P(t \leqslant T \leqslant t+\Delta t) \equiv 软件失效概率 \leqslant T \leqslant t+\Delta t \qquad 公式（12.1）$$

其中，T 表示软件失效出现的时间。这个概率可以表示为公式（12.2）。

$$P(t \leqslant T \leqslant t+\Delta t) = f(t)\Delta t = F(t+\Delta t) - F(t) \qquad 公式（12.2）$$

其中，$F(t)$ 和 $f(t)$ 分别表示系统关于时间 t 出现软件失效的概率分布函数和概率密度函数。其关系可表示为公式（12.3）。

$$F(t) = \int_0^t f(x)\mathrm{d}x \quad f(t) = \frac{\mathrm{d}F(t)}{\mathrm{d}t} \qquad 公式（12.3）$$

通过 $F(t)$ 和 $f(t)$，可以进一步定义可靠性函数 $R(t)$，表示在 t 时刻前，系统不发生软件失效的概率，其定义为公式（12.4）。

$$R(t) = P(T > t) = 1 - F(t) = \int_t^\infty f(x)\mathrm{d}x \qquad 公式（12.4）$$

在此基础上，定义失效概率为 *failure rate*，其含义为系统的首次软件失效发生在 t 时刻到 $t+\Delta t$ 时段内，其概率表达为公式（12.5）。

$$failure\ rate \equiv \frac{P(t \leqslant T < t+\Delta t \mid T > t)}{\Delta t} = \frac{P(t \leqslant T < t+\Delta t)}{\Delta t P(T > t)}$$
$$= \frac{F(t+\Delta t) - F(t)}{\Delta t R(t)} \qquad 公式（12.5）$$

当 Δt 趋于 0 时，可以定义风险函数 $z(t)$，其含义为：系统在 t 时刻首次出现系统失效的概率，其数学表达为公式（12.6）。

$$z(t) = \lim_{\Delta t \to 0} \frac{F(t+\Delta t) - F(t)}{\Delta t R(t)} = \frac{f(t)}{R(t)} \qquad 公式（12.6）$$

解式（12.6），其过程和结果如下：

$$\frac{\mathrm{d}R(t)}{R(t)} = -z(t)\mathrm{d}t$$

$$\ln R(t) = -\int_0^t z(x)\mathrm{d}x + c$$

$$f(t) = z(x)\exp\left[-\int_0^t z(x)\mathrm{d}x\right] \qquad 公式（12.7）$$

或者：

$$R(t) = \mathrm{e}^{-\int_0^t z(x)\mathrm{d}x} \qquad 公式（12.8）$$

在此基础上，定义平均故障间隔时间（Mean Time Between Failures，MTBF）作为可靠性的度量，其公式如下：

$$MTBF = \int_0^\infty R(x)\mathrm{d}x \qquad 公式（12.9）$$

通过这个过程，可以将度量系统可靠性的问题转换为估计系统风险函数 $z(t)$ 的问题。此处，以 Goel-Okumoto 软件可靠度预测模型为例，阐述估计风险函数 $z(t)$ 的方法。

假设系统在各个时间段内观测到的系统失效相互独立，将时刻 t 时所观测到的系统失效总数表示为 $N(t)$，那么在一组连续的时间点上观测到的系统失效总数为 $N(t_1)$、$N(t_2)$、$\cdots$、$N(t_n)$，其 $N(t_n) - N(t_{n-1})$、$\cdots$、$N(t_2) - N(t_1)$ 相互独立。假设系统在任何时刻发生软件失效的概率与系统当前蕴含的总故障数成正比，设系统总故障数为 a，系统的故障检测速率为 b，有如下公式：

$$m(t + \Delta t) - m(t) = b\{a - m(t)\}\Delta t + o(\Delta t) \qquad 公式（12.10）$$

当 Δt 趋于 0 时，

$$m'(t) = ab - bm(t) \qquad 公式（12.11）$$

根据初始条件

$$m(t) = \begin{cases} 0, t = 0 \\ a, t \to \infty \end{cases} \qquad 公式（12.12）$$

解得微分方程

$$m(t) = a(1 - e^{-bt}) \qquad 公式（12.13）$$

定义 $\lambda(t)$ 表示系统瞬时的软件失效发生率：

$$\lambda(t) \equiv m'(t) = abe^{-bt} \qquad 公式（12.14）$$

其中，$\lambda(t)$ 是一个关于 t 的函数，表示在 t 时刻时，发生软件失效的概率。$\lambda(t)$ 的值与时间有关，其本质上与系统在时间为 t 时表现出的系统故障数有关。而 b 是一个与时间无关的常数，在任何时间都保持一致，表示系统出现发生软件失效的概率。

回顾可靠性函数 $R(t)$ 的定义：

$$R(t) = e^{-\int_0^t z(x)dx} \qquad 公式（12.15）$$

考虑软件可靠性增长的过程是系统状态在时间 s 上不断变化的过程，在时间 s 时，系统状态为 $C(s)$。$Z(t|s)$ 表示系统状态为 $C(s)$ 时，在 0 到 t 时间内，系统发生软件失效的概率，其值为 $\lambda(t)$。

2. 传统软件可靠性模型

软件可靠性通常可以使用软件可靠性模型进行估计和预测。常用的软件可靠性模型包含 3 个大类：输入域的软件可靠性模型、时间域的软件可靠性模型，以及结合时间域和输入域的可靠性模型。其中，时间域的软件可靠性模型又可称为软件可靠性增长模型，它指的是在软件系统的运行过程中，修复暴露出的软件故障，从而提升软件系统可靠性的过程。

（1）输入域的软件可靠性模型

输入域的软件可靠性模型（Input Domain Reliability Model）的代表是纳尔逊（Nelson）模型。该模型假设随机地在程序的输入域上取 n 个不同输入并执行，其中 f 个输入引起程序失效，则估计的软件可靠性为

$$\hat{R} = 1 - \frac{f}{n} = \frac{n - f}{n} \qquad 公式（12.16）$$

这类软件可靠性模型还有其他拓展，如布朗-理珀（Brown-Lipow）模型，该模型将软件的输入域划分为若干个子域，在选取输入时，按照各个子域的执行概率从中选取，则估计的软件可靠性可以表示为

$$\hat{R} = 1 - \sum_{j=1}^{N} \left(\frac{f_j}{n_j}\right) P(E_j) \qquad 公式（12.17）$$

这两类输入域的软件可靠性模型都假定软件故障不被修复，但是在实际的软件开发过程中，

对于已经发现的软件缺陷都会对其进行修复，所以软件可靠性是在不断增长的。为了解决这一问题，有学者认为应当采用树状软件可靠性模型或者将时间域的软件可靠性模型与软件测试覆盖联系起来。

（2）软件可靠性增长模型

软件可靠性增长模型（Software Reliability Growth Model，SRGM）可以体现随着不断修复暴露出的系统缺陷提高系统可靠性的过程，该模型在软件测试工作中得到了广泛应用。这类模型通常使用一个非齐次泊松过程（Non Homogeneous Poisson Process，NHPP）来表示：

$$P[X(t) = n] = \frac{[m(t)]^n \mathrm{e}^{-m(t)}}{n!} \qquad \text{公式（12.18）}$$

其中，$X(t)$ 表示在 t 时刻累计检测到的系统故障数，$m(t)$ 为均值函数。NHPP 类 SRGM 的代表有歇尔-大本（Goel-Okumoto，GO）模型、S 型模型、穆萨-大本（Musa-Okumoto，MO）模型等。GO 模型将累计发现的系统故障数和系统使用时间的关系表示为指数型的关系，其均值函数为

$$\text{GO：} \quad m(t) = N(1 - \mathrm{e}^{-bt}) \qquad \text{公式（12.19）}$$

其中，N 为系统蕴含的总故障数，b 为故障的瞬时检测率。

S 型模型考虑了在软件测试过程初始阶段时，测试人员熟悉软件系统、工具等的学习成本，将累计故障数 $m(t)$ 在时间 t 上的变化过程表示为 S 型曲线，故而得名，其均值函数为

$$\text{S 型：} \quad m(t) = N(1 - (1 + bt)\mathrm{e}^{-bt}) \qquad \text{公式（12.20）}$$

MO 模型认为应当使用 CPU 时间而非自然时间作为可靠性度量的时间单位，使用符号 τ 表示累计 CPU 执行时间。其均值函数为

$$\text{MO：} \quad m(t) = \frac{1}{\theta} \log(\lambda_0 \theta \tau + 1) \qquad \text{公式（12.21）}$$

其中，θ 和 λ_0 为模型参数；$m(t)$ 表示系统的瞬时故障检测率，通常表示为 $z(t)$；至于系统可靠性，这些模型可以采用一个通用的泊松过程模型来表示。

对大规模软件系统进行质量评估时，选取适当的方式组织和管理数据能够有效地提升对系统质量估计和预测的准确率。例如，针对如何组织测试数据的问题，可以根据基于使用模型的统计测试方法，将测试用例按系统软件的使用模型结构组织，则可以得到与真实用户使用场景最接近的可靠性估计结果；针对如何选取适当的时间度量的问题，如在进行大型数据库管系统的可靠性分析时，选取累计执行的事务数作为时间度量的方式，其分析结果一般优于使用自然时间的度量方式。

（3）结合输入域和时间域的软件可靠性模型

结合输入域和时间域的软件可靠性模型综合考虑了多维度的数据因素，利用树状结构组织管理测试数据，从中识别出系统风险区域，检测可靠性提升，该模型又称为树状可靠性模型（Tree Based Reliability Model，TBRM）。使用 TBRM 时，在每个检测周期，针对不同测试用例属性，建立一棵树状模型组织测试数据。该模型的建立过程如下。

步骤 1：从根节点出发自上向下的对当前树的叶子节点执行分裂操作，直到叶子节点上包含的用例数小于阈值或其他终止条件。

步骤 2：对于某一待分裂的节点，根据某一度量属性，如执行时间、负责人、影响模块、执行结果、执行时长等，将该节点的所有数据元素二分。

步骤 3：执行叶子节点的分裂操作时，根据测试用例执行结果，选取将该节点二分的最优策略，即使分裂出的两组数据集的组内方差和最小。一棵建立好的树状模型如图 12-2 所示。

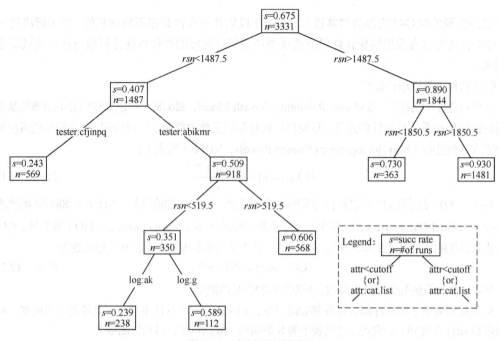

图12-2　建立好的树状模型

使用 Nelson 模型计算不同节点上的软件可靠性，可有效地识别出系统高风险区域。通过在不同检测周期建立的树状模型，可以有效地检测系统可靠性增长过程。

3. Web 软件可靠性模型

软件可靠性模型已经成功应用在多种软件系统的开发和维护工作中，如前文提及的大规模商用数据库管理系统、大规模商用电信系统。对于 Web 类型的软件系统而言，其软件失效模式、系统工作负载模式，以及潜在的软件可靠性提升都与传统的软件系统不同。通常情况下，采用观测到的软件系统失效来度量系统内部缺陷，而对于 Web 系统，系统外部失效由于用户数量大、系统使用状态复杂等原因而难以观测。因此，我们可以通过度量其内部的软件缺陷来度量系统的可靠性，并以此作为相关的系统质量维护工作的引导。首先，定义 Web 服务的软件故障如表 12-1 所示。

表 12-1　Web 服务的软件故障

Type	Description
A	Permission defined
B	No such file or directory
C	Stale NFS file handle
D	Client denied by server configuration
E	File does not exist
F	Invalid method in request
G	Invalid URL in request connection
H	Mod_mime_magic
I	Request failed
J	Script not found or unable to start
K	Connection reset by peer

在某一网站近一个月的真实运行统计中，以上各类型软件故障的数量分布如表 12-2 所示。

表 12-2 某一网站软件故障的数量分布

Error Type	A	B	C	D	E	F	G	H	I	J	K	Total
Number of error	2079	14	4	2	28631	0	1	1	1	27	0	30760

其中，故障类型 A 是由于用户权限不足，导致系统无法提供服务。类型 E 是由用户所请求的文件不存在导致的故障，这类故障类型的占比为 90% 以上。详细分析该类型的软件故障，如表 12-3 所示。

表 12-3 故障类型 E 详细分析表

File Type	Error Share（%）	Error Rate（%）
Page	61.06	3.80
Graph	33.84	0.90
Document	3.54	2.51
Other	1.56	10.16

通过分析各类软件故障的占比（Error Share）和发生概率（Error Rate），可以综合评估各类软件故障对系统可靠性的影响。结合其他信息（如请求来源、文件拥有者等）进行多路分析，可以进一步定位软件故障来源，进行针对性的修复，如表 12-4 所示。

表 12-4 各类软件故障的占比和发生概率

File Type（attribute 1）	Owner Type（attribute 2）			
	Official		Personal	
	Error Share（%）	Error Rate（%）	Error Share（%）	Error Rate（%）
Page	25.55	2.03	74.45	5.15

可见，针对用户自由文件的请求，其故障的占比和发生概率都较高，定位相关的软件模块进行针对性的修复可较大幅度提升系统的可靠性。

Web 软件的可靠性可以定义为无故障的 Web 操作完成的概率。针对 Web 服务进行可靠性估计，还需要选取适当的工作负载度量方式。Web 应用是一种人机交互密集型的应用，因此相比于自然时间，选取更能描述用户行为的度量方式无疑更加恰当。例如，在某一网站的真实统计中，统计每日用户点击数、传输的字节数、用户数、用户会话数（Session），如图 12-3 所示。

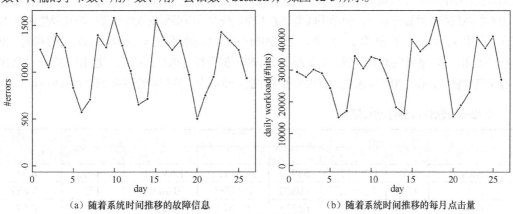

（a）随着系统时间推移的故障信息　　　　（b）随着系统时间推移的每月点击量

图12-3 某网站统计数据

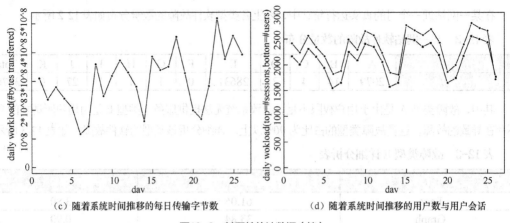

（c）随着系统时间推移的每日传输字节数　　　　　　（d）随着系统时间推移的用户数与用户会话

图12-3　某网站统计数据（续）

可以看出，系统负载分布不均匀，但是周期特定，同时从长远角度看比较平稳。使用不同的系统负载度量方式可以从不同角度来评估系统可靠性，如表12-5所示，其中rse＝std.dev / mean。该表显示使用点击数作为负载度量，其标准差最小。这说明使用点击数作为负载度量估计得到的系统运行可靠性最为稳定。

表12-5　系统不同负载度量比较

Error Rate	min	max	mean	std.dev	rse
Error/bytes	$2.35×12^{-6}$	$5.30×12^{-6}$	$3.83×12^{-6}$	$9.33×12^{-6}$	0.244
Error/hits	0.0287	0.0466	0.0379	0.00480	0.126
Error/sessions	0.269	0.595	0.463	0.0834	0.180
Error/users	0.304	0.656	0.5103	0.0859	0.168
Error/day	501	1582	1101	312	0.283

其中，使用用户会话数作为系统负载度量与累计检测到的系统故障数做线性分析，其标准差最小。这说明使用用户会话数作为系统负载度量估计得到的系统运行可靠性最为稳定。

此外，通过上述分析还可以估计通过修复已知的系统缺陷从而使系统可靠性潜在提升的水平。假设能够在较短时间内修复系统所检测到的缺陷并及时更新系统，则相同类型的系统故障应当只会出现一次。在这个过程中，系统遗留的软件缺陷会逐渐减少，系统可靠性逐渐提升。通过抽取唯一的系统故障数据，结合不同工作负载度量方式，使用软件可靠性增长模型可以估计系统的软件可靠性增长，即潜在的系统可靠性提升水平。使用不同类型的工作负载度量所得到的软件可靠性增长模型如表 12-6 所示，其中 λ_0 表示初始的错误率，λ_T 表示最终的错误率，可靠性增长率 $\rho=(\lambda_0-\lambda_T)/\lambda_0$ 计算得到。SSQ 表示残差和，作为模型拟合度量，其值越小表示模型拟合程度越高。可见，使用传输的字节数作为工作负载度量时，模型拟合度最高，其软件可靠性提升也最大。模型拟合结果如图12-4所示。

表12-6　软件可靠性增长模型

Time/Workload Measurement	Model Parameters & Estimates						Reliablilty Growth ρ
	N	b	SSQ	λ_0	λ_T	MTBF	
Bytes	3674	$1.76×12^{-10}$	54960	$6.45×12^{-7}$	$1.63×12^{-7}$	$6.14×12^{-7}$	0.748
Hits	4213	$1.38×12^{-6}$	60880	0.00583	0.00203	493	0.632
Sessions	4750	$1.42×12^{-5}$	66553	0.0675	0.0284	35	0.579
Users	4691	$1.60×12^{-5}$	65063	0.0752	0.0311	32	0.587

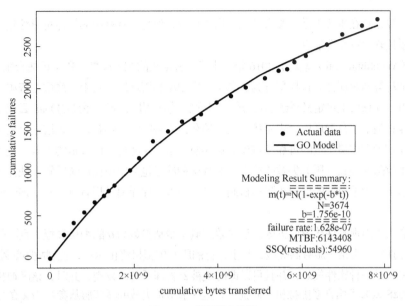

图12-4　模型拟合结果

4. 新型云环境下的软件可靠性模型

可靠性是指任何与计算相关的组件（软件、硬件或者网络）能根据其规格连续执行。云可靠性是指云资源能否在其标准内持续执行。

随着数据中心的成长及其在全世界的扩张，架构的复杂性将呈现几何级数的增长，其中一些自动化或半自动化进程所产生的非预期性数据交互会导致大量的数据错误问题。另一个因素是架构，目前称得上完善的公共云架构很少，而企业移植到云环境的服务和应用程序在设计时和追求最佳体验的过程中很可能还会降低云架构的可靠性。

Tamura 和 Yamada 于 2006 年提出了一种面向云计算环境的考虑网络交通的软件可靠性增长模型。由于传统的软件可靠性增长模型是针对传统软件开发流程设计的，将软件系统作为一个黑盒，通过其外部度量进行分析，而在面对架构更加复杂的云计算系统时，难以直指其本质。此外，云计算系统在运行过程中，有诸多不同于以往传统软件的特性，如供给过程、数据管理、多设备交互，以及网络交互操作。这些特性无法用传统方法描述，因此，提出了一种基于跳跃扩散模型的新型软件可靠性管理方法。根据普遍的软件可靠性模型假设，设 $M(t)$ 为测试时间 t 软件系统中剩余的故障数，并假设 $M(t)$ 具有连续的实值，可以得到

$$\frac{\mathrm{d}M(t)}{\mathrm{d}t} = -b(t)M(t) \qquad\qquad 公式（12.22）$$

其中，$b(t)$ 是测试时间 t 每个故障单位时间的故障检测率，是一个非负函数。上式又可定义为

$$\frac{\mathrm{d}M(t)}{\mathrm{d}t} = -[b(t) + \sigma\gamma(t)]M(t) \qquad\qquad 公式（12.23）$$

其中，σ 是一个正常系数，表示不规则波动的大小；$\gamma(t)$ 是一个标准高斯白噪声（White Gaussion Noise）函数。在 $M(0)=m_0$ 的情况下，可以得到方程的解

$$M(t) = m_0 \exp\left[-\int_0^t b(t)\mathrm{d}t - \sigma W(t)\right] \qquad\qquad 公式（12.24）$$

其中，$W(t)$ 是一维维纳过程（Wiener Process），它被正式定义为白噪声 $\gamma(t)$ 相对时间 t 的积分。

尽管云计算系统在本质上是一类大型的分布式系统，但是与其相关的软件可靠性建模却不同于传统的分布式系统软件可靠性建模。

戴元顺（YuanShun. Dai）等人于 2016 年提出了一种层级的相关模型，用于评估云服务的可靠性、性能和能源消耗等质量属性。该模型分为资源层、应用层和管理层。其中，底层是资源层，为物理服务器和虚拟机，在该层上可定义系统的可靠性；中间层为应用层，表示系统的 IaaS 云服务，在其上定义系统的性能；最上层是管理层，表示控制云系统和云服务的能源消耗，在该层上定义系统的能耗。此处重点关注该模型中最下层的可靠性建模。该建模方法不仅考虑了虚拟机的失效，还考虑了由于物理服务器发生故障而导致云服务失效的情形。尽管这种情形也会出现在传统的软、硬件协同系统中，但是在云环境下，由于特殊的虚拟机隔离机制，二者的可靠性建模过程有所不同。该研究有如下基本假设。

服务器会由于出现硬件故障而失效。该失效的概率服从参数为 θ 的泊松过程，且不同服务器上的硬件失效相互独立。当某一服务器失效，其上运行的所有虚拟机终止运行，直到故障解除。

虚拟机失效是一种软件失效，并且可以即时地被云管理系统所发现，此时，该虚拟机会立即终止运行。一个 IaaS 云服务由许多虚拟机一同提供，这些虚拟机失效的概率服从参数为 λ_s 的泊松过程。同时，由于云系统的虚拟机隔离机制，不同虚拟机的失效相互独立且互不干涉。

任何类型的失效都会启动一个恢复过程。硬件失效和软件失效的恢复时间分别服从参数为 η 和 μ_s 的指数分布。

由于云服务的一对一逻辑映射机制，一台部署了 M 核 CPU 的服务器最多可同时在其上假设 M 个虚拟机。

云管理系统和本地代理服务器都是完全可靠的，并且仅仅消耗较少的时间以转发用户请求和云控制指令。

由以上基本假设出发，考虑在一台装载了 M 核 CPU 的物理服务器上搭建 N 个同时运行的虚拟机的情形。建立一个连续时间的马尔科夫链（Markov Chain，MC），如图 12-5 所示。

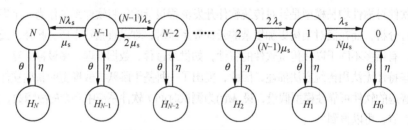

图12-5　一个连续时间的马尔科夫链

图 12-5 中，状态 n 表示当前可用的虚拟机数为 n，即此时有 $N-n$ 台虚拟机由于其自身的故障原因被终止运行；状态 H_n 表示当有 n 台虚拟机运行时发生了服务器故障；使用符号 π_n 表示当前可用的虚拟机数为 π_n 稳定概率，π_{H_n} 表示当有 n 个虚拟机运行时发生服务器故障的稳定概率。因此，有

$$(N\lambda_s + \theta)\pi_N = \mu_s\pi_{N-1} + \eta\pi_{H_N} \qquad \text{公式（12.25）}$$

$$(n\lambda_s + (N-n)\mu_s + \theta)\pi_n = (n+1)\lambda_s\pi_{n+1}$$
$$+ (N-n+1)\mu_s\pi_{n-1} \qquad \text{公式（12.26）}$$
$$+ \eta\pi_{H_n} \qquad (n = N-1, N-2, \cdots, 1)$$

$$\eta\pi_{H_n} = \theta\pi_n \qquad\qquad 公式（12.27）$$

$$(N\mu_s + \theta)\pi_0 = \lambda_s\pi_1 + \eta\pi_{H_0} \qquad\qquad 公式（12.28）$$

$$\sum_{n=N}^{0}(\pi_n + \pi_{H_n}) = 1 \qquad\qquad 公式（12.29）$$

解以上等式，有

$$\pi_N = \left[\sum_{k=0}^{N}C_N^k(\lambda_s/\mu_s)^k(1+\theta/\eta)\right]^{-1} \qquad\qquad 公式（12.30）$$

$$\pi_{N-k} = C_N^k(\lambda_s/\mu_s)^k\pi_N \qquad\qquad (k=1,2,\cdots,N) \qquad 公式（12.31）$$

$$\pi_{H_{N-k}} = C_N^k(\lambda_s/\mu_s)^k(\theta/\eta)\pi_N \qquad\qquad 公式（12.32）$$

对于部署了 N 个虚拟机的服务器，将其可用的虚拟机数量使用离散型随机变量 X 表示，据上式，有

$$p(x) = Pr(X=x) = \pi_x \qquad (x=1,2,\cdots,N) \qquad 公式（12.33）$$

$$\begin{aligned}p(0) &= \pi_0 + \sum_{n=0}^{N}\pi_{H_n}\\ &= (\lambda_s/\mu_s)^N\pi_N + (1+\lambda_s/\mu_s)^N(\theta/\eta)\pi_N\end{aligned} \qquad 公式（12.34）$$

设云管理系统共有 K 台服务器，其 CPU 核数分别为 $M_1 - M_k$，其上部署的虚拟机数分别为 $N_1 - N_k$，令从 0 到 N_v 的离散随机变量 X_α 表示当前系统可用的虚拟机数，有

$$\begin{aligned}P_\alpha(x) &= Pr(X_\alpha = x)\\ &= Pr\left(\sum_{k=1}^{k}X_k = x\right) \qquad (x=0,1,\cdots,N_v)\end{aligned} \qquad 公式（12.35）$$

其期望为

$$E(x_a) = E\left(\sum_{k=1}^{K}X_K\right) = \sum_{k=1}^{K}E(X_k) \qquad\qquad 公式（12.36）$$

云服务的可靠性可以定义为其上部署的所有虚拟机均不发生故障，则可表示为

$$R = 1 - P_\alpha(0) \qquad\qquad 公式（12.37）$$

12.2.2 软件故障分析和诊断

由于云软件系统的复杂特性，如何快速地从云软件运行过程中收集到的数据诊断出软件故障是一项难题。运行时日志通常是解决这类问题的主要信息来源。然而由于运行日志体量巨大，在其中寻找故障发生的原因无异于大海捞针。为了解决这一难题，IBM 相关研究组在 2016 年提出了一项名为日志分析（Log Analytics，LOGAN）的新方法，以帮助运维人员快速地确定可能导致软件故障发生的日志实体。该方法的核心思想简单且易于理解。对于一个稳定的云管理系统，针对某一类特定的任务时，相关组件的行为应当是确定的。因此，可以利用成功完成该任务的历史记录建立一个参考模型（Reference Model），表示该类任务成功完成时，各个组件正确的行为模式。当系统再次执行该类任务失败时，可以将本次执行的日志与该参考模型进行比对，以确定可能引起软件故障的日志实体。图 12-6 所示的是使用参考模型进行故障诊断的过程。

LOGAN 方法的主要贡献集中在两个方面：第一，该方法通过日志，抽取正常服务情况下各个相关系统组件的行为，建立参考模型；第二，通过对比参考模型和实际执行的日志记录，以确定故障发生来源。

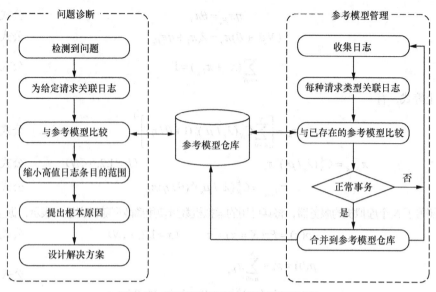

图12-6　使用参考模型进行故障诊断的过程

12.3　云平台的安全测试及安全度量

目前，传统的云平台存在或多或少的安全漏洞，几种典型云平台存在的安全漏洞如表 12-7 所示。

表 12-7　几种典型云平台存在的安全漏洞

Dropbox	iCloud	CloudMe	Flickr	Salesforce
XSS 堆栈（CWE-79）	SSL 2.0（CDE-326）	CRLF 注入（CDE-113）	XSS 攻击（CWE-79）	CRLF 注入（CDE-113）
源代码泄露（CDE-540）			SQL 盲注（CDE-89）	基于文档对象模型的 XSS 攻击（CWE-79）
HTML 表单设有 CSRF 保护（CWE-352）		HTML 表单设有 CSRF 保护（CWE-352）	HTML 表单设有 CSRF 保护（CWE-352）	HTML 表单设有 CSRF 保护（CWE-352）
以明文形式发送凭证（CWE-319）		以明文形式发送凭证（CWE-319）		

注：XSS 为跨站脚本攻击（Cross Site Scripting）；CRLF 是 "回车+换行"；CRSF 为跨站请求伪造（Cross Site Request Forgery）。

中国科学技术大学教授俞能海等人对云计算的安全需求做了总结，指出云计算不仅在机密性、数据完整性、访问控制和身份验证等传统安全性上存在需求，而且在可信性、配置安全性、虚拟机安全性等方面存在新的安全需求。其中，机密性是指为了保护数据的隐私，数据在云端应该以密文形式存放；数据完整性是指在数据存储和数据流处理中要保证数据的完整性，这里主要考虑数据处理结果的完整性和恶意服务商的检测；访问控制是指云计算中要阻止非法用户对其他用户的资源和数据等的访问，细粒度地控制合法用户的访问权限，访问控制按照需求可以包括网络访问控制和数据访问控制；现有的身份认证技术主要包括以下 3 类。

（1）基于用户持有秘密的认证。

（2）基于用户持有硬件的认证。

（3）基于用户生物特征的认证。

目前口令认证和 X.509 证书认证是云计算产品中应用比较广泛的身份认证方法，这些方法可以从两个方面增加云计算和云存储等服务的可信性；一方面是提供云计算的问责功能，通过记录操作信息实现对恶意操作的追踪和问责；另一方面是构建可信的云计算平台，在基础设施云（例如，Amazon 弹性计算云）中，云中虚拟机之间的通信和虚拟机与外部的通信，通信的控制可以通过防火墙的配置来实现。云计算中还有一个非常重要的安全需求就是虚拟机安全，虚拟机技术在构建云服务架构、大规模用户请求及网络资源配置效率等方面广泛使用，但与此同时，虚拟机也面临着两方面的安全性问题：一方面是虚拟机监督程序的安全性；另一方面是虚拟机镜像的安全性。虚拟机镜像中是否包含恶意软件、盗版软件等，也是需要进行检测的。

12.3.1 安全性测试方法

1. 功能验证

功能验证是采用软件测试中的黑盒测试方法，对涉及安全的软件功能，如用户管理模块、权限管理模块、加密系统、认证系统等进行测试，主要验证上述功能是否有效。

2. 安全漏洞扫描

安全漏洞扫描通常都是借助于特定的漏洞扫描器完成的。漏洞扫描器是一种自动检测远程或本地主机安全性弱点的程序。通过使用漏洞扫描器，系统管理员能够发现所维护的信息系统存在的安全漏洞，从而在信息系统网络安全保卫战中做到有的放矢，及时修补漏洞。按常规标准，可以将漏洞扫描器分为两种类型：主机漏洞扫描器（Host Scanner）和网络漏洞扫描器（Net Scanner）。主机漏洞扫描器是指在系统本地运行检测系统漏洞的程序，如知名的 COPS、Tripewire、Tiger 等自由软件。网络漏洞扫描器是指基于网络，远程检测目标网络和主机系统漏洞的程序，如 Satan、ISS Internet Scanner 等软件。

安全漏洞扫描是可以用于日常安全防护的，同时也可以作为对软件产品或信息系统进行测试的手段，可以在安全漏洞造成严重危害前，发现漏洞并加以防范。

3. 模拟攻击实验

对于安全测试来说，模拟攻击测试是一组特殊的黑盒测试用例，以模拟攻击验证软件或信息系统的安全防护能力。下面简要列举在数据处理与数据通信环境中特别关心的几种攻击。在下列各项中，出现了"授权"和"非授权"两个术语。"授权"指"授予权力"，其包含两层意思：这里的权力是指进行某种活动的权限（如访问数据）；这样的权力被授予某个实体、代理人或进程。于是，授权行为就是履行被授予权力（未被撤销）的那些活动。

（1）冒充：一个实体假装成一个不同的实体。冒充常与某些别的主动攻击形式一起使用，特别是消息的重演与篡改。例如，截获鉴别序列，并在一个有效的鉴别序列使用过一次后再次使用。很少的特权实体为了得到额外的特权，可能使用冒充成具有这些特权的实体，举例如下。

① 口令猜测：一旦黑客识别了一台主机，而且发现了基于 NetBIOS/Telnet 或 NFS 服务的、可利

用的用户账号，并成功地猜测出了口令，就能对机器进行控制。

② 缓冲区溢出：由于在很多服务程序中大意的程序员使用类似于 strcpy() 和 strcat() 这种不进行有效位检查的函数，最终可能导致恶意用户编写一小段程序进一步打开安全缺口，然后将该代码放在缓冲区有效载荷末尾，这样，当发生缓冲区溢出时，返回指针指向恶意代码，执行恶意指令就可以得到系统的控制权。

（2）重演：当一个消息或部分消息为了产生非授权效果而被重复时，出现重演。例如，一个含有鉴别信息的有效消息可能被另一个实体所重演，目的是鉴别它自己（把它当作其他实体）。

（3）消息篡改：数据所传送的内容被改变而未被发觉，并导致非授权后果，举例如下。

① DNS 高速缓存污染：由于 DNS 服务器与其他名称服务器交换信息时并不进行身份验证，因此黑客可以加入不正确的信息，并把用户引向黑客自己的主机。

② 伪造电子邮件：由于 SMTP 并不对邮件发送者的身份进行鉴定，因此黑客可以对内部客户伪造电子邮件，声称是来自某个客户认识并相信的人，并附上可安装的特洛伊木马程序，或者是一个指向恶意网站的链接。

（4）服务拒绝：当一个实体不能执行它的正常功能或它的动作妨碍了别的实体执行其正常功能的时候，便发生服务拒绝。这种攻击可能是一般性的（例如，一个实体抑制所有的消息），也可能是有具体目标的（例如，一个实体抑制所有流向某一特定目的端的消息），如安全审计服务。这种攻击可以是对通信业务流的抑制或产生额外的通信业务流，也可能制造出试图破坏网络操作的消息，特别是如果网络具有中继实体，这些中继实体根据从别的中继实体那里接收到的状态报告，做出路由选择的决定。拒绝服务攻击种类很多，举例如下。

① 死亡之 Ping（Ping of Death）：在早期的阶段，由于路由器对包的最大尺寸都有限制，许多操作系统对 TCP/IP 栈的实现在 ICMP 包上都规定为 64KB，并且在读取包的标题后，要根据该标题头中包含的信息为有效载荷生成缓冲区。当产生畸形的、声称自己的尺寸超过 ICMP 上限，也就是加载尺寸超过 64KB 上限的包时，就会出现内存分配错误，导致 TCP/IP 堆栈崩溃，致使接受方宕机。

② 泪滴（Tear Drop）：泪滴攻击利用那些在 TCP/IP 堆栈实现中信任 IP 碎片中的包的标题头所包含的信息实现自己的攻击。IP 分段含有指示该分段所包含的是原包的哪一段的信息，某些 TCP/IP（包括 Service Pack 4 以前的 NT）在收到含有重叠偏移的伪造分段时将崩溃。

③ UDP 洪水（UDP Flood）：各种各样的假冒攻击利用简单的 TCP/IP 服务，如 Chargen 服务和 Echo 服务传送毫无用处的数据以占满带宽。通过伪造与某一主机的 Chargen 服务之间的一次 UDP 连接，回复地址指向开着 Echo 服务的一台主机，这样就生成在两台主机之间的足够多的无用数据流；如果数据流足够多，就会导致带宽的服务攻击。

④ SYN 洪水（SYN Flood）：一些 TCP/IP 栈只能等待从有限数量的计算机发来的 ACK 消息，因为它们只有有限的内存缓冲区用于创建连接，如果这一缓冲区充满了虚假连接的初始信息，该服务器就会对接下来的连接请求停止响应，直到缓冲区里的连接企图超时为止。在一些创建连接不受限制的实现里，SYN 洪水也具有类似的影响。

⑤ Land 攻击：在 Land 攻击中，一个特别打造的 SYN 包的源地址和目标地址都被设置成某个服务器地址，这将导致接收服务器向它自己的地址发送 SYN-ACK 消息，结果，这个地址又发回 ACK 消息并创建一个空连接，每个这样的连接都将保留，直到超时。各种系统对 Land 攻击的反应不同，许多

UNIX 实现将崩溃，Windows NT 变得极其缓慢（大约持续 5 分钟）。

⑥ Smurf 攻击：一个简单的 Smurf 攻击，通过使用将回复地址设置成受害网络的广播地址的 ICMP 应答请求（ping）数据包来淹没受害主机的方式进行，最终该网络的所有主机都对此 ICMP 应答请求做出答复，导致网络阻塞，该攻击的流量比死亡之 Ping 洪水的流量高出一个或两个数量级。更加复杂的 Smurf 攻击将源地址改为第三方的受害者，最终导致第三方崩溃。

⑦ Fraggle 攻击：Fraggle 攻击是对 Smurf 攻击做了简单的修改，使用的是 UDP 应答消息，而非 ICMP。

⑧ 电子邮件炸弹：电子邮件炸弹是最古老的匿名攻击之一，它通过设置一台机器，不断大量地向同一地址发送电子邮件，攻击者能够耗尽接收者网络的带宽。

⑨ 畸形消息攻击：各类操作系统上的许多服务都存在此类问题，由于这些服务在处理信息之前没有进行适当的错误校验，系统在收到畸形信息时可能会崩溃。

（5）内部攻击：当系统的合法用户以非故意或非授权方式进行动作时就称为内部攻击。大多数已知的计算机犯罪都与使系统安全遭受损害的内部攻击有密切关系。能用来防止内部攻击的保护方法包括：对所有管理数据流进行加密；利用包括使用强口令在内的多级控制机制和集中管理机制加强系统的控制能力；为分布在不同场所的业务部门划分 VLAN，将数据流隔离在特定部门；利用防火墙为进出网络的用户提供认证功能，提供访问控制保护；使用安全日志记录网络管理数据流等。

（6）外部攻击：外部攻击可以使用的方法有搭线（主动的与被动的）、截取辐射、冒充为系统的授权用户、冒充为系统的组成部分、为鉴别或访问控制机制设置旁路等。

（7）陷阱门：当系统的实体受到改变，致使一个攻击者能对命令或对预定的事件、事件序列产生非授权的影响时，其结果就称为陷阱门。例如，口令的有效性可能被修改，使得在其正常效力之外也使攻击者的口令生效。

（8）特洛伊木马：对系统而言的特洛伊木马是指它不但具有自己的授权功能，而且有非授权功能。一个向非授权信道复制消息的中继就是一个特洛伊木马。典型的特洛伊木马有 NetBus、BackOrifice 和 BO2K 等。

（9）侦听技术：侦听技术实际上是指在数据通信或数据交互的过程中，对数据进行截取分析的过程。目前最为流行的侦听技术是网络数据包的捕获技术，通常我们称为 Capture。黑客可以利用该项技术实现数据的盗用，而测试人员同样可以利用该项技术实现安全测试。该项技术主要用于对网络加密的验证。

12.3.2 安全测试方法举例

安全测试包括两个主要的挑战：第一个挑战是生成值（也叫做测试有效载荷），其目的是实施测试；第二个挑战是评估这些测试有效载荷可以暴露一个真实的漏洞，Security Oracle 软件主要应对第二个问题。

而对一个 Security Oracle 的要求主要有以下 3 点。

① Security Oracle 应该独立于可知的、成功的 SQL 注入攻击。

② Security Oracle 并不知道输入什么数据用来测试系统。

③ Security Oracle 不应该依赖于 SUT 的源代码。

这里主要阐述一种应对 SQL 注入攻击的安全测试方法。

1. SQL 注入攻击

SQLi（SQL 注入）漏洞是基于 Web 的软件系统的主要安全威胁之一，这种软件缺陷来源于数据验证过程中的缺陷。当攻击者提供包含 SQL 代码片段的输入值时，它们最终会注入到在数据库上执行的 SQL 查询中。下面介绍一个 SQL 注入攻击的案例。

在图 12-7 所示的第 1 条 SQL 语句中，当攻击者注入重言式 1=1 将 select 语句变为图 12-8 所示的样式后，执行查询则可获得 hotelList 表中的所有记录，这是一个典型的 SQL 查询注入攻击。

```
$sql="select * from hotelList where country =' " ;
$sql = $sql . $country;
$sql = $sql . " ' ";
$result = mysql_query ($sql) or die (mysql_error () );
```

Select * from hotelList where country = ' ' or 1 = 1 — '

图12-7　原SQL语句（未被攻击的）　　　　图12-8　注入重言式后的SQL选择语句（SQL攻击）

2. SOFIA 攻击

SOFIA（Sececurity Oracle for SQLi At-tacks）是一个安全 Oracle（Security Oracle），专门针对 SQLi 攻击。它是由一类机器分类方法构建而成的。SOFIA 方法分为两类：训练和测试。在训练期间，正常执行的 SQL 语句被分成类似的集群，叫作安全模型，这种模型代表没有攻击的合法的数据库访问。在测试阶段，SOFIA 评估这段代码段是否可以被分配到安全模式下。它可以部署为实际使用环境中的数据库防火墙，以在实际执行 SQL 语句之前过滤 SQL 语句和阻止 SQLi 攻击。

构建和应用 SOFIA 进行 SQL 注入安全测试的整个流程如图 12-9 所示。

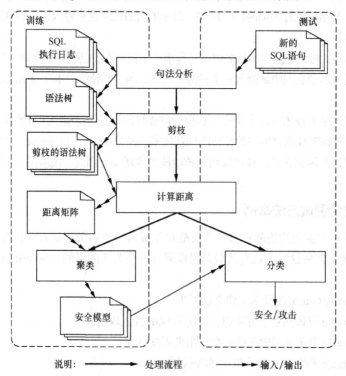

图12-9　构建和应用SOFIA整体流程

图 12-9 所示的流程图中主要根据"树编辑距离"（两棵树的编辑距离被定义为：两棵树之间所有操作序列中，总代价最小的序列，而操作序列是树节点编辑操作的有序集合）对剪枝过的树进行聚类，"树编辑距离"大的分为一类，树编辑距离小的分为一类。当有新的 SQL 语句被归入现有集群中时，则认为它是良性语句，否则新的 SQL 语句被认为有潜在的攻击。

训练数据来源于在被测系统之上运行的功能测试套件，或者在生产及可接受测试阶段监视它的用法，主要收集执行在数据库上的包含 SQL 代码的日志。

如监测到图 12-10 所示的 SQL 执行语句。

Stmt1: select user, password from users
Where id = 1;
Stmt2: select user, password from users
Where id = 2;
Stmt3: select user, password from users
Where id = 4 and role = 1;

图12-10　监测到的SQL语句

对上述 SQL 语句执行 SOFIA 过程。

步骤 1：解析。对上述 3 条 SQL 语句进行解析，解析结果如图 12-11 所示。

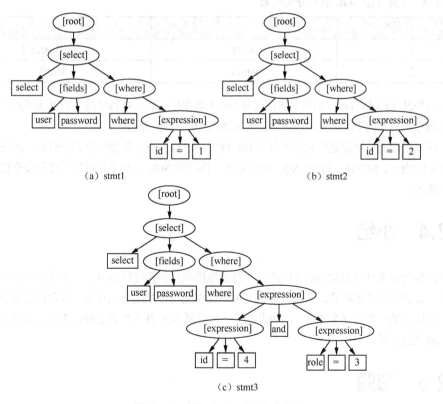

（a）stmt1　（b）stmt2　（c）stmt3

图12-11　上述3条SQL语句解析结果

步骤2：剪裁。替换所有常量数值和字符串，如图 12-12 所示。

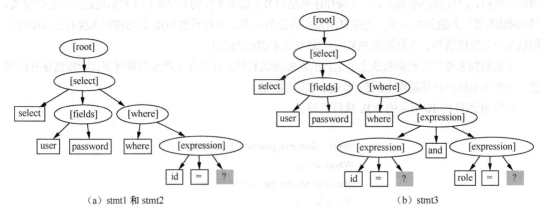

(a) stmt1 和 stmt2　　　　　　　　　　　　　(b) stmt3

图12-12　对解析结果进行剪裁

步骤3：计算树编辑距离。利用 Approxlib 工具，该工具实现了计算树编辑距离的算法，但利用树编辑距离进行分类，往往是不够的。

步骤4：聚类。利用 K-中心算法进行分类，分类结果如表 12-8 所示。

表 12-8　上述 3 条 SQL 语句分类结果

Cluster	Medoid	Elements
1	stmt1	stmt1, stmt2
2	stmt3	stmt3

当新的 SQL 语句执行时，如果它能被划分为安全模型的一类，则表示这条 SQL 语句为合法 SQL；如果没有划分为安全模型的一类，则认为这条 SQL 语句存在漏洞隐患。

基于树编辑距离，使用聚类和结果对类似的解析树进行分组集群被用作安全模型。通过比较和对比这些集群的语句，SOFIA 对新的 SQL 进行分类，执行的 SQL 语句不足以适应任何安全模型的集群被分类为攻击。

12.4　小结

云计算作为未来计算机发展的方向之一，已经慢慢应用到各行领域中。本章首先介绍了云计算的基本概念、云测试的基本理论，以及云环境的可靠性模型与可靠性测试方法，最后针对安全性，本章概述了云环境下的一些云安全技术，详细讲述了一种识别 SQL 注入的安全测试方法。本章重点是对云计算与云测试的理解。

12.5　习题

1. 什么是云计算?

2. 云测试有哪两层含义?

3. 针对云软件质量属性定量化描述的问题，最直接的思路有哪两种?

4. 请列举几种云安全技术。

5. 云计算安全与传统软件安全有哪些区别?

6. 安全测试包括哪些主要的挑战?

7. 简述 SOFIA 检测 SQL 注入的过程。

13 第13章 软件测试的拓展与提高

随着计算机的广泛应用和计算机科学技术的不断发展，计算机系统的组成也相应地发生了许多变化，计算机软件的主导作用愈加明显。软件工程的进一步发展，使得软件测试管理的重要性也愈发得到了凸显。此外，软件测试过程的度量能够提高软件测试的有效性，保证软件的质量。通过 CMMI 与软件测试、度量的分析，提出了基于 CMMI 的软件测试过程模型和 DevOps 软件开发方法与过程，这也是一种软件测试的拓展。

13.1 企业测试实践

13.1.1 测试计划

软件测试作为一个产业已出现多年，一般来说，一个成熟软件的寿命至少有 10 年以上。而它的寿命长短，则更多地取决于软件开发质量的好坏。软件开发因此也称作"一步三回头"工程。也就是说，每开发一步，都要有 3 道测试手续来检验。根据标准，软件测试的定义是使用为发现错误所选择的输入和状态的组合而执行代码的过程。这就非常明确地提出了软件测试是以发现错误、检验是否满足需求为目标的。软件测试在软件生命周期中占有非常突出的重要地位，是保证软件质量的重要手段。规范高效的软件测试是提高软件开发整体质量水准的基石。

软件测试的管理和技术在全球的发展是不平衡的，在软件产业比较发达的国家和地区，软件测试已经成为一个很大的产业。在典型的软件开发项目中都拥有一个独立的测试团队，测试人员的数量有的可以达到一个开发人员配备两个测试人员，软件测试工作量往往占软件开发总工作量的 40%以上，而在软件开发的总成本中，用在测试上的开销要占到 30%~50%。很多测试团队拥有自己的测试经理，测试经理的作用和开发团队中的项目经理一样，负责测试小组的管理工作以保证测试工作保质保量的完成，如编写测试计划、制订测试方案、协调测试人员和开发团队的关系等。

良好的测试文档可以为完成测试任务提供便利，改善测试任务和测试过程之间的联系，为组织、规划与管理测试项目提供支持。测试文档主要包括测试计划、测试说明和测试报告，其中，测试计划提供产品测试工作的概述；测试说明主要对测试用例的信息进行说明；测试报告描述了已经完成的测试，并对测试结果进行评价。

软件测试是一项昂贵的、资源密集型的工作，其成本可能占到整个项目成本的一半。从项目预算和时间进度安排的角度来看，测试计划和工作量估计的有效性可能影响整个测试工作的成败。测试计划的内容非常广泛，有时甚至规模巨大，通常由很多较小的文档分组构成。良好的测试计划文档可提供以下3个主要作用。

（1）测试计划文档为完成测试任务提供便利。为了创建一个好的测试计划，在开发该计划时必须以一种系统的方式对程序进行调查，从而使得测试人员对程序的处理更清晰、更彻底、更有效，提高测试程序的能力。

（2）测试计划文档改善测试任务与测试过程之间的联系。测试人员的工作就是发现错误，并且使开发人员明白并改正错误。编写清楚的文档可以帮助开发人员理解测试的范围、类型，增进与测试人员之间的交流。

（3）测试计划文档为组织、规划与管理测试项目提供支持。测试计划作为项目测试管理的支持工具，可以达成有关测试任务的协议、确定测试的组织和任务、确定测试结构、确定个人责任，从而保证测试工作的顺利进行。

测试文档有助于测试任务的完成。使用以下方式可以提高测试人员测试程序的能力。

（1）提高测试覆盖率：测试计划要有程序特征清单，为了创建该清单，需要对程序的特征进行寻找和统计。

（2）避免不必要的重复：当对测试任务进行核查时，对已经测试和没有测试的内容进行查找和核对。

（3）分析程序并快速挑选好的测试用例。

（4）提供最终测试的结构：由于软件产品通常是要在比较短的时间周期内完成开发，一般留给最后测试的时间安排都很少，而软件测试计划可以帮助确保最重要的测试得到运行。

（5）检查完整性：完整的测试计划不会忽略程序中的问题，例如，忽略了软件缺陷类型、测试类别和程序区域等。

编写软件测试计划要避免的一种不良倾向是测试计划的"大而全"，即无所不包、篇幅冗长、长篇大论、重点不突出，既浪费写作时间，也浪费测试人员的阅读时间。"大而全"的一个常见表现就是测试计划文档包含详细的测试技术指标、测试步骤和测试用例。最好的方法是把详细的测试技术指标包含到独立创建的测试详细规格文档中，把用于指导测试小组执行测试过程的测试用例放到独立创建的测试用例文档或测试用例管理数据库中。测试计划和测试详细规格、测试用例之间是战略和战术的关系，测试计划主要从宏观上规划测试活动的范围、方法和资源配置，而测试详细规格、测试用例是完成测试任务的具体战术。测试资源的变更是源自测试组内部的风险而非开发组的风险，当测试资源不足或者冲突，测试部门不可能安排如此多的人手和足够时间参与测试时，测试经理除了采用缩减测试规模等方法以外，必须在人力资源和测试环境一栏标出明确需要保证的资源，否则，必须将这个问题作为风险记录。

编写测试计划需要尊重"5W"原则。"5W"规则指的是"What（做什么）""Why（为什么做）""When（何时做）""Where（在哪里）""How（如何做）"。利用"5W"原则创建软件测试计划，可以帮助测试团队理解测试的目的（Why），明确测试的范围和内容（What），确定测试的开始和结束日期（When），指出测试的方法和工具（How），给出测试文档和软件的存放位置（Where）。为了使"5W"规则更具体化，需要准确理解被测软件的功能特征、应用行业的知识和软件测试技术，在需要测试的内容中突出关键部分，可以列出关键及风险内容、属性、场景或者测试技术。对测试过程的阶段划分、文档管理、软件缺陷管理、进度管理给出切实可行的方法。

就通常软件项目而言，基本上采用"瀑布型"开发模式。在这种开发模式下，各个项目主要活动比较清晰，易于操作。整个项目生命周期为"需求→设计→编码→测试→发布→实施→维护"。然而，在制订测试计划时，有些测试经理对测试的阶段划分还不是十分明晰，经常遇到的问题是把测试单纯理解为系统测试，或者把各类型测试设计（测试用例的编写和测试数据准备）全部放入生命周期的"测试阶段"，这样造成的问题是浪费了开发阶段可以并行的项目日程，另一方面造成测试不足。相应阶段可以同步进行相应的测试计划编制，而测试设计也可以结合在开发过程中并行实现，测试的实施即执行测试的活动即可连贯在开发之后。值得注意的是，单元测试和集成测试往往由开发人员承担，因此这部分的阶段划分可能会安排在开发计划而不是测试计划中。

13.1.2　测试管理

软件测试管理是一种活动，可对各阶段的测试计划、测试用例、测试流程进行管理、跟踪，以及记录其结果，并将其结果反馈给系统的开发者和管理者。同时将测试人员发现的错误立刻记录下来，生成问题报告并对之进行管理。所以采用软件测试管理方法，可以为软件企业提供一个多阶段、逐步递进的实施方案。通过软件测试管理方法，软件企业还可以用有限的时间和成本完成软件开发，确保软件产品的质量，进一步提高计算机软件在市场上的竞争能力。因此，近年来软件测试管理愈来愈受到 IT 行业的关注。经过多年努力，软件测试管理正在走上一条正规之路。

实践证明，对软件进行测试管理可及早发现错误、避免大规模返工、降低软件开发费用，为确保最终软件质量符合要求，必须进行测试与管理。对于不同企业的不同类产品、同一企业的不同类产品或不同企业的同一类产品，其各阶段结果的形式与内容都会有很大的不同。所以对于软件测试管理除了要考虑测试管理开始的时间、测试管理的执行者、测试管理技术如何有助于防止错误的发生、测试管理活动如何被集成到软件过程的模型中外，还必须在测试之前制订详细的测试管理计划，充分实现软件测试管理的主要功能，缩短测试管理的周期。

一个成功的测试开始于一个全面的测试管理计划。因此，在每次测试之前应做好详细的测试管理计划：首先应该了解被测对象的基本信息，选择测试的标准级别，明确测试管理计划标识和测试管理项。在定义了被测对象的测试管理目标、范围后必须确定测试管理所使用的方法，即提供技术性的测试管理策略和测试管理过程。在测试管理计划中，管理者应该全面了解被测试对象的系统方法、语言特征、结构特点、操作方法和特殊需求等，以便确定必要的测试环境，如测试硬件、软件及测试环境的建立，等等。而且，在测试管理计划中还应该制订一份详细的进度计划，如测试管理的开始段、中间段、结束段，以及测试管理过程每个部分的负责人等。由于任何一个软件不可能没有缺陷或系统运行时不出现故障，所以在测试管理计划中还必须考虑到一些意外情况，也就是说，当问题发生时应如何处理。因为测试管理具有一定难度，所以对测试管理者应进行必要的测试设计、工具、环境等的培训。最后，还必须确定认可和审议测试管理计划的负责人员。制订完软件测试管理计划后，就可以根据计划执行测试管理。

对测试过程中每个状态进行记录、跟踪和管理，并提供相关的分析和统计功能，生成和打印各种分析统计报表。通过对详细记录的分析，形成较为完整的软件测试管理文档，保障软件在开发过程中避免同样的错误再次发生，从而提高软件开发质量。

测试管理具体包括以下内容。

（1）测试方案管理：包括单元测试、集成测试和产品测试的测试计划的录入、修改、删除、查询和打印。

（2）测试用例管理：包括测试用例的增、删、改、复制和查询；测试用例测试情况的管理，如测试状态包括未测试、测试中、已测试；测试结果分为通过、未实现、存在问题等；测试用例输入、编号和归档。

（3）测试流程管理：包括测试进度管理、测试流程标识、测试日志及状态报告。

（4）问题报告管理：问题报告处理流程（问题报告→整改报告）、实现问题报告与测试用例的关联。

（5）测试报告管理：包括生成单元测试、集成测试和产品测试的测试报告。

除了以上内容，在测试管理过程中还应对人员和环境资源进行管理。软件测试管理人员为了实现软件测试管理，需要组成一个专门的测试管理队伍，队伍中的人员都能够胜任其所担任的角色是很重要的。另外，还需确认每种角色的人员应具有必要的权利以完成他们的责任。同时，为了能够获得很高的效率，每个测试管理参与者又都应最大限度地发挥出其最大的技术能力。环境资源：包括硬件资源和软件资源，它们是提供测试管理的基础。每类资源都可以用 4 个特征来说明：资源描述、可用性说明、需要该资源的时间，以及该资源被持续使用的时间。

软件测试管理能够对测试流程进行控制和管理，这是基于科学的流程和具体的规范来实现的，并利用该流程和规范，严格约束和控制整个产品的测试周期，以确保产品的质量。整个过程避免了测试人员和开发设计人员之间面对面的交流，减少了以往测试和开发之间的摩擦和矛盾，提高了工作效率。

软件测试是一个完整的体系，主要由测试规划、测试设计、测试实施、资源管理等相互关联、相互作用的过程构成。软件测试管理系统可以对各过程进行全面控制，具体的实现过程如下。

（1）按照国际质量管理标准，建立适合本公司的软件测试管理体系，以提高公司开发的软件质量，并降低软件开发及维护成本。

（2）建立、监测和分析软件测试过程，以有效地控制、管理和改进软件测试过程，监测软件质量，从而确定交付或发布软件的时间。

（3）制订合理的软件测试管理计划，设计有效的测试用例集，以尽可能发现软件缺陷，并组织、管理和应用庞大的测试用例集。

（4）在软件测试管理过程中，管理者、程序员、测试员（含有关客户人员）协同工作，及时解决发现软件问题。

（5）对软件测试中发现的大量软件缺陷进行合理的分类以分清轻重缓急，同时进行原因分析，并做好相应的记录、跟踪和管理工作。

（6）建立一套完整的文档资料管理体系。因为软件测试管理很大程度上是通过对文档资料的管理来实现的。软件测试每个阶段的文档资料是以后阶段的基础，又是对前面阶段的复审。

在软件开发生命周期中使用软件测试管理工具是非常重要的手段。使用软件测试管理工具的目的是：便于对制订的测试方案、编写测试用例和测试步骤等各个阶段进行有效的控制和管理；提高软件开发和产品测试的管理水平，保证软件产品质量；大幅度降低测试人员的工作量和重复劳动，提高测试人员的工作效率和积极性。

13.1.3 企业的测试策略

企业的主要目的是获取利润，而降低测试成本便是获取利润的方式之一。因此，对于企业而言，应该使用较小的代价实现有效的测试，而不应该为了追求完美的测试而不惜一切代价。企业的测试策略体现在以下几个方面。

（1）合理地减少测试工作量。通过以下方式减少测试工作量。

① 减少冗余的测试。在很多地方，白盒测试与黑盒测试的方式虽然不同，但往往会产生相同的效果。甚至在一些地方，白盒测试和黑盒测试可能会有一模一样的效果，这样的测试就是冗余的。除此之外，在集成测试、系统测试的阶段，可能会出现需要执行多次回归测试的情况，每次的回归测试都会造成冗余测试，因此需要设法剔除不必要的重复测试工作。

② 减少无价值的测试。无价值的测试通常是由于不懂测试技术引起的。例如，在功能测试时，本来在等价区间内只要测试一个典型的输入就行了，如果有人在这个区间内进行了大量的测试，那么除去第1次测试之外的所有测试都是无价值的。

（2）提高测试效率。有一些项目要求"短、平、快"，且得到的经费也很少，用户对产品的质量要求也不高。为了能获取更多的利润，开发方就不得不采取一些"偷工减料"的方式来降低测试的代价，从而提高测试的效率。这些所谓"偷工减料"的途径一般是减少测试的内容和次数，其中最基本的方法就是对软件需测试的部分进行优先级排序，找出软件中需要优先测试的部分，其他次要的部分可以忽略或者是推后再测试。这些所谓的优先级可能包括诸如软件的特色功能、用户最常用的功能、销售时最为昂贵的功能块、出错时最容易引起用户不安的功能、最容易扩散错误的程序部分、全系统的性能瓶颈所在等。

13.1.4 测试人员组织

合理地组织测试人员是测试工作取得成功的保障。企业在组建自己的测试团队时，要形成一个合理的人才结构。一个理想的测试团队应该既有软件开发人员，又有测试人员，既有技术人员，又有精通行业知识的领域专家，而且测试团队要有明确的职责和分工。

软件的开发者无疑是最了解软件的人，但测试工作不能仅依靠开发者来完成。从心理学的角度来说，软件开发是一个"建设性"的任务。从开发者的角度来说，他们更愿意看到软件正常工作而不是软件出错，因此他们设计的测试可能会更倾向于设计和执行能够证明软件可以正常工作而不是证明软件不能正常工作的测试。同时，正是由于开发者对软件的充分了解，他们的思维会比较倾向于程序本身的逻辑而不是用户的角度，这也会对测试造成负面的影响。

但是从另一个方面来看，由于开发者本身对程序内部结构的了解，他们更清楚大部分的问题可能在哪里出现，也能够以较低的成本发现问题，因此，他们也肩负着进行单元测试的责任，这样才能保证这些独立单元实现了软件设计中所定义的功能。在许多情况下，开发者还需要参与集成测试，这样才能使得软件结构的完整性得到保证。因为只有在软件整体体系结构被实现了的前提下，独立测试小组才能正常履行其职责。开发者和独立测试小组的紧密配合和充分交流需要贯穿整个测试过程，这样才能保证全面的测试得到执行，错误得到及时的改正。

测试组织中的领域专家指的是对软件应用领域的相关知识有深入理解的人员。一些复杂的应用领域可能需要花很长时间才能被充分理解，很多领域相关的知识也都没有办法在软件需求说明书中被一一详细阐述。因此，技术人员需要与领域专家进行紧密的合作和充分的交流，需要领域专家澄清一些需求文档中比较复杂的领域专业问题，并且保证软件能够满足用户的工作需要。

在某些情况下，为了测试工作更为全面和有效，在软件产品正式发布前，有必要在企业外部邀请一些用户对产品进行测试，也就是 α 测试和 β 测试。α 测试是由一个用户在开发环境下进行的测试，也可以是公司内部的用户在模拟实际操作环境下进行的测试。α 测试的目的是评价软件产品的 FLURPS[即功能（Function）、局域化（Local Area）、可使用性（Usability）、可靠性（Reliability）、性能（Performance）和支持（Supportability）]，尤其注重产品的界面和特色。α 测试可以从软件产品编码结束之时开始或在模块（子系统）测试完成之后开始，也可以在确认测试过程中，产品达到一定的稳定和可靠程度之后再开始。α 测试即为非正式验收测试。β 测试是由软件的多个用户在实际使用环境下进行的测试，这些用户返回有关错误信息给开发者。测试时，开发者通常不在测试现场。因而，β 测试是在开发者无法控制的环境下进行的软件现场应用。在 β 测试中，由用户记下遇到的所有问题（包括真实的及主观认定的）定期向开发者报告。β 测试主要衡量产品的 FLURPS，着重于产品的支持性，其包括文档、客户培训和支持产品生产能力。

只有当 α 测试达到一定的可靠程度时，才能开始 β 测试。它处在整个测试的最后阶段。同时，产品的所有手册文本也应该在此阶段完全定稿。

13.1.5 测试小组的职责

测试小组的职责是发现产品问题、评估问题严重性，并协助管理部门做出处理问题的决定。在大的软件项目中，测试小组往往需要参与到整个项目周期中，进行诸如制订需求规约、制订测试计划等工作，正因为这样，测试小组也被认为是软件开发项目团队的一部分。但它通常是向质量保证部门负责而不是向项目主管负责，这样也保证了测试小组的独立性。

在现代企业中，全面质量管理（Total Quality Control，TQC）得到了更加普遍的应用。全面质量管理的基本核心是提高人的素质，增强质量意识，调动人的积极性，人人做好本职工作，通过抓好工作质量保证和提高产品质量或服务质量。全面质量管理的基本要求，可以概括为"三全一多样"，即全员的质量管理、全过程的质量管理、全方位的质量管理和多样方法的质量管理。

下面介绍一些基本的测试小组类型：质量控制组、质量保证组、测试服务组和开发服务组。

质量控制组是一种权限很大的测试小组，任何技术方案和技术实施都需要接受质量控制组的检查和审核，项目实施所涉及的相关技术标准、协议和规范规则的执行情况也都需要经过质量控制组的审核。质量控制组的检察员有质量否决权，也就是说当出现不符合标准的情况时，质量控制组可以拒绝产品的发布，直到指定的问题得以解决。质量控制组的职责本身并不是生产高质量的产品，也不是制订高质量的开发和测试计划，而是审核和控制组织的质量活动，当出现与标准、规程和计划背离的情况时，及时进行调整。

质量保证组的目标是协助研发对项目周期中产生的相关文档进行评审，展开内测工作，保证部门整体管理及产品质量品质的提升。质量保证组的主要职责包括作为研发与需求、用户体验（User Experience，UE）、测试的统一接口人，起到沟通协作、承上启下的作用；负责对需求组提交的需求规格说明书进行评审；负责对 UE 组提交的高保真/低保真、通用规则进行评审；负责对测试组提交的测试用例进行评审；负责对测试组提交的软件缺陷进行确认；参与需求变更的评审工作，负责将变更内容及时、有效地反馈给研发组，并负责跟踪需求变更在研发组的对应情况；负责在程序提交测试组测试前根据项目情况进行功能走查或功能测试。

测试服务组的任务是找出故障代码，仔细对它们进行描述，确保每个相关人员都能理解故障；该小组还要对故障进行分析，对程序质量进行估计，协助管理部门对问题的处理做出决定。测试服务组的成员可能不会对软件产品进行完全的测试，也不一定会参与所有的测试阶段。在某些企业中，测试服务组是一个有特殊技能的技术补充部门，负责处理有关测试的技术问题，如各种自动化测试工具的使用、执行特殊类型的测试、测试数据的分析，等等。测试服务组负责的技术任务包括分析/设计和执行测试、提交高质量的测试文档、对测试结果进行合理的解释、收集和分析测试数据。

开发服务组扩展了测试服务组的职能。除了测试外，开发服务组还是一个提供各种质量增强技能的小组，它通常提供的可选服务包括调试、用户手册编辑、可用性测试、可比较产品的评价、客户满意度研究等。

13.2　CMMI和软件测试

13.2.1　CMMI简介

能力成熟度模型集成（Capability Maturity Model Integration，CMMI），也称为软件能力成熟度集成模型，是美国国防部的一个设想，于1994年由美国国防部（United States Department of Defense）与卡内基-梅隆大学（Carnegie-Mellon University）下的软件工程研究中心（Software Engineering Institute，SEI），以及美国国防工业协会（National Defense Industrial Association）共同开发和研制的，他们计划把当时所有正在实施的与即将被发展出来的各种能力成熟度模型集成到一个框架中去。申请CMMI认证的前提条件是该企业具有有效的软件企业认定证书。

CMMI的目的是帮助软件企业对软件工程过程进行管理和改进，增强开发与改进能力，从而能按时地、不超预算地开发出高质量的软件。其所依据的想法是：只要集中精力持续努力地去建立有效的软件工程过程的基础结构，不断地进行管理的实践和过程的改进，就可以克服软件开发中的困难。CMMI为改进一个组织的各种过程提供了一个单一的集成化框架，新的集成模型框架消除了各个模型的不一致性，减少了模型间的重复，增加透明度和理解，建立了一个自动的、可扩展的框架，因而能够从总体上改进组织的质量和效率。CMMI的主要关注点就是成本效益、明确重点、过程集中和灵活性4个方面。

CMMI的表述方式分为阶段式模型和连续式模型两种，其中阶段式模型为组织改善提供了预定义的路线图，该组织级的改善是基于过程的已证实的分组和次序，以及相关的组织级关系；而连续式模型没有与组织级成熟度相关的分散阶段，连续式模型的实践以支持单个过程域的增长和改善的方式进行组织，连续式模型的每个过程域分别按照各自的能力进行评定，评定的结果以能力特征图的形式上报。阶段式模型的优点为：具备管理跨组织过程的能力，便于在雇员之间进行过程的友好沟通，改善项目估计的准确性，改善成本和质量控制，可以使用可度量的数据来指导问题分析和改善工作；连续式模型的优点是自由和可见性，具体表现为组织通过可以获益于在每个过程域的所有共性实践中加以应用，更加明确地关注个别过程域的特定风险，便于形成一个更兼容于ISO/IEC 15004的结构，一个更加有助于在已有模型结构上以最少的工作添加新过程域的结构。CMMI的框架结构主要有CMMI过程域的能力等级特征、CMMI的成熟度等级特征、CMMI过程域的等级分类、CMMI成熟度等级与能力等级之间的关系和CMMI过程的可视性等内容。CMMI的等级特征主要有初始级、已管理级、已定义级、量化管理级、持续优化级5个等级，显示一个组织在实施和控制其过程以及改善其过程性能等方面所具备的或设计的能力。CMMI的成熟度等级特征为软件组织实现过程改进展示出一种分阶段的前后顺序。CMMI的关键过程域有24个，过程域的分类可以采用以下几种分类方式：按成熟度等级分类、按过程域紧密关系分类，其中按过程域紧密分类可以分为"过程管理类""项目管理类""工程类""支持类"4 类。

CMMI 与软件测试最为紧密的两个关键过程域是验证（Verify，VER）和确认（Validation，VAL）。

"验证"的目的在于保证工作产品满足其规定要求，该过程域有 3 个特定目标：准备验证、执行同行评审和验证选择的工作产品，要求按照需求（包括顾客需求、产品需求和产品构件需求）对产品和中间产品进行验证。"准备验证"特定目标有 3 个特定实践：建立验证策略、建立验证环境、建立详细验证计划；"执行同行评审"特定目标有 3 个特定实践：准备同行评审、进行同行评审、分析同行评审数据；"验证选择的工作产品"特定目标有 3 个特定实践：进行验证、分析验证结果和确定纠正措施、进行反复验证。

"确认"的目的在于证明产品或产品构件被置于预期的环境时能够满足其预期的用途，该过程域有两个特定目标：准备确认、确认产品或产品构件。"准备确认"特定目标有 3 个特定实践：建立确认策略、建立确认环境、建立详细确认计划；"确认产品或产品构件"特定目标有两个特定实践：进行确认、收集和分析确认结果。

"确认"的实践类似于"验证"使用的实践，但是这两种过程域集中于不同的主题。"确认"主要用于表明一件产品被置于预期的环境时能实现其预期的用途，而"验证"则表明工作产品达到了指定的需求。

13.2.2 基于CMMI的软件测试流程

当前在软件项目开发过程中存在着两种较为流行的测试模型：X 模型和 V 模型（详见 2.3.3 小节），这两种模型提供了较为合理的软件测试流程和软件开发模型。V 模型宣称测试并不是一个事后弥补行为，而是一个同开发过程同样重要的过程。该模型体现了软件开发过程和软件测试流程的关系，软件测试流程是软件开发过程的一个组成部分。整个开发过程先后的次序依次为：需求分析、概要设计、详细设计、编码、单元测试、集成测试、系统测试、验收测试，前一个开发阶段为后续的阶段提供输入，其中的测试阶段（流程）由单元测试、集成测试、系统测试和验收测试组成。X 模型是对 V 模型的改进，关于 X 模型的介绍详见 2.3.3 小节。

基于 CMMI 的测试流程从全局的角度来看，主要是在 V 模型的基础上在需求分析、概要设计和详细设计阶段增加了需求测试、概要设计测试和详细设计测试 3 个环节，测试流程的总流程依次是需求测试、概要设计测试、详细设计测试、单元测试、集成测试、系统测试和验收测试，每个测试环节里面的具体过程又遵循 X 模型的流程。这 3 个环节可以分别在需求分析、概要设计、详细设计开发阶段之后进行，也可以与 3 个对应的阶段并行或者交叉进行，从而在缩短开发周期的同时确保产品质量。这样做的目的是防止需求阶段、概要设计阶段、详细设计阶段的软件缺陷在后续的阶段中才被发现，以降低修复软件缺陷的风险和成本。该测试流程也很好地体现了测试流程整体上符合 CMMI 的确认和验证过程域的关键实践，即需求测试、概要设计测试和详细设计测试有效地实现了验证和确认的准备阶段及同行评审阶段，后续的单元测试、集成测试、系统测试和验收测试则实现了验证和确认的执行阶段。每个具体的测试环节由测试设计、工具配置、执行测试和子模块的集成、子模块的探索性测试和模块的整体测试，以及最终的验收测试组成，具体的测试设计又很好地实现了 CMMI 的验证和确认过程域的目标。

13.3 DevOps

13.3.1 DevOps简介

2009 年，德布瓦（Debois）在 DevOpsDays 上首次提出了一个合成词——DevOps，软件工程的新时代就此拉开序幕。DevOps 是开发（Development）和运维（Operations）的组合词，它是一套实践方法，其中包含一系列基本原则和实践。DevOps 在保证高质量的前提下缩短系统变更从提交到部署至生产环境的时间。它通过自动化"软件交付"和"架构变更"的流程，使构建、测试、发布软件能够更加快捷、频繁和可靠。

总而言之，DevOps 作为敏捷方法在完整的软件生命周期上的延伸，旨在文化、自动化、标准化、架构以及工具支持等方面，打破开发与运维之间的壁垒，重塑软件过程，以实现在保证高质量的前提下，缩短从代码提交到产品上线之间的周期。在竞争日益激烈的市场环境下，用户对于产品服务的稳定性以及更新频率和效率的要求不断提高，DevOps 在学术界和工业界的关注程度因此也不断提高。

近两年，DevOps 在国内的热度不断攀升，小到几十人、大到上万人的企业纷纷开始 DevOps 的实践。随着 DevOps 实践经验的增长，团队在 IT 性能表现等方面可以得到显著提高。目前，国内 DevOps 团队在敏捷方法和 DevOps 相关工具的采用实践较好，不同团队在具体方法和工具选择上呈现出了多样性。

13.3.2 DevOps实践

1. DevOps 的基本思想是"快速交付价值，灵活响应变化"

DevOps 强调整个系统的稳定性，而非将性能局限于特定的工作领域里，这个领域可以大到一个部门（如开发部）或者小到一个贡献者（如开发者），由 IT 推动业务价值流。DevOps 通过高部署率快速地把一个想法变成价值交付到客户的手中，并且在不影响客户的基础上，快速地完成并部署很多小的变更。DevOps 的目标不仅是增加变更的频率，而且支持在不中断和破坏当前服务的基础上确保功能部署成功，同时也可以快速检测和修复软件缺陷。

DevOps 使开发人员能够通过持续集成和标准化的发布惯例（持续测试的文化）来维持高频率部署，在此基础上，确保质量和信息安全。一种常见的组织级标准是，一旦代码被提交，自动测试便开始运行，且一旦发现问题，则必须马上解决。

2. DevOps 实践举例

在 2016 年，埃伯特（Ebert）等人推荐了 DevOps 自动化工具列表，如图 13-1 所示。推荐最多的工具是 JenKins，并且未推荐率是很低的。相反，Maven 的推荐率和未推荐率都达到了较高的水平。下面我们来介绍一下这两个工具。

（1）Jenkins

Jenkins 是一种持续构建工具，扩展性强，可以与大部分软件相结合，如 Maven、Git、Docker。Jenkins 功能包括持续的软件版本发布/测试项目、监控外部调用执行的工作。Jenkins 实现无须太多人工干预，减少重复工作，节省时间，保障在任意时间点都可以自动编译、部署、测试和发布软件。

Jenkins 的使用方法如下。

① 环境准备：下载并安装 JDK，最好是 JDK 1.5 以上版本。

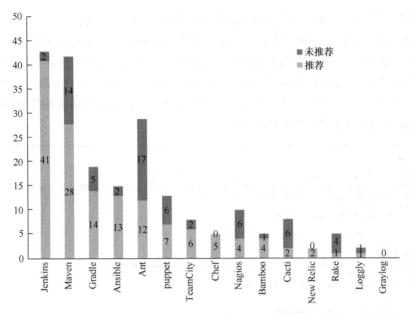

图13-1 2016年团队DevOps的工具使用与推荐

② 下载安装包 jenkins.war。

③ 在安装包根路径下，运行命令"java -jar jenkins.war --httpPort=8080"。

④ 打开浏览器，进入链接 http://localhost:8080。

（2）Maven

Maven 这个词可以翻译为"知识的积累"，也可以翻译为"专家"或"内行"，最初在 Jakata Turbine 项目中用来简化构建过程。何为构建？一个项目除了编写源代码的工作，我们还要完成编译、运行单元测试、生成文档、打包和部署等烦琐且不起眼的工作，这就是构建。Maven 就是一个优秀的构建工具，它的用途之一是服务于构建。它能够自动化构建过程，从清理、编译、测试到生成报告，再到打包和部署。Maven 构建过程的部分阶段如图 13-2 所示。Maven 不仅仅是构建工具，还是一个项目管理工具，它包含了一个项目对象模型（Project Object Model）、一组标准集合、一个项目生命周期（Project Lifecycle）、一个依赖管理系统（Dependency Management System）和用来运行定义在生命周期阶段中插件（Plugin）目标（Goal）的逻辑。

图13-2 Maven构建过程的部分阶段

（3）Docker+Jenkins 打造自动化测试

Docker 是一个开源的应用容器引擎，Docker 可以让开发者打包他们的应用以及依赖包到一个轻量级、可移植的容器中，然后发布到任何流行的 Linux 机器上，也可以实现虚拟化。因此，Docker 具有很好的环境隔离性，并且保证了开发环境到生产环境的一致性。在该框架下，开发和测试者只要提供相应的镜像和程序就可以按照模板执行自动化任务。

触发条件：由 Jenkins 控制，如设置定时执行，或者 GitHub 中的每个提交，或者每个 PR 执行一次。

构建流程：各个环节、Job 之间用 Pipeline 来实现整个构建流程的控制。

构建 Job：这里可以分为两种情况，一种情况是把拉取代码的过程和构建编译环境的过程都放到 Dockfile 里面，这适用于比较复杂的编译环境，如 Docker 本身的编译需要安装许多的依赖，对依赖的版本都有不同的要求，还是建议把编译环境放在容器的里面。另一种情况，为求省事方便，如 Java 工程，编译一般用 Maven 等构建工具来完成，可以放在外面，只是把运行环境搬到 Docker 容器里。Docker+Jenkins 构建的示例代码如图 13-3 所示。

```bash
#!/bin/bash
#引入编译环境
export JAVA_8_HOME=$BASE_PATH/env-tools/jdk/jdk1.8.0_91
PATH=$ {GRADLE HOME}/bin{GRAILS HOME}/bin{NODE HOME}/bin{GROOVY_ HOME}/bin{M2_ H
OME}/bin{JAVA_ HOME}/bin{ANT HOME}/bin{ PATH}
export PATH
export JAVA HOME=$JAVA_8_HOME

#拉取代码，转到dev分支，编译，测试，打包
cd /root/tt
rm-rf *
git clone ssh://git@g.hz.netease.com:123/123/cloud-data-show.git
cd cloud-data-show/
git checkout --track origin/develop
mvn package

#停止删除之前生成的容器和镜像
docker kill $(docker ps -aq)
docker rm $(docker ps -aq)

#这一步删除镜像的时候，你也可以使用docker images | awk '{print $3}' | xargs docker rmi
#删除全部镜像
docker xrmi test :t1

#构建镜像
set -x &&(cd /root/tt/cloud-data-show/ &&docker build -t test:t1)
#运行容器，如果是web应用，注意端口的映射，宿主机的端口不要冲突
docker run -id -p 16300:16300 --name t1 test:t1
```

图13-3 Docker+Jenkins构建

13.4 小结

随着软件开发规模的增大、复杂程度的增加，以寻找软件故障为目的的测试工作就显得更加困难。为了尽可能多地找出程序中的故障开发出高质量的软件产品，必须对测试工作进行有组织的策划和有效的管理，采取系统的方法建立起软件测试管理体系。

13.5 习题

1. 企业的测试策略体现在几个方面？
2. 为什么要制订测试计划？
3. 简述基于 CMMI 的测试流程和传统测试流程的区别。
4. 通过调研，了解当前互联网公司是如何将 DevOps 部署到企业的软件质量保障流程中的。